業務改善
コンサルタントが教える

35の事例で課題解決力を身につける

Excel VBA
自動化のすべて

永井雅明 著

技術評論社

はじめに

1. 本書の目的

　本書は、あなたが独力でVBAを活用して業務効率化・業務自動化を実現できるようになることを目的としています。具体的には、以下のようなことを実現できます。

- Excelの面倒な作業が一瞬で終わる
- 毎回何時間もかけて作成する社内資料をほぼ自動で作れる
- ルーティンワークを減らし、本来あなたがやるべき業務に集中できる
- あなたの生産性が上がり、部署内での評価や人事評価が上がる
- 他のメンバーから業務改善の相談を受けられるようになる
- Excelスキルの向上により仕事の幅が広がり、転職などで有利になる

　そのために、Chapter 2以降に紹介する **35の業務課題** を通じて、次の **2つ** を徹底的にトレーニングします。

- 課題解決に導く考え方
- 業務で頻出する **VBAの書き方**

　従来のVBA入門書の大半は文法の解説中心で、業務事例は極めて少ないですが、本書は業務事例を中心にすえ、業務課題解決のスキルを鍛え上げます。

　私は、業務改善コンサルタントとして関わった企業の現場で、毎日膨大なルーティンワークに追われ、残業が積み重なって疲弊しきった担当者の姿を数多く見てきました。

　例えば、経営企画部は事業環境や競合他社の分析を行い、経営層の意思決定に必要な情報を提供するのが本業です。しかし、膨大なデータ処理作業やグラフ作成作業に忙殺され、本業に時間を割けていないのが実状です。**VBAを活用すれば、ルーティンワークを一瞬で終わらせ、本業に多くの時間を使える** ようになります。

　本書は、あなたが業務の中でVBAを活用できるようになるためのトレーニング本です。本書を読み終わる頃には、多くの業務課題に独力で対応できるようになるはずです。

2. 本書の対象読者

既存のVBA書籍は入門書ばかりで業務事例が少ない、という不満を抱いたことはないでしょうか。

本書は**業務における実践的なVBAの活用法を身につけ、日常業務を自動化した**いと考えているビジネスパーソンに最適な一冊です。

また、Chapter 1でVBAの基本知識を紹介するので、初学者の方でも問題ありません。しっかり学習したうえで、Chapter 2以降の業務課題に取り組んでください。

3. 本書の特長

本書の特長は2つあります。

- 業務ですぐに使える本格的な題材
- 処理の流れを日本語で考えるトレーニング手法

○業務ですぐに使える本格的な題材

本書で紹介する題材は、私がこれまでに行ってきた**業務改善事例にもとづいて制**作しています。**表0-0-1**はその一例です。お客様の要望を伺って、私が実際に提案・設計・開発をしたものです。だからこそリアルで、実践的で、仕事にすぐ活かせる題材になっています。

表0-0-1 業務改善事例

お客様	業務改善事例
国立研究機関	がん研究に関する実験データを効率的に管理するためのデータベースおよび管理画面を作成しました。もともと、Excel内のデータと関数が非常に複雑かつ大量で、ファイルを開くのに毎回2〜3分かかるような状況でした。これをデータベース化することで、瞬時にデータを閲覧・登録できるようになりました（関連する業務課題は4-5参照）。
大手住宅メーカー	全国にある支店への人事査定依頼メールを自動で作成し、その結果を取り込んで自動集計する仕組みをつくりました。もともと、メールを1件ずつ作成していたため、メールを作成してチェックするのに大変な労力と時間がかかっていました。これを自動化することで、わずか数分で作業が完了するようになりました（関連する業務課題は9-1参照）。
旅行代理店	ツアー参加者の情報を一元管理し、さらに参加者配布用の案内書を自動作成する仕組みをつくりました。もともと、参加者ごとの案内書を1枚ずつ手入力して作成していたので、参加者が多いときは作業に数時間かかっていましたが、これを自動化することにより、わずか1分ですべての案内書を作成できるようになりました（関連する業務課題は7-1参照）。

　業務直結と聞くと難しいのではないかというイメージを持たれるかもしれませんが、決してそんなことはありません。業務改善事例であげたようなメールを自動で作成して集計するプログラムや、データベースを管理するプログラムのコード量は膨大で複雑ですが、本書ではコードをシンプルにしてわかりやすくし、再利用しやすくしました。業務での使い勝手が抜群によいプログラムを厳選して紹介します。

◉処理の流れを日本語で考えるトレーニング手法

　業務課題を見ていきなりプログラミングを始める方がいます。そのやり方は一見早そうに見えますが、登山をするときに計画を立てずに登り始めるのと同じことで、実はとても効率が悪いです。知らない道や分かれ道に遭遇するたびに、どうやって進むのか悩むことになるのでかえって時間がかかりますし、進み具合(進捗)を把握できない不安を抱えることにもなります。

　ではどうすればよいかというと、プログラミングの前に、処理の流れを日本語で整理します。

次の例を見てください。

①登録するデータを 2 行目から取得する

②商品マスタの最終行を取得する

③最終行の次の行にデータを書き込む

④登録データをクリアする

　最初に処理の流れを日本語で考えることで、頭の中が整理されます。また、どの順番で何をやるかを明確にできるので、プログラミング効率がよくなります。

　本書では一貫して、**処理の流れを日本語化したあとでプログラミング**します。あなたが業務課題に挑戦するときは、最初に処理の流れを考えてみてください。考えることがトレーニングになります。考える作業は荷が重いという方は、最初にいくつかの課題を読んで、プログラムを完成させるまでのアプローチを理解してください。

4. サンプルファイルのダウンロード

　本書の解説で使用したファイルやコードは、下記のページからダウンロードできます。

URL：https://gihyo.jp/book/2023/978-4-297-13273-6

5. 本書の使い方

　本書の構成は大きく2つに分かれています。Chapter 1の基本知識と、Chapter 2以降の業務課題です。Chapter 1では、Chapter 2以降を読み進めるために必要な知識を紹介します。

　以下、Chapter 2以降の業務課題の読み方について解説します。

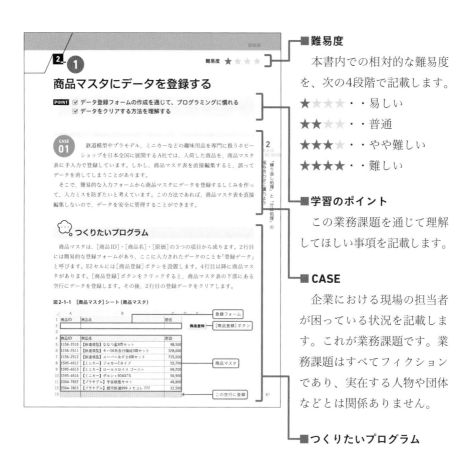

難易度

　本書内での相対的な難易度を、次の4段階で記載します。

★☆☆☆・・易しい

★★☆☆・・普通

★★★☆・・やや難しい

★★★★・・難しい

学習のポイント

　この業務課題を通じて理解してほしい事項を記載します。

CASE

　企業における現場の担当者が困っている状況を記載します。これが業務課題です。業務課題はすべてフィクションであり、実在する人物や団体などとは関係ありません。

つくりたいプログラム

　この業務課題において使用するデータと、作成するプログラムの詳細について記載します。

処理の流れ

登録データを取得してそれを書き込むというシンプルな処理です。ポイントは、商品マスタの何行目に書き込むか（ここでは「書込行」とする）を特定することです。

書込行は、商品マスタの最終行の次の行です。よって、最終行をどう特定するか、という話になります。やり方は2つあります。

①A4セルを起点にして下方向にジャンプ（Ctrl+↓）する方法

②A列最下行を起点に上方向にジャンプ（Ctrl+↑）する方法

商品マスタにデータが1行でもあれば、どちらの方法でも最終行を特定できます。

図2-1-2　商品マスタの最終行の特定

①A4セルを起点に下方向にジャンプ　　②A列最下行を起点に上方向にジャンプ
Range("A4").End(xlDown)　　　　　Cells(Cells.Rows.Count, 1).
　　　　　　　　　　　　　　　　　End(xlUp)

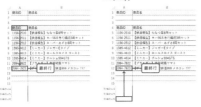

Memo

Endプロパティの使い方については、1-5-3を参照してください。

しかしデータが1行もない場合は、①の方法だとシート内の最下行（1,048,576行目）までジャンプしてしまいます。それを防ぐため、今回はシート内の最下行にあるセルを起点にして上方向にジャンプ（Ctrl+↑）することによって最終行を特定します。

82

 解決のためのヒント

○**データをクリアする**

データをクリアする書き方は2種類あります。ClearContentsメソッドとClearメソッドです。ClearContentsメソッドは、セルの数式と値のみをクリアします。一方でClearメソッドは、数式と値に加えて、書式設定（罫線や背景色など）もクリアします。今回の課題では書式設定までクリアする必要はないので、ClearContentsメソッドを使用します。

表2-1-1　セルをクリアするメソッド

クリアする	Range("B2").ClearContents B2セルの数式と値のみをクリアします。
	Range("B2").Clear B2セルの数式と値に加え、書式設定もクリアします。

 処理の流れ

処理の流れを日本語で書きます。これは、プログラミングの前に行うべき重要な作業です。処理が複雑な場合は、要点や考え方について補足します。

本書で紹介するのはあくまで一例で、他にもさまざまなやり方があります。あなた自身で考えた処理の流れにもとづいてプログラミングを進めてもまったく問題ありません。

また、一切まちがいのない完璧な処理の流れを書く必要はありません。処理の流れはあくまで計画です。計画を立てたあと、いざコードを書いてみたら当初の計画とちがったので軌道修正する、というのはよくあることです。

 解決のためのヒント

基本知識以外で、この業務課題のプログラミングにおいて必要となる知識を紹介します。業務課題に応じてその都度必要な知識をインプットすればよいという考え方です。

業務におけるVBAは文法ありきではなく、業務課題ありきで学習すべきです。

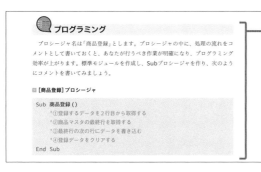

■ プログラミング

　処理の流れにもとづき、コードをひとつひとつ解説します。どの業務課題も同じ手順で解説しているので、試しにいくつかの業務課題に取り組んでみれば要領はつかめると思います。

■ ステップアップ

　業務課題で作成したプログラムに改善点があれば記載します。機能を追加したり、問題点を解消したりします。余力があれば挑戦してみてください。

　プログラミングする時間が取れない方は、本書の解説を読むだけでも十分イメージがつかめると思います。

　ただし処理の流れだけは、本書の解説を読む前に一度自分の頭で考えてみることをおすすめします。**考える作業こそが、あなたの課題解決力を高めることに直結するからです。**

CONTENTS

Chapter 2 「繰り返し処理」と「分岐処理」の
組み合わせに慣れよう

79

1

たったこれだけ！業務で使う基本知識

本章では、VBA未経験者および初心者向けに、Chapter 2以降を読み進めるために必要な基本知識について解説します。Excelを使って実際に操作したり、コードを書いたりしながら学習を進めてください。VBA経験者の方は飛ばしてもかまいませんが、知識の確認のためにざっと一読することをおすすめします。

VBAの勉強を始めたばかりですが、入門書の大半のページが文法の解説で、読み進めるのがつらくなってきます。

一ノ瀬さん

その文法知識が自分の仕事にどれくらい役に立つのかわからないと学習するモチベーションは続かないですよね。

笠井主任

ここでは仕事でよく使う重要な知識だけを厳選して紹介するから安心してほしい。業務課題に取り組むための、最低限のインプットだからがんばろう。

永井課長

仕事はコンピューターにやらせよう

POINT ☑ プログラムを実行するしくみを理解する
☑ VBAが業務効率化に効果的である理由を理解する

私たちがExcelで作業していると、2つの大きな問題に直面します。

➡ 時間がかかる

➡ ミスが起きる

作業を続けると、習熟度が増すことにより作業効率が上がり、作業時間を減らすことができます。また、ミスを防ぐためのしくみ作りをすることでミスを減らすことができます。しかし、人間が作業をやる以上、作業効率の向上や時間削減には限界があり、ミスが完全になくなることはありません。

ではどうすればよいかというと、作業を機械にまかせればよいのです。機械がやる作業は人間に比べて格段に早く、正確です。機械に仕事をしてもらうためには、機械に命令をしないといけません。まずは、どうやって機械に命令をするかについて、簡単に解説します。人間が機械に命令するために使う言葉のことを**プログラミング言語**といいます。Excelなどの Microsoft Office アプリケーションで使う主なプログラミング言語が**VBA**（Visual Basic for Application）です。また、プログラミング言語を使って書いた命令文を**コード**または**プログラム**といいます。

人間が書いたコードは、そのままの状態では処理を実行できません。機械が処理を実行できるように、機械内部でコードを変換する必要があります。変換することを**コンパイル**といいます。コンパイルしたあとのプログラムを実行することによって、Excelデータなどを操作することができます。なお、本書では単体で処理を実行できるものをプログラム、それ以外をコードと呼びます。

図1-1-1　プログラムの実行

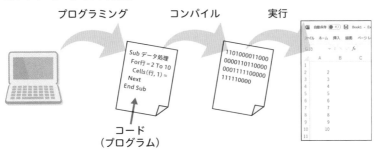

コード
（プログラム）

　VBAは、個人やチーム内で使うデータを効率的に処理するには依然として有力なプログラミング言語です。その理由は大きく分けて次の3つがあります。

- 利便性やコストの面で導入しやすい
- 業務効率化の自由度や効果が高い
- 数あるプログラミング言語の中でも文法が比較的習得しやすい

　1つ目の利便性やコストの面について、プログラミングするための機能があらかじめOfficeソフトに備わっているので、新たに別のソフトウェアを導入する必要はないし、追加のソフトウェア購入費用も発生しません。2つ目の**業務効率化の自由度や効果が高い**ことについて、例えばRPA（Robotic Process Automation；業務を自動化するソフトウェア）など外部のソフトウェアを使ってExcelを操作しようとしても、機能的にさまざまな制約があって、Excelのデータ処理を自動化することは難しいです。しかしVBAを使えば、Excelのデータや機能に自由にアクセスできるので、あなたがやっている定型作業をほぼ完全に自動化できます。3つ目の文法の習得のしやすさについて、VBAは英単語をつなげて文章を作るような感覚でプログラミングできます。また、VBAに関する情報や知見は蓄積されており、VBAについてわからないことがあってもWebで検索すればすぐにヒットします。

　VBAを使えば「○時間の仕事が○秒で終わる」といったうたい文句をよく見かけると思います。そこまで極端な時間短縮を実現できるかどうかは別として、手軽に業務効率化できる手段があなたの身近なところにあるわけですから、それを使わない手はありません。

あっという間に終わる
プログラミングの準備

POINT
- ☑ プロシージャの書き方を習得する
- ☑ コメントの便利な使い方を理解する

　プログラミングを始める準備です。Excelとは別の、VBEというアプリケーションを使います。VBEには、プログラミングに便利な機能がたくさんあります。VBEの基本的な操作方法を理解し、簡単なコードを実行できるようになりましょう。難しくないので、手順を追って操作してみてください。

1-2-1　VBEを開く

　VBAを効率よく書くための便利な機能が備わっているアプリケーションのことを **VBE**（Visual Basic Editor）といいます。ExcelやWordなどのOfficeソフトから直接起動することができます。

　まず、Excelを開いたときに［開発］タブが表示されているか確認してください。

図1-2-1　［開発］タブ

　表示されていない場合は、次の手順で表示しましょう。［ホーム］タブ→［その他］→［オプション］をクリックすると、［Excelのオプション］画面が開きます。メニューから［リボンのユーザー設定］をクリック→［開発］にチェック→［OK］ボタンをクリックしてください。これで、［開発］タブが表示されます。

図1-2-2 ［Excelのオプション］画面

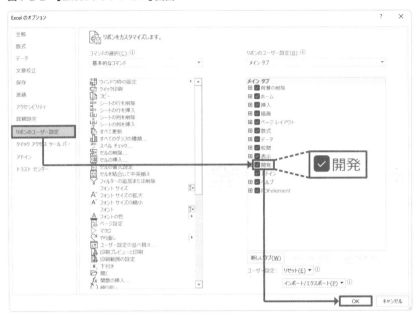

［開発］タブ→［Visual Basic］をクリックすると、VBEが開きます。

図1-2-3 ［Visual Basic］メニュー

図1-2-4 VBE

　VBEにはあらかじめ、いくつかのウィンドウが表示されていることがあります。
図1-2-4はウィンドウが何も表示されていない場合の画面を例示しています。

1-2-2　モジュールを表示する

　VBEには、プログラミングに役立つさまざまなウィンドウが用意されています。メニューの［表示］をクリックすると、表示できるウィンドウの一覧を確認できます。ここでは［プロジェクト エクスプローラー］をクリックしてください。

図1-2-5　［プロジェクト エクスプローラー］メニュー

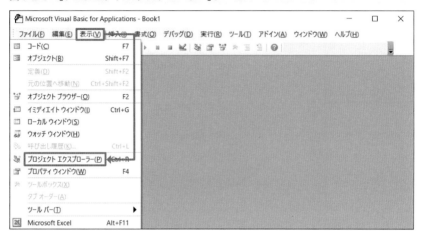

　画面の左側に表示されるのがプロジェクトエクスプローラーです。このウィンドウ内で右クリック→［挿入］→［標準モジュール］をクリックしてください。

図1-2-6　標準モジュールの挿入

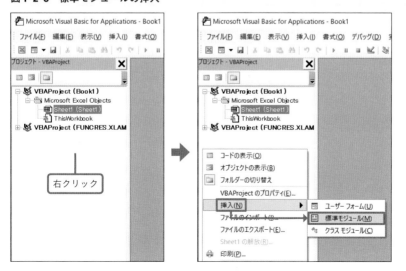

1

たったこれだけ！業務で使う基本知識

7

すると、プロジェクトエクスプローラーに［標準モジュール］＞［Module1］と表示されます。この［Module1］をダブルクリックすると、右側に新たなウィンドウが表示されます。これを**モジュール**といい、この中にコードを書きます。

図1-2-7　モジュールの表示

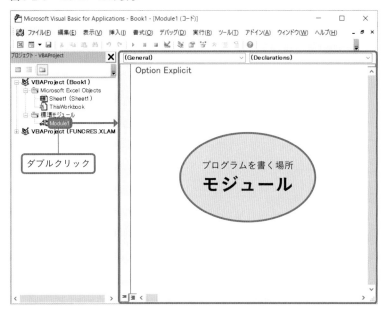

　モジュールにはいくつか種類があるので、あわせて覚えておきましょう。

図1-2-8　モジュールの分類

標準モジュール　……通常使う

シートモジュール　……シートのイベントを扱う

ブックモジュール　……ブックのイベントを扱う

　先ほど作成した**標準モジュール**は、通常のコードを書くときに使うものです。標準モジュールは複数作成でき、プログラムを整理・分類することができます。**シートモジュール**は、「シートをアクティブにしたとき」や「セルが変更されたとき」など、シートにおける変化（これを**イベント**という）を検知し、イベントが発生したときに行う処理を書くことができます。例えば「セルが変更されたとき、変更箇所

に色を塗る」という処理を書くことができます。**ブックモジュール**も同様に、「ブックを開いたとき」や「ブックを閉じる前」など、ブックに関するイベントを検知できます。シートモジュールは1つのシートにつき1つだけ、ブックモジュールはブック内で1つだけしか作成できません。

> **Memo**
> アクティブなシートとは、現在開いているシートのことです。シートは複数選択することができますが、アクティブにできるシートは常に1つだけです。

プロジェクトエクスプローラーに表示されている「Sheet1」や「ThisWorkbook」をダブルクリックすると、それぞれのモジュールを表示できます。また、VBEの右上にはモジュールを閉じるアイコンなどがあり、複数のモジュールを表示する場合に使うと便利です。

図1-2-9　モジュールとの対応関係

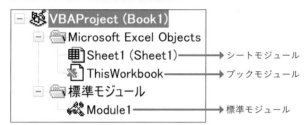

図1-2-10　VBE右上のアイコン

標準モジュールを削除するときは、削除したいモジュールを右クリック→[Module1の解放]をクリックします。すると確認メッセージが表示されるので、[いいえ]をクリックします。これで、標準モジュールを削除できます。

図1-2-11　モジュールの解放

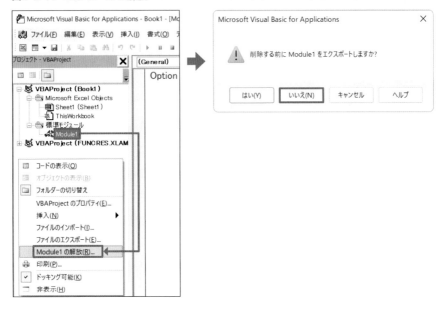

> **Memo**
> 確認メッセージは、該当のモジュールをファイルに保存するかどうかを確認するものです。
> バックアップなどの目的でファイルに保存したいときは、[はい]をクリックしてください。

1-2-3　プロシージャを作る

　データを取り込んで、加工して、出力する、という一連の処理をVBAで書くとき、「データを取り込む」「データを加工する」「データを出力する」といったように、あなたの好きなように処理を分けて書くことができます。この1つの処理のことを、**プロシージャ**といいます。1つのモジュールの中に、いくつでもプロシージャを作成できます。

　プロシージャの書き方は、Sub と書いたあとにスペースを入れてプロシージャ名を書きます。プロシージャの終わりには End Sub と書きます。Sub と End Sub の間に処理を書きます。プロシージャ名は、処理の内容が端的にわかるような名称にしておきましょう。

```
Sub␣プロシージャ名()
        ┌──────────────────┐
        ┆    ここに処理を書く    ┆
        └──────────────────┘
End␣Sub
    └── スペース
```

英字はすべて小文字で入力してかまいません。また、プロシージャ名まで入力して Enter を押すと、それ以降の文字が自動的に補完入力されます。

図1-2-12 「End Sub」の補完入力

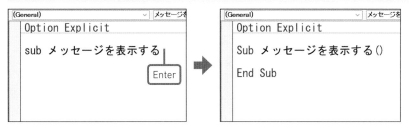

Subで始まるプロシージャのことを、Sub（サブ）プロシージャと呼びます。他にもFunction（ファンクション）プロシージャという種類がありますが、こちらは追って紹介します。

1-2-4 処理を書いて実行する

プロシージャを作成できたら、試しにメッセージを表示する処理を書いてみましょう。メッセージを表示するには、MsgBox（メッセージボックス）という命令を使います。メッセージとして表示するテキストは、ダブルクォーテーション「"」で括ります。

```
MsgBox␣"メッセージのテキスト"
      └─ スペース      └─ ダブルクォーテーション
```

> **Memo**
> 文字列はダブルクォーテーション「"」で括るというのがVBAのルールです。ダブルクォーテーションで括らないと、文字列として認識されずエラーが起きてしまうので注意してください。

例として、「処理が完了しました」というメッセージを表示するコードを書くと、次のようになります。

1

図1-2-13 コードの記入例

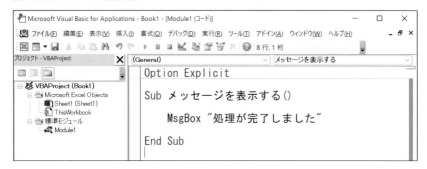

　コードが書けたら実行してみましょう。**図1-2-14**の赤く塗った範囲（Subから End Subの間）のどこかにカーソルを置いた状態で F5 を押してください。する とコードが実行されて、メッセージが表示されます。

図1-2-14 プロシージャの実行

　F5 を押す代わりに、メニューバーにある緑色の三角アイコンでも実行できま す。その横にある四角アイコンは、処理を停止するときに使います。あわせて覚え ておいてください。

図1-2-15 プロシージャの[実行]・[リセット]アイコン

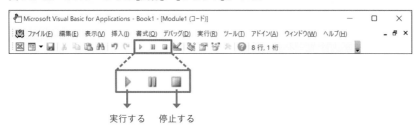

1-2-5　コメントを書く

コメントは、主にコードについての説明を書くために使います。この説明書きは、あなたが処理の流れを整理するのに役立ち、第三者がコードを見なくても処理内容を理解できる手助けをします。シングルクォーテーション「'」の右側はすべてコメントとみなされます。次のように、さまざまなところにコメントを書けますが、基本的にはコードの1行上にコメントを書くようにしてください。コメントを書く場所を統一しておくと、コメントが読みやすくなります。

```
┌── シングルクォーテーション
'プロシージャの外に書く
Sub  プロシージャ名()
     'プロシージャの中に書く
     MsgBox "処理が完了しました"      '行末に書く
End Sub
```

説明を書く以外にもコメントを活用できます。例えばコードを修正するとき、修正前のコードをコメントにして残しておき、その下に修正後のコードを書くというテクニックがあります。コードをコメントにすることを、**コメントアウト**といいます。

```
Sub  プロシージャ名()
     ' MsgBox "処理が完了しました" ◀── コメントアウト
     MsgBox "処理が完了しました", vbExclamation
End Sub
```

コメントアウトするメリットは次の2点です。
- コードの変更履歴を管理でき、修正した箇所がわかりやすくなる
- コード修正後に万が一エラーが起きた場合に、修正前のコードをすぐに復元できる

複数行のコードをコメントアウトするとき、1行ずつシングルクォーテーションを入力していくのは面倒です。そこで、**コメントブロック**という便利な機能を使いましょう。

VBEのメニューバー（**図1-2-16**の赤部分）を右クリック→［ユーザー設定］をクリック→［コマンド］タブを開く→［分類］の中から［編集］を選択→［コマンド］内の［コメントブロック］と［非コメントブロック］をメニューバーの任意の場所にドラッ

たったこれだけ！ 業務で使う基本知識

グ＆ドロップ→［閉じる］ボタンをクリック、という手順で操作してください。

図1-2-16 ［コメントブロック］と［非コメントブロック］のアイコン追加

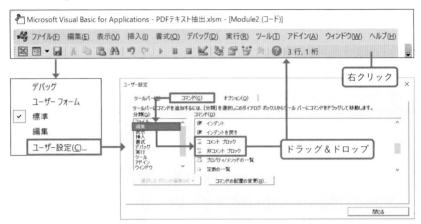

すると**図1-2-17**のように、メニューバーにアイコンが2つ表示されます。

図1-2-17 ［コメントブロック］と［非コメントブロック］のアイコン表示

使い方はとてもシンプルで、コードを複数行選択してコメントブロックアイコン ☰ をクリックすれば、コメントアウトできます。逆に、コメントアウトしたコードを複数行選択して非コメントブロックアイコン ☲ をクリックすれば、コメントアウトを解除することができます。

図1-2-18 コメントアウトの実行と解除

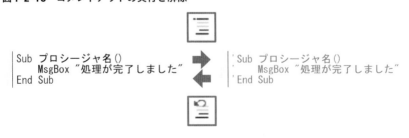

1-2-6　ボタンを設置する

　プロシージャを実行するたびにVBEを開くのは面倒です。Excelからすぐにプロシージャを実行できるよう、ボタンの作り方を覚えておきましょう。Excelの[開発]タブ→[挿入]→[ボタン(フォームコントロール)]をクリックします。

図1-2-19　ボタン(フォームコントロール)の挿入

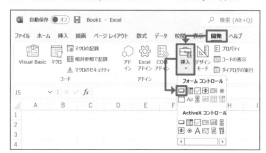

　マウスカーソルのアイコンが＋に変わるので、図形を描画する要領でボタンを描画します。描画直後に[マクロの登録]というダイアログボックスが表示されるので、先ほど作成したプロシージャを選択し、[OK]ボタンをクリックしてください。

図1-2-20　ボタンの追加

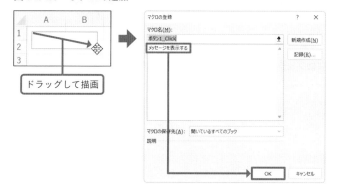

ドラッグして描画

　これで、ボタンをクリックすれば、VBEを開かなくてもプロシージャを実行できるようになります。

> **Memo**
> [マクロの登録]ダイアログボックスに表示されるのはSubプロシージャのプロシージャ名だけです。後述するFunctionプロシージャは表示されません。

ボタンに表示されているテキストを変更するには、ボタンを右クリック→[テキストの編集]をクリックしてください。すると、ボタン内のテキストが編集できるようになります。ボタン以外の部分をクリックすると、編集したテキストを確定できます。

図1-2-21　ボタンに表示するテキストの編集

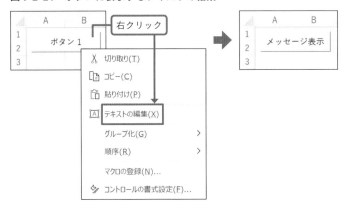

1-2-7　ファイルを保存する

　コードが書かれたブックを保存するときは、[ファイルの種類]を「Excelマクロ有効ブック」に変えて保存してください。通常の「Excelブック」のままコードを保存することはできません。

図1-2-22　Excelマクロ有効ブックでの保存

1-③

「オブジェクト」を思い通りに操る

POINT
☑ セルのオブジェクトである Range と Cells の使い分けを習得する
☑ シートとブックの操作方法を理解する

　オブジェクトは、プログラミング未経験者が理解できず最初につまずくポイントです。しかし、これから紹介する具体的なイメージで理解すれば恐れるにたりません。本節を読めば、よく使うオブジェクトとその操作方法についてひととおり理解できます。

1-3-1　オブジェクトとは

●オブジェクトとは

　わたしたちは、VBAを使ってセルの値を変えたり、シートを追加したり、ブックを新規作成しようとしています。セルやシートやブックなど、操作する対象のことを**オブジェクト**といいます。

図1-3-1　Excel関連のオブジェクトの例

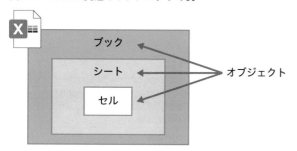

　すべてのオブジェクトには、**図1-3-2**のような上下関係(階層構造)があります。例えばセルを選択するとき、「A1セル」とだけ指定したのでは、どのシートのA1セルなのかがわかりません。そこで、**1番目のシートのA1セル**、というように、セルの上位のオブジェクトであるシートをあわせて指定します。つまり、あるオブジェクトを操作するときは、その上位にあるオブジェクトを意識しておく必要があります。

図1-3-2　Excel関連のオブジェクトの階層構造

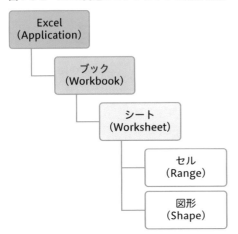

◉型とコレクション

　オブジェクトといっても、オブジェクトの種類を指定するときに使うキーワード（**表1-3-1**の①）と、オブジェクトを操作するときに使うキーワード（**表1-3-1**の②）があるので、頭に入れておいてください。用語として、オブジェクトの種類のことを型といい、複数のオブジェクトをまとめたものを**コレクション**といいます。オブジェクトの書き方には単数形と複数形がある、とイメージするとわかりやすいと思います。

表1-3-1　型とコレクション

オブジェクト	①オブジェクトの種類 （型）　単数形	②オブジェクトの集合 （コレクション）　複数形
ブック	Workbook	Workbook**s**
シート	Worksheet	Sheet**s**
セル	Range	Range
図形	Shape	Shape**s**

　コレクションについて補足します。オブジェクトを操作するとき、同じ種類の複数のオブジェクトの中から、特定のオブジェクトを選んで操作します。例えばシートなら、シート1・シート2・シート3というように複数あるシートの中から、1つのシートを選んで操作します。この複数のオブジェクトのことを、**コレクション**といいます。

オブジェクトを特定するときは、オブジェクトを**番号**や**名前**などで指定します。**表1-3-2**は、シートを指定する書き方の例です。各オブジェクトについてのコードの書き方は、あとで詳しく解説します。

表1-3-2　シートの指定方法

番号で指定	名前で指定
Sheets(1)	Sheets("売上")
1番目のシート	[売上]シート

● プロパティとメソッド

オブジェクトを扱う方法には、**プロパティ**と**メソッド**の2種類あります。例えば**図1-3-3**のようなロボットをイメージしてみましょう。

図1-3-3　ロボットのプロパティとメソッド

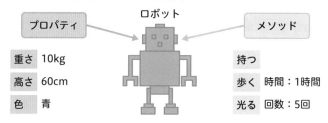

重さ、高さ、色といった、ロボットに関する情報のことを**プロパティ**といいます。重さは「10kg」、高さは「60cm」というように、プロパティには値があって、値を取得したり変更したりできます。また、ロボットには物を持つ、歩く、光るといったさまざまな動作が実装されており、この動作のことを**メソッド**といいます。ロボットに動作を指示するときは、補足情報もあわせて指定できます。例えば歩く動作を指示するときは、何時間歩くのかを指定します。また、光る動作を指示するときは、何回光るのかを指定します。この補足情報のことをプログラミングの用語で**引数**といいます。

Excelのオブジェクトも、ロボットとまったく同じしくみです。**図1-3-4**は、セルに関するプロパティとメソッドの例です。セルの値を取得したり、セルの値を変えたりするときに指定するのがプロパティです。また、セルをコピーするなどの操作がメソッドです。コピーするときは、補足情報としてどこにコピーするのか(コピー先)を指定します。

図1-3-4　セルのプロパティとメソッド

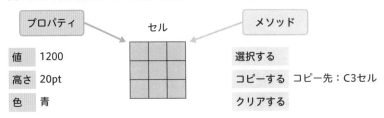

プロパティとメソッドの書き方は**表1-3-3**のとおりです。いずれも、オブジェクトのあとにピリオド「.」をつけて、そのあとにプロパティまたはメソッドを入力します。

表1-3-3　プロパティとメソッドの書き方

操作	書き方
プロパティの値を取得する	値 ＝ オブジェクト.プロパティ
プロパティの値を変える	オブジェクト.プロパティ ＝ 値
メソッドを実行する	オブジェクト.メソッド▓引数
メソッドを実行し、値を取得する	値 ＝オブジェクト.メソッド(引数)

プロパティについては、値を取得する、値を変えるという2つの操作があり、イコール「＝」の左辺と右辺が入れ替わるので注意しましょう。メソッドについては、メソッドのあとに引数を指定します。メソッドを実行したあとに**値を受け取る場合**はカッコ()の中に引数を書きます。メソッドを単に実行するだけならカッコは不要です。書き方が少し変わるので注意しましょう。

1-3-2　セルを操作する

セルを操作するときのオブジェクトの書き方は2種類あります。①アドレス（「A2」や「C3:D5」などセルの場所を示す文字列）で指定するRange（レンジ）と、②行番号と列番号で指定するCells（セルズ）です。

図1-3-5　単一セルの書き方

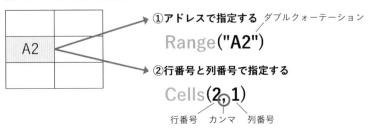

Rangeを使う場合は、カッコ内にアドレスを指定します。アドレスは文字列なので、ダブルクォーテーション「"」で括ります。一方、Cellsはカッコ内に行番号と列番号をカンマ区切りで指定します。RangeとCellsの特徴は次のとおりです。どちらがよいということではなく、その都度最適なほうを選んで使います。

- Cellsは単一のセルしか指定できませんが、Rangeは複数のセルを指定できます
- Rangeは列をアルファベット記号で指定します
- Cellsは列を列番号（数値）で指定します（あとで紹介する繰り返し処理と相性がよいです）

Memo
先程紹介したRangeとCellsは、セルのオブジェクトの集合を表すコレクションです。ただし、オブジェクトの種類（型）としては、どちらもRangeになります。

続いて、セル範囲を指定する書き方です。①「A2:B3」のようにセルの範囲をアドレスで指定する方法と、②始点セルと終点セルで指定する方法があります。

図1-3-6 セル範囲の書き方

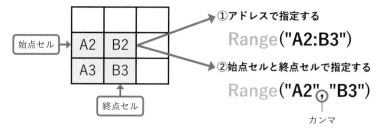

図**1-3-6**の例で②の方法を使う場合は、左上のA2セルと、右下のB3セルの2つのアドレスを、カンマ区切りで指定します。また、2つのアドレスはそれぞれダブルクォーテーションで括って、「"A2"」「"B3"」のように書きます。もしまちがえて「"A2, B3"」と書いてしまうと、図**1-3-7**のようにA2セルとB3セルをピンポイントで選択したことになるので注意してください。

図1-3-7　単一セルの複数指定

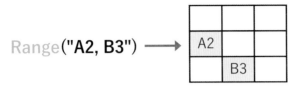

Range("A2, B3")

A2		
	B3	

　では続いて、セルに関する主なプロパティとメソッドを紹介します。使用頻度が高いものばかりなので書き方をしっかり覚えておいてください。

表1-3-4　セルに関する主なプロパティとメソッド

操作	書き方の例
値を変える	`Range("A2").Value`▨`=`▨`100` A2セルの値を100に変えます。
表示値を取得する	`MsgBox`▨`Range("A3").Text` A3セルに表示されている値をメッセージとして表示します。
数式を取得する	`MsgBox`▨`Range("A4").Formula` A4セルに入っている数式をメッセージとして表示します。
色を変更する	`Cells(3, 1).Interior.Color`▨`=`▨`vbYellow` A3セル（3行目・1列目にあるセル）の色を黄色に変えます。
色をクリアする	`Range("E2").Interior.ColorIndex`▨`=`▨`0` E2セルの色をクリアします。
アドレスを取得する	`Cells(1, 4).Address` D1セル（1行目・4列目にあるセル）のアドレスを取得します。
シート内の最終行を取得する	`Cells.Rows.Count` シート内の最終行（1048576行目）を取得します。
選択する	`Cells(1, 2).Select` B1セル（1行目・2列目にあるセル）を選択します。
コピーする	`Range("B3").Copy`▨`Range("C3")` B3セルを、C3セルにコピーします。

	`Range("B3").Copy`
	`Cells(3, 3).PasteSpecial`
	B3セルを、C3セルにコピーします
	※コピーと貼りつけを別の行に分けて書く方法です。コピー元とコピー先のシートが異なる場合などに使います。

クリアする	`Range("A2:D5").ClearContents` A2:D5のセル範囲の値をクリアします。

| コメントを書き込む | Range("B4").AddComment "要修正"
B4セルに「要修正」というコメントを書き込みます。 |
| コメントをクリアする | Range("A3:C8").ClearComments
A3:C8のセル範囲にあるコメントをクリアします。 |

Memo

vbYellowは、黄色を表すキーワードです。他にも、次のような色を指定できます。
- 青：vbBlue
- 赤：vbRed
- 黒：vbBlack
- 白：vbWhite

もっと細かい色を指定したいときは、RGBという関数を使って、RGB(0, 0, 255)のように指定します。カッコ内の3つの数値は、Excelの［色の設定］ダイアログボックスにある［赤］［緑］［青］の数値を表します。

図1-3-8　［色の設定］ダイアログボックス

1-3-3　行・列を操作する

行や列も、オブジェクトの一種です。行はRows、列はColumnsと書き、カッコ内に番号を指定します。例えば2行目はRows(2)、3列目はColumns(3)と書きます。

図1-3-9　単一行・単一列の書き方

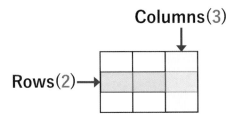

　複数行、複数列を指定するときは、文字列で指定しないといけないので注意してください。2〜3行目を指定するなら「"2:3"」、2〜3列目を指定するならアルファベット記号で「"B:C"」と書きます。

図1-3-10　複数行・複数列の書き方

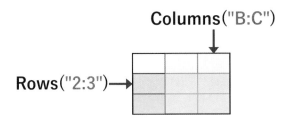

　これ以外の書き方もあります。**基点となるセル**を指定して、そのセルを含む行や列を取得する方法です。セルオブジェクトのプロパティである EntireRow、EntireColumnを使います。**図1-3-11**は、A2セルを含む行（つまり2行目）と、C2セルを含む列（つまり3列目）を指定する書き方です。

図1-3-11　セルを基点とした行・列の書き方

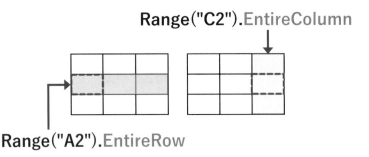

　行・列に関する主なプロパティ・メソッドは**表1-3-5**のとおりです。

表1-3-5　行・列に関する主なプロパティ・メソッド

操作	書き方の例
シート内の最終行	Rows.Count シート内の最終行です。
シート内の最終列	Columns.Count シート内の最終列です。
行を削除する	Rows(5).Delete 5行目を削除します。
	Range("B5:B7").EntireRow.Delete 5〜7行目を削除します。B5:B7のセル範囲にある行を削除する、というコードなので、5〜7行目を削除することになります。
列を削除する	Columns(3).Delete 3列目を削除します
	Range("C1:E3").EntireColumn.Delete 3〜5列目を削除します。C1:E3のセル範囲にある列を削除する、というコードなので、3〜5行目を削除することになります。

Memo

Columnsを書くとき、スペルミスしやすいので注意してください。

1-3-4　シートを操作する

シートを操作するには、Sheetsを使います。Sheetsのあとのカッコ内に、シート番号またはシート名を指定します。シート名は文字列なので、ダブルクォーテーション「"」で括りましょう。

図1-3-12　シートの書き方

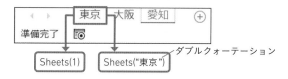

注意

シートの並び順が入れ替わると、同じシートであってもシート番号は変わります。また、シート名を変えたときは、コード内に書いたシート名も変えないといけません。シートを指定するときは注意してください。

シートを指定してデータを取得するときは、シートとセルのオブジェクトをピリオド「.」でつなげて指定します。次のコードは、1番目のシートのA2セルの値、という意味です。

> **注意**
> シートを指定しない場合、どのモジュールを使っているかによって選択されるシートが変わります。
> * シートモジュールの場合　→該当シート
> * ブックモジュール、標準モジュールの場合　→アクティブシート（現在開いているシート）
>
> 　ブック内に1つしかシートがない場合を除いて、シートを省略せずに指定するようにしましょう。

　シートオブジェクトに関する主なプロパティとメソッドは**表1-3-6**のとおりです。

表1-3-6　シートオブジェクトに関する主なプロパティとメソッド

操作	書き方の例
シート名を変える	Sheets(1).Name = "東京都" 1番目のシート名を「東京都」に変えます。
シート数を取得する	Sheets.Count シート数を取得します。
シートを有効化する	Sheets("大阪").Activate [大阪]シートを有効化します。
シートを挿入する	Sheets.Add Before:=Sheets(1)　コロン＋イコール 1番目のシートの前に、シートを挿入します。
シートをコピーする	Sheets(1).Copy After:=Sheets(3) 3番目のシートのあとに、1番目のシートをコピーします。
シートを削除する	Sheets("愛知").Delete [愛知]シートを削除します。

　メソッドで指定する引数の書き方について、シートを追加するAddメソッドを例に解説します。Addメソッドを使うときは、どの位置に、シートを何個追加するのかを指定することができます。**表1-3-7**のとおり、それぞれの引数には名前がついています。その名前のあとにコロン「:」とイコール「=」をつけて、「引数名:=値」

のように指定します。引数を2つ以上指定する場合はカンマ「,」で区切ります。

```
Sheets.Add▓引数の名前1:=値1, 引数の名前2:=値2
                    └── カンマ
```

表1-3-7　Addメソッドの引数

順番	名前	説明	省略	使用例
1	Before （ビフォー）	どのシートの前に追加するか指定します。※	可	Before:=Sheets(1)
2	After （アフター）	どのシートのあとに追加するか指定します。※	可	After:=Sheets(2)
3	Count （カウント）	追加するシートの数を指定します。	可	Count:=2

※BeforeとAfterを同時に指定することはできません。

　引数には順番があって、その順番どおりに指定するのであれば、引数の名前と「:=」を省略することができます。ただし、引数の名前と「:=」を使って引数を指定するときは、順不同で指定できます。次の3通りの書き方はすべて同じ意味です。

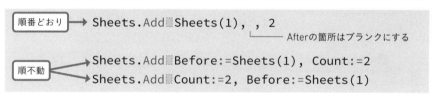

```
順番どおり → Sheets.Add▓Sheets(1), , 2
                        └── Afterの箇所はブランクにする
順不同 → Sheets.Add▓Before:=Sheets(1), Count:=2
       → Sheets.Add▓Count:=2, Before:=Sheets(1)
```

　最後に、Copyメソッドの引数も紹介します。Addメソッドの引数とよく似ています。

表1-3-8　Copyメソッドの引数

順番	名前	説明	省略	使用例
1	Before （ビフォー）	どのシートの前にコピーするか指定します。※	可	Before:=Sheets(1)
2	After （アフター）	どのシートのあとにコピーするか指定します。※	可	After:=Sheets(2)

※BeforeとAfterを同時に指定することはできません。

1-3-5　ブックを操作する

　ブックオブジェクトを操作するときは、Workbooks（ワークブックス）を使います。Workbooks
の右側にカッコをつけて、カッコ内にファイルパスを指定します。例えばCドライ
ブ（**図1-3-13**の「C:¥」）直下にある「Book2.xlsx」というファイルを指定するには、
Workbooks("C:¥Book2.xlsx")と書きます。このとき拡張子をつけ忘れな
いように注意してください。「Book2.xlsx」が、コードを書いているブックと同じ
場所にあるときは、Workbooks("Book2.xlsx")のようにファイル名だけで
指定することもできます。

図1-3-13　ブックの書き方

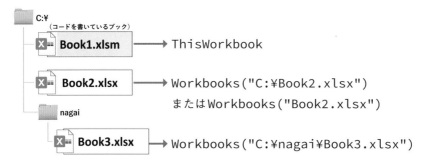

　また、コードを書いているブック自体を指定するときは、ThisWorkbook（ディスワークブック）とい
うオブジェクトを使います。日本語に訳すと「このワークブック」で、英単語通り
の意味なので理解しやすいと思います。

　コードを書いているブックとは別のブックからデータを取得するときは、ブック
とシートとセルのオブジェクトを、ピリオド「.」でつなげて指定します。ブックを
省略すると、現在アクティブなブックを指定しているものとみなされます。

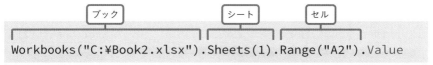

> **注意**
> 複数のブックを開いて操作するときは、必ずブックオブジェクトを指定してください。
> ブックを指定しないと、予期せぬブックにデータを上書きしたり、消してはいけないデー
> タを削除してしまったりする危険性があります。

　では続いて、ブックオブジェクトに関する主なプロパティとメソッドを紹介します。

表1-3-9　ブックオブジェクトに関する主なプロパティとメソッド

操作	書き方の例
ファイルパスを取得する	`ThisWorkbook.FullName`（フルネーム） コードを書いているブックのファイルパスです。
フォルダパスを取得する	`ThisWorkbook.Path`（パス） コードを書いているブックのフォルダパス（ファイルパスからファイル名を除いたもの）です。
ブックを開く	`Workbooks.Open`（オープン）`"C:¥Book2.xlsx"` Cドライブ直下にあるブック「Book2.xlsx」を開きます。
ブックを保存する	`Workbooks("Book2.xlsx").SaveAs`（セーブアズ）`Filename:=`（ファイルネーム）`"C:¥Book3.xlsx"` 開いているブック「Book2.xlsx」を、Cドライブ直下に「Book3.xlsx」というファイル名で保存します。
ブックを閉じる	`Workbooks("Book3.xlsx").Close`（クローズ）`SaveChanges:=`（セーブチェンジズ）`True` 開いているブック「Book3.xlsx」を保存して閉じます。保存するときはTrue、保存しないときはFalseを指定します。

Memo

「`"C:¥Book3.xlsx"`」のように最上位階層からファイルパスを指定する書き方を絶対パスといいます。それに対して、ある場所を基点としてそこからのパスを指定する書き方を相対パスといいます。コードの中ではなるべく絶対パスを使わずに、`ThisWorkbook.Path`を使ってコードを書いているブック（マクロ有効ブック）の保存場所からの相対パスで指定することをおすすめします。その理由は次の2つです。

- 相対パスなら、ファイル一式を別のフォルダに移動してもコードを書き直さずに済むため
- 他のユーザーとマクロ有効ブックを共有するとき、そのユーザーの絶対パスが異なる場合にマクロが動作しないというリスクを回避するため

また、`ThisWorkbook.Path`を使うときは、ファイル名との間に円マーク「¥」をつけることを忘れないようにしてください。

   `ThisWorkbook.Path & "¥" & ファイル名`

Openメソッド、SaveAsメソッド、Closeメソッドの引数は**表1-3-10〜表1-3-12**のとおりです。

表1-3-10　Openメソッドの引数

順番	名前	説明	省略	使用例
1	`Filename`（ファイルネーム）	開くブックのファイル名を指定します。	不可	`FileName:="Book2.xlsx"`
2	`ReadOnly`（リードオンリー）	ブックを読み取り専用で開きます。	可	`ReadOnly:=True`
3	`Password`（パスワード）	読み取りパスワードを指定します。	可	`Password:="abc123"`

表1-3-11　SaveAsメソッドの引数

順番	名前	説明	省略	使用例
1	ファイルネーム Filename	保存するブックのファイル名を指定します。	可	FileName:="C:\\ Book3.xlsx"
2	パスワード Password	読み取りパスワードを設定します。	可	Password:="def345"

表1-3-12　Closeメソッドの引数

順番	名前	説明	省略	使用例
1	セーブチェンジズ SaveChanges	保存して閉じるかどうかを指定します。Trueは保存して閉じる、Falseは保存せずに閉じる、という意味です。	可	SaveChanges:=True (SaveChanges:=False)

1-3-6　省略形を使う

　プログラミングしていると、同じブックや同じシートを何度も書くことがあります。省略形を使えば、同じオブジェクトを何度も書かずに済みます。また、次の例のように見た目もシンプルになり、コードがわかりやすくなります。

```
Sheets(1).Range("B1").Value = 100
Sheets(1).Range("B2").Value = 200
```

```
With Sheets(1)
    .Range("B1").Value = 100
    .Range("B2").Value = 200
End With
```

　省略形の書き方は、Withで始まり、End Withで終わります。Withの右側に半角スペースを入れてオブジェクト名を書きます。すると、WithとEnd Withの間では、そのオブジェクト名を省略することができます。

```
With■オブジェクト名
    オブジェクト名 Range("B1").Value = 100
    オブジェクト名 Range("B2").Value = 200
End With          このオブジェクト名を省略できる
```

　注意点として、オブジェクトを省略するときは、そのあとにあるピリオド「.」を必ず残しておきましょう。ピリオドを消してしまうと、アクティブなオブジェクトが選択されているものとみなされます。意図しないオブジェクトが指定されてしまい、エラーなどが発生する原因となります。

　省略形は、いくつでも重ねて使うことができます。例えば、ブックを省略し、さらにそのブック内にあるシートを省略したい場合は、次のように書きます。ここでも、ピリオドの抜け漏れがないよう注意してください。

```
With ThisWorkbook
    With Sheets(2)
        Range("B1").Value = 100
        Range("B2").Value = 200
    End With
End With
```

　VBAの用語で、命令文（構文）のことを**ステートメント**と呼びます。先程解説した**With**で始まり**End With**で終わる書き方を、**With**ステートメントと呼びます。ステートメントという言葉は頭の片隅に入れておいてください。

処理速度を上げるデータの扱い方

POINT ☑ 変数を使うための3つのステップを習得する
☑ 配列を使うメリットを理解する

　変数や配列など、聞き慣れない用語が登場します。いずれもデータを一時的に保管しておくために使うもので、使い方を理解することが大事です。使う手順は丁寧に解説するので、安心して学習を進めてください。

1-4-1　変数を使う

○データ型

　取得したデータを一時的に保管しておくために使うのが変数^{へんすう}です。**図1-4-1**のように、箱をイメージするとわかりやすいでしょう。

図1-4-1　変数のイメージ

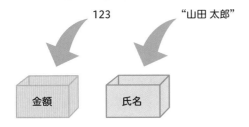

　変数には「金額」や「氏名」のように名前をつけることができるので、**値の意味を明確にし、コードをわかりやすくする**効果があります。さらに、箱の中に入れられるデータの種類を制限することができます。例えば金額は数値なので、あらかじめ数値しか入れられない箱を作っておけば、文字列などが混入することはなくなります。制限するときに指定するデータの種類のことを、**型**（1-3-1参照）といいます。オブジェクトの型と区別するため、**データ型**と呼ぶこともあります。**表1-4-1**に示したデータ型は最低限覚えておいてください。

表1-4-1 データ型

データの種類	型
数値 (整数)	ロング Long
数値 (小数)	ダブル Double
文字列	ストリング String
日付	デート Date
論理値	ブーリアン Boolean
どんなデータでもOK	バリアント Variant

Memo

数値 (整数) を扱う型として、Long型以外にも、Integer型やByte型があり、それぞれ扱える数値の範囲が異なります。本書ではもっとも広い範囲を扱えるLong型を使用します。

Memo

小数を扱う型として、Double型以外にも、Single型やDecimal型があります。それぞれ扱える桁数が異なっており、Decimal型が最も多くの桁数を扱えます。ただし、変数を宣言するときに型の候補として表示されないので、使い勝手が悪いというデメリットがあります。本書では、型の候補として表示され、かつ最も多い桁数を扱えるDouble型を紹介しています。

Memo

Booleanという型はイメージしにくいかもしれません。要は、「うそ」か「本当」かを表す値です。VBAで「うそ」はFalse、「本当」はTrueと書きます。どういうときに使うかというと、セルの値が数値かどうかを判定する、あるいはセルの数式にエラーが起きているかどうかを判定する、というように、真実かどうかを判定するときに使います。

では、変数の作り方を解説します。変数を作るときは、DimとAsというキーワードを使って、次のように書きます。

```
Dim 変数名 As 型
     └── スペース
```

これを踏まえて、変数を使うための3つのステップを覚えておきましょう。

表1-4-2　変数を使うための3つのステップ

①変数を作る （変数を宣言する）	Dim 金額 As Long 例えば「金額」という変数を作ってみましょう。金額は数値なので、型にはLongを指定します。変数を作ることを、VBAの用語で宣言するといいます。
②変数にデータを入れる	金額 = Range("B1").Value 変数にデータを入れるときは、等号「=」を使います。上記コードは、B1セルの値を金額という変数に入れています。
③変数を使う	Range("C1").Value = 金額 * 1.1 最後に、変数に入っている値を計算に使ったり、変数に入っている値をセルに書き込んだりします。上記コードは、金額を1.1倍した値を、C1セルに書き込んでいます。

　型を入力するときに便利な機能を紹介します。Asのあとにスペースを入力すると、**図1-4-2**のように型の候補が表示されます。続けて文字を入力すると、その文字から始まる型に絞り込めます。そこから ↓（下矢印）を押して該当する型にカーソルを合わせて Tab を押すと、残りの文字が自動的に補完入力されます。候補表示や補完入力の機能を使えば速く正確に入力できるので、ぜひ活用してください。

図1-4-2　型の候補表示

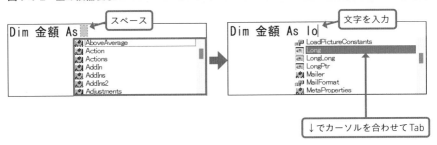

Memo

型を指定せずに変数を宣言することもできます。この場合、Variant型が指定されているものとみなされます。言い換えると、Variant型を指定したいときは何も書かなくてよいということです。ただし本書では、型を明示的に指定することをあなたに習慣づけてほしいので、Variant型であっても省略せずに記載します。
Dim 変数名 ┊ ┊ ┊ ┊ ┊ ┊ ┊

Memo

複数の変数を宣言するときは、カンマ区切りで横に並べて書くことができます。このとき、2つ目以降の変数についてはDimを省略できます。ただし、型については変数ごとに書かないといけません。

```
Dim 変数名1 As 型, 変数名2 As 型, 変数名3 As 型
             └── カンマ
```

次のようなコードを書いて、氏名・住所・メールアドレスのすべてをString型（文字列型）で宣言したと勘ちがいしている方をよく見かけます。氏名と住所については型を指定していないことになるので、Variant型とみなされます。大きな問題ではありませんが、注意するようにしてください。

```
Dim 氏名, 住所, メールアドレス As String
```

Variant型　　　String型

変数は、プロシージャの中でも外でも宣言することができます。プロシージャの中で宣言したときは、そのプロシージャ内でしか変数を使えません。一方で、プロシージャの外で宣言した場合は、モジュール内のどのプロシージャでも変数を使うことができます。

図1-4-3　変数の宣言場所による使用範囲のちがい

プロシージャの中で宣言する

```
Sub プロシージャ1()
    Dim 氏名 As String
    氏名 = Range("A2").Value
End Sub
```

```
Sub プロシージャ2()
    MsgBox 氏名 ✕
End Sub
```

プロシージャ1で宣言した変数は、プロシージャ2で使うことはできない

プロシージャの外で宣言する

```
Dim 氏名 As String
```

```
Sub プロシージャ1()
    氏名 = Range("A2").Value
End Sub
```

```
Sub プロシージャ2()
    MsgBox 氏名 ←      プロシージャの外で宣言した変数を、
                         プロシージャ2でも使うことができる
End Sub
```

Memo

モジュールを開いたときに表示される Option Explicit（オプション エクスプリシット）は、変数を使うには、変数を宣言しないといけないという意味です。言い換えれば、宣言せずに変数を使うとエラーになります。

図1-4-4　Option Explicit

```
(General)
    Option Explicit
```

Option Explicitは、VBEのメニュー［ツール］→［オプション］→［変数の宣言を強制する］にチェックを入れているときに表示されます。

図1-4-5　オプション画面

Option Explicitという文字を消せば変数を宣言せずに使うことができます。ただ、変数を宣言することにより型を明確に指定して、おかしなデータが混入するのを防げます。さらに、変数の名前まちがいなどのエラーを防ぐのに役立つため、［変数の宣言を強制する］にチェックしておくことを推奨します。

●オブジェクト型

　オブジェクトについてもデータの種類と同様に型（1-3-1参照）があります。Excel関連のオブジェクトの型は**表1-4-3**のとおりです。Excel外部のオブジェクトを作成するときは、Object型を指定します。

表1-4-3　オブジェクト型

オブジェクトの種類	型
ブック	ワークブック Workbook
シート	ワークシート Worksheet
セル	レンジ Range
図形	シェイプ Shape
汎用的なオブジェクト	オブジェクト Object

　データ型の変数と異なる点として、オブジェクトを変数に格納するときはSet^{セット}というキーワードを先頭につけます。また、変数に格納したオブジェクトのことを、**オブジェクト変数**と呼びます。

```
Set　変数名　=　オブジェクト
　　└── スペース
```

　次のプログラムは、「セル」というRange型の変数を宣言したあと、その変数にB2セルを格納し、オブジェクト変数を使ってセルの値を200に変えています。

```
Sub  セルの値と色を変える
    Dim セル As Range
    Set セル = Range("B2")
    セル.Value = 200
End Sub
```

　オブジェクト変数を使うメリットは、プロパティやメソッドの候補表示を利用できるようになることです。変数のあとにピリオド「.」を入力すると、使用可能なプロパティやメソッドが表示されます。

図1-4-6　プロパティやメソッドの候補表示

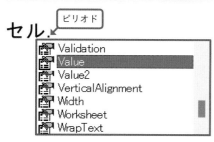

1-4-2 定数を使う

　定数は、固定値(処理中に変更することのない値)を一元管理するために使います。例えば、プログラムの中で同じシート名を何度も書くことがあります。もしシート名が変わったら、プログラム内に書かれているシートオブジェクトの数だけ変更しないといけません。これを定数にすれば、1か所変更するだけで済みます。

図1-4-7　定数を使うメリット

　定数の書き方は変数の宣言に似ており、Dimの代わりにConst^{コンスト}というキーワードを使い、行末に値を設定します。定数に設定した値を、あとから別のコードで変更することはできません。

```
Const▨定数名▨As▨型▨=▨値
      └── スペース
```

　定数はプロシージャ間で共有して使うことが多いので、プロシージャの外で宣言する例を紹介します。次の例は、表のデータの開始行を示す「開始行」という名前の定数を宣言し、その値に「2」を設定しています。

```
Const 開始行 As Long = 2

Sub 金額取得()
    Dim 金額 As Long
    金額 = Cells(開始行, 2).Value
End Sub
```

1-4-3　配列を扱う

　変数を、複数まとめて扱えるようにしたものが**配列**です。**図1-4-8**のように、変数がいくつか連なった状態をイメージしてください。それぞれの箱には自動的に**0番から始まる**番号が付与されます。この番号のことを、**要素番号**といいます。1番から始まるわけではないので注意してください。

図1-4-8　配列のイメージ

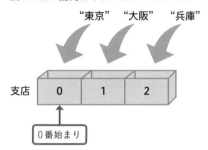

　配列を宣言するときに使う型は、データ型と同じです。ただし、変数名の隣にカッコ()をつけて、その中に要素番号の最小値と最大値を指定します。書き方は、「最小値 To 最大値」です。最小値は省略することもできます。省略した場合、最小値は自動的に0番になります。

```
Dim 変数名 (最小値 To 最大値 ) As 型
        └── スペース
Dim 変数名 (最大値 ) As 型
        └── スペース
```

　変数に値を格納するときは、カッコ()内に要素番号を指定し、何番目の箱に値を入れるのかを明示します。

```
変数名 (要素番号 ) = 値
```

　では、具体例を見てみましょう。「支店」という名前の配列を作成して、そこに3つの値を入れ、最後に配列の中の要素番号1番の値をメッセージで表示しています。

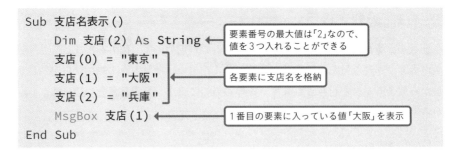

```
Sub 支店名表示()
    Dim 支店(2) As String        ← 要素番号の最大値は「2」なので、
                                   値を3つ入れることができる
    支店(0) = "東京" ⌉
    支店(1) = "大阪" │            ← 各要素に支店名を格納
    支店(2) = "兵庫" ⌋
    MsgBox 支店(1)               ← 1番目の要素に入っている値「大阪」を表示
End Sub
```

注意

要素番号の最大値と要素数（箱の数）は必ずしも一致しないので注意してください。上記コードでは、要素番号の最大値を「2」としていますが、要素数は「3」になります。

　配列の要素数をあとから変更したいときは、ReDimというステートメントを使って、再度変数を宣言し直します。ただし、変数を宣言し直すと配列内のデータが消えてしまいます。

ReDim▪変数名▪(最小値▪To▪最大値)▪As▪型

　そこで、データを残したまま配列の要素数を増やす方法を覚えておきましょう。ReDimステートメントのあとにPreserveというキーワードを使います。

ReDim▪Preserve▪変数名(最小値▪To▪最大値)▪As▪型
　　　　‾‾‾‾‾‾‾└─ 配列内のデータを残す

　実際の使用例は次のとおりです。注意点として、あとから要素数を変更するのであれば、配列を宣言するときに要素番号を指定してはいけません。また、配列に値を入れる前に、ReDimステートメントを使って配列の要素番号を設定する必要があります。

```
Sub 支店名表示()
    Dim 支店() As String           ← 変数を宣言するときは、要素
                                     番号を指定してはいけない
    ReDim Preserve 支店(2) As String  ← 要素番号を2に変更
    支店(0) = "東京"
    支店(1) = "大阪"
    支店(2) = "兵庫"
    ReDim Preserve 支店(3) As String  ← 要素番号を3に変更
    支店(3) = "長崎"
```

```
    MsgBox 支店(1)
End Sub
```

1-4-4　Excelのデータを配列で扱う

Excelの表データを配列に格納できます。注意すべきポイントは2つあります。

❶ 変数名の横にカッコ()はつけない

❷ Variant型を指定する

図1-4-9では、A1:C3の範囲にあるデータを、「データ」という変数にまとめて格納しています。Excelのデータを配列にすると、**配列の要素番号の最小値は必ず「1」**になります。

図1-4-9　Excelデータの配列化

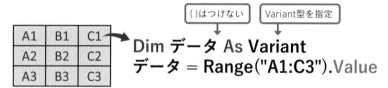

配列を使うメリットは、Excelを直接参照するRangeやCellsを使うよりも、処理速度が速くなることです。データ件数が増えるにつれて、処理速度の差は顕著に表れます。

配列からデータを取り出す書き方は、Cellsの書き方とよく似ています。変数名のあとにカッコをつけて、行方向の**位置**と列方向の**位置**を指定します。例えばC1セルの値を取得するときは「データ(1, 3)」、B3セルの値を取得するときは「データ(3, 2)」と書きます。

図1-4-10　配列内データの取り出し

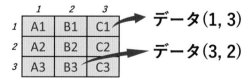

わざわざ「位置」と書いたのは、行番号や列番号とは異なるからです。**図1-4-11**を見てください。

図1-4-11　Excelデータの配列化

A1	B1	C1	D1
A2	B2	C2	D2
A3	B3	C3	D3
A4	B4	C4	D4

Dim データ As Variant
データ = Range("B2:D4").Value

B2:D4のセル範囲を、「データ」という変数に格納します。この配列からD2の値を取得するとき、「データ(2, 4)」と書いてはいけません。Excelから取得した配列の要素番号は常に「**1**」から始まるので、「データ(1, 3)」と書く必要があります。

図1-4-12　セルと配列での行番号・列番号の相違

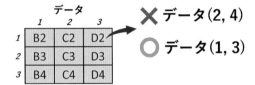

```
        データ
      1    2    3
   1 B2   C2   D2        ✕ データ(2, 4)
   2 B3   C3   D3
   3 B4   C4   D4        ○ データ(1, 3)
```

最後に、必ず覚えておきたいUBound関数を紹介します。配列の行数・列数を取得できます。注意すべきは2つ目の引数です。行数を取得したいときは「1」を、列数を取得したいときは「2」を指定します。引数を省略すると、行数を取得する「1」が設定されているものとみなされます。

関数	**UBound**（ユーバウンド）
説明	配列の要素番号の最大値を取得します。
引数	1. 配列の名前 2. 行列を表す数字 • 行数は「1」 • 列数は「2」
戻り値	要素番号
使用例	UBound(社員一覧, 1) UBound(社員一覧) ▶ 社員番号という名前の配列の行数を取得します。 UBound(社員一覧, 2) ▶ 社員番号という名前の配列の列数を取得します。

本書では、配列の行数を取得するとき、2つ目の引数を指定しない方法で記載します。

表を選択するショートカットキーを極めよう

☑ 表全体を選択する CurrentRegion プロパティを理解する
☑ 最終行を取得する End プロパティを理解する

1

たったこれだけ！ 業務で使う基本知識

　表のデータはどんどん増えていくものです。データが増えるたびに表の範囲を指定するコードを書き換えるのは面倒です。そこで、表の範囲を自動的に判別するやり方を覚えておくと楽です。Excelで行う Ctrl+A や Ctrl+↓ などのショートカットキー操作と対応させてコードを理解しましょう。

1-5-1　表を選択する

　表データを取得するコードを書くとき、セルのアドレスや行番号・列番号を指定してしまうと、行数や列数が変わったときにコードを書き換えないといけなくなります。

図1-5-1　商品一覧の表選択

	A	B	C
1	商品ID	商品名	
2	1156-2510	パソコンデスク	
3	1156-2511	ダイニングテーブル	
4	1156-2512	リビングテーブル	
5	1156-2513	ゲーミングデスク	
6	1156-2514	ローテーブル	
7			

　例えばRange("A1:B6")と書いてしまうと、この表に行や列が追加されたとき、「B6」の部分を書き直さないといけなくなります。

　そうならないよう、表データの範囲を自動的に判別してくれる便利なプロパティがあります。それが、CurrentRegionです。このプロパティは、表内の任意のセルをクリックした状態で Ctrl+A を押したときに選択できる範囲を表します。書き方は次のとおりです。

```
表内の任意のセル.CurrentRegion
```

　表全体のデータを配列に格納するときは次のように書きます。Chapter 2以降で頻出するので、必ず覚えておいてください。基点セルはA2セルでもB1セルでもかまいませんが、表の左上のセル(ここではA1セル)を指定しておくのが無難です。

```
Sub 範囲データ取得
    Dim データ As Variant
    データ = Range("A1").CurrentRegion
End Sub
```

　また、表全体の行数・列数を取得する書き方も覚えておきましょう。行数を取得するのであれば、「行」を表すRowsプロパティと「数」を表すCountプロパティを組み合わせて、Rows.Countのように書きます。

行数	Range("A1").CurrentRegion.Rows.Count
列数	Range("A1").CurrentRegion.Columns.Count

1-5-2　シート内のデータ使用領域を選択する

　図1-5-2のように表がいくつかに分かれている場合は、CurrentRegionプロパティを使ってもシート全体のデータ範囲(データ使用領域)を選択できません。シート内のデータ使用領域を指定したいときは、シートのプロパティであるUsedRangeを使います。

図1-5-2　配送料金表

	A	B	C	D	E	F	G	H
1		サイズ	60	80	100	120	140	
2								
3	関東から	東北まで	1,000	1,300	1,500	1,700	2,000	
4		関西まで	1,000	1,300	1,500	1,700	2,000	
5		九州まで	1,400	1,600	1,800	2,100	2,300	
6								
7	関西から	東北まで	1,000	1,300	1,500	1,700	2,000	
8		関東まで	900	1,200	1,400	1,600	1,900	
9		九州まで	1,400	1,600	1,800	2,100	2,300	
10								

　書き方は次のとおりです。セルではなくシートのオブジェクトにつけるプロパティです。

```
シート.UsedRange
```

　次は、データ使用領域を取得して配列に格納する例です。

```
Sub 範囲データ取得
    Dim データ As Variant
    データ = Sheets(1).UsedRange
End Sub
```

　データ使用領域の行数・列数を取得する書き方も覚えておきましょう。**CurrentRegion**プロパティと似た書き方です。

行数	シート.UsedRange.Rows.Count
列数	シート.UsedRange.Columns.Count

1-5-3　最終行・最終列を取得する

　表データを1行ずつ繰り返し処理するとき、最終行は6行目、というように指定してしまうと、行方向にデータが追加されたときにコードを書き直さないといけなくなります。これを防ぐため、表内の最終行や最終列を自動的に判別できる**End**プロパティの使い方を覚えておきましょう。

　Endプロパティは、基点となるセルを選択した状態で、Ctrl ＋矢印キー（↓↑←→のいずれか）を押すのと同じ操作になります。**図1-5-3**の例でいうと、A1セルをクリックした状態でCtrl ＋↓を押すと、最終行にあるA8セルを選択できます。

図1-5-3　Ctrl+↓押下時のジャンプ先

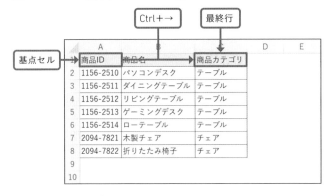

	A	B	C	D	E
基点セル→	商品ID	商品名	商品カテゴリ		
2	1156-2510	パソコンデスク	テーブル		
3	1156-2511	ダイニングテーブル	テーブル		
Ctrl+↓ 4	1156-2512	リビングテーブル	テーブル		
5	1156-2513	ゲーミングデスク	テーブル		
6	1156-2514	ローテーブル	テーブル		
7	2094-7821	木製チェア	チェア		
8	2094-7822	折りたたみ椅子	チェア	←最終行	
10					

> **注意**
> 表データの中に空行や空列がある場合は、Ctrl + 矢印キーを使っても最終行や最終列を取得できないことがあります。

　列についても同様に、A1セルをクリックした状態でCtrl + →を押すと、最終列にあるC1セルを選択できます。

図1-5-4　Ctrl+→押下時のジャンプ先

	A	B		C	D	E
			Ctrl+→	最終行		
基点セル→	商品ID	商品名		商品カテゴリ		
2	1156-2510	パソコンデスク		テーブル		
3	1156-2511	ダイニングテーブル		テーブル		
4	1156-2512	リビングテーブル		テーブル		
5	1156-2513	ゲーミングデスク		テーブル		
6	1156-2514	ローテーブル		テーブル		
7	2094-7821	木製チェア		チェア		
8	2094-7822	折りたたみ椅子		チェア		
9						
10						

　書き方は、End（エンド）プロパティのあとにカッコをつけて、矢印キーを表すキーワードを指定します。

　基点セル.End(矢印キーを表すキーワード)

　矢印キーを表すキーワードは**表1-5-1**のとおりです。

表1-5-1　矢印キーを表すキーワード

矢印キー	キーワード
↓	エックスエルダウン xlDown
→	エックスエルトゥーライト xlToRight
↑	エックスエルアップ xlUp
←	エックスエルトゥーレフト xlToLeft

最終行を取得するときは、下矢印キーを表すxlDownと、行番号を表すRowプロパティを組み合わせて使います。次のコードは、A1セルを基点として、[Ctrl]＋[↓]でヒットしたセルの行番号を取得します。

```vba
Sub 最終行取得
    Dim 最終行 As Long
    最終行 = Range("A1").End(xlDown).Row
End Sub
```

同様に、最終列は右矢印キーを表すxlToRightと、列番号を表すColumnプロパティを組み合わせて使います。次のコードは、A1セルを基点として、[Ctrl]＋[→]でヒットしたセルの列番号を取得します。

```vba
Sub 最終列取得
    Dim 最終行 As Long
    最終行 = Range("A1").End(xlToRight).Column
End Sub
```

> **Memo**
> 参考までに、最終行や最終列を取得する別の方法も紹介します。表内にデータが1件もない場合や、空行・空列がある場合などに有効です。まず最終行については、シート全体の最終行Rows.Countにあるセルを基点にして、[Ctrl]＋[↑]（xlUp）を使います。また、最終列についてはシート全体の最終列Columns.Countにあるセルを基点にして、[Ctrl]＋[←]（xlToLeft）を使います。
>
> ```vba
> 最終行 = Cells(Rows.Count, 1).End(xlUp).Row
> 最終列 = Cells(1, Columns.Count).End(xlToLeft).Column
> ```

1-5-4　最終セルを取得する

データがどのような状態であっても幅広く使える方法です。シート内のすべての
セルの中から特定のセルを取得する SpecialCells メソッドを使います。書き方
は、Cells オブジェクトのあとに SpecialCells メソッドを使います。Cells
は、シート内のすべてのセルを表します。引数で指定する「セルタイプ」は、取得
するセルの種類を表すキーワードです。

```
Cells.SpecialCells(セルタイプ)
```

セルタイプには**表1-5-2**のような種類がありますが、よく使うのは最終セルを取
得するための xlCellTypeLastCell です。

表1-5-2　セルタイプ

セルタイプ	意味
xlCellTypeLastCell	最終セル
xlCellTypeBlanks	空白セル
xlCellTypeFormulas	数式を含むセル

では、最終セルのアドレスを取得するコードを見てみましょう。最終セルのコー
ドの末尾に、アドレスを取得するための Address プロパティをつけます。

```
Sub 最終セル取得
    Dim 最終セル As String
    最終セル = Cells.SpecialCells(xlCellTypeLastCell).
Address
End Sub
```

もう1つ覚えておいてほしいのは、最終セルの行番号(最終行)と列番号(最終列)
を取得する書き方です。行番号を取得するなら Row プロパティ、列番号を取得す
るなら Column プロパティを使います。

Memo

Endプロパティも SpecialCellsメソッドも、どちらも最終行や最終列を取得するために使います。この2つをどう使い分けるかというと、データに空白行があるような不完全なデータの場合は SpecialCellsメソッドを使う、と覚えておいてください。Endプロパティは基本的に、空白行が1つもない正常なデータに対して使います。

図1-5-5　Endプロパティと SpecialCellsメソッドの使い分け

番号	氏名
S001	中村 花子
S002	松本 琢磨
S003	渡部 太郎
S004	清水 ほのか
S005	丸山 大和

⬇

Endプロパティ

番号	氏名
S001	中村 花子
S003	渡部 太郎
S005	丸山 大和

データに空白行がある

⬇

SpecialCellsメソッド

1

たったこれだけ！ 業務で使う基本知識

49

1-6

「分岐処理」はひし形のイメージで覚えよう

POINT ☑ 分岐処理の書き方を習得する
☑ さまざまな条件式の書き方を理解する

　分岐処理は、業務で頻繁に使う最重要知識の1つです。分岐処理を日本語で書くと、「この条件を満たす場合はこういう処理をする」となります。分岐処理の基本的な書き方と、条件式を書くときの注意点をしっかり押さえておきましょう。

1-6-1　分岐処理する

　分岐処理を表す If ステートメントは、使用頻度が非常に高く、重要です。繰り返し処理（1-7参照）と一緒に使うケースも多いので、必ず覚えておきましょう。まず、If ステートメントの基本的な書き方を覚えましょう。

▼書き方

```
If　条件式　Then
　　　　　ここに処理を書く
End If
```

　If で始まり、End If で終わります。If の隣に条件式を書き、その行末に Then と書きます。条件を満たす場合に処理が実行され、条件を満たさない場合は何も行われません。

　これを踏まえ、具体例を見ていきます。**図1-6-1 ～図1-6-3**のひし形は、分岐を図示したものです。

　次のコードは、役職が「係長」である場合、A2セルに「3000」を書き込みます。その他の役職の場合は何も行いません。

図1-6-1　分岐処理のコード例1

```
If 役職 = "係長" Then
    Range("A2").Value = 3000
End If
```

　次のコードは、役職が「係長」である場合と、そうでない場合に分けて処理を行います。Elseはその他の場合という意味で、A2セルに「2000」の値を書き込みます。Elseの行末にThenを書く必要はありません。

図1-6-2　分岐処理のコード例2

```
If 役職 = "係長" Then
    Range("A2").Value = 3000
Else
    Range("A2").Value = 2000
End If
```

　次のコードは、役職が「課長」の場合というもう1つの分岐を追加して、役職が「課長」の場合は「5000」、「係長」の場合は3000、その他の場合は2000の値を書き込みます。1つ目の条件にはIfを使い、2つ目以降の条件にはElseIf（エルスイフ）を使います。ElseIfの行末にも、Thenを書く必要があります。

図1-6-3　分岐処理のコード例3

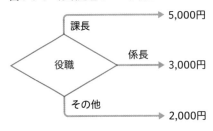

```
If 役職 = "課長" Then
    Range("A2").Value = 5000
ElseIf 役職 = "係長" Then
    Range("A2").Value = 3000
Else
    Range("A2").Value = 2000
End If
```

1-6-2　条件式を使いこなす

　基本的な条件式の書き方を**表1-6-1**にまとめました。まずはこれらを頭に入れて
おいてください。

表1-6-1　条件式の書き方

条件内容	条件式
値が「東京」に等しい場合	値 = "東京"
値が空白である場合	値 = ""
値が空白ではない場合(値が入っている場合)	値 <> ""
値が100超(100よりも大きい)の場合	値 > 100
値が100以上の場合	値 >= 100
値が100に等しい場合	値 = 100
値が100以下の場合	値 <= 100
値が100未満(100よりも小さい)の場合	値 < 100

　続いて、複数の条件を組み合わせた**複合条件**です。複合条件には And と Or の
2パターンあります。どちらの条件も満たす場合は And、どちらかの条件を満たす
場合は Or を使います。

表1-6-2　主な演算子

条件内容	例
条件式1 And 条件式2	値 >= 100 And 値 < 200
	値が100以上かつ200未満
条件式1 Or 条件式2	値 = "東京" Or 値 = "大阪"
	値が東京または大阪

　ここで注意点です。例えば「値が東京または大阪」という文章そのままの感覚でコードを書くと、「値 = "東京" Or "大阪"」となってしまいます。しかし、AndやOrの前後は完全な条件式にしなければいけないので、「Or "大阪"」ではなく「Or 値 = "大阪"」と書いてください。

```
×値 >= 100 And < 200          ×値 = "東京" Or "大阪"
○値 >= 100 And 値 < 200       ○値 = "東京" Or 値 = "大阪"
```

　では最後に、分岐処理の実例を示します。B2セルの値を残業時間として取得して、残業時間が45時間を超える場合は、B2セルを黄色に塗るというコードです。

```
Sub 残業時間チェック
    Dim 残業時間 As Long
    残業時間 = Range("B2").Value
    If 残業時間 > 45 Then
        Range("B2").Interior.Color = vbYellow
    End If
End Sub
```

大量作業を一瞬で終わらせる「繰り返し処理」の威力

1- **7**

POINT ☑ For...Nextステートメントを習得する
☑ For Each...Nextステートメントを習得する

　繰り返し処理も、業務で頻繁に使う最重要知識の1つです。繰り返し処理の中では変数が登場します。変数がよくわからない場合は、変数に具体的な値をあてはめてみてください。何度も同じ処理をする過程で、変数の値が1つずつ増えていくことがイメージできるようになればたいしたものです。

1-7-1　行や列ごとに繰り返す

　ほとんどすべてのデータ作業において、行や列ごとに値を書き込んだり取得したりする処理が発生します。例として**図1-7-1**の社員一覧を見てください。社員ごとに、[氏名]と[評価]の項目を取得して査定通知書を作成する、といった処理を行うときに繰り返し処理を使います。

図1-7-1　繰り返し処理のイメージ

	番号	氏名	評価
2行目	S001	中村 花子	A
	S002	松本 琢磨	A
	S003	渡部 太郎	A
	S004	清水 ほのか	A
6行目	S005	丸山 大和	A

査定通知書
中村花子
評価：A

　繰り返し処理には、For...Next（フォー・ネクスト）というステートメントを使います。では、繰り返し処理の書き方を見てみましょう。

Memo
ステートメントは命令文（構文）という意味です。

▼書き方

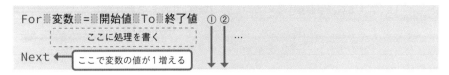

　繰り返し処理ではあらかじめ、どこからどこまで繰り返すのかを決めます。それが、開始値と終了値です。変数の値は、開始値から始まり、終了値に到達するまで1つずつ増えていきます。ForとNextの間にあるコードは、上から順番に1行ずつ実行され（①）、Nextまで到達したときに変数の値が1つ増えます。その後、Forの次の行からまた実行されます（②）。ForとNextの間にある処理は、変数の値が終了値に到達するまで何度も実行されます。

　では、具体的なコード例を見てみましょう。次のコードは、3列目にある［評価］の値を取得してメッセージで表示する処理を、2行目から6行目まで1行ずつ繰り返します。

▼コード例

```
Dim 行 As Long
Dim 評価 As String

        開始値┐      ┌終了値
For 行 = 2 To 6
    評価 = Cells(行, 3).Value
    MsgBox 評価
Next
```

1回目 Cells(2, 3).Value
2回目 Cells(3, 3).Value
　　　　　：
5回目 Cells(6, 3).Value

　行番号の値が変わっていくので、変数の名前は「行」や「行番号」などにしておくとわかりやすいです。繰り返し処理の開始値は「2」、終了値は「6」です。3列目の値を取得するので、Cellsの列番号（カッコ内の2つ目の引数）は「3」にします。また、Cellsの行番号には、変数の「行」を指定します。この「行」の値がどんどん変わっていきます。

繰り返し処理の1回目は、変数「行」の値は開始値である「2」になるので、「評価 = Cells(2, 3).Value」というコードが実行されることになります。2回目は「行」の値が1つ増えて「3」になるので、「評価 = Cells(3, 3).Value」が実行されます。このように、「行」の値が1つずつ増えながら何度も処理が実行され、最後は「評価 = Cells(6, 3).Value」が実行されます。

　繰り返し処理の中に、分岐処理や繰り返し処理を書くこともできます。次のコードは、繰り返し処理の中で分岐処理を行っています。[評価]が「A」の場合は4列目に「80,000」を書き込むという処理を、2行目から6行目まで1行ずつ繰り返しています。

▼ **コード例**

```
Dim 行 As Long
Dim 評価 As String

For 行 = 2 To 6
    評価 = Cells(行, 3).Value
    If 評価 = "A" Then
        Cells(行, 4).Value = 80,000
    End If
Next
```

　実務では頻出するので、覚えておいてください。

1-7-2　セルごとに繰り返す

　社員ごとの各月の残業時間が45時間を超えていないかチェックするなど、範囲内にあるセルをすべて処理する場合に便利な繰り返し処理の書き方があります。For Each...Nextというステートメントです。書き方は次のとおりです。

▼ **書き方**

```
For Each 変数 In 範囲
    ここに処理を書く
Next
```

図**1-7-2**の例でいうと、範囲はB2セルからG9セルまで、つまりRange("B2:G9")と表すことができます。変数は、範囲内にある最小単位のオブジェクトで、ここではセルになります。

図1-7-2　残業時間の一覧表

	A	B	C	D	E	F	G
1	氏名	4月	5月	6月	7月	8月	9月
2	中村 花子	43	22	26	51	54	41
3	松本 琢磨	30	9	29	30	12	7
4	渡部 太郎	16	27	43	15	54	40
5	清水 ほのか	38	29	17	16	22	44
6	丸山 大和	55	13	23	45	20	33
7	藤原 悠太	9	52	5	51	9	55
8	森 彩夏	35	10	10	44	31	48
9	菊地 鈴	55	14	28	8	13	29

では、社員ごとの各月の残業時間が45時間を超えている場合は、該当するセルを黄色に塗るコードを見てみましょう。

▼**コード例**

```
Sub 最終行取得()
    Dim セル As Range

    For Each セル In Range("B2:G9")
        If セル.Value > 45 Then
            セル.Interior.Color = vbYellow
        End If
    Next
End Sub
```

[1回目] Range("B2")
[2回目] Range("C2")
　　：
[最後] Range("G9")

B2:G9の範囲にあるセルを1つずつ繰り返し処理します。セル範囲にある最小単位のオブジェクトはセルなので、冒頭でRange型の変数「セル」を宣言し、それを繰り返し処理で使います。繰り返し処理の中には分岐処理があって、セルの値が

45を超える場合は、セルの色を黄色に塗る処理を行います。

　変数「セル」の中身は、繰り返し処理を1回行うごとにどんどん変わっていきます。1回目はB2セルになり、続けてC2セル、D2セル、というように参照先のセルが変わります。最後にG9セルになります。

　コードを実行すると、次の図のようになります。残業時間が45時間を超えているセルが黄色に塗られます。

図1-7-3　コードの実行結果

	A	B	C	D	E	F	G
1	氏名	4月	5月	6月	7月	8月	9月
2	中村 花子	43	22	26	51	54	41
3	松本 琢磨	30	9	29	30	12	7
4	渡部 太郎	16	27	43	15	54	40
5	清水 ほのか	38	29	17	16	22	44
6	丸山 大和	55	13	23	45	20	33
7	藤原 悠太	9	52	5	51	9	55
8	森 彩夏	35	10	10	44	31	48
9	菊地 鈴	55	14	28	8	13	29

VBAならファイルやフォルダだって
簡単に操作できる

POINT ☑ ファイルやフォルダに関する基本的なステートメントを理解する

　ファイルやフォルダを操作するコードはとてもシンプルです。一度にすべて暗記する必要はありませんが、一度目を通して理解しておくことをおすすめします。ファイルをコピーしたりフォルダを作成したりするところも含めて作業を自動化できるようになります。

表1-8-1　ファイル・フォルダの操作に関するステートメント

操作	書き方の例
フォルダを作成する	メイクディレクトリ MkDir▨"C:¥data" Cドライブ直下に、「data」フォルダを作成します。
フォルダを削除する	リムーブディレクトリ RmDir▨"C:¥data" Cドライブ直下にある「data」フォルダを削除します。フォルダ内にファイルがある場合は削除できず、エラー「パス名が無効です」が表示されます。
ファイルを削除する	キル Kill▨"C:¥data.csv" Cドライブ直下にあるdata.csvファイルを削除します。ファイルはゴミ箱に移動するわけではなく完全に削除されるので、使用するときは十分に注意してください。
ファイルをコピーする	ファイルコピー FileCopy▨"C:¥data.csv",▨"C:¥Users¥data.csv" └ カンマ Cドライブ直下にあるdata.csvファイルを、Usersフォルダにコピーします。
ファイル・フォルダを移動する	ネーム　　　　　　　　　　アズ Name▨"C:¥data.csv"▨As▨"C:¥Users¥data.csv" Cドライブ直下にあるdata.csvファイルを、Usersフォルダに移動します。
ファイル・フォルダの名前を変える	ネーム　　　　　　　　　　アズ Name▨"C:¥data.csv"▨As▨"C:¥0628.csv" Cドライブ直下にあるdata.csvファイルのファイル名を、0628.csvに変えます。
現在パスを取得する	カレントディレクトリ パス=▨CurDir 現在のパスを取得し、「パス」という変数に格納します。
現在パスを変更する	チェンジディレクトリ ChDir▨"C:¥data" 現在のパスをC:¥dataに変更します。

1-9

関数はいざというときに重宝する

POINT ☑ VBA関数とExcel関数のちがいを理解する
☑ WorksheetFunctionオブジェクトの使い方を習得する

　関数は、いわば便利ツールです。データを探す、取り出すなどの便利な機能を持つ関数が豊富に用意されているので、それを使わない手はありません。関数をコードで書くときは、オブジェクトを指定し、値を受け取る必要があります。Excelで関数を書くときとの違いを意識すれば、わかりやすくなります。

1-9-1　VBA関数を使う

　VBAの関数は、Excelの関数とは別物です。とはいえ使い方はよく似ているので、あまり難しく考える必要はありません。例えば、文字列の一部分を抽出するためのMID（ミッド）関数を使って、A1セルにある文字列の3文字目から2文字分を取り出す例をみてみましょう。

Excel

```
= MID (A1, 3, 2)
```

VBA

```
文字列 = Mid(Range("A1").Value, 3, 2)
```

　Excelでは、A1セルを指定するとき「A1」とだけ書きます。

　VBAでは、A1セルの値をRange("A1").Valueと書きます。取得した値は、文字列という変数に格納します。

　関数のカッコ内に指定する値のことを**引数**（ひきすう）といい、関数を実行して得られる値のことを**戻り値**（もどりち）といいます。関数によって指定できる引数の数は異なります。また、指定してもしなくてもよい任意の引数があります。これらの情報は、引数を入力するときに表示されます。

図1-9-1　引数の情報表示

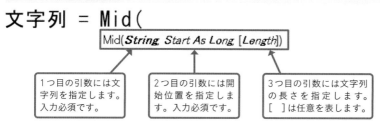

では、VBA特有の関数をいくつか紹介します。

関数　MsgBox（メッセージボックス）

説明　ダイアログボックスにメッセージを表示します。

引数　1. 表示するテキスト
　　　　 2. ボタンやアイコンの種類を表すキーワード

戻り値　クリックしたボタンに応じた番号

使用例　値 = MsgBox("処理を続行しますか？", vbQuestion + vbYesNo)
　▶「処理を続行しますか？」というメッセージを表示します。ダイアログボックス
　　内には、[はい]と[いいえ]の2つのボタンと、クエスチョンマークアイコンが
　　表示されます。

　ボタンやアイコンの種類を表すキーワードは、**表1-9-1**のとおりです。アイコン
とボタンのキーワードを組み合わせるときは、vbQuestion ＋ vbYesNoのよ
うに、キーワード同士をたしてください。

表1-9-1　ボタンやアイコンの種類を表すキーワード

表示形式	キーワード	表示例	ボタンに応じた戻り値
[OK]ボタンのみ表示	なし（キーワードを何も指定しない場合の初期値）	Microsoft Excel ×　処理が完了しました　OK	
[OK][キャンセル]ボタンを表示	vbOKCancel	Microsoft Excel ×　6月分の処理を行います　OK　キャンセル	[OK]→vbOK、[キャンセル]→vbCancel
[はい][いいえ]ボタンを表示	vbYesNo	Microsoft Excel　処理を続行しますか？　はい(Y)　いいえ(N)	[はい]→vbYes、[いいえ]→vbNo

[はい][いいえ][キャンセル]ボタンを表示	vbYesNoCancel		[はい]→vbYes、[いいえ]→vbNo、[キャンセル]→vbCancel
[警告メッセージ]アイコンを表示	vbExclamation		
[情報メッセージ]アイコンを表示	vbInformation		
[警告クエリ]アイコンと、[はい][いいえ]ボタンを表示	vbQuestion + vbYesNo		[はい]→vbYes、[いいえ]→vbNo

---

関数 StrConv（ストリングコンバート）

説明 文字列を、半角・全角など指定の形式に変換します。

引数 1. 文字列
2. 形式

戻り値 変換後の文字列

使用例 値 = StrConv("VBA", vbWide)

▶「VBA」という文字を、全角に変換します。2つ目の引数の形式に指定できるキーワードは、他にも半角を表すvbNarrowなどさまざまな種類があります。**表1-9-2**を参照してください。

表1-9-2 StrConv関数で指定できる形式

形式	キーワード
大文字	vbUpperCase
小文字	vbLowerCase
全角	vbWide
半角	vbNarrow
カタカナ	vbKatakana
ひらがな	vbHiragana

関数	**InStr**（インストリング）

説明	文字列の中から指定した文字を探し、その位置を取得します。
引数	1. 文字列
	2. 探す文字
戻り値	位置
	※ヒットしない場合は「0」になる
使用例	値 = InStr("沖縄県", "県")

▸「沖縄県」という文字の中から、「県」という文字がある位置を取得します。戻り値は「3」となります。

関数	**CLng**（シーロング）

説明	型を数値型に変換します。
引数	任意の型の値
戻り値	数値型の値
使用例	変換後の値 = CLng("5,000")

▸「5,000」という文字列を数値に変換します。戻り値は「5000」となります。

Memo

CLng関数の名前は、Long型を表す「Lng」と、変えるという意味の「Change」の頭文字を取ったものです。他にも似たような関数として、文字列（String）型に変えるCStr関数、日付（Date）型に変えるCDate関数などがあります。

1-9-2 Excel関数を使う

Excel関数を呼び出して使うには、関数名の前にWorksheetFunctionというオブジェクトをつける必要があります。

```
WorksheetFunction.関数名
            └── ピリオド
```

例として、**図1-9-2**に示す2つの表がある場合に、左側の表（販売明細表）の商品IDにひもづく単価を、右側の表（商品単価表）から取得します。繰り返し処理や分岐処理を使って書くこともできますが、VLOOKUP関数を使うと簡単です。

図1-9-2　販売明細表と商品単価表

	A	B	C	D	E	F	G	H
1	日付	商品ID	単価	数量		商品ID	商品名	単価
2	2021/9/11	LL-55		8		DC-01	デジタル一眼レフカメラ	350,000
3	2021/9/14	DC-01		5		LL-55	Lマウントレンズ	150,000
4						MC-48	ミラーレスカメラ	250,000

　では、Excel関数とVBA関数の書き方を見比べてみましょう。

Excel

```
=VLOOKUP(B2, F:H, 3, FALSE)
```

VBA

```
Range("C2").Value =
WorksheetFunction.VLookup(
Range("B2").Value, Range("F:H"), 3, False)
```

　VBAでは、B2セルの値をRange("B2").Valueと書き、F:Hの範囲をRange("F:H")と指定します。取得した値をC2セルに格納するため、左辺にRange("C2").Valueを書きます。

　引数についてはあらかじめ把握しておく必要がありますが、Excelの関数どおりなので、難しいことはありません。セルはオブジェクトを使って指定する、という点だけ注意しておけば大丈夫です。

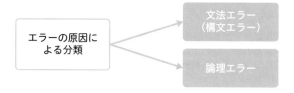

POINT　☑ エラーの分類を理解する
　　　　　　☑ 基本的なエラーの解決手順を習得する

　VBA初心者を悩ませるのがエラーです。エラーに直面したとき、何が原因で、どう対処すればわからず、そこでつまずいてしまう方もいます。VBAでよく発生するエラーと基本的な対処法を知っておくだけで、安心してプログラミングに取り組むことができます。

1-10-1　エラーの分類

　エラーを解決するために重要な、エラーの原因による分類を確認していきましょう。1つは文法エラー（構文エラー）、もう1つは論理エラーです。この分類は、エラーを解決するために理解しておくべき分類です。

図1-10-1　エラーの原因による分類

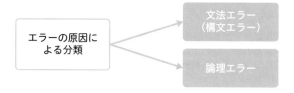

　文法エラーとは、スペルミスやピリオドのつけ忘れなど、VBAの書き方のルールに違反している場合に発生するエラーのことです。そして**論理エラー**とは、シート名の誤りや計算方法の誤りなど、文法的にはまちがっていないけれど、プログラムにおける論理的な矛盾があるために発生するエラーのことです。

　文法エラーは原因を特定しやすいですが、論理エラーは原因を特定して修正するまで比較的時間がかかるのが特徴です。これらのエラーが起きたとき、VBEはエラーメッセージを表示し、あなたにエラーが起きたことを知らせてくれます。エラーメッセージは、エラーが発生するタイミングによって、コンパイルエラーと実行時エラーの2つに分類できます。

図1-10-2　エラーが発生するタイミングによる分類

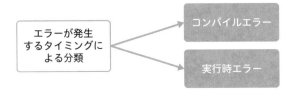

コンパイルとは、あなたが書いたコードを、Excelが理解して実行できるように変換する内部的な処理のことです。コードを実行するときに自動的にコンパイルされるようになっていますが、あなたが手動でコンパイルしてコードにまちがいがないかをチェックすることもできます。エラーメッセージの表示例は**図1-10-3**のとおりです。

図1-10-3　エラー発生時のメッセージ表示例

コンパイルエラーの例

実行時エラーの例

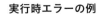

> **Memo**
> コードを実行するときにコンパイルエラーが表示されることがあります。実行するときであれば実行時エラーが表示されないとおかしいのではないか、と疑問に思われるかもしれませんが、実行する直前に自動的にコンパイルされるため、実行時エラーだけでなくコンパイルエラーが表示されることもあり得ます。

> **Memo**
> 手動でコンパイルするには、VBEのメニューの［デバッグ］→［VBAProjectのコンパイル］をクリックしてください。

さて、同じエラーであっても、コードを書いているモジュールによってエラーメッセージの表示が異なることがあります。**図1-10-4**は、同じエラーメッセージを異なるモジュールで表示した例です。標準モジュールで表示されるメッセージには［デバッグ］ボタンがついていて、エラーが発生している箇所がすぐに特定できますが、シートモジュールやブックモジュールで表示されるメッセージには［デ

バッグ]ボタンがついておらず、エラー箇所が判別できません。これを防ぐため、設定を変更しておきましょう。

図1-10-4 実行時エラーのメッセージ表示例

シートモジュール
ブックモジュール

標準モジュール

VBEのメニュー[ツール]→[オプション]をクリックすると、**図1-10-5**の[オプション]ダイアログボックスが表示されます。この[全般]タブの中にある[エラートラップ]という設定を、[エラー発生時に中断]に変更してください。これで、シートモジュールやブックモジュールの場合でも、エラーの発生箇所を特定できるようになります。

図1-10-5 エラートラップと自動構文チェックの設定

[全般]タブ

[編集]タブ

もう1つ、変更しておいたほうがよい設定があります。[編集]タブの[コードの設定]の中にある[自動構文チェック]のチェックは外しておきましょう。チェックを入れたままにしておくと、文法エラーがあるたびにエラーメッセージが表示されて作業が中断されてしまい、コードを書く生産性が落ちます。

1-10-2　エラーを解決する

　エラーにはさまざまなパターンがあるのであらゆるケースを紹介することはできませんが、簡単なプログラムを題材にして、エラー発生から解決に至るまでの流れを学習していきましょう。

①エラーメッセージを確認する

　図1-10-6は、マンションの申込者の一覧表です。この一覧表の［申込日］（B列）に40日をたした日付を、［入金期限］（C列）に書き込むプログラムを実行中に、「型が一致しません」というエラーが発生しました。

図1-10-6　実行時エラーの発生

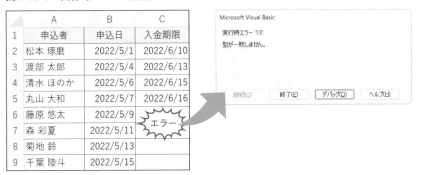

　エラーメッセージが表示されたら、まずその内容を確認しましょう。エラーメッセージを詳しく見てみると、エラー番号が「13」で、エラー内容には「型が一致しません」と表示されています。

図1-10-7　エラーメッセージに表示される情報

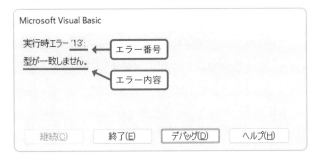

　もしエラー内容を見ても意味がわからない場合は、エラー内容の文言やエラー番号をWebで検索してみましょう。例えば、「vba 型が一致しません」「vba エラー番号 13」などで検索すると、エラーの原因に見当をつけることができます。これからたくさんのコードを書いて、多くのエラーを経験していくと、エラー内容を見ただけでおおよその原因が推測できるようになります。

◉②エラーの発生箇所を確認する

エラーメッセージ内にある［デバッグ］ボタンをクリックすると、エラーの発生箇所が黄色で表示されます。どのコードでエラーが起きているのかを確認することは、エラー原因追求の第一歩です。

図1-10-8　デバッグ時のハイライト表示

```
Sub エラーの原因を調査する()
    Dim 行 As Long
    Dim 最終行 As Long

    '表の最終行を取得する
    最終行 = Range("A1").End(xlDown).Row

    '申込者一覧を1行ずつ繰り返し処理する
    For 行 = 2 To 最終行
        Cells(行, 3).Value = Cells(行, 2).Value + 40
    Next
End Sub
```
└── インジケーターバー

Memo
図1-10-8の黄色矢印が表示されている部分をインジケーターバーといいます。もしこれが表示されていない場合は、［ツール］→［オプション］→［エディターの設定］タブを開き、［インジケーターバー］にチェックして［OK］ボタンをクリックすれば表示されます。

◉③変数の値を確認する

　変数にカーソルを合わせると、変数に入っている値が表示されます。今回の例では、「行」という変数にカーソルを合わせると、**図1-10-9**のように「行=6」と表示されます。これで、6行目のデータを処理しているときエラーが発生していることがわかります。

図1-10-9　変数に入っている値の確認

他にも、値を確認する方法があります。VBEのメニューから［表示］→［イミディエイトウィンドウ］をクリックしてください。すると、新しいウィンドウが表示されます。このウィンドウ内で、クエスチョンマークのあとに変数名を入力して Enter を押すと、変数の値が表示されます。

図1-10-10　イミディエイトウィンドウを使った変数の値の確認

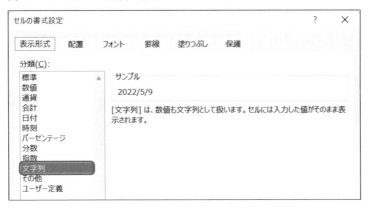

○④エラーの原因を調査する

エラー内容は「型が一致しません」だったので、「Cells(6, 2).Value」（つまりB6セルの値）が計算可能な値ではないことが推測できます。そこでB6セルの書式設定を確認してみると、**図1-10-11**のように「文字列」になっていることが原因であるとわかりました。

図1-10-11　エラーの原因の特定

●⑤修正して動作確認する

B6セルの書式が日付になるようデータを修正したら、正常に動作するか確認しましょう。メニューバー中央にある[リセット]ボタン ■ をクリックして一旦コードの実行を中止し、[F5]を押して再度プロシージャを実行します。

●⑥ステップ実行する

コードを書いた直後などは、[F5]を押してすべての処理を一気に実行してしまうよりも、1行ずつ実行して途中のコードが正しく実行されているかを確認するほうが安全です。[F8]を押すと、**図1-10-12**のように1行ずつ実行することができます。

図1-10-12 ステップ実行

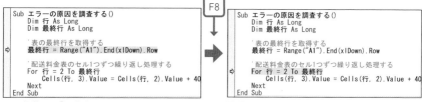

この段階で、「最終行 =…」のコードは実行されていません。

[F8]を押すことで、「最終行 =…」のコードが実行され、次のコードにハイライトが移ります。「For 行 =…」のコードはまだ実行されていません。

1行ずつ実行することを、プログラミングの用語で**ステップ実行**といいます。ステップ実行しながら、それぞれのコードにおける変数の値が正しいかどうか、想定どおりのセルに値が書き込まれているかなど確認するようにしましょう。

1-10-3 エラーの原因を調べる

表1-10-1に、よくあるエラーの原因と、そのときのエラーメッセージに表示されるエラー内容をまとめました。一読しておくと、エラーをスムーズに解決できるはずです。

表1-10-1　エラーの原因とエラーメッセージ

エラーの原因	エラーメッセージに表示されるエラー内容（例）
ピリオド「.」のつけ忘れ	構文エラー
カッコ()の閉じ忘れ	構文エラー
ダブルクォーテーションやシングルクォーテーションのつけ忘れ	構文エラー
データ型のまちがい	型が一致しません。
プロパティやメソッドのスペルミス	・ユーザー定義型は定義されていません。 ・SubまたはFunctionが定義されていません。
ステートメントの末尾（Next、End If、End Withなど）のつけ忘れ	・Forに対応するNextがありません。 ・Ifブロックに対応するEnd Ifがありません。 ・End Withが必要です。
変数の宣言し忘れ	変数が定義されていません。
存在しないシートやブックに対して操作する	インデックスが有効範囲にありません。
セル範囲の指定がまちがっている	アプリケーション定義またはオブジェクト定義のエラーです。

書き方がわからないときは調べよう

POINT ☑ VBAの書き方を調べる方法を理解する
☑ コードを見やすくする書き方を理解する

文法に関する知識を、重箱のすみをつつくように一から十まで覚える必要はありません。コードの書き方がわからなければ、その都度調べて解決しましょう。本節で紹介する調べ方さえ理解すれば十分です。

1-11-1　マクロ記録で調べる

Excelでできる操作については、Excelにあるマクロ記録という機能を使って調べることができます。例えば、セル内の文字色を赤色にする書き方を調べてみましょう。

図1-11-1　マクロ記録の開始

①Excel画面の左下にあるアイコンをクリックします。

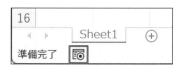

②[OK]ボタンをクリックします。

図1-11-2　マクロ記録の終了

③Excel画面で、文字色を赤にする操作をします。

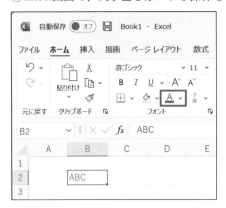

④Excel画面の左下にあるアイコンをクリックします。

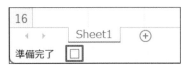

⑤VBEを開き、自動的に作成された標準モジュール「Module1」を開きます。

図1-11-3　マクロ記録によって生成されたコードの確認

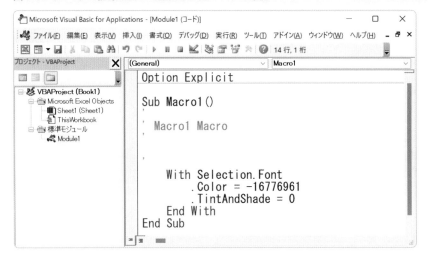

　自動的に生成されたコードを見て、書き方を確認しましょう。**図1-11-3**の例で
いえば、Font.Colorプロパティを使えばよいことがわかります。

```
セル.Font.Color = 色を表す数値
```

　生成したコードを転用して使えるようになるまでには多少の経験が必要となります。慣れるまでは、マクロの記録で確認したプロパティをさらにWebなどで検索して、使い方を確認するようにしてください。

1-11-2　インターネットで調べる

　VBAについて調べるのであれば、Microsoft公式の「Office VBA リファレンス」というWebサイトが最も信頼できます。VBAに関する情報が体系的に掲載されています。

> **Memo**
> Office VBA リファレンスのURLは次のとおりです。
> https://docs.microsoft.com/ja-jp/office/vba/

　例えばCurrentRegionプロパティについて調べるときは、「vba currentregion」といったキーワードで検索をかけます。すると、**図1-11-4**のような検索結果が表示されます。検索結果に表示されているドメインが「microsoft.com」であるサイトを優先的にチェックするようにしましょう。

図1-11-4　検索結果の例

> Microsoft社のドメインであることをチェック

https://docs.microsoft.com › ... › プロパティ ▾

Range.CurrentRegion プロパティ (Excel) | Microsoft Docs

2021/06/07 — 構文. 式.**CurrentRegion**. expression は Range オブジェクトを表す変数です。注釈. このプロパティは、XlRangeAutoFormat 値など、現在の領域 ...

図1-11-5　Webサイトの例

モジュール内からも Office VBA リファレンスを呼び出せます。調べたい用語に
カーソルをあてて F1 を押せば、その用語に関する Office VBA リファレンスが表
示されます。

図1-11-6　モジュールからの Office VBA リファレンス表示

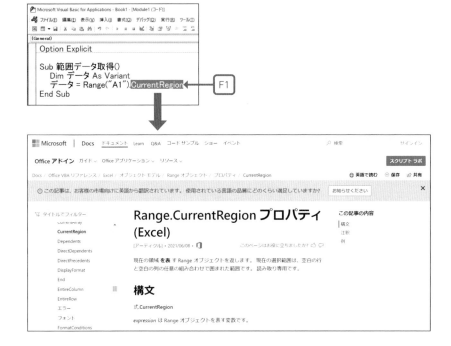

1-11-3　コードを整形する

　コードを見やすくするには、インデントを使うのが効果的です。ステートメント
の間のすべての行にインデントを入れると、ステートメントの開始文字と終了文字
の対応関係が明確になります。インデントを入れるには、インデントを入れる行を
まとめて選択して Tab を押します。逆にインデントを減らしたいときは Shift ＋
Tab を押します。

図1-11-7　インデントの例

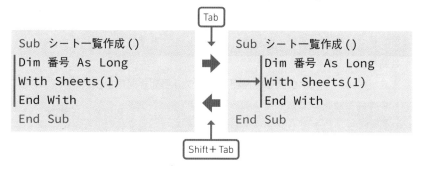

　次の例は、インデントを使って整形したプログラムです。WithとEnd With、IfとEnd Ifなどの対応関係が視覚的にわかりやすくなっていることがわかると思います。

図1-11-8　インデントの例2

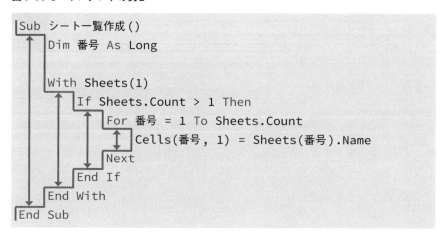

「繰り返し処理」と「分岐処理」の組み合わせに慣れよう

データ入力作業では、入力ミスをしないことが重要です。VBAを使えばミスを防ぐしくみを簡単に作れるので、そのテクニックを習得してください。

本章のもう1つのねらいは、繰り返し処理と分岐処理に慣れてもらうことです。今後あなたが作成するほぼすべてのプログラムにおいて、繰り返し処理と分岐処理が登場します。本章の課題を通じて、この2つのコードの書き方を完全に身につけましょう。繰り返し処理の中に分岐処理を書いて、さらにその中に繰り返し処理を書く、といった複雑な構造にも徐々に慣れていきましょう。

VBAで使用頻度の高いステートメントって何だと思う？

 永井課長

繰り返し処理のFor...Nextステートメントとか、分岐処理のIfステートメントでしょうか。

 笠井主任

そのとおり！ もちろんプログラムによるけど、繰り返し処理と分岐処理はすべてのプログラムに必ずといっていいほど登場する重要なステートメントだよ。

 永井課長

でもVBAを学習し始めたばかりで、まだ使い方が不慣れなんです……。

 一ノ瀬さん

だからこそ、特訓するんだ。短くてシンプルなコードを見ながら、繰り返し処理と分岐処理の使い方をしっかり習得しよう。

 永井課長

2-①

難易度 ★ ☆ ☆ ☆

商品マスタにデータを登録する

POINT
- ☑ データ登録フォームの作成を通じて、プログラミングに慣れる
- ☑ データをクリアする方法を理解する

CASE 01　鉄道模型やプラモデル、ミニカーなどの趣味用品を専門に扱うホビーショップを日本全国に展開するA社では、入荷した商品を、商品マスタ表に手入力で登録しています。しかし、商品マスタ表を直接編集すると、誤ってデータを消してしまうことがあります。

　そこで、簡易的な入力フォームから商品マスタにデータを登録するしくみを作って、入力ミスを防ぎたいと考えています。この方法であれば、商品マスタ表を直接編集しないので、データを安全に管理することができます。

つくりたいプログラム

　商品マスタは、[商品ID]・[商品名]・[原価]の3つの項目から成ります。2行目には簡易的な登録フォームがあり、ここに入力されたデータのことを「登録データ」と呼びます。E2セルには[商品登録]ボタンを設置します。4行目以降に商品マスタがあります。[商品登録]ボタンをクリックすると、商品マスタ表の下部にある空行にデータを登録します。その後、2行目の登録データをクリアします。

図2-1-1　[商品マスタ]シート（商品マスタ）

	A	B	C	D	E
1	商品ID	商品名		原価		← 登録フォーム
2					商品登録	← [商品登録]ボタン
3						
4	商品ID	商品名		原価		
5	1156-2510	【鉄道模型】ななつ星8両セット		98,500		
6	1156-2511	【鉄道模型】キハ56系急行編成3両セット		328,000		
7	1156-2512	【鉄道模型】スーパーあずさ8両セット		715,000		
8	1595-4612	【ミニカー】ジャガーEタイプ		55,700		← 商品マスタ
9	1595-4613	【ミニカー】ロールスロイス ゴースト		69,200		
10	1595-4614	【ミニカー】ポルシェ904GTS		56,900		
11	2094-7822	【プラモデル】宇宙戦艦ヤマト		49,800		
12	2094-7823	【プラモデル】銀河鉄道999 メカコレ 777		12,500		
13						← この空行に登録

2

「繰り返し処理」と「分岐処理」の組み合わせに慣れよう

81

処理の流れ

　登録データを取得してそれを書き込むというシンプルな処理です。ポイントは、商品マスタの何行目に書き込むか（ここでは「書込行」とする）を特定することです。

　書込行は、商品マスタの**最終行の次の行**です。よって、最終行をどう特定するか、という話になります。やり方は2つあります。

①A4セルを基点にして**下方向**にジャンプ（ Ctrl + ↓ ）する方法
②A列最下行を基点に**上方向**にジャンプ（ Ctrl + ↑ ）する方法

　商品マスタにデータが1行でもあれば、どちらの方法でも最終行を特定できます。

図2-1-2　商品マスタの最終行の特定

①A4セルを基点に下方向にジャンプ
`Range("A4").End(xlDown)`

	A	B
1	商品ID	商品名
2		
3		
4	商品ID	商品名
5	1156-2510	【鉄道模型】ななつ星8両セット
6	1156-2511	【鉄道模型】キハ56系急行編成3両セット
7	1156-2512	【鉄道模型】スーパーあずさ8両セット
8	1595-4612	【ミニカー】ジャガーEタイプ
9	1595-4613	【ミニカー】ロールスロイス ゴースト
10	1595-4614	【ミニカー】ポルシェ904GTS
11	2094-7822	【プラモデル】宇宙戦艦ヤマト
12	2094-7823	【 最終行 鉄道999 メカコレ 777
13		
14		
15		
1048574		
1048575		
1048576		

②A列最下行を基点に上方向にジャンプ
`Cells(Cells.Rows.Count, 1).End(xlUp)`

	A	B
1	商品ID	商品名
2		
3		
4	商品ID	商品名
5	1156-2510	【鉄道模型】ななつ星8両セット
6	1156-2511	【鉄道模型】キハ56系急行編成3両セット
7	1156-2512	【鉄道模型】スーパーあずさ8両セット
8	1595-4612	【ミニカー】ジャガーEタイプ
9	1595-4613	【ミニカー】ロールスロイス ゴースト
10	1595-4614	【ミニカー】ポルシェ904GTS
11	2094-7822	【プラモデル】宇宙戦艦ヤマト
12	2094-7823	【 最終行 鉄道999 メカコレ 777
13		
14		
15		
1048574		
1048575		
1048576		

Memo
Endプロパティの使い方については、1-5-3を参照してください。

　しかしデータが1行もない場合は、①の方法だとシート内の最下行（1,048,576行目）までジャンプしてしまいます。それを防ぐため、今回はシート内の最下行にあるセルを基点にして上方向にジャンプ（ Ctrl + ↑ ）することによって最終行を特定します。

図2-1-3 商品マスタの最終行の特定

①A4セルを基点に下方向にジャンプ
`Range("A4").End(xlDown)`

②A列最下行を基点に上方向にジャンプ
`Cells(Cells.Rows.Count, 1).End(xlUp)`

	A	B
1	商品ID	商品名
2		
3		
4	商品ID	商品名
5		
6		
7		
8		
9		
10		
11	✕	
12		
13		
14		
15		
1048574		
1048575		
1048576		

	A	B
1	商品ID	商品名
2		
3		
4	商品ID	商品名
5		
6		
7		
8		
9		
10		
11	○	
12		
13		
14		
15		
1048574		
1048575		
1048576		

2

「繰り返し処理」と「分岐処理」の組み合わせに慣れよう

　どちらのやり方で最終行を取得するかは、表にデータがあるかどうかによって決まるので、使い分けられるようになりましょう。最終行が取得できたら、書込行は最終行の次の行（最終行+1）で取得できます。書き込む処理が終わったら、2行目の登録データをクリアします。

　これを踏まえて処理の流れを書くと、次のようになります。

▼ [商品登録] 処理

> ①登録するデータを2行目から取得する
> ②商品マスタの最終行を取得する
> ③最終行の次の行にデータを書き込む
> ④登録データをクリアする

 解決のためのヒント

○ データをクリアする

　データをクリアする書き方は2種類あります。<ruby>ClearContents<rt>クリアコンテンツ</rt></ruby>メソッドと<ruby>Clear<rt>クリア</rt></ruby>メソッドです。<ruby>ClearContents<rt>クリアコンテンツ</rt></ruby>メソッドは、セルの数式と値のみをクリアします。一方で<ruby>Clear<rt>クリア</rt></ruby>メソッドは、数式と値に加えて、書式設定（罫線や背景色など）

もクリアします。今回の課題では書式設定までクリアする必要はないので、
ClearContentsメソッドを使用します。

表2-1-1　セルをクリアするメソッド

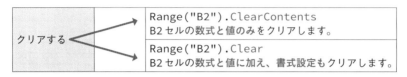

| クリアする | Range("B2").ClearContents
B2セルの数式と値のみをクリアします。 |
| | Range("B2").Clear
B2セルの数式と値に加え、書式設定もクリアします。 |

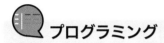 プログラミング

　プロシージャ名は「商品登録」とします。プロシージャの中に、処理の流れをコ
メントとして書いておくと、あなたが行うべき作業が明確になり、プログラミング
効率が上がります。標準モジュールを作成し、Subプロシージャを作り、次のよう
にコメントを書いてみましょう。

▼ **[商品登録]プロシージャ**

```
Sub 商品登録()
    '①登録するデータを2行目から取得する
    '②商品マスタの最終行を取得する
    '③最終行の次の行にデータを書き込む
    '④登録データをクリアする
End Sub
```

　また、[商品マスタ]シートの右上には[商品登録]ボタンを設置し、[商品登録]
プロシージャを関連づけておくと、わざわざVBEを開いてプロシージャを実行し
なくても、ボタンをクリックするだけで処理を実行できます。

図2-1-4 [登録]ボタンの設置

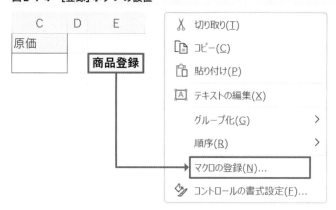

ボタンを右クリック→[マクロの登録]をクリック→マクロの一覧から「商品登録」を選択→[OK]ボタンをクリックします。

では、処理の流れに沿ってコードを解説します。

❶ 登録するデータを2行目から取得する

　2行目にある登録データを取得します。セルを指定するために使うオブジェクトとしてはRange・Cells（1-3-2参照）のどちらを使ってもかまいませんが、今回はCellsを使います。セルの値を格納するために使う3つの変数は、プロシージャの冒頭で宣言します。

```
' ①登録するデータを2行目から取得する
商品ID = Cells(2, 1).Value
商品名 = Cells(2, 2).Value
原価 = Cells(2, 3).Value
```

➡【変数宣言】Dim 商品ID As String, 商品名 As String, 原価 As Long

Memo

変数の宣言をするタイミングは、ひととおりコードを書き終わったあとでかまいません。なぜなら、コードを書く前にどのような変数が必要になるのかを予想することは難しいからです。例えば商品マスタのデータをコピーしてF4セルに貼りつけるコードを書くことをイメージしてください（CurrentRegionプロパティについては1-5-1参照）。

```
Range("A4").CurrentRegion.Copy Range("F4")
```

上記コードがパッと見て何の処理をしているコードなのかわかりにくいので、「商品マスタ」という変数を使って次のようにコードを書き換えてみようと思うことはよくあります。

```
Set 商品マスタ = Range("A4").CurrentRegion
商品マスタ.Copy Range("F4")
```

したがって、コードを書いているときは自由に変数を使い、気づいたタイミングで変数を宣言すればOKです。もし変数を宣言し忘れていても、モジュール内でOption Explicitステートメント（[変数の宣言を強制する]という設定）を記述していれば、VBEがエラーメッセージで知らせてくれるので問題ありません。

❷ 商品マスタの最終行を取得する

　商品マスタの最終行を取得する方法はいくつかありますが、今回はシート内の最終行にあるセルを指定して[Ctrl]+[↑]を押すのと同じ操作を行います。シート内の最終行にあるセルは次のように書きます。

```
Cells(Cells.Rows.Count, 1)
         └── シート内の最終行
```

　このオブジェクトのEndプロパティ（1-5-3参照）を使って、[Ctrl]+[↑]の操作を行います。最終的に欲しいのは行番号なので、コードの行末にRowプロパティをつけるのを忘れないようにしてください。ここで使った変数「最終行」は、プロシージャの冒頭で宣言します。

```
'②商品マスタの最終行を取得する
最終行 = Cells(Cells.Rows.Count, 1).End(xlUp).Row
```

➡【変数宣言】Dim 最終行 As Long

❸ 最終行の次の行にデータを書き込む

　データの書込先は、最終行の次の行なので、行番号を指定するときは「最終行+1」と書く必要があります。[商品ID]・[商品名]・[原価]を、A列（1列目）・B列（2列目）・C列（3列目）にそれぞれ書き込んでいきます。

```
'③最終行の次の行にデータを書き込む
Cells(最終行 + 1, 1).Value = 商品ID
Cells(最終行 + 1, 2).Value = 商品名
Cells(最終行 + 1, 3).Value = 原価
```

❹ 登録データをクリアする

　書き込みが終わったら、2行目にある登録データをクリアします。罫線などの書式設定までクリアする必要はないので、ClearContentsメソッドを使います。クリアする範囲は、A2:C2です。

```
'④登録データをクリアする
Range("A2:C2").ClearContents
```

　完成したプログラムは次のようになります。

○ プログラム作成例

```
Sub 商品登録()
    Dim 商品ID As String, 商品名 As String, 原価 As Long
    Dim 最終行 As Long

    '①登録するデータを2行目から取得する
    商品ID = Cells(2, 1).Value
    商品名 = Cells(2, 2).Value
    原価 = Cells(2, 3).Value
```

```
'②商品マスタの最終行を取得する
最終行 = Cells(Cells.Rows.Count, 1).End(xlUp).Row

'③最終行の次の行にデータを書き込む
Cells(最終行 + 1, 1).Value = 商品ID
Cells(最終行 + 1, 2).Value = 商品名
Cells(最終行 + 1, 3).Value = 原価

'④登録データをクリアする
Range("A2:C2").ClearContents
End Sub
```

　プログラムが完成したら、［登録］ボタンをクリックして、動作を確認してみてください。正常に動作すると、**図2-1-5**のように登録データが商品マスタに登録されます。

図2-1-5　実行結果 - ［商品マスタ］シート

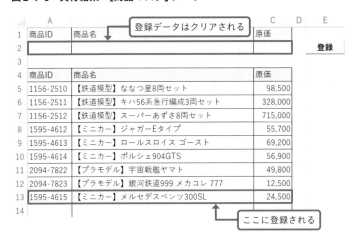

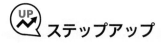 ステップアップ

　商品マスタに項目（列）を追加すると、その他の列番号がずれることがあります。例えば［原価］列がC列（3列目）からD列（4列目）に変更されたとき、列番号に「3」を使っている次の2箇所のコードを修正しないといけません。

- 原価 = Cells(2, 3).Value
- Cells(最終行 + 1, 3).Value = 原価

同じ修正作業を何度も繰り返すのを防ぐためには、定数を使うのが効果的です。定数化することで値を一元管理できるようになり、修正箇所を1箇所に減らすことができます。

今回は、[商品ID]・[商品名]・[原価]の3つの列番号と、登録データ行を定数化します。

```
Const 商品ID列 As Long = 1
Const 商品名列 As Long = 2
Const 原価列 As Long = 3
Const 登録データ行 As Long = 2
```

この定数を使って、❶と❸のコードを次のように変更します。

```
'①登録するデータを2行目から取得する
商品ID = Cells(登録データ行, 商品ID列).Value
商品名 = Cells(登録データ行, 商品名列).Value
原価 = Cells(登録データ行, 原価列).Value

（省略）

'③最終行の次の行にデータを書き込む
Cells(最終行 + 1, 商品ID列).Value = 商品ID
Cells(最終行 + 1, 商品名列).Value = 商品名
Cells(最終行 + 1, 原価列).Value = 原価
```

コードを変更しても、実行結果は変わりません。

2-2

難易度 ★ ☆ ☆ ☆

仕入明細を仕入予定表に転記する

POINT
- ☑ 繰り返しと分岐を組み合わせた処理を習得する
- ☑ 処理を強制的に中断・終了する方法を理解する

CASE 02　文房具や画材の専門店を展開するA社では、仕入予定の商品を仕入明細表にデータ入力した後、社員に情報を共有するために、仕入予定表を毎週作成しています。データを転記するだけですが、毎週発生する面倒な作業なので、作業を自動化したいと考えています。

図2-2-1　仕入明細表から仕入予定表への転記

仕入明細表

	A	B	C
1	仕入日	商品	数量
2	6/6	蛍光ペン	7
3	6/7	蛍光ペン	28

仕入予定表

日付　商品	6/6	6/7	6/8	6/9	6/10
蛍光ペン					
ホッチキス					

💭 つくりたいプログラム

［仕入］シートの左側にある仕入明細表には、［仕入日］・［商品］・［数量］の3つの項目があります。右側の仕入予定表は、縦軸（行方向）に［商品］、横軸（列方向）に［日付］の項目があります。真ん中の［転記］ボタンをクリックすると、仕入明細表から仕入予定表に、［数量］のデータを転記するプログラムを作成します。

図2-2-2　［仕入］シート（左：仕入明細表、右：仕入予定表）

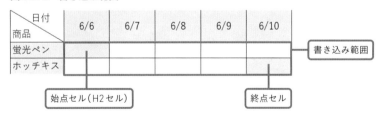

	A	B	C	D	E	F	G	H	I	J	K	L
1	仕入日	商品	数量		転記		日付 商品	6/6	6/7	6/8	6/9	6/10
2	6/6	蛍光ペン	7				蛍光ペン					
3	6/7	蛍光ペン	28				ホッチキス					
4	6/8	蛍光ペン	19									
5	6/9	蛍光ペン	3									
6	6/10	蛍光ペン	19									
7	6/6	ホッチキス	12									
8	6/7	ホッチキス	6									
9	6/8	ホッチキス	11									
10	6/9	ホッチキス	23									
11	6/10	ホッチキス	5									

［転記］ボタン　　ここに転記　　仕入予定表　　仕入明細表

処理の流れ

　やり方がいろいろあって悩むと思いますが、正解は1つではないので、処理結果が一致すれば問題ありません。ただし、なるべく無駄な処理をしないことや、今後データが増えていったときにコード書き直さずに済むことなどを意識して処理の流れを考えてみるとよいと思います。本書ではまず、予定表において［数量］を書き込む範囲を特定します。

　まず、始点セルはH2セルで、今後変わらないものとします。次に終点セルについては、今後［商品］や［日付］の値が増えていくことを考慮して、自動的に識別するようにしましょう。

図2-2-3　書き込み範囲

日付 商品	6/6	6/7	6/8	6/9	6/10	
蛍光ペン						書き込み範囲
ホッチキス						

始点セル（H2セル）　　終点セル

　終点セルを特定するには、仕入予定表の最終行と最終列を特定します。仕入予定表の左上にあるG1セルを基点とし、Ctrl + ↓ を押してヒットするセルから最終行を取得できます。同じように、G1セルから Ctrl + → を押してヒットするセルから、最終列を取得できます。

図2-2-4　最終行・最終列の特定

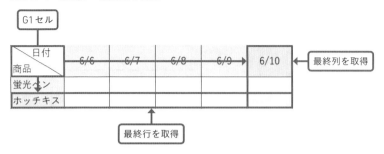

　［数量］を書き込む範囲を特定できたら、仕入明細表から仕入予定表に書き込む方法を考えていきます。書き込む範囲内のセルを1つずつ繰り返し処理し、セルの値を空白にしてから、そこにデータを転記します。そのとき、仕入明細表を1行ずつ繰り返し処理しながら、次の2項目の突き合わせを行います。

- 仕入予定表の［日付］が、仕入明細表の［仕入日］と一致するか
- 仕入予定表の［商品］が、仕入明細表の［商品］と一致するか

　［日付］と［商品］が一致する場合にのみデータを転記します。数量を書き込んだら、書き込んだセルについてそれ以上行う処理はないので、仕入明細の繰り返し処理を抜けます。
　これを踏まえて処理の流れを書くと、次のようになります。

▼ ［転記］処理

①仕入明細を取得する
②書き込む範囲を取得する
③予定表のセルごとに繰り返し処理する
　　④セルの値を初期化する
　　⑤予定表の日付を取得する
　　⑥予定表の商品を取得する
　　⑦仕入明細を1行ずつ繰り返し処理する
　　　　⑧日付と商品が一致する場合は、数量を予定表に書き込み、繰り返し処理を抜ける

解決のためのヒント

○ 処理を抜ける

途中で処理を抜けるには、Exit^{エグジット}というステートメントを使います。今回の課題
では、繰り返し処理を抜けるためにExit For^{エグジット フォー}を使います。

図2-2-5 Exit Forステートメント

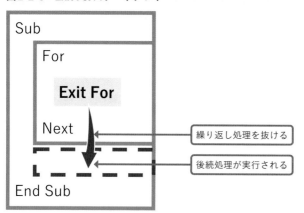

繰り返し処理を抜けたあとは、そのあとに書かれている処理が引き続き実行され
ます。Exitステートメントでプロシージャを抜ける（終了する）こともできるの
で、あわせて覚えておきましょう。

表2-2-1 Exitステートメント

繰り返し処理を抜ける	Exit For エグジット　フォー
プロシージャを抜ける（終了する）	Exit Sub エグジット　サブ
	Exit Function エグジット　ファンクション

プログラミング

プロシージャ名は「転記」とし、プロシージャ内に処理の流れを書き込みます。

▽ [転記]プロシージャ

```
Sub 転記()
```

右余白（縦書き）:
2
「繰り返し処理」と「分岐処理」の
組み合わせに慣れよう

```
        '①仕入明細を取得する
        '②書き込む範囲を取得する
        '③予定表のセルごとに繰り返し処理する
            '④セルの値を初期化する
            '⑤予定表の日付を取得する
            '⑥予定表の商品を取得する
            '⑦仕入明細を1行ずつ繰り返し処理する
                '⑧日付と商品が一致する場合は、数量を予定表に書き込み、繰
                    り返し処理を抜ける
End Sub
```

また、［仕入］シートの中央には［転記］ボタンを設置し、［転記］プロシージャを
関連づけておきましょう。

図2-2-6　[転記]ボタンの設置

では、処理の流れに沿ってコードを解説します。

❶仕入明細を取得する

仕入明細表のデータを取得するので、A1セルを基点として、表全体を選択する
（Ctrl＋Aを押す）のと同じ操作であるCurrentRegionプロパティ（1-5-1参照）
を使います。今回の場合、A1:C12の範囲が選択されます。取得したデータは、
「データ」というVariant型の変数に格納します。

```
'①仕入明細を取得する
データ = Range("A1").CurrentRegion
```

➡【変数宣言】Dim データ As Variant

❷書き込む範囲を取得する

　終点セルを取得するためにはひと工夫が必要です。**End**プロパティ（1-5-3参照）を使って、終点行と終点列を取得します。それらを使ってセルを指定し、**Address**プロパティ（1-3-2参照）を使って終点セルのアドレスを取得します。

```
'②書き込む範囲を取得する
終点行 = Range("G1").End(xlDown).Row
終点列 = Range("G1").End(xlToRight).Column
始点セル = "H2"
終点セル = Cells(終点行, 終点列).Address
```

➡【変数宣言】Dim 終点行 As Long, 終点列 As Long
　　　　　　Dim 始点セル As String, 終点セル As String

❸予定表のセルごとに繰り返し処理する

　セルごとに繰り返し処理するので、**For Each**ステートメント（1-6-2参照）を使います。範囲は、❷で取得した始点セルと終点セルを使って指定します。

```
'③予定表のセルごとに繰り返し処理する
For Each セル In Range(始点セル, 終点セル)
    '④セルの値を初期化する
    '⑤予定表の日付を取得する
    '⑥予定表の商品を取得する
    '⑦仕入明細を1行ずつ繰り返し処理する
        '⑧日付と商品が一致する場合は、数量を予定表に書き込み、繰り返
        し処理を抜ける
Next
```

➡【変数宣言】Dim セル As Range

❹セルの値を初期化する

　一度プログラムを実行すると、セルに値が書き込まれます。セルに値が書き込まれた状態で再度プログラムを実行すると、前に実行したときの値がそのまま残ってしまい、意図しないデータになってしまう可能性があります。それを防ぐためにセルの値をクリアします。罫線などの書式はそのまま残しておきたいので、**ClearContents**メソッドを使います。

2

「繰り返し処理」と「分岐処理」の組み合わせに慣れよう

```
'④セルの値を初期化する
セル.ClearContents
```

❺ 予定表の日付を取得する

仕入予定表の［日付］は1行目にあります。仕入明細表の［仕入日］と突き合わせるときに使います。

```
'⑤予定表の日付を取得する
日付 = Cells(1, セル.Column).Value
```

➡【変数宣言】Dim 日付 As Date

❻ 予定表の商品を取得する

仕入予定表の［商品］はG列（7列目）にあります。 仕入明細表の［商品］と突き合わせるときに使います。

```
'⑥予定表の商品を取得する
商品 = Cells(セル.Row, 7).Value
```

➡【変数宣言】Dim 商品 As String

❼ 仕入明細を1行ずつ繰り返し処理する

仕入明細表と突き合わせるために、❶で取得したデータを1行ずつ繰り返し処理します。仕入明細の最終行は**UBound**関数（1-4-4参照）を使って取得できます。

```
'⑦仕入明細を1行ずつ繰り返し処理する
For 行 = 2 To UBound(データ)
    '⑧日付と商品が一致する場合は、数量を予定表に書き込み、繰り返し処理を
抜ける
Next
```

➡【変数宣言】Dim 行 As Long

❽ 日付と商品が一致する場合は、数量を予定表に書き込み、繰り返し処理を抜ける

仕入明細表の［仕入日］はA列（1列目）にあるので、「データ(行, 1)」で取得できます。また、［商品］はB列（2列目）にあるので「データ(行, 2)」で取得できます。仕入予定表の［日付］・［商品］と同じ［仕入日］・［商品］が見つかったら、該当行にある［数量］を予定表に書き込みます。数量はC列（3列目）にあるので、「データ(行,

3)」で取得できます。［数量］を書き込んだら、仕入明細の繰り返し処理を続ける必要がないので、**Exit For**ステートメントを使って繰り返し処理を抜けます。

```
'⑧日付と商品が一致する場合
If 日付 = データ(行, 1) And 商品 = データ(行, 2) Then
    '数量を予定表に書き込む
    セル.Value = データ(行, 3)

    '繰り返し処理を抜ける
    Exit For
End If
```

完成したプログラムは次のようになります。

●プログラム作成例

```
Sub 転記()
    Dim データ As Variant
    Dim 終点行 As Long, 終点列 As Long
    Dim 始点セル As String, 終点セル As String
    Dim セル As Range
    Dim 日付 As Date
    Dim 商品 As String
    Dim 行 As Long

    '①仕入明細を取得する
    データ = Range("A1").CurrentRegion

    '②書き込む範囲を取得する
    終点行 = Range("G1").End(xlDown).Row
    終点列 = Range("G1").End(xlToRight).Column
    始点セル = "H2"
    終点セル = Cells(終点行, 終点列).Address

    '③予定表のセルごとに繰り返し処理する
```

```
For Each セル In Range(始点セル, 終点セル)
    '④セルの値を初期化する
    セル.ClearContents

    '⑤予定表の日付を取得する
    日付 = Cells(1, セル.Column).Value

    '⑥予定表の商品を取得する
    商品 = Cells(セル.Row, 7).Value

    '⑦仕入明細を1行ずつ繰り返し処理する
    For 行 = 2 To UBound(データ)
        '⑧日付と商品が一致する場合
        If 日付 = データ(行, 1) And 商品 = データ(行, 2) Then
            '数量を予定表に書き込む
            セル.Value = データ(行, 3)

            '繰り返し処理を抜ける
            Exit For
        End If
    Next
Next
End Sub
```

プログラムを実行すると、**図2-2-7**のようになります。［転記］ボタンをクリックすると、仕入明細表のデータが仕入予定表に転記されます。

図2-2-7　実行結果 - ［仕入］シート

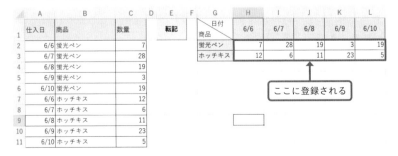

難易度 ★★☆☆

社員の昇給一覧表を作成する

POINT
- ☑ 複数シート間での処理の書き方を習得する
- ☑ 値を返すプロシージャの使い方を理解する

CASE 03　厚生労働省の登録を受けた水質検査機関として河川や湖沼の水質・底質モニタリング調査を行っているA社では、年1回人事評価を行い、昇給対象者を一覧表にまとめています。社員の月額報酬は、**図2-3-1**の月額報酬表のとおり、[役職]と[ランク]によって決まります。

A社人事部では、[役職]と[ランク]を目視確認して、社員の月額報酬を手入力しています。しかし、入力ミスを防ぐためのチェック作業にかなりの時間を要しており、作業負荷を減らすために月額報酬の入力作業を自動化したいと考えています。

図2-3-1　月額報酬表への転記

	A	B	C	D
1	ランク／役職	Bランク	Aランク	Sランク
2	スタッフ	221,000	232,000	244,000
3	主任補佐	265,000	278,000	292,000
4	主任	305,000	320,000	336,000
5	係長補佐	350,000	368,000	386,000
6	係長	402,000	422,000	443,000
7	課長補佐	463,000	486,000	510,000

月額報酬	昇給額
265,000	21,000
350,000	14,000
443,000	21,000
486,000	23,000
776,000	37,000
612,000	25,000
894,000	43,000
278,000	57,000

つくりたいプログラム

昇給一覧表は、社員の昇給前と昇給後の[月額報酬]にもとづき、その差額である[昇給額]を算出するための表です。[番号]・[氏名]、昇給前の[役職]・[ランク]・[月額報酬]、昇給後の[役職]・[ランク]・[月額報酬]、[昇給額]の9項目があります。

今回作成するプログラムでは、昇給後の[役職]・[ランク]にもとづき、月額報酬表から昇給一覧表に、該当する[月額報酬]を転記します。[昇給額]にはあらかじめ、昇給前と昇給後の月額報酬の差分を計算するための数式が入力されています。

図2-3-2　[昇給一覧]シート(昇給一覧表)

	A	B	C	D	E	F	G	H	I
1			昇給前			昇給後		差分	
2	番号	氏名	役職	ランク	月額報酬	役職	ランク	月額報酬	昇給額
3	S015	小林 愛美	スタッフ	Sランク	244,000	主任補佐	Bランク		-
4	S016	柴田 悠斗	主任	Sランク	336,000	係長補佐	Bランク		-
5	S017	山崎 美月	係長	Aランク	422,000	係長	Sランク		-
6	S018	山口 愛莉	課長補佐	Bランク	463,000	課長補佐	Aランク		-
7	S019	工藤 太陽	部長	Aランク	739,000	部長	Sランク		-
8	S020	増田 萌花	課長	Sランク	587,000	部長補佐	Bランク		-
9	S021	宮崎 明日香	本部長補佐	Aランク	851,000	本部長補佐	Sランク		-
10	S022	藤田 美玖	スタッフ	Bランク	221,000	主任補佐	Aランク		-

昇給後の[役職]と[ランク]にもとづき、
月額報酬を記入する

　月額報酬表は、役職別・ランク別の月額報酬をまとめたものです。縦軸(A列)に[役職]、横軸(1行目)に[ランク]があり、交差するところに該当する[月額報酬]が記載されています。

図2-3-3　[月額報酬]シート(月額報酬表)

	A	B	C	D
1	ランク 役職	Bランク	Aランク	Sランク
2	スタッフ	221,000	232,000	244,000
3	主任補佐	265,000	278,000	292,000
4	主任	305,000	320,000	336,000
5	係長補佐	350,000	368,000	386,000
6	係長	402,000	422,000	443,000
7	課長補佐	463,000	486,000	510,000
8	課長	532,000	559,000	587,000
9	部長補佐	612,000	643,000	675,000
10	部長	704,000	739,000	776,000
11	本部長補佐	810,000	851,000	894,000
12	本部長	930,000	977,000	1,026,000
13	取締役	1,071,000	1,125,000	1,181,000

この[月額報酬]の値を、
昇給一覧表に転記する

処理の流れ

　社員ごとに月額報酬を算出するには、昇給一覧表にある［役職］・［ランク］を、月額報酬表の［役職］・［ランク］と突き合わせて、ヒットした［月額報酬］を取得します。この処理を、昇給一覧表のすべての社員について行います。

図 2-3-4　［役職］と［ランク］の突き合わせ

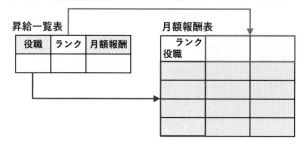

　処理を次の2つに分けておくと、わかりやすいプログラムになります。

- 月額報酬取得：月額報酬表から、指定した［役職］・［ランク］に該当する［月額報酬］を取得する処理
- 昇給一覧作成：昇給一覧表に月額報酬を書き込む処理

　これを踏まえて処理の流れを書くと、次のようになります。

▽［月額報酬取得］処理

①役職に該当する行を取得する
②ランクに該当する列を取得する
③ヒットしたセルから月額報酬を取得する

▽［昇給一覧作成］処理

①昇給一覧のデータを1行ずつ処理する
　②昇給後の役職とランクを取得する
　③月額報酬表から昇給後の月額報酬を取得する
　④取得した月額報酬を昇給一覧に書き込む

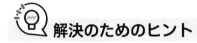
解決のためのヒント

○ Match関数

指定したセル範囲において、値がどの位置にあるのかを探すために使います。Excelの関数なので、`WorksheetFunction`オブジェクトをつけて使います。

関数	**Match**（マッチ）
説明	指定したセル範囲において、値がある位置を取得します。3つ目の引数については、基本的に「0」を指定してください。
引数	1. 値 2. 範囲 3. 照合の型
戻り値	範囲内の相対的な位置
使用例	列 = WorksheetFunction.Match("武田", Rows(11), 0) 　　　　　　　　　　　　　　└ 値　　└ 探す範囲　└ 照合の型

> ▶ 11行目において、「武田」という値に一致するセルの位置を取得します。C列（3列目）にあるのであれば、戻り値は「3」になります。

照合の型についての補足説明を**表2-3-1**にまとめています。

表2-3-1　照合の型

照合の型	説明
1	「以下」を表します。指定した値以下で、最大の値を検索します。
0	「一致」を表します。指定した値に等しい、最初の値を検索します。
−1	「以上」を表します。指定した値以上で、最小の値を検索します。

○ 値を返すFunctionプロシージャ

プロシージャにはいくつか種類があり、その中の1つがFunction（ファンクション）プロシージャです。Functionプロシージャは、工場のしくみとよく似ています。

図2-3-5　Functionプロシージャのイメージ

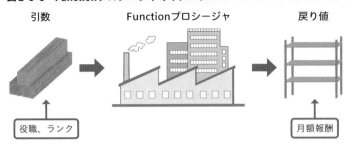

材料を投入する（①）と、工場内で加工され（②）、製品ができあがります（③）。これと同様、Functionプロシージャは値を受け取り（①）、プロシージャ内で処理をしたあと（②）、値を返す（③）ことができます。受け取る値のことを**引数**（ひきすう）、返す値のことを**戻り値**（もどりち）といいます。

今回の例でいうと、役職およびランクの2つの値を引数として受け取って、月額報酬表から該当する月額報酬を探し出し、月額報酬を戻り値として返すプロシージャを作成します。

Memo
Subプロシージャは、引数を受け取ることはできますが、戻り値を返すことはできません。

Functionプロシージャの書き方は次のとおりです。プロシージャ名の横にあるカッコ内に、引数の名前と型（①）を指定します。カッコの右側に、戻り値の型を指定します。プロシージャ内で、引数を使って処理（②）を行ったあと、戻り値を返します（③）。

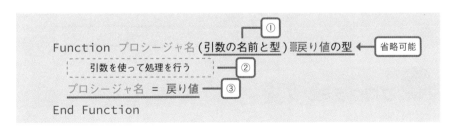

Memo
戻り値の型は省略可能です。省略した場合、Variant型が指定されているものとみなされます。省略せずに書くことで、戻り値の型が意図どおりかをチェックできます。

Functionプロシージャの具体例は次のとおりです。引数として、役職とランクの2つの文字列を受け取ります。役職が「係長補佐」でランクが「Aランク」の場合は、戻り値として「368,000」の数値を返します。その他の場合は、戻り値として「350,000」の数値を返します。

▼引数を受け取り、戻り値を返すプロシージャを作る

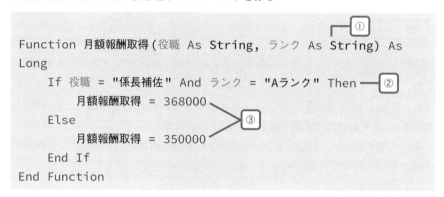

```
Function 月額報酬取得 (役職 As String, ランク As String) As
Long
    If 役職 = "係長補佐" And ランク = "Aランク" Then ── ②
        月額報酬取得 = 368000
    Else                                      ③
        月額報酬取得 = 350000
    End If
End Function
```

　続いて、上記プロシージャを呼び出すコードの例です。引数には2つの値「係長補佐」「Aランク」を指定します。受け取った戻り値「368,000」は、変数「月額報酬」に格納されます。

▼プロシージャを呼び出す

```
Sub 昇給一覧作成
    Dim 月額報酬 As Long
    月額報酬 = 月額報酬取得 ("係長補佐", "Aランク")
End Sub                              引数を指定する
```

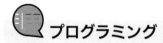

プログラミング

　プロシージャ名は「月額報酬取得」と「昇給一覧作成」とし、プロシージャ内に処理の流れを書き込みます。昇給一覧作成プロシージャの中で、月額報酬取得プロシージャを呼び出します。

▼ [月額報酬取得]プロシージャ

```
Function 月額報酬取得(役職 As String, ランク As String) As
Long
    '①役職に該当する行を取得する
    '②ランクに該当する列を取得する
    '③ヒットしたセルから月額報酬を取得する
End Sub
```

▼ [昇給一覧作成]プロシージャ

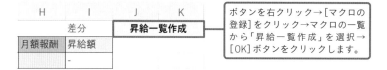

```
Sub 昇給一覧作成()
    '①昇給一覧のデータを1行ずつ処理する
    '②昇給後の役職とランクを取得する
    '③月額報酬表から昇給後の月額報酬を取得する
    '④取得した月額報酬を昇給一覧に書き込む
End Sub
```

ここで[月額報酬取得]プロシージャを呼び出す

また、[昇給一覧]シートの右上には[昇給一覧作成]ボタンを設置し、[昇給一覧作成]プロシージャを関連づけておきましょう。

図2-3-6 [昇給一覧作成]ボタンの設置

H	I	J	K
	差分	昇給一覧作成	
月額報酬	昇給額		
	-		

ボタンを右クリック→[マクロの登録]をクリック→マクロの一覧から「昇給一覧作成」を選択→[OK]ボタンをクリックします。

では、コードについて解説します。

▼ [月額報酬取得]プロシージャ

❶役職に該当する行を取得する

引数として受け取った役職を、月額報酬表のA列（1列目）に記載されている役職と突き合わせて、合致する行番号を取得します。[月額報酬表]シートオブジェクトはこのあと何度も書くことになるので、あらかじめWithステートメント（1-3-6参照）で括っておきます。値を探すMatch関数はExcelの関数なので、関数の前にWorksheetFunctionオブジェクト（1-9-2参照）をつける必要があります。

また、引数の1つ目には探す値、2つ目には探す範囲、3つ目には照合の型を指定します。探す範囲には列全体を表すColumnsオブジェクト（1-3-3参照）を使います。探す範囲を指定するとき、Range("A2:A13")のように範囲指定することもできますが、役職が追加されるたびにコードを書き換えないといけなくなります。列全体を探す範囲に設定しておけば、役職がいくら追加されてもコードを書き換える必要はありません。Columnsオブジェクトの前にピリオドをつけるのを忘れないようにしましょう。

```
With Sheets("月額報酬")
    '①役職に該当する行を取得する
    行 = WorksheetFunction.Match(役職, .Columns(1), 0)

    '②ランクに該当する列を取得する
    '③ヒットしたセルから月額報酬を取得する
End With
```

➡【変数宣言】Dim 行 As Long

❷ ランクに該当する列を取得する

❶と同様に、引数として受け取ったランクを、月額報酬表の1行目に記載されているランクと突き合わせて、合致する列番号を取得します。Match関数の2つ目の引数では、行全体を表すRowsオブジェクト（1-3-3参照）を使います。Rowsオブジェクトの前にピリオドをつけるのを忘れないようにしましょう。

```
'②ランクに該当する列を取得する
列 = WorksheetFunction.Match(ランク, .Rows(1), 0)
```

➡【変数宣言】Dim 列 As Long

❸ ヒットしたセルから月額報酬を取得する

行と列がわかれば、該当セルの値、すなわち月額報酬がわかります。セルの値を戻り値として返すために、「プロシージャ名 = セルの値」の形式で書きます。

```
'③ヒットしたセルから月額報酬を取得する
月額報酬取得 = .Cells(行, 列).Value
```

▼ [昇給一覧作成]プロシージャ

❶ 昇給一覧のデータを1行ずつ処理する

　繰り返し処理For...Nextステートメント(1-6-1参照)を使います。昇給一覧表を見ると、データ開始行は3行目になっています。また、最終行についてはUsedRangeプロパティ(1-5-2参照)を使って取得します。UsedRangeプロパティの代わりにCurrentRegionプロパティ(1-5-1参照)を使うことも可能です。[昇給一覧]シートオブジェクトはこのあと何度も書くので、あらかじめWithステートメント(1-3-6参照)で括っておきます。UsedRangeプロパティの前には、ピリオド「.」をつけましょう。ピリオドがあることによって、[昇給一覧]シートオブジェクトが省略されているのだとVBEが判別できます。逆にピリオドを書き忘れるとアクティブシートが選択されているものとみなされるので、意図しないシートにデータを書き込んでしまう可能性があります。

2

「繰り返し処理」と「分岐処理」の組み合わせに慣れよう

```
With Sheets("昇給一覧")
    '①昇給一覧のデータを1行ずつ処理する
    For 行 = 3 To .UsedRange.Rows.Count
        '②昇給後の役職とランクを取得する
        '③月額報酬表から昇給後の月額報酬を取得する
        '④取得した月額報酬を昇給一覧に書き込む
    Next
End With
```

➡【変数宣言】Dim 行 As Long

❷ 昇給後の役職とランクを取得する

　該当行の[役職]と[ランク]の値を取得し、変数に格納します。変数に格納することで、値に名前をつけることができ、コードがわかりやすくなります。

```
'②昇給後の役職とランクを取得する
役職 = .Cells(行, 6).Value
ランク = .Cells(行, 7).Value
```

➡【変数宣言】Dim 役職 As String, ランク As String

❸ 月額報酬表から昇給後の月額報酬を取得する

　[月額報酬取得]プロシージャを呼び出して、該当社員の月額報酬を取得します。引数には、❷で取得した該当社員の役職とランクを指定します。

```
'③月額報酬表から昇給後の月額報酬を取得する
月額報酬 = 月額報酬取得(役職, ランク)
```

➡【変数宣言】Dim 月額報酬 As Long

❹取得した月額報酬を昇給一覧に書き込む

月額報酬を、昇給一覧シートのH列（8列目）に書き込みます。

```
'④取得した月額報酬を昇給一覧に書き込む
.Cells(行, 8).Value = 月額報酬
```

完成したプログラムは次のようになります。

○ プログラム作成例

```
Function 月額報酬取得(役職 As String, ランク As String) As
Long
    Dim 行 As Long
    Dim 列 As Long

    With Sheets("月額報酬")
        '①役職に該当する行を取得する
        行 = WorksheetFunction.Match(役職, .Columns(1), 0)

        '②ランクに該当する列を取得する
        列 = WorksheetFunction.Match(ランク, .Rows(1), 0)

        '③ヒットしたセルから月額報酬を取得する
        月額報酬取得 = .Cells(行, 列).Value
    End With
End Function

Sub 昇給一覧作成()
    Dim 行 As Long
    Dim 役職 As String, ランク As String
    Dim 月額報酬 As Long
```

```
With Sheets("昇給一覧")
    '①昇給一覧のデータを1行ずつ処理する
    For 行 = 3 To .UsedRange.Rows.Count
        '②昇給後の役職とランクを取得する
        役職 = .Cells(行, 6).Value
        ランク = .Cells(行, 7).Value

        '③月額報酬表から昇給後の月額報酬を取得する
        月額報酬 = 月額報酬取得(役職, ランク)

        '④取得した月額報酬を昇給一覧に書き込む
        .Cells(行, 8).Value = 月額報酬
    Next
End With
End Sub
```

プログラムを実行すると、**図2-3-7**のようになります。社員ごとに月額報酬の値を取得し、それが［昇給一覧］シートのH列（8列目）に書き込まれます。

図2-3-7　実行結果 - ［昇給一覧］シート

	A	B	C	D	E	F	G	H	I
1			昇給前			昇給後			差分
2	番号	氏名	役職	ランク	月額報酬	役職	ランク	月額報酬	昇給額
3	S015	小林 愛美	スタッフ	Sランク	244,000	主任補佐	Bランク	265,000	21,000
4	S016	柴田 悠斗	主任	Sランク	336,000	係長補佐	Bランク	350,000	14,000
5	S017	山崎 美月	係長	Aランク	422,000	係長	Sランク	443,000	21,000
6	S018	山口 愛莉	課長補佐	Bランク	463,000	課長補佐	Aランク	486,000	23,000
7	S019	工藤 太陽	部長	Aランク	739,000	部長	Sランク	776,000	37,000
8	S020	増田 萌花	課長	Sランク	587,000	部長補佐	Bランク	612,000	25,000
9	S021	宮崎 明日香	本部長補佐	Aランク	851,000	本部長補佐	Sランク	894,000	43,000
10	S022	藤田 美玖	スタッフ	Bランク	221,000	主任補佐	Aランク	278,000	57,000

月額報酬表から取得した値が書き込まれる

2
「繰り返し処理」と「分岐処理」の組み合わせに慣れよう

難易度 ★ ★ ☆ ☆

会議室の予約を管理する

POINT
☑ 繰り返し処理と分岐処理のやや複雑な組み合わせを体得する
☑ 予約システムにおいて、重複予約を防止するしくみを理解する

CASE 04　　宝石・貴金属の卸問屋を営んでいるA社では、社内の会議室をシートで管理しています。予約したい時間帯と会議室に、予約者の姓を書き込むというシンプルな運用ですが、誤って予約者を上書きしてしまい、オーバーブッキングになってしまうミスが頻発しています。そこで、簡易的な入力フォームを作って、会議室を重複なく予約できるしくみをつくれないか検討しています。

図 2-4-1　[予約一覧]シート

4	日付	時間帯	大会議室	中会議室	小会議室A
5	10月3日	午前			
6		午後1		永井	
7		午後2			
8	10月4日	午前			
9		午後1			
10		午後2			

→ 予約者の姓を書き込む

つくりたいプログラム

シート上部に、予約データを入力するための簡易的な入力フォームがあります。予約データには、[日付]・[時間帯]・[会議室]・[予約者]の4項目があります。入力フォームの各項目に値を入力して、右横にある[予約]ボタンをクリックすると、4行目以降にある予約一覧表に重複する予約がないかチェックします。もし重複している場合は、「すでに予約されています」というエラーメッセージを表示します。重複していない場合は、該当セルに予約者を入力して、入力フォームのデータをクリアします。

図2-4-2 ［予約一覧］シート（上部：入力フォーム、下部：予約一覧表）

	A	B	C	D		
1	日付	時間帯	会議室	予約者		
2	10月5日	午後1	大会議室	永井	予約	
3						
4	日付	時間帯	大会議室	中会議室	小会議室A	小会議室B	小会議室C
5	10月3日	午前					
6		午後1					
7		午後2					
8	10月4日	午前					
9		午後1					
10		午後2					
11	10月5日	午前					
12		午後1					
13		午後2					

予約データの入力フォーム

会議室

予約一覧表

ここに予約者を入力

日付　時間帯

　予約一覧表には、A列（1列目）に［日付］、B列（2列目）に［時間帯］、そして4行目に［会議室］が表示されています。予約データの［日付］・［時間帯］と合致する行を特定し、さらに［会議室］と合致する列を特定して、該当するセルに［予約者］を入力します。

処理の流れ

　処理を2つに分けて考えます。

- アドレス取得：予約一覧表において［予約者］の書込先となるセルを特定する処理
- 予約：取得したアドレスに［予約者］を書き込み、予約データをクリアする処理

　ポイントとなるのは、［アドレス取得］処理です。［日付］・［時間帯］・［会議室］を引数として受け取り、該当するセルのアドレスを戻り値として返します。この処理の中身を考えてみましょう。

図2-4-3　[アドレス取得]処理のイメージ

　やり方はいろいろ考えられますが、今回はデータの規則性を利用してみます。予約一覧表の[日付]は3行おきに入力されているので、3行おきに繰り返し処理して、その[日付]が引数で受け取った[日付]と合致する行を特定します。次に[時間帯]については、日付からの相対的な位置（これを「オフセット」という）に注目します。「午前」は[日付]と同じ行にあり、「午後1」は1行下、「午後2」は2行下にある、という特性を利用すれば、該当する[日付]がある行に[時間帯]の相対的な行数を加えることで、書込行を特定できます。

図2-4-4　[日付]と[時間帯]による書込行の特定

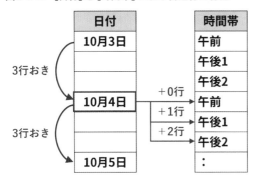

　最後に、[会議室]が書かれている4行目の中から、引数で受け取った[会議室]と一致する列を特定すれば書込列がわかります。書込行と書込列がわかれば、書込先のセルのアドレスを特定できます。

　これを踏まえて処理の流れを書くと、次のようになります。

▼ [アドレス取得] 処理

①最終行を取得する

②予約一覧を3行おきに繰り返し処理し、日付に合致する行番号を取得する
　セルの値と日付が一致する場合、繰り返し処理を抜ける

③時間帯によるオフセットの行数を取得する

④会議室に合致する列番号を取得する

⑤アドレスを戻り値として返す

▼ [予約] 処理

①予約データを取得する

②書込先のアドレスを取得する

　③すでに予約されている場合とその他の場合で分岐する

　・すでに予約されている場合

　　　④エラーメッセージを表示する

　・その他の場合

　　　⑤予約者を書き込む

　　　⑥入力フォームのデータをクリアする

解決のためのヒント

● もう1つの分岐処理の書き方

　分岐処理を表すIfステートメントについてはすでに学習しました。もう1つSelect Caseステートメントという書き方があります。Select Caseステートメントは、条件式を整然と並べて書けるので、Ifステートメントに比べて可読性は高い（見やすい）のがメリットです。**表2-4-1**は、役職に応じて分岐する処理の例です。2つのステートメントを見比べてみると、Select Caseステートメントのほうがすっきりしているのがわかると思います。

2

「繰り返し処理」と「分岐処理」の
組み合わせに慣れよう

表2-4-1 分岐処理における条件式の見た目のちがい

Ifステートメント	Select Caseステートメント

If 役職 = "課長" Then
    決裁金額 = 5000000
ElseIf 役職 = "部長" Then
    決裁金額 = 10000000
End If
	Select Case 役職
	    Case "課長"
	        決裁金額 = 5000000
	    Case "部長"
	        決裁金額 = 10000000
	End Select

　しかし、And条件「条件1 And 条件2」を表すのには適していないというデメリットがあります。

　Select Caseステートメントの書き方は次のとおりです。2つのパターンを覚えておきましょう。

○完全一致

```
Select Case 変数
    Case 値1
        ┌─────────────────────┐
        │ ここに1つ目の処理を書く │
        └─────────────────────┘
    Case 値2, 値3
        ┌─────────────────────┐
        │ ここに2つ目の処理を書く │
        └─────────────────────┘
End Select
```

　Select Caseで始まり、End Selectで終わります。その間に、分岐を表すCaseを書きます。条件式「変数 = 値」と書く代わりに、「Select Case 変数」「Case 値」と分けて書きます。値はカンマ区切りで複数並べることができ、OR条件をシンプルに書くことができます。

　上記のコードは、次の2つの分岐を表します。

- 変数が値1に合致する場合は、1つ目の処理を行う
- 変数が値2または値3に合致する場合は、2つ目の処理を行う

●大小関係

```
Select Case 変数
    Case Is <= 値1
        ここに1つ目の処理を書く
    Case Is > 値2
        ここに2つ目の処理を書く
End Select
```

大小関係を表現するときは、Ｉｓという演算子を使います。Ｉｓは英語での使い方と同様、「〜は」という意味を表します。条件式「変数 <= 値」と書く代わりに、「Select Case 変数」と「Case Is <= 値」に分けて書きます。

上記のコードは、次の2つの分岐を表します。

- 変数が値1以下の場合は、1つ目の処理を行う
- 変数が値2を超える場合は、2つ目の処理を行う

これを踏まえ、具体例を見ていきます。次のコードは、都道府県に応じて、最低賃金の金額を設定します。

図2-4-5 Select Caseステートメントの例

```
Select Case 都道府県
    Case "北海道"
        最低賃金 = 889
    Case "青森", "秋田"
        最低賃金 = 822
End Select
```

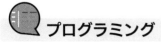 ## プログラミング

作成するプロシージャは［アドレス取得］と［予約］の2つです。［予約］プロシージャの中で、［アドレス取得］プロシージャを呼び出します。

[アドレス取得]プロシージャ

```
Function アドレス取得(日付 As Date, 時間帯 As String, 会議室 As
String) As String
    '①最終行を取得する
    '②予約一覧を3行おきに繰り返し処理し、日付に合致する行番号を取得する
        'セルの値と日付が一致する場合、繰り返し処理を抜ける
    '③時間帯によるオフセットの行数を取得する
    '④会議室に合致する列番号を取得する
    '⑤アドレスを戻り値として返す
End Function
```

[予約]プロシージャ

```
Sub 予約()
    '①予約データを取得する
    '②書込先のアドレスを取得する
        '③すでに予約されている場合とその他の場合で分岐する
        '・すでに予約されている場合
            '④エラーメッセージを表示する
        '・その他の場合
            '⑤予約者を書き込む
            '⑥入力フォームのデータをクリアする
End Sub
```

ここで[アドレス取得]プロシージャを呼び出す

また、[予約一覧]シートの上部には[予約]ボタンを設置し、[予約]プロシージャを関連づけておきましょう。

図2-4-6 [予約]ボタンの設置

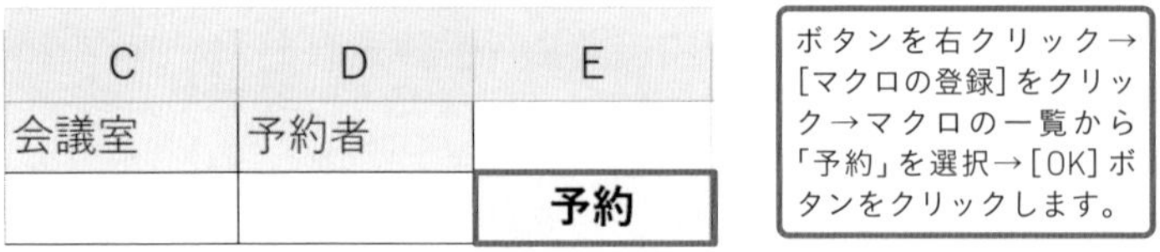

C
D
E
会議室
予約者
予約
ボタンを右クリック→[マクロの登録]をクリック→マクロの一覧から「予約」を選択→[OK]ボタンをクリックします。

では、コードについて解説します。

▼ [アドレス取得] プロシージャ

❶ 最終行を取得する

　[予約一覧]シートの最終行を取得する方法はいくつかありますが、表内のデータに抜け漏れ（空白セル）がある場合は、特殊なセルを取得するための**SpecialCells**メソッド(1-5-4参照)を使うのが有効です。引数に、最終セルを表す**xlCellTypeLastCell**を指定します。行番号の値が欲しいので、行末に**Row**プロパティをつけます。

```
With Sheets("予約一覧")
    '①最終行を取得する
    最終行 = .Cells.SpecialCells(xlCellTypeLastCell).Row

    '②日付に合致する行番号を取得する
                        :
End With
```

➡【変数宣言】Dim 最終行 As Long

❷ 予約一覧を3行おきに繰り返し処理し、日付に合致する行番号を取得する

　[予約一覧]シートのA列(1列目)にある日付は、3行おきに記載されています。この規則性を利用して、3行おきに日付の値を取得します。「**Step 3**」は3行おきという意味です (3-4参照)。繰り返し処理で取得した日付と、引数で受け取った日付が一致する行がわかれば、それ以降の繰り返し処理を続ける必要はないので、**Exit For**ステートメントを使って繰り返し処理を抜けます。

```
'②予約一覧を3行おきに繰り返し処理し、日付に合致する行番号を取得する
For 行 = 5 To 最終行 Step 3
    'セルの値と日付が一致する場合
    If .Cells(行, 1).Value = 日付 Then
        '繰り返し処理を抜ける
        Exit For
    End If
Next
```

➡【変数宣言】Dim 行 As Long

❸ 時間帯によるオフセットの行数を取得する

　相対的な行数のズレのことをオフセットと呼びます。時間帯に応じて、日付のあ

る行から何行分ズレているかを調べます。「午前」なら0行（つまり日付と同じ行）、「午後1」なら1行、「午後2」なら2行のオフセットになります。分岐処理にはSelect Caseステートメントを使います。Ifステートメントでもまったく同じ処理を記述できますが、Select Caseステートメントのほうが整然としていて見やすいです。

```
'③時間帯によるオフセットの行数を取得する
Select Case 時間帯
    Case "午前"
        オフセット = 0
    Case "午後1"
        オフセット = 1
    Case "午後2"
        オフセット = 2
End Select
```

❹会議室に合致する列番号を取得する

［予約一覧］シートの4行目から、引数で受け取った会議室と合致するセルを探します。やり方はいろいろありますが、ここではMatch関数(2-3参照)を使っています。Rowsオブジェクトを使って4行目を指定します。

```
'④会議室に合致する列番号を取得する
列 = WorksheetFunction.Match(会議室, .Rows(4), 0)
```

❺アドレスを戻り値として返す

最後に、書込先のアドレスを戻り値として返します。書込先の行番号は、❷で特定した行番号に、❸で特定したオフセットを加えた値になります。

```
'⑤アドレスを戻り値として返す
アドレス取得 = .Cells(行 + オフセット, 列).Address
```

続いて、［予約］プロシージャを解説します。

▼ [予約]プロシージャ

❶ 予約データを取得する

[予約一覧]シートの2行目にある入力フォームに入力された、予約データの値を取得します。シートオブジェクトは何度も書くことになるので、**With**ステートメントを使って省略しておきましょう。

```
With Sheets("予約一覧")
    '①予約データを取得する
    日付   = .Range("A2").Value
    時間帯 = .Range("B2").Value
    会議室 = .Range("C2").Value
    予約者 = .Range("D2").Value

    '②書込先のアドレスを取得する
                  :
End With
```

➡【変数宣言】Dim 日付 As Date, 時間帯 As String
Dim 会議室 As String, 予約者 As String

❷ 書込先のアドレスを取得する

[アドレス取得]プロシージャを使って、書込先のセルのアドレスを取得します。引数には、❶で取得した日付、時間帯、会議室を指定します。戻り値は、「アドレス」という変数に格納します。

```
'②書込先のアドレスを取得する
アドレス = アドレス取得(日付, 時間帯, 会議室)
```

➡【変数宣言】Dim アドレス As String

❸ すでに予約されている場合とその他の場合で分岐する

Ifステートメントを使って分岐処理を書きます。予約されているということは、該当セルに値がある、つまり該当セルの値が空文字ではない、ということです。

```
'③すでに予約されている場合とその他の場合で分岐する
'すでに予約されている場合
If .Range(アドレス).Value <> "" Then
    '④エラーメッセージを表示する
'その他の場合
Else
    '⑤予約者を書き込む
    '⑥入力フォームのデータをクリアする
End If
```

❹エラーメッセージを表示する

　すでに予約されている場合は、MsgBox関数(1-9-1参照)を使ってエラーメッセージを表示します。MsgBox関数の2つ目の引数に、メッセージアイコンの種類やボタンの種類を表す定数を指定することができます。vbExclamationは［警告メッセージ］アイコンを表します。

```
'④エラーメッセージを表示する
MsgBox "すでに予約されています", vbExclamation
```

❺予約者を書き込む

まだ予約されていない場合は、該当セルに予約者を書き込みます。

```
'⑤予約者を書き込む
.Range(アドレス).Value = 予約者
```

❻入力フォームのデータをクリアする

　予約者を書き込んだら、もう予約データは不要なので、ClearContentsメソッドを使ってデータをクリアします。

```
'⑥入力フォームのデータをクリアする
.Range("A2:D2").ClearContents
```

　完成したプログラムは次のようになります。

●プログラム作成例

```
Function アドレス取得(日付 As Date, 時間帯 As String, 会議室 As
String) As String
    Dim 最終行 As Long
    Dim 行 As Long
    Dim オフセット As Long
    Dim 列 As Long


    With Sheets("予約一覧")
        '①最終行を取得する
        最終行 = .Cells.SpecialCells(xlCellTypeLastCell).
Row

        '②予約一覧を3行おきに繰り返し処理し、日付に合致する行番号を取
得する

        For 行 = 5 To 最終行 Step 3
            'セルの値と日付が一致する場合
            If .Cells(行, 1).Value = 日付 Then
                '繰り返し処理を抜ける
                Exit For
            End If
        Next

        '③時間帯によるオフセットの行数を取得する
        Select Case 時間帯
            Case "午前"
                オフセット = 0
            Case "午後1"
                オフセット = 1
            Case "午後2"
                オフセット = 2
        End Select

        '④会議室に合致する列番号を取得する
        列 = WorksheetFunction.Match(会議室, .Rows(4), 0)
```

```vba
        '⑤アドレスを戻り値として返す
        アドレス取得 = .Cells(行 + オフセット, 列).Address
    End With
End Function


Sub 予約()
    Dim 日付 As Date, 時間帯 As String
    Dim 会議室 As String, 予約者 As String
    Dim アドレス As String

    With Sheets("予約一覧")
        '①予約データを取得する
        日付 = .Range("A2").Value
        時間帯 = .Range("B2").Value
        会議室 = .Range("C2").Value
        予約者 = .Range("D2").Value

        '②書込先のアドレスを取得する
        アドレス = アドレス取得(日付, 時間帯, 会議室)

        '③すでに予約されている場合とその他の場合で分岐する
        'すでに予約されている場合
        If .Range(アドレス).Value <> "" Then
            '④エラーメッセージを表示する
            MsgBox "すでに予約されています", vbExclamation
        'その他の場合
        Else
            '⑤予約者を書き込む
            .Range(アドレス).Value = 予約者

            '⑥入力フォームのデータをクリアする
            .Range("A2:D2").ClearContents
        End If
    End With
End Sub
```

　プログラムを実行すると、**図2-4-7**のようになります。2行目に予約データを入力して[予約]ボタンをクリックすると、該当すするセルに[予約者]が書き込まれ、予約データはクリアされます。

図2-4-7　実行結果1 - [予約一覧]シート

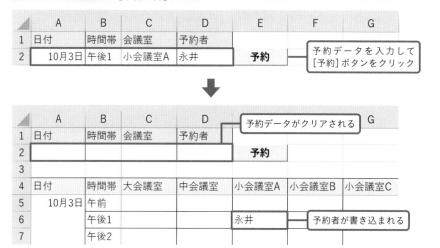

　さらに、同じ[日付]・[時間帯]・[会議室]を入力して[予約]ボタンをクリックすると、エラーメッセージが表示されます。

図2-4-8　実行結果2 - [予約一覧] シート

	A	B	C	D	E	F	G
1	日付	時間帯	会議室	予約者			
2	10月3日	午後1	小会議室A	田中	**予約**		
3							
4	日付	時間帯	大会議室	中会議室	小会議室A	小会議室B	小会議室C
5	10月3日	午前					
6		午後1			永井		
7		午後2					

予約データを入力して
[予約] ボタンをクリック

Microsoft Excel ✕

⚠ すでに予約されています

OK

3

データの不備を一瞬でチェックして修正する

企業内で扱うデータには、抜け・漏れ・誤り・重複などのある不完全なデータが多いです。それを集計・分析などで使えるようにするには、データの不備をなくす作業、いわゆるデータクレンジングが欠かせません。

人が手作業でデータクレンジングするとヒューマンエラーが起きますが、VBAを使えばまちがいのない正確なデータを作成できます。また、大量データを目視でチェックして手修正するのは大変な労力を要しますが、VBAを使えばチェック作業も修正作業も一瞬で終わらせることができます。

アンケートを取ったのですが、データを見ると余計なスペースが入っていたり、半角・全角が混在していたりして、データの整備にけっこう時間がかかります。何か効率のいい方法はないでしょうか？

 一ノ瀬さん

人が作業すると必ずミスが発生するし、それを100%防ぐのは不可能だね。でもVBAを使えば一瞬で終わるし、正確だよ。

 永井課長

VBAを使ってデータクレンジングする方法を知りたいです！

 笠井主任

データクレンジングにおいてよく使う関数やメソッドはある程度決まっているから、一度学習しておけばすぐに使えるようになるよ。

 永井課長

3-❶

勤怠データの入力ミスをチェックする

POINT
- ☑ 基本的なデータチェック処理の作り方を習得する
- ☑ 不正データをチェックするための関数を理解する

CASE 05　英会話スクールを運営するA社では、各社員が毎日勤怠データを入力しており、その翌営業日に人事部にて勤怠データにまちがいがないかをチェックしています。

時刻は「h:mm」形式（例：11時52分→「11:52」）で入力しており、時と分がコロン「:」の文字で区切られていないといけません。しかし、一部のデータは入力ミスによりセミコロン「;」になっていることがあります。このようなデータチェックを人間の目視で正確に行うのは大変で時間がかかるので、チェック作業を自動化できないか検討しています。

💭 つくりたいプログラム

勤怠データには、[氏名]・[開始時刻]・[終了時刻]・[勤務時間]の4つの項目があります。時刻および時間のデータは時刻形式「h:mm」（中身の値は数値）で入力する必要がありますが、一部のデータは入力まちがいにより区切り文字がコロン「:」ではなくセミコロン「;」になっているため、値が文字列になってしまっています。そこで、勤怠データの中から値が数値ではない箇所を探し出し、該当するセルを黄色く表示するという処理を行います。

図3-1-1　[勤怠データ]シート（勤怠データ）

	A	B	C	D
1	氏名	開始時刻	終了時刻	勤務時間
2	森 彩夏	10:04	22:48	12:43
3	菊地 鈴	9:50	20:52	11:02
4	千葉 陸斗	10:04	20:09	10;04
5	佐藤 悠	10;33	20:09	9:36
6	武田 太一	11:16	22:04	10:48
7	岩崎 拓磨	8:52	18:14	9:21

コロン「：」であるべきところが、セミコロン「；」になっている

 処理の流れ

　まず、データチェックするセル範囲を特定する必要があります。つまり、時刻や時間のデータが入力されている範囲の始点セルと終点セルをそれぞれ特定します。始点セルはB2セルで、終点セルは勤怠データの最終セルから取得します。

　次に、その範囲にあるセルの値が数値かどうかを1つずつ判別します。数値ではない場合（つまりまちがいがある場合）は、セルの色を黄色にします。その他の場合はデータが正常なので、セルの色をクリアします。処理の流れを整理すると、次の3つです。

▼ **[データチェック]処理**

①チェックする範囲の始点セルと終点セルを取得する
②チェックする範囲のセルを1つずつ繰り返し処理する
　　③セルの値が数値ではない場合はセルの色を黄色にし、その他の場合はセルの色をクリアする

③の分岐処理については、**図3-1-2**のようなイメージです。

図3-1-2　分岐処理のイメージ

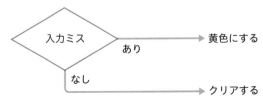

解決のためのヒント

● 数値かどうかを判別する

値が数値かどうかを判別するには、IsNumeric関数を使います。引数には値を入力します。戻り値は、値が数値の場合は「True」、それ以外の場合（言い換えると文字列などの場合）は「False」になります。

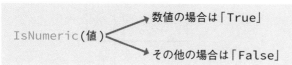

これを条件式で使うときは、次のように書きます。「IsNumeric(値) = False」は、値が数値ではない場合、という意味です。

```
If IsNumeric(値) = False Then
    ・・・
End If
```

時刻や時間の中身のデータは数値なので、IsNumeric関数を使えば正しいデータが入力されているかどうかを判別することができます。

プログラミング

プロシージャ名は「データチェック」とし、プロシージャ内にコメントを書きましょう。

▼ [データチェック]プロシージャ

```
Sub データチェック()
    '①チェックする範囲の始点セルと終点セルを取得する
    '②チェックする範囲のセルを1つずつ繰り返し処理する
        '③セルの値が数値ではない場合はセルの色を黄色にし、その他の場合
          はセルの色をクリアする
End Sub
```

3

データの不備を一瞬でチェックして修正する

また、［勤怠データ］シートの右上には［データチェック］ボタンを設置し、［データチェック］プロシージャを関連づけておきましょう。

図3-1-3　［データチェック］ボタンの設置

C	D	E	F
終了時刻	勤務時間	データチェック	
22:48	12:43		
20:52	11:02		

ボタンを右クリック→［マクロの登録］をクリック→マクロの一覧から「データチェック」を選択→［OK］ボタンをクリックします。

では、処理の流れに沿ってコードを解説します。

❶チェックする範囲の始点セルと終点セルを取得する

始点セルはB2セルです。終点セルは、SpecialCellsメソッド（1-5-4参照）を使って取得します。引数には、最終セルを表すxlCellTypeLastCellを指定します。「始点セル」や「終点セル」という変数を設けておくと、コードが読みやすくなります。

```
'①チェックする範囲の始点セルと終点セルを取得する
始点セル = "B2"
終点セル = Sheets("勤怠データ").Cells.SpecialCells(xlCellTypeLastCell).Address
```

➡【変数宣言】Dim 始点セル As String, 終点セル As String

❷チェックする範囲のセルを1つずつ繰り返し処理する

セルを1つずつ処理するので、繰り返し処理のFor Each...Nextステートメント（1-6-2参照）を使います。範囲を指定するときに、先ほど取得した始点セルと終点セルをRangeの引数として指定します。カンマ区切りで指定する点に注意してください。あわせて、ひとつひとつのセルを表すRange型の変数「セル」を用意します。

```
'②チェックする範囲のセルを1つずつ繰り返し処理する
For Each セル In Sheets("勤怠データ").Range(始点セル, 終点セル)
    '③セルの値が数値ではない場合はセルの色を黄色にし、その他の場合はセ
      ルの色をクリアする
Next
```

➡【変数宣言】Dim セル As Range

❸セルの値が数値ではない場合はセルの色を黄色にし、その他の場合はセルの色をクリアする

　セルの値が数値かどうかを判別してセルの色を変えるため、分岐処理を使います。IsNumeric関数の戻り値が「True」ならセルの値は数値で、「False」ならセルの値は数値ではない、ということを意味します。セルの色をクリアするときは、Colorプロパティではなく、ColorIndexプロパティ(1-3-2参照)を使うので注意してください。

```
'③セルの値が数値ではない場合
If IsNumeric(セル.Value) = False Then
    'セルの色を黄色にする
    セル.Interior.Color = vbYellow
'その他の場合
Else
    'セルの色をクリアする
    セル.Interior.ColorIndex = 0
End If
```

3

データの不備を一瞬でチェックして修正する

完成したプログラムは次のようになります。

◉プログラム作成例

```
Sub データチェック()
    Dim 始点セル As String, 終点セル As String
    Dim セル As Range

    '①チェックする範囲の始点セルと終点セルを取得する
    始点セル = "B2"
    終点セル = Sheets("勤怠データ").Cells.SpecialCells(xlCellTyp
eLastCell).Address

    '②チェックする範囲のセルを1つずつ繰り返し処理する
    For Each セル In Sheets("勤怠データ").Range(始点セル, 終点セル)
        '③セルの値が数値ではない場合
```

```
        If IsNumeric(セル.Value) = False Then
            'セルの色を黄色にする
            セル.Interior.Color = vbYellow
        'その他の場合
        Else
            'セルの色をクリアする
            セル.Interior.ColorIndex = 0
        End If
    Next
End Sub
```

プログラムを実行すると、**図3-1-4**のようになります。

図3-1-4　実行結果 - [勤怠データ] シート

	A	B	C	D
1	氏名	開始時刻	終了時刻	勤務時間
2	森 彩夏	10:04	22:48	12:43
3	菊地 鈴	9:50	20:52	11:02
4	千葉 陸斗	10:04	20:09	10;04
5	佐藤 悠	10;33	20:09	9:36
6	武田 太一	11:16	22:04	10:48
7	岩崎 拓磨	8:52	18:14	9:21
8	田村 一樹	8:38	21:21	12:43
9	木下 優花	8:24	18:14	9:50
10	柴田 悠斗	8:38	20:24	11:45

> 時刻ではなく文字列になっている箇所がハイライトされる

ステップアップ

　入力ミスに加えて、**図3-1-5**の図のように入力漏れがあるケースを想定します。入力漏れの箇所は赤く塗ります。

図3-1-5　［勤怠データ］シート

	A	B	C	D
1	氏名	開始時刻	終了時刻	勤務時間
2	森 彩夏	10:04	22:48	12:43
3	菊地 鈴	9:50	20:52	
4	千葉 陸斗	10:04	20:09	10;04
5	佐藤 悠	10;33	20:09	9:36
6	武田 太一	11:16	22:04	10:48
7	岩崎 拓磨	8:52	18:14	9:21
8	田村 一樹	8:38	21:21	12:43
9	木下 優花		18:14	9:50
10	柴田 悠斗	8:38	20:24	11:45

入力漏れ

修正するのは❸の処理です。

図3-1-6　分岐処理の追加のイメージ

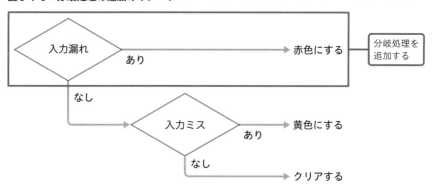

数値かどうかを判別する前に、セルの値が空文字かどうかという条件を加えます。

③セルの値が空文字の場合はセルの色を赤色にし、数値ではない場合はセルの色を黄色にし、その他の場合はセルの色をクリアする

❸のコードに分岐処理を1つ増やし、1つ目の分岐処理でセルの値が空文字かどうかをチェックします。空文字の場合はセルの色を赤にします。赤色を表すキーワードはvbRedです。また、2つ目の分岐処理には、IfではなくElseIfを使います。Ifは1つ目の条件式を書くときに使い、ElseIfは2つ目以降の条件式を書

くときに使います。

```
'③セルの値が空文字の場合
If セル.Value = "" Then
    'セルの色を赤色にする
    セル.Interior.Color = vbRed
'セルの値が数値ではない場合
ElseIf IsNumeric(セル.Value) = False Then
    'セルの色を黄色にする
    セル.Interior.Color = vbYellow
'その他の場合
Else
    'セルの色をクリアする
    セル.Interior.ColorIndex = 0
End If
```

完成したプログラムは次のようになります。

● プログラム作成例

```
Sub データチェック2()
    Dim 始点セル As String, 終点セル As String
    Dim セル As Range

    '①チェックする範囲の始点セルと終点セルを取得する
    始点セル = "B2"
    終点セル = Sheets("勤怠データ2").Cells.SpecialCells(xlCe
llTypeLastCell).Address

    '②チェックする範囲のセルを1つずつ繰り返し処理する
    For Each セル In Sheets("勤怠データ2").Range(始点セル, 終
点セル)
        '③セルの値が空文字の場合
        If セル.Value = "" Then
            'セルの色を赤色にする
            セル.Interior.Color = vbRed
```

```
            'セルの値が数値ではない場合
        ElseIf IsNumeric(セル.Value) = False Then
                'セルの色を黄色にする
            セル.Interior.Color = vbYellow
            'その他の場合
        Else
                'セルの色をクリアする
            セル.Interior.ColorIndex = 0
        End If
    Next
End Sub
```

3

データの不備を一瞬でチェックして修正する

難易度 ★ ☆ ☆ ☆

従業員アンケートのデータを整える

POINT
- ☑ データを整備する基本的なテクニックを習得する
- ☑ 配列を使ったデータ処理の高速化テクニックを理解する

CASE 06 　神奈川県内に5店舗の歯科医院を展開しているA社では、定期的に従業員アンケートを取って、従業員満足度向上に役立てています。

　従業員が入力するアンケートのデータには、スペースが混入していたり、ひらがな・カタカナが混在していたり、全角・半角が混在していたりするなど、書式がバラバラに入力されていることがあります。データを目視でチェックして、スペースなし、カタカナ、全角の書式に修正するのは手間がかかるので、チェック・修正作業を省力化したいと考えています。

💭 つくりたいプログラム

　アンケート表には、［氏名］と、設問1～設問3に対する回答が記入されています。設問ごとの回答については、書式が統一されていない状態です。このデータを、「スペースなし・カタカナ・全角」の書式に統一します。

図3-2-1　［アンケート］シート（アンケート表）

	A	B	C	D
1	氏名	設問1	設問2	設問3
2	山本 一真	ア	ウ	ウ
3	田中 遥	イ	ｴ	オ
4	石川 凌	う	え	あ
5	森田 颯人	ウ	イ	エ
6	原田 樹	あ	お	あ
7	村田 桃香	イ	ウ	イ
8	内田 大貴	ｵ	ｴ	ｲ
9	中山 伊吹	エ	ア	ア
10	藤本 新	お	う	え
11	竹内 和奏	ｱ	ウ	ｴ

> データの書式が次のように不揃いなので、これを統一するよう修正する
> • スペースが混入している
> • ひらがな・カタカナが混在している
> • 全角・半角が混在している

処理の流れ

　アンケート表のデータを取得するにあたり、表の範囲を指定する必要があります。そこで、始点セルと終点セルを取得します。表のデータを配列で取得したら、配列内の値を1つずつ修正するため、1行ずつ繰り返し処理するとともに、1列ずつ繰り返し処理します。

　修正作業は次のとおりです。セルに含まれるスペースを削除し、カタカナ・全角に変換することで、アンケートデータの書式を統一することができます。

• セルの値を取得する
• スペースを削除する
• カタカナに変換する
• 全角に変換する
• セルの値を上書きする

　最後に、配列のデータをまとめてExcelに貼りつけます。これを踏まえて処理の流れを書くと、次のようになります。

▼ [データクレンジング] 処理

①修正する範囲の始点セルと終点セルを取得する
②アンケートデータを取得する
③データを1行ずつ繰り返し処理する
　④データを1列ずつ繰り返し処理する
　　⑤セルの値を取得する
　　⑥値に含まれるスペースを削除する
　　⑦値をカタカナに変換する
　　⑧値を全角に変換する
　　⑨変換した値を上書きする
　　⑩Excelにデータを貼りつける

 解決のためのヒント

● スペースの削除

　スペースを削除する方法として、文字列の「両端」のスペースを削除するTrim関数と、文字列内の指定した文字を別の文字に置換するReplace関数があります。Excelにも同じ名前の関数がありますが、Replace関数については使い方が異なります。

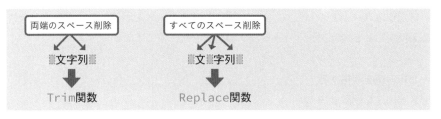

> **Memo**
> VBAのReplace関数は、ExcelのSUBSTITUTE関数に相当します。

関数の使い方は次のとおりです。

関 数	**Trim**（トリム）

説 明	文字列の両端のスペースを削除します。
引 数	文字列
戻り値	スペース削除後の文字列
使用例	値 = Trim("␣近藤␣大地␣")

▶「　近藤　大地　」という文字列が、「近藤　大地」になります。両端のスペースは削除され、真ん中のスペースは残ります。全角スペース、半角スペースのどちらも削除されます。

関 数	**Replace**（リプレイス）

説 明	指定した文字を、別の文字に置換します。
引 数	1. 文字列 2. 置換前の文字 3. 置換後の文字
戻り値	置換後の文字列
使用例	値 = Replace("␣近藤␣大地␣", "␣", "")

▶「　近藤　大地　」という文字列が、「近藤大地」になります。全角スペースと半角スペースは別の文字とみなされます。全角スペースは置換できても半角スペースは残ったまま、という状態になり得るので、使い方には注意が必要です。

○ 配列の活用

　データを取得し、加工し、貼りつけるという一連の作業において、常にVBAとExcelの間でデータのやり取りしている（つまり常にExcelのデータを読み込んだり書き込んだりしている）状態だと、処理に時間がかかります。また、データを貼りつける作業においても、1行ずつデータを貼りつけるより、すべてのデータを一発で貼りつけるほうが、Excelとのやり取りの回数が減って、処理速度は速くなります。処理の時間を短縮するには、Excelとのやり取りを減らすことがとても重要です。

図 3-2-2　配列による処理の高速化

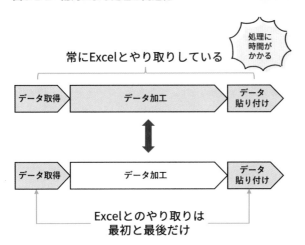

そこで今回は、Excelとのやり取りを最初と最後だけとし、途中の処理は配列だけで完結させます。最初にデータを取得するときは配列でデータ取得し、データ加工は配列の中だけで処理を行い、最後にデータを貼りつけるときは配列のデータを一発でExcelに貼りつけます。

表 3-2-1　配列のデータ取得・貼りつけ

データ取得	データ＝ Range（始点セル， 終点セル） 始点セルから終点セルの範囲にあるデータを配列で取得します。
データ貼りつけ	Range（始点セル， 終点セル）＝ データ 始点セルから終点セルの範囲に配列データを貼りつけます。

Excelデータを配列にした場合、配列内の行番号・列番号は「1」から始まります。Excelの行番号・列番号とは異なる番号になることがあるので注意してください。

図3-2-3 Excelデータの配列化

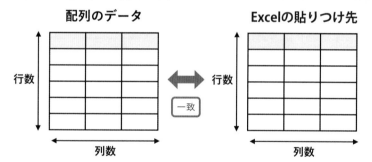

また、貼りつけ先のExcelのデータ範囲を指定するときは、データ範囲の行数と列数が完全に一致するようにしてください。

図3-2-4 配列のデータ貼りつけ

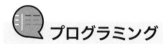

プログラミング

プロシージャ名は「データクレンジング」とし、プロシージャ内に処理の流れを書き込みます。

▼[データクレンジング]プロシージャ

```
Sub データクレンジング ()
    '①修正する範囲の始点セルと終点セルを取得する
```

3

データの不備を一瞬でチェックして修正する

```
        '②アンケートデータを取得する
        '③データを１行ずつ繰り返し処理する
            '④データを１列ずつ繰り返し処理する
                '⑤セルの値を取得する
                '⑥値に含まれるスペースを削除する
                '⑦値をカタカナに変換する
                '⑧値を全角に変換する
                '⑨変換した値を上書きする
        '⑩Excelにデータを貼りつける
End Sub
```

　また、［アンケート］シートの右上には［データクレンジング］ボタンを設置し、
「データクレンジング］プロシージャを関連づけておきましょう。

図3-2-5　［データクレンジング］ボタンの設置

B	C	D	E	F
設問1	設問2	設問3	データクレンジング	
ア	ウ	ウ		
イ	エ	オ		

ボタンを右クリック→
［マクロの登録］をク
リック→マクロの一覧
から「データクレンジン
グ」を選択→［OK］ボタ
ンをクリックします。

　では、コードについて解説します。

❶修正する範囲の始点セルと終点セルを取得する

　データを修正する範囲は、始点セルと終点セルが決まれば特定できます。始点セ
ルはB2セルとします。また、終点セルはSpecialCellsメソッドを使って自動
的に判別します。

```
'①修正する範囲の始点セルと終点セルを取得する
始点セル = "B2"
終点セル = Sheets("アンケート").Cells.SpecialCells(xlCellTy
peLastCell).Address
```

　　　　　　　　➡【変数宣言】Dim 始点セル As String, 終点セル As String
❷アンケートデータを取得する

　❶で取得した始点セルと終点セルを使ってアンケートデータを取得します。

Variant型の変数にExcelのデータを入れると、自動的に配列になります。

```
'②アンケートデータを取得する
データ = Sheets("アンケート").Range(始点セル, 終点セル)
```

➡【変数宣言】Dim データ As Variant

❸データを1行ずつ繰り返し処理する

配列データを1行ずつ処理するため、繰り返し処理を使います。配列データの最終行は、UBound関数 (1-4-4参照) で取得できます。

```
'③データを1行ずつ繰り返し処理する
For 行 = 1 To UBound(データ)
    '④データを1列ずつ繰り返し処理する
                :
    '⑨変換した値を上書きする
Next
```

➡【変数宣言】Dim 行 As Long

❹データを1列ずつ繰り返し処理する

❸の繰り返し処理の中に、さらに配列データを1列ずつ処理するための繰り返し処理を書きます。最終列を取得するときは、UBound関数の2つ目の引数に「2」を指定してください。

```
'④データを1列ずつ繰り返し処理する
For 列 = 1 To UBound(データ, 2)
    '⑤セルの値を取得する
        :
    '⑨変換した値を上書きする
Next
```

➡【変数宣言】Dim 列 As Long

❺セルの値を取得する

該当行・該当列にある値を配列から取得して、「値」という変数に格納します。この工程は必須ではありませんが、値を加工する一連の処理がより明確になり、コードが読みやすくなります。

3 データの不備を一瞬でチェックして修正する

```
'⑤セルの値を取得する
値 = データ(行, 列)
```

➡【変数宣言】Dim 値 As Variant

❻ 値に含まれるスペースを削除する

　Trim関数を使って、値の両端のスペースを削除します。イコール「=」の右辺にある値を、左辺に代入する、というイメージです。

```
'⑥値に含まれるスペースを削除する
値 = Trim(値)
```

❼ 値をカタカナに変換する

　StrConv関数(1-9-1参照)を使います。2つ目の引数には、カタカナを意味するキーワードvbKatakanaを指定します。

```
'⑦値をカタカナに変換する
値 = StrConv(値, vbKatakana)
```

❽ 値を全角に変換する

　StrConv関数を使います。2つ目の引数には、全角を意味するキーワードvbWideを指定します。

```
'⑧値を全角に変換する
値 = StrConv(値, vbWide)
```

❾ 変換した値を上書きする

　❻～❽で加工した値を、配列に上書きします。

```
'⑨変換した値を上書きする
データ(行, 列) = 値
```

❿ Excelにデータを貼りつける

　配列のデータをまとめてExcelに貼りつけます。まとめて貼りつけるときは、配列の行数・列数と、貼りつけ先の行数・列数を完全に一致させる必要があるので注

意してください。❷のデータを取得する処理と見比べると、左辺と右辺が逆になっているだけです。Excelからデータを取得したり、Excelにデータを書き込んだりするなど、Excelとのやり取りが増えるほど処理に時間がかかりますが、今回のようにExcelとのやり取りを極力減らすことで、処理速度を上げることができます。

```
'⑩Excelにデータを貼りつける
Sheets("アンケート").Range(始点セル, 終点セル) = データ
```

完成したプログラムは次のようになります。

○ プログラム作成例

```
Sub データクレンジング()
    Dim 始点セル As String, 終点セル As String
    Dim データ As Variant
    Dim 行 As Long
    Dim 列 As Long
    Dim 値 As Variant

    '①修正する範囲の始点セルと終点セルを取得する
    始点セル = "B2"
    終点セル = Sheets("アンケート").Cells.SpecialCells(xlCel
lTypeLastCell).Address

    '②アンケートデータを取得する
    データ = Sheets("アンケート").Range(始点セル, 終点セル)

    '③データを1行ずつ繰り返し処理する
    For 行 = 1 To UBound(データ)
        '④データを1列ずつ繰り返し処理する
        For 列 = 1 To UBound(データ, 2)
            '⑤セルの値を取得する
            値 = データ(行, 列)

            '⑥値に含まれるスペースを削除する
```

```vba
            値 = Trim(値)

            '⑦値をカタカナに変換する
            値 = StrConv(値, vbKatakana)

            '⑧値を全角に変換する
            値 = StrConv(値, vbWide)

            '⑨変換した値を上書きする
            データ(行, 列) = 値
        Next
    Next

    '⑩Excelにデータを貼りつける
    Sheets("アンケート").Range(始点セル, 終点セル) = データ
End Sub
```

プログラムを実行すると、**図3-2-6**のようになります。

図3-2-6　実行結果 - [アンケート]シート

	A	B	C	D
1	氏名	設問1	設問2	設問3
2	山本 一真	ア	ウ	ウ
3	田中 遥	イ	エ	オ
4	石川 凌	ウ	エ	ア
5	森田 颯人	ウ	イ	エ
6	原田 樹	ア	オ	ア
7	村田 桃香	イ	ウ	イ
8	内田 大貴	オ	エ	イ
9	中山 伊吹	エ	ア	ア
10	藤本 新	オ	ウ	エ
11	竹内 和奏	ア	ウ	エ

全角カタカナで統一される

ステップアップ

　不正なデータがないかを目視でチェックする方法として、フィルター機能を使うのが効果的です。Excelの表を選択して、［ホーム］タブ→［並べ替えとフィルター］→［フィルター］をクリックします。フィルターを適用できたら、見出し行にある▼アイコンをクリックし、値の種類を確認してください。

図3-2-7　フィルターを使ったデータ検証

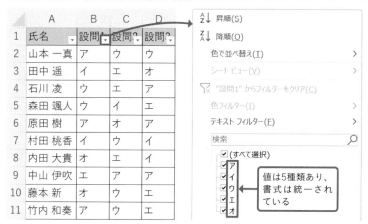

値は5種類あり、書式は統一されている

　もし不正なデータが混入している場合は、**図3-2-8**のように簡単に気づくことができます。

図3-2-8　フィルターを使ったデータ検証2

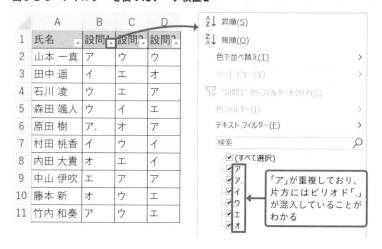

「ア」が重複しており、片方にはピリオド「.」が混入していることがわかる

難易度 ★★☆☆

注文一覧から欠損データを取り除く

POINT
☑ 正常なデータと異常なデータを選り分けるテクニックを習得する
☑ 欠損データの除去方法を理解する

CASE 07　スマートフォン・パソコンなどの金型や金型部品の製造・販売を行っ
ている A社では、複数の受注担当者が分担して顧客企業からの注文情報
をデータ入力しています。最終的にすべてのデータを注文一覧表に集約しますが、
その中には入力漏れなどにより値が空白になってしまっている、いわゆる欠損デー
タがあります。欠損データがあると注文を正常に処理できないので、目視でデータ
をチェックし、欠損データは別表に退避または削除していますが、チェックに時間
がかかるため、作業を自動化できないか検討しています。

図3-3-1　［注文一覧］シート（注文一覧表）

	A	B	C	D	E
1	注文番号	注文日	顧客名	商品名	数量
2	772204	2022/10/1	株式会社モーリス	刃具部品	100
3	328352	2022/10/1	英産業株式会社	治工具	600
4	202610	2022/10/1	ヒマラヤ株式会社	電子部品金型	
5	692409	2022/10/2	西園寺鉄鋼株式会社	コネクター金型	300
6	099763	2022/10/2	西園寺鉄鋼株式会社		500
7	712421	2022/10/2	株式会社ロードス	プラスチック金型	300
8					
9	611683	2022/10/3	ヒマラヤ株式会社	電子部品金型	400

つくりたいプログラム

注文一覧表は、すべての顧客からの注文データを集約したものです。［注文番
号］・［注文日］・［顧客名］・［商品名］・［数量］の5項目があります。データ入力漏
れや誤消去などが原因で、**図3-3-2**の図の赤枠のように欠損データが生じていま
す。欠損データについては、次の2つのパターンに分けて対処します。

- 5項目すべてが空白の場合は、行ごと削除する
- 5項目のいずれかが空白の場合は、該当データを［エラー］シートに退避したうえで、行ごと削除する

図3-3-2　［注文一覧］シート（注文一覧表）

	A	B	C	D	E
1	注文番号	注文日	顧客名	商品名	数量
2	772204	2022/10/1	株式会社モーリス	刃具部品	100
3	328352	2022/10/1	英産業株式会社	治工具	600
4	202610	2022/10/1	ヒマラヤ株式会社	電子部品金型	
5	692409	2022/10/2	西園寺鉄鋼株式会社	コネクター金型	300
6	099763	2022/10/2	西園寺鉄鋼株式会社		500
7	712421	2022/10/2	株式会社ロードス	プラスチック金型	300
8					
9	611683	2022/10/3	ヒマラヤ株式会社	電子部品金型	400
10	863786	2022/10/3	株式会社橘	治工具	500
11	445160	2022/10/3		治工具	200
12	256057	2022/10/4	ユビネックス商事（株）	プラスチック金型	900

欠損データ

［エラー］シートの項目は、［注文一覧］シートとまったく同じです。注文一覧表の欠損データを退避（コピー）するために使用します。見出しの次の行（2行目）から順番に書き込みます。

図3-3-3　［エラー］シート

	A	B	C	D	E
1	注文番号	注文日	顧客名	商品名	数量
2					
3					

処理の流れ

注文一覧表のデータを1行ずつ処理し、各行において空白セルの数をカウントします。空白セルの数に応じて、**図3-3-4**のように2段階の分岐処理を行います。

図 3-3-4 分岐処理のイメージ

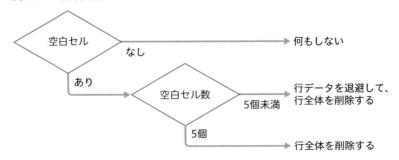

空白セルがない場合は、正常なデータであることを意味するので、何もせずデータをそのまま残します。空白セルがある場合は、5つある項目のすべてが空白セル（つまり空行）なのか、一部の項目が空白セルなのかによって処理が分かれます。一部の項目が空白セルの場合は、該当行のデータを［エラー］シートに退避したうえで、行全体を削除します。一方、すべての項目が空白セルの場合、つまり空行の場合は、単に行全体を削除します。

これを踏まえて処理の流れを書くと、次のようになります。

▼ ［データチェック］処理

①エラーシートのデータをクリアする
②書込行の初期値を設定する
③注文一覧シートを1行ずつ処理する
　④1行分のデータを取得する
　⑤空白セル数を取得する
　⑥空白セルがある場合、以下の処理を行う
　　⑦すべてのセルが空白（つまり空行）ではない場合、以下の処理を行う
　　　⑧エラーシートに行データをコピーする
　　　⑨書込行を次の行に移す
　　⑩行全体を削除する

解決のためのヒント

○ CountBlank関数

空白セルの個数をカウントする関数です。Excelの関数なので、関数名の前に`WorksheetFunction`オブジェクト（1-9-2参照）をつけて使います。

関数	**CountBlank**（カウントブランク）
説明	指定した範囲内にある空白セルの数をカウントします。
引数	範囲
戻り値	空白セルの個数
使用例	空白セル数 = WorksheetFunction.CountBlank (Range("A2:E2"))

　▶ A2:E2の範囲にある空白セルの個数をカウントし、その値を変数「空白セル数」
　に格納します。

プログラミング

プロシージャ名は「データチェック」とし、プロシージャ内に処理の流れを書き込みます。

▼ [データチェック]プロシージャ

```
Sub データチェック()
    '①エラーシートのデータをクリアする
    '②書込行の初期値を設定する
    '③注文一覧シートを1行ずつ処理する
        '④1行分のデータを取得する
        '⑤空白セル数を取得する
        '⑥空白セルがある場合、以下の処理を行う
            '⑦すべてのセルが空白（つまり空行）ではない場合、以下の処理
              を行う
                '⑧エラーシートに行データをコピーする
                '⑨書込行を次の行に移す
            '⑩行全体を削除する
End Sub
```

また、[注文一覧]シートの右上には[データチェック]ボタンを設置し、[データチェック]プロシージャを関連づけておきましょう。

3

データの不備を一瞬でチェックして修正する

図3-3-5 [データチェック]ボタンの設置

	D	E	F	G
	商品名	数量	データチェック	
	刃具部品	100		
	治工具	600		

> ボタンを右クリック→[マクロの登録]をクリック→マクロの一覧から「データチェック」を選択→[OK]ボタンをクリックします。

では、コードについて解説します。

❶エラーシートのデータをクリアする

[エラー]シートにはデータが書き込まれている可能性があるので、事前にデータを削除します。UsedRangeプロパティ(1-5-2参照)でデータ使用範囲を選択したあと、見出し行を除くために、選択した範囲を1行下にずらします。1行下にずらすときに使うのがOffsetプロパティです。

図3-3-6 データ削除範囲の設定

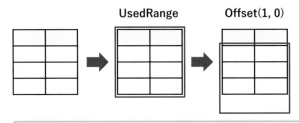

UsedRange　　　　　Offset(1, 0)

```
'①エラーシートのデータをクリアする
Sheets("エラー").UsedRange.Offset(1, 0).EntireRow.Delete
```

❷書込行の初期値を設定する

[エラー]シートにデータを書き込むとき、何行目に書き込むのかを指定しないといけません。その書込行の初期値を2行目にします。

```
'②書込行の初期値を設定する
書込行 = 2
```

➡【変数宣言】Dim 書込行 As Long

❸注文一覧シートを1行ずつ処理する

For...Nextステートメント(1-6-1参照)を使って、[注文一覧]シートの2行

目から最終行まで、繰り返し処理します。最終行の取得方法はいくつかありますが、今回はUsedRangeプロパティを使って取得しています。［注文一覧］シートのオブジェクトは何度も書くので、Withステートメントで省略します。

```
With Sheets("注文一覧")
    '③注文一覧シートを1行ずつ処理する
    For 行 = 2 To .UsedRange.Rows.Count
        '④1行分のデータを取得する
                        :
    Next
End With
```

➡️【変数宣言】Dim 行 As Long

❹ 1行分のデータを取得する

該当行のA列からE列までの範囲をオブジェクト変数に格納します。オブジェクト変数を使うことでセル範囲に名前をつけることができるので、コードがわかりやすくなります。また、セル範囲に変更があった場合に修正する箇所は、このコード1箇所だけになるので、修正の手間を減らすことができます。

```
'④1行分のデータを取得する
Set 行データ = .Range("A" & 行 , "E" & 行)
```

➡️【変数宣言】Dim 行データ As Range

❺ 空白セル数を取得する

CountBlank関数で空白セルの数をカウントします。引数には、❹で設定した行データを指定します。

```
'⑤空白セル数を取得する
空白セル数 = WorksheetFunction.CountBlank(行データ)
```

➡️【変数宣言】Dim 空白セル数 As Long

❻ 空白セルがある場合、以下の処理を行う

空白セルがある場合、つまり空白セル数が0より大きい、という条件をコードで書くと、「空白セル数 > 0」となります。

```
'⑥空白セルがある場合、以下の処理を行う
If 空白セル数 > 0 Then
    '⑦すべてのセルが空白 (つまり空行) ではない場合、以下の処理を行う
                      :
End If
```

❼ すべてのセルが空白 (つまり空行) ではない場合、以下の処理を行う

　空行ではない場合というのは、空白セル数が5より小さい、という条件に読み替えることができます。

```
'⑦すべてのセルが空白 (つまり空行) ではない場合、以下の処理を行う
If 空白セル数 < 5 Then
    '⑧エラーシートに行データをコピーする
    '⑨書込行を次の行に移す
End If
```

❽ エラーシートに行データをコピーする

　空行ではない場合は、該当行のデータを[エラー]シートに退避します。Copyメソッド (1-3-2参照) で行データをコピーし、[エラー]シートの書込行に書き込みます。

```
'⑧エラーシートに行データをコピーする
行データ.Copy Sheets("エラー ").Cells(書込行, 1)
```

❾ 書込行を次の行に移す

　データを書き込んだら、書込行を1つ増やします。

```
'⑨書込行を次の行に移す
書込行 = 書込行 + 1
```

❿ 行全体を削除する

　[注文一覧]シートの該当行のデータを削除します。

```
'⑩行全体を削除する
.Cells(行, 1).EntireRow.Delete
```

完成したプログラムは次のようになります。

● プログラム作成例

```
Sub データチェック()
    Dim 書込行 As Long
    Dim 行 As Long
    Dim 行データ As Range
    Dim 空白セル数 As Long

    '①エラーシートのデータをクリアする
    Sheets("エラー").UsedRange.Offset(1, 0).EntireRow.Delete

    '②書込行の初期値を設定する
    書込行 = 2

    With Sheets("注文一覧")
        '③注文一覧シートを1行ずつ処理する
        For 行 = 2 To .UsedRange.Rows.Count
            '④1行分のデータを取得する
            Set 行データ = .Range("A" & 行, "E" & 行)

            '⑤空白セル数を取得する
            空白セル数 = WorksheetFunction.CountBlank(行データ)

            '⑥空白セルがある場合、以下の処理を行う
            If 空白セル数 > 0 Then
                '⑦すべてのセルが空白(つまり空行)ではない場合、以下の
                 処理を行う
                If 空白セル数 < 5 Then
                    '⑧エラーシートに行データをコピーする
                    行データ.Copy Sheets("エラー").Cells(書込
行, 1)

                    '⑨書込行を次の行に移す
                    書込行 = 書込行 + 1
```

```
            End If

            '⑩行全体を削除する
            .Cells(行, 1).EntireRow.Delete
         End If
      Next
   End With
End Sub
```

プログラムを実行すると、**図3-3-7**のようになります。行内に空白セルがある データは［エラー］シートに退避され、正常なデータだけが［注文一覧］シートに残 ります。

図3-3-7　実行結果 -［注文一覧］シート

	A	B	C	D	E
1	注文番号	注文日	顧客名	商品名	数量
2	772204	2022/10/1	株式会社モーリス	刃具部品	100
3	328352	2022/10/1	英産業株式会社	治工具	600
4	692409	2022/10/2	西園寺鉄鋼株式会社	コネクター金型	300
5	712421	2022/10/2	株式会社ロードス	プラスチック金型	300
6	611683	2022/10/3	ヒマラヤ株式会社	電子部品金型	400
7	863786	2022/10/3	株式会社橘	治工具	500
8	256057	2022/10/4	ユビネックス商事（株）	プラスチック金型	900
9	386812	2022/10/4	大竹工機株式会社	電子部品金型	500
10	792409	2022/10/5	三崎産業株式会社	刃具部品	800
11	111637	2022/10/5	三崎産業株式会社	刃具部品	100
12	176220	2022/10/6	ユビネックス商事（株）	プラスチック金型	500
13	105005	2022/10/6	（株）カドワキ	電子部品金型	100

空白セルが1つも ない正常なデータ だけが残る

図3-3-8　実行結果 -［エラー］シート

	A	B	C	D	E
1	注文番号	注文日	顧客名	商品名	数量
2	202610	2022/10/1	ヒマラヤ株式会社	電子部品金型	
3	099763	2022/10/2	西園寺鉄鋼株式会社		500
4	445160	2022/10/3		治工具	200
5	920339	2022/10/4	テンジンパイプ株式会社	ダイヤモンド金型	
6	992272	2022/10/5	ヒマラヤ株式会社		100
7	697265	2022/10/6	オール鉄鋼株式会社	超硬金型部品	
8	932738	2022/10/6		超硬金型部品	100

行内の一部の セルが空白の データが退避 される

難易度 ★ ★ ☆ ☆

顧客名簿を名寄せする

POINT
- ☑ 名寄せに必要な重複チェックのしくみを理解する
- ☑ 逆順での繰り返し処理の書き方を理解する

CASE 08　ビジネスホテルチェーンを展開するA社では、顧客ロイヤルティ向上のために、ポイントカード会員制度を導入しています。顧客は入会時に氏名や住所などの情報を登録用紙に記入し、担当社員が顧客名簿にデータを入力しています。

　稀に、同一顧客がポイントカードの入会手続きを複数回行ってしまうことがあります。その場合、顧客名簿には氏名と生年月日が同一のデータが登録されます。その重複を排除するため、あとから登録されたデータを検出するプログラムを作成し、どのデータを削除すべきかを識別できるようにしたいと考えています。

つくりたいプログラム

　顧客名簿には、[会員番号]・[氏名]・[生年月日]・[重複番号]の4つの項目があります。顧客名簿には、**図3-4-1**に示す「谷口 こころ」さんのように、氏名と生年月日が重複しているデータがいくつかあります。重複しているデータを消し込めるように、あとから登録されたデータの[重複番号]列に、先に登録されたデータの会員番号を書き込むプログラムを作成します。

3

データの不備を一瞬でチェックして修正する

図3-4-1 ［顧客名簿］シート（顧客名簿）

	A	B	C	D
1	会員番号	氏名	生年月日	重複番号
2	S001	谷口 こころ	1990/3/11	
3	S002	伊藤 愛実	1975/5/18	
4	S003	斉藤 葵	1984/2/10	
5	S004	久保 琉生	1982/8/14	
6	S005	新井 歩夢	1971/7/1	
7	S006	太田 美結	1985/6/13	
8	S007	久保 琉生	1982/8/14	
9	S008	大塚 瑞希	1979/4/11	
10	S009	坂本 彩	1999/5/14	
11	S010	伊藤 愛実	1975/5/18	
12	S011	後藤 綾香	1966/3/9	
13	S012	谷口 こころ	1990/3/11	
14	S013	近藤 大地	1972/7/10	
15	S014	坂本 彩	1999/5/14	
16	S015	大塚 瑞希	1979/4/11	

重複

後から登録されたデータの［重複番号］列に、先に登録されたデータの会員番号を入力

処理の流れ

「大塚 瑞希」さんのデータを例に、処理の全体像を考えてみましょう。**図3-4-2**は、同じ顧客名簿を左右に2つ並べたイメージです。便宜上、左側の表を「元データ」、右側の表を「比較データ」と呼びます。比較データの会員番号が「S015」より若いデータの中で、［氏名］・［生年月日］が同じ行を探し、ヒットしたらその会員番号を［重複番号］列に転記して、処理を終了します。

図3-4-2　[氏名]・[生年月日]の突き合わせ

元データ

会員番号	氏名	生年月日	重複番号
：	：	：	：
S015	**大塚 瑞希**	**1979/4/11**	

比較データ

会員番号	氏名	生年月日	重複番号
S001	谷口 こころ	1990/3/11	
S002	伊藤 愛実	1975/5/18	
S003	斉藤 葵	1984/2/10	
S004	久保 琉生	1982/8/14	
S005	新井 歩夢	1971/7/1	
S006	太田 美結	1985/6/13	
S007	久保 琉生	1982/8/14	
S008	**大塚 瑞希**	**1979/4/11**	
S009	坂本 彩	1999/5/14	
S010	伊藤 愛実	1975/5/18	
S011	後藤 綾香	1966/3/9	
S012	谷口 こころ	1990/3/11	
S013	近藤 大地	1972/7/10	
S014	坂本 彩	1999/5/14	
S015	**大塚 瑞希**	**1979/4/11**	

[氏名]・[生年月日]が同じ行を探す

会員番号が「S015」より若いデータ

「S008」を書き込む

　元データについては、会員番号「S015」についての処理が終わったら「S014」の処理を行う、というように会員番号の大きい順に処理していきます。言い換えると、最終行を始点として、下から上に1行ずつ繰り返し処理するということになります。その繰り返し処理の中で、同じ顧客がいないかを1人ずつチェックするため、比較データについては2行目から1行ずつ小さい順に繰り返し処理します。**図3-4-3**のようなイメージをもつとよいでしょう。

図3-4-3　2つの繰り返し処理のイメージ

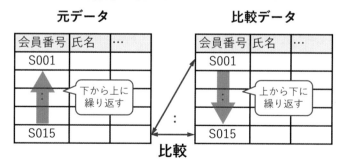

元データ

会員番号	氏名	…
S001		
：		
S015		

下から上に繰り返す

比較データ

会員番号	氏名	…
S001		
：		
S015		

上から下に繰り返す

比較

　これを踏まえて処理の流れを書くと、次のようになります。

▼ [名寄せ] 処理

①顧客名簿を取得する
②最終行から1行ずつ繰り返し処理する
　　③各項目の値を取得する
　　④2行目から1行ずつ繰り返し処理する
　　　⑤比較する各項目を取得する
　　　⑥比較する会員番号が若い場合かつ氏名と生年月日が一致する場合、
　　　　以下の処理を行う
　　　　　⑦重複番号列（4列目）に、重複する会員番号を書き込む
　　　　　⑧ヒットした場合は、比較を中止する

 解決のためのヒント

● 下から上に繰り返し処理する

　繰り返し処理では、何行おきに繰り返すのかを指定することができます。何行お
きかを指定するためのキーワードはStep（ステップ）で、そのあとに数値を指定します。
Stepを指定しないと、1行おきを意味する「Step 1」が指定されているものとみ
なされます。

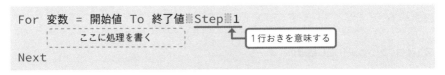

　2行おきに処理するなら「Step 2」と書きます。では、下から上に繰り返し処理
するにはどう書けばよいかというと、「Step -1」と書きます。処理する対象行を
1行ずつ減らしていくから「-1」になる、と覚えましょう。

図3-4-4　逆順での繰り返し処理

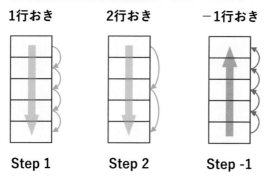

下から上に繰り返し処理するときは、**開始値＞終了値**となるように設定しましょう。行数をどんどん減らしていくわけですから、終了値は開始値よりも小さくしないといけません。

プログラミング

プロシージャ名は「名寄せ」とします。処理の流れは次のようにコメントで書いておきます。

▼[名寄せ]プロシージャ

```
Sub 名寄せ()
    '①顧客名簿を取得する
    '②最終行から1行ずつ繰り返し処理する
        '③各項目の値を取得する
        '④2行目から1行ずつ繰り返し処理する
            '⑤比較する各項目を取得する
            '⑥比較する会員番号が若い場合かつ氏名と生年月日が一致する
            場合、以下の処理を行う
                '⑦重複番号列(4列目)に、重複する会員番号を書き込む
```

```
                        '⑧ヒットした場合は、比較を中止する
End Sub
```

では、コードについて解説します。

❶顧客名簿を取得する

　顧客名簿を選択するため、**CurrentRegion**プロパティを使います。起点セル
は、A1セルです。「顧客名簿」という変数は、Variant型にする必要があります。

```
'①顧客名簿を取得する
顧客名簿 = Sheets("顧客名簿").Range("A1").CurrentRegion
```

➡【変数宣言】Dim 顧客名簿 As Variant

❷最終行から1行ずつ繰り返し処理する

　顧客名簿（元データ）の下から上に向かって繰り返し処理するため、行末に
「**Step -1**」を指定します。繰り返し処理の始点には最終行を指定し、終点には
2行目を指定します。なぜ終点が2行目になるかというと、見出し行の下にある
データまで処理するからです。

```
'②最終行から1行ずつ繰り返し処理する
For 行 = UBound(顧客名簿) To 2 Step -1
    '③各項目の値を取得する
                :
    '⑥比較する会員番号が若い場合かつ氏名と生年月日が一致する場合、以下
      の処理を行う
        '⑦重複番号列（4列目）に、重複する会員番号を書き込む
        '⑧ヒットした場合は、比較を中止する
Next
```

➡【変数宣言】Dim 行 As Long

❸各項目の値を取得する

　該当行にある［会員番号］・［氏名］・［生年月日］の値を取得します。変数を使わ
ずに、「顧客名簿(行, 1)」などのままでもかまいませんが、変数に格納し直すこと
によって、何の値かが明確になり、コードが読みやすくなります。

```
'③各項目の値を取得する
会員番号 = 顧客名簿(行, 1)
氏名 = 顧客名簿(行, 2)
生年月日 = 顧客名簿(行, 3)
```

➡【変数宣言】Dim 会員番号 As String, 氏名 As String, 生年月日 As Date

❹ 2行目から1行ずつ繰り返し処理する

　すでに登録されている顧客がないかどうかをチェックするために、顧客名簿(比較データ)を上から順に比較していきます。元データの繰り返し処理で使用している変数「行」と区別するため、「比較行」という変数を使います。

```
'④2行目から1行ずつ繰り返し処理する
For 比較行 = 2 To UBound(顧客名簿)
    '⑤比較する各項目を取得する
    '⑥比較する会員番号が若い場合かつ氏名と生年月日が一致する場合、以下
      の処理を行う
        '⑦重複番号列(4列目)に、重複する会員番号を書き込む
        '⑧ヒットした場合は、比較を中止する
Next
```

➡【変数宣言】Dim 比較行 As Long

❺ 比較する各項目を取得する

　比較データの値を取得します。

```
'⑤比較する各項目を取得する
会員番号2 = 顧客名簿(比較行, 1)
氏名2 = 顧客名簿(比較行, 2)
生年月日2 = 顧客名簿(比較行, 3)
```

➡【変数宣言】Dim 会員番号2 As String, 氏名2 As String, 生年月日2 As Date

❻ 比較する会員番号が若い場合かつ氏名と生年月日が一致する場合、以下の処理を行う

　比較する対象は、元データの会員番号よりも若い番号とするため、「会員番号 > 会員番号2」という条件が必要です。さらに、重複しているかどうかを判別するため、氏名と生年月日が一致するかを判定します。

```
'⑥比較する会員番号が若い場合かつ氏名と生年月日が一致する場合、以下の処
  理を行う
If 会員番号 > 会員番号2 And 氏名 = 氏名2 And 生年月日 = 生年月日
2 Then
    '⑦重複番号列（4列目）に、重複する会員番号を書き込む
    '⑧ヒットした場合は、比較を中止する
End If
```

❼重複番号列（4列目）に、重複する会員番号を書き込む

　氏名と生年月日が一致した場合、つまり重複したデータが登録されている場合
は、該当行に比較データの会員番号を書き込みます。

```
'⑦重複番号列（4列目）に、重複する会員番号を書き込む
Sheets("顧客名簿").Cells(行, 4).Value = 会員番号2
```

❽ヒットした場合は、比較を中止する

　ヒットした場合はそれ以上比較する作業を続ける必要はないため、Exitステー
トメントを使って、比較データにおける繰り返し処理を中止します。

```
'⑧ヒットした場合は、比較を中止する
Exit For
```

　完成したプログラムは次のようになります。

●プログラム作成例

```
Sub 名寄せ()
    Dim 顧客名簿 As Variant
    Dim 行 As Long
    Dim 比較行 As Long
    Dim 会員番号 As String, 氏名 As String, 生年月日 As Date
    Dim 会員番号2 As String, 氏名2 As String, 生年月日2 As Date

    '①顧客名簿を取得する
    顧客名簿 = Sheets("顧客名簿").Range("A1").CurrentRegion
```

```
    '②最終行から1行ずつ繰り返し処理する
For 行 = UBound(顧客名簿) To 2 Step -1
        '③各項目の値を取得する
        会員番号 = 顧客名簿(行, 1)
        氏名 = 顧客名簿(行, 2)
        生年月日 = 顧客名簿(行, 3)

        '④2行目から1行ずつ繰り返し処理する
        For 比較行 = 2 To UBound(顧客名簿)
            '⑤比較する各項目を取得する
            会員番号2 = 顧客名簿(比較行, 1)
            氏名2 = 顧客名簿(比較行, 2)
            生年月日2 = 顧客名簿(比較行, 3)

            '⑥比較する会員番号が若い場合かつ氏名と生年月日が一致する場合、
              以下の処理を行う
            If 会員番号 > 会員番号2 And 氏名 = 氏名2 And 生年月日 =
生年月日2 Then
                '⑦重複番号列(4列目)に、重複する会員番号を書き込む
                Sheets("顧客名簿").Cells(行, 4).Value = 会員番号2

                '⑧ヒットした場合は、比較を中止する
                Exit For
            End If
        Next
    Next
End Sub
```

プログラムを実行すると、**図3-4-5**のようになります。重複がある場合は、該当行に重複している会員番号が書き込まれます。

図3-4-5　実行結果 - [顧客名簿] シート

	A	B	C	D
1	会員番号	氏名	生年月日	重複番号
2	S001	谷口 こころ	1990/3/11	
3	S002	伊藤 愛実	1975/5/18	
4	S003	斉藤 葵	1984/2/10	
5	S004	久保 琉生	1982/8/14	
6	S005	新井 歩夢	1971/7/1	
7	S006	太田 美結	1985/6/13	
8	S007	久保 琉生	1982/8/14	S004
9	S008	大塚 瑞希	1979/4/11	
10	S009	坂本 彩	1999/5/14	
11	S010	伊藤 愛実	1975/5/18	S002
12	S011	後藤 綾香	1966/3/9	
13	S012	谷口 こころ	1990/3/11	S001
14	S013	近藤 大地	1972/7/10	
15	S014	坂本 彩	1999/5/14	S009
16	S015	大塚 瑞希	1979/4/11	S008

重複している行に、会員番号が書き込まれる

4

大量データの中から欲しいデータを一発で取り出す

データ抽出とは、対象のデータの中からあなたが欲しいデータを取り出すことです。あらかじめ決められたフォーマットに合わせてデータを抽出する、あるいは抽出条件にもとづいてデータを分割するといった作業はVBAの得意とするところです。

また、本章で紹介する基礎的なデータベースの操作方法を知っておくと、複数の表からあなたが欲しいデータを自由自在に取り出せるようになるとともに、Excelでは対処できない大量データを処理できるようになります。今後ExcelからAccess（簡易なデータベースソフト）へのステップアップを目指している方にも必ず役立ちます。

永井課長

複数の表のデータをくっつけて
データを抽出するとき、どのよ
うに作業してる？

データを切り取って貼りつけたり、VLOOKUP関数を使ったりし
ています。項目数が多いと作業量が増えて手間がかかりますし、作
業が終わったあとに正しくデータを結合できているかチェックする
作業も大変なんですよ。

笠井主任

表をテーブル化してPowerQuery（表の取り込みや整形ができる
Excelの機能）を使ってもいいけど、Excelのデータをデータベース
に見立てて、VBAでデータを取得する方法もあるんだよ。

永井課長

それって、SQLを使う方法ですか？
すごく難しそうですね……。

一ノ瀬さん

簡単ではないけど、複数の表を瞬時に結合したり項目を簡単に入れ
替えたりできるようになるし、大量データを扱うことができるよう
になるので、ぜひ挑戦してみてほしい。

永井課長

受注案件をカテゴリ別に分割する

POINT
- ☑ フィルターのかけ方を理解する
- ☑ 複数シートにデータを出力する方法を理解する

CASE 09　Webデザイン制作を手がけるA社では、受注案件を開発・デザイン・コンサルティングの各部門リーダーに割り振るため、受注案件のデータをカテゴリ別に手作業で分けていますが、面倒で時間がかかるので、作業を自動化したいと考えています。

この題材を適用できる作業は幅広く、社員マスタを役職別に分ける、取引先マスタを信用格付別に分ける、契約データを販売ルート別に分けるといった作業が挙げられます。

図4-1-1　案件一覧表のデータ分割

案件番号	案件名	カテゴリ
100192	RPAツールの開発業務	開発
100195	デザインの相談	デザイン
100215	UI・UX改善	コンサルティング

案件番号	案件名	カテゴリ
100192	RPAツールの開発業務	開発

案件番号	案件名	カテゴリ
100195	デザインの相談	デザイン

案件番号	案件名	カテゴリ
100215	UI・UX改善	コンサルティング

💭 つくりたいプログラム

案件一覧表には、[案件番号]・[案件名]・[カテゴリ]・[契約金額]・[受注日]・[担当社員番号]・[担当社員氏名]・[ステータス]の8つの項目があります。カテゴリごとにシートを作成し、シート名はカテゴリの名称に変更します。作成したシートにはそれぞれ、該当するカテゴリで絞り込んだ表のデータをコピーします。

図4-1-2　[案件一覧]シート（案件一覧表）

	A	B	C	D	E	担	H
1	案件番号	案件名	カテゴリ	契約金額	受注日		ステータス
2	100192	RPAツールの開発業務	開発	32,620,000	2020/4/5		①未アサイン
3	100195	デザインの相談	デザイン	2,146,000	2020/4/16		②作業中
4	100197	パッケージデザイン	デザイン	1,869,000	2020/4/25		③完了
5	100201	アプリの新規開発・改修業務	開発	12,141,000	2020/5/14		③完了
6	100202	サービスのロゴ作成	デザイン	1,348,000	2020/5/27		②作業中
7	100204	バナーのデザイン	デザイン	2,940,000	2020/6/19		③完了
8	100208	パンフレットデザイン	デザイン	1,100,000	2020/6/21		②作業中
9	100209	iOS開発業務	開発	21,238,000	2020/7/14		③完了
10	100210	プロダクト開発業務	開発	17,217,000	2020/7/26		③完了

カテゴリ

カテゴリは［カテゴリ］シートに記載されています。現時点では「開発」「デザイン」「コンサルティング」という3種類の値があります。今後追加されることを想定しておく必要があります。

図4-1-3　[カテゴリ]シート

	A
1	開発
2	デザイン
3	コンサルティング

例として、「開発」のカテゴリだけのデータを抽出すると、**図4-1-4**のようになります。

図4-1-4　案件一覧表からのデータ抽出

	A	B	C	D	E	担	H
1	案件番号	案件名	カテゴリ	契約金額	受注日		ステータス
2	100192	RPAツールの開発業務	開発	32,620,000	2020/4/5		①未アサイン
3	100201	アプリの新規開発・改修業務	開発	12,141,000	2020/5/14		③完了
4	100209	iOS開発業務	開発	21,238,000	2020/7/14		③完了
5	100210	プロダクト開発業務	開発	17,217,000	2020/7/26		③完了
6	100223	バックエンド開発	開発	11,180,100	2020/9/12		③完了
7	100224	WEBアプリケーション開発業務	開発	14,850,010	2020/10/7		③完了
8	100226	自社サービスの開発	開発	21,560,100	2020/11/5		②作業中
9	100234	アプリの新規開発・改修業務	開発	18,661,000	2020/11/6		③完了
10	100249	iOS開発業務	開発	11,030,000	2020/12/14		③完了

処理の流れ

　［カテゴリ］シートからデータを取得し、カテゴリを使って表にフィルターをかけ、そのデータを新規作成したシートにコピーしていきます。フィルターの書き方さえわかれば、シンプルな処理です。

▼ **［データ分割］処理**

①カテゴリを取得する
②カテゴリごとに繰り返し処理する
　　　③シート名を取得する
　　　④シートを最後尾に作成する
　　　⑤シート名をカテゴリ名に変更する
　　　⑥フィルターをかける
　　　⑦フィルターしたデータをコピーする
⑧フィルターを解除する

 解決のためのヒント

○ **フィルターをかける**

　フィルターをかけるには、AutoFilter（オートフィルター）メソッドを使います。引数には、絞り込みに関する情報を指定します。AutoFilterメソッドを引数なしで使うと、絞り込みを解除することができます。

　表内の任意のセル.AutoFilter▓引数

表4-1-1　AutoFilterメソッドの使い方

操作	書き方の例
フィルターをかける	Range("A1").AutoFilter▓Field:=3, Criteria1:="大阪府" A1セルを含む表のC列（3列目）を、「大阪府」で絞り込みます。
フィルターを解除する	Range("A1").AutoFilter A1セルを含む表にかけられている絞り込みを解除します。

　AutoFilterメソッドで指定する引数は**表4-1-2**のとおりです。基本的には、どの列に対して（Field）、どういう条件で絞り込むか（Criteria1）を指定しま

す。`Criteria1`で指定する条件の中に等号(=)や不等号(<>)などの演算子を含めたいときは、文字列で書かないといけません。

表4-1-2　AutoFilterメソッドの引数

順番	名前	説明	省略	使用例
1	フィールド Field	フィルターをかける列番号を指定します。	可	`Field:=3`

2	クライテリア1
	Criteria1
		条件を文字列で指定します。	可	`Criteria1:="大阪府"`
				`Criteria1:="<=5000000"`
				`Criteria1:=Array("東京都", "大阪府")`

3	オペレーター
	Operator
		演算子を指定します。	可	`Operator:=xlFilterValues`
				`Operator:=xlOr`
				`Operator:=xlAnd`

4	クライテリア2 Criteria2	2つ目の条件を文字列で指定します。	可	`Criteria2:="京都府"`

続いて、やや複雑なフィルターのかけ方について解説します。

複数列に対する絞り込み

複数列に対してフィルターをかけたい場合は、フィルターをかける列ごとに`AutoFilter`メソッドを使います。例えば、

- [カテゴリ](C列)を「開発」で絞り込む
- [契約金額](D列)を「500万円以上」で絞り込む
- [ステータス](H列)を「③完了」で絞り込む

という3つの条件をすべて満たすデータを表示したいときは、次のように書きます。

＜複数列で絞り込む＞

```
Range("A1").AutoFilter Field:=3, Criteria1:="開発"
Range("A1").AutoFilter Field:=4, Criteria1:=">=5000000"
Range("A1").AutoFilter Field:=8, Criteria1:="③完了"
```

複合条件での絞り込み

単一列において2つの条件を満たす「And条件」を紹介します。例えば次の条件を考えてみましょう。

2つ条件があるので、1つ目の条件を指定する`Criteria1`と、2つ目の条件を指定する`Criteria2`を使います。この2つの条件をつなげるために、演算子を指定する`Operator`という引数も指定します。今回はAnd条件なので、`Operator`の値には`xlAnd`という定数を指定します。

＜And条件で絞り込む＞

```
Range("A1").AutoFilter Field:=4, Criteria1:=">=15000000",
Operator:=xlAnd, Criteria2:="<20000000"
```
xlAndを指定

次に、単一列においていずれかの条件を満たす「Or条件」です。例えば次の条件を考えてみましょう。

And条件と同様に、`Criteria1`と`Criteria2`を指定します。`Operator`の値には、`xlOr`という定数を指定します。

＜OR条件で絞り込む＞

```
Range("A1").AutoFilter Field:=4, Criteria1:="<2000000",
Operator:=xlOr, Criteria2:=">=10000000"
```
xlOrを指定

4

大量データの中から欲しいデータを一発で取り出す

最後に、Or条件で3つ以上の値を指定するケースです。例えば［ステータス］（H列）が「①未アサイン」または「②作業中」または「③完了」のいずれかに一致するデータを表示するには、条件 Criteria1 の値に配列を使って、「Array("①未アサイン", "②作業中", "③完了")」のように書きます。

また、配列を使う場合は、引数 Operator に xlFilterValues（エックスエル・フィルターバリューズ）というキーワードを指定します。

＜Or条件を使って3つ以上の値で絞り込む＞

```
Range("A1").AutoFilter Field:=8, Criteria1:=Array("①未ア
サイン", "②作業中", "③完了"), Operator:=xlFilterValues
```
xlFilterValuesを指定

 プログラミング

プロシージャ名は「データ分割」とし、プロシージャ内にコメントを書きましょう。

▼ **［データ分割］プロシージャ**

```
Sub データ分割()
    '①カテゴリを取得する
    '②カテゴリごとに繰り返し処理する
        '③シート名を取得する
        '④シートを最後尾に作成する
        '⑤シート名をカテゴリ名に変更する
        '⑥フィルターをかける
        '⑦フィルターしたデータをコピーする
    '⑧フィルターを解除する
End Sub
```

また、案件一覧表の右上に[データ分割]ボタンを設置し、[データ分割]プロシージャを関連づけておきましょう。

図4-1-5 [データ分割]ボタンの設置

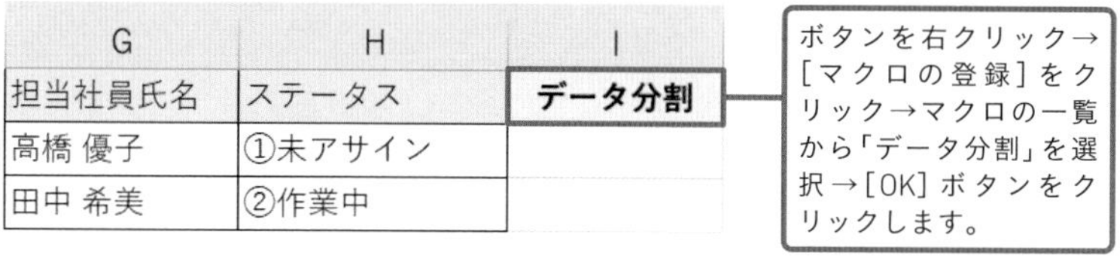

	G	H	I
	担当社員氏名	ステータス	**データ分割**
	高橋 優子	①未アサイン	
	田中 希美	②作業中	

ボタンを右クリック→[マクロの登録]をクリック→マクロの一覧から「データ分割」を選択→[OK]ボタンをクリックします。

では、処理の流れに沿ってコードを解説します。

❶カテゴリを取得する

[カテゴリ]シートから、カテゴリの一覧を取得します。UsedRangeプロパティ、CurrentRegionプロパティのどちらを使ってもかまいません。

```
'①カテゴリを取得する
カテゴリ一覧 = Sheets("カテゴリ").UsedRange
```

➡【変数宣言】Dim カテゴリ一覧 As Variant

❷カテゴリごとに繰り返し処理する

このあと、[案件一覧]シートにおける処理がいくつも登場するので、Withステートメントを使ってシートオブジェクトの記述を省略しておきましょう。Withステートメント内には、繰り返し処理のFor...Nextステートメントを書きます。UBound関数を使って、カテゴリシートの最終行を取得します。

```
With Sheets("案件一覧")
    '②カテゴリごとに繰り返し処理する
    For 行 = 1 To UBound(カテゴリ一覧)
        '③シート名を取得する
            :
        '⑦フィルターしたデータをコピーする
    Next

    '⑧フィルターを解除する
End With
```

➡【変数宣言】Dim 行 As Long

4

大量データの中から欲しいデータを一発で取り出す

❸ シート名を取得する

［カテゴリ］シートのA列（1列目）にあるカテゴリの名称を取得します。新規作成するシート名をカテゴリの名称に変更するときに使用します。

```
'③シート名を取得する
カテゴリ = カテゴリ一覧(行, 1)
```

➡【変数宣言】Dim カテゴリ As String

❹ シートを最後尾に作成する

新規シートを最後尾に作成します。「最後尾」を言い換えると、このブックにある最後のシートのあと、ということになります。最後のシート番号は基本的に、シートの総数を表すSheets.Count（1-3-4参照）と一致するので、最後のシートは「Sheets(Sheets.Count)」と表現できます。「〜のあと」というのは、Addメソッド（1-3-4参照）の引数Afterで指定します。

```
'④シートを最後尾に作成する
Set シート = Sheets.Add(After:=Sheets(Sheets.Count))
```

➡【変数宣言】Dim シート As Worksheet

Memo
Sheets.Countは隠しシートも含めてカウントされるので、必ずしも最後のシート番号と一致するわけではありません。

❺ シート名をカテゴリ名に変更する

シート名を変更するには、Nameプロパティ（1-3-4参照）を使います。

```
'⑤シート名をカテゴリ名に変更する
シート.Name = カテゴリ
```

❻ フィルターをかける

AutoFilterメソッドを使ってフィルターをかけます。対象列はC列（3列目）なので、引数Fieldには列番号「3」を指定します。また、条件を表す引数Criteria1には、先ほど取得したカテゴリを指定します。Range("A1")の手前にピリオドをつけるのを忘れないように注意してください。

```
'⑥フィルターをかける
.Range("A1").AutoFilter Field:=3, Criteria1:=カテゴリ
```

❼ フィルターしたデータをコピーする

Copyメソッドを使ってデータをコピーします。フィルターをかけたあとのデータ範囲は、**CurrentRegion**プロパティを使って取得します。また、コピー先は新規作成したシートのA1セルにします。

```
'⑦フィルターしたデータをコピーする
.Range("A1").CurrentRegion.Copy シート.Range("A1")
```

❽ フィルターを解除する

フィルターを解除するときは、引数なしで**AutoFilter**メソッドを使います。

```
'⑧フィルターを解除する
.Range("A1").AutoFilter
```

完成したプログラムは次のようになります。

○ プログラム作成例

```
Sub データ分割()
    Dim カテゴリ一覧 As Variant
    Dim 行 As Long
    Dim カテゴリ As String
    Dim シート As Worksheet

    '①カテゴリを取得する
    カテゴリ一覧 = Sheets("カテゴリ").UsedRange

    With Sheets("案件一覧")
        '②カテゴリごとに繰り返し処理する
        For 行 = 1 To UBound(カテゴリ一覧)
            '③シート名を取得する
            カテゴリ = カテゴリ一覧(行, 1)
```

```
        '④シートを最後尾に作成する
        Set シート = Sheets.Add(After:=Sheets(Sheets.
Count))

        '⑤シート名をカテゴリ名に変更する
        シート.Name = カテゴリ

        '⑥フィルターをかける
        .Range("A1").AutoFilter Field:=3,
Criteria1:=カテゴリ

        '⑦フィルターしたデータをコピーする
        .Range("A1").CurrentRegion.Copy シート.
Range("A1")
        Next

        '⑧フィルターを解除する
        .Range("A1").AutoFilter
    End With
End Sub
```

プログラムを実行すると、**図4-1-6**図のようになります。

図4-1-6 実行結果 - [開発] シート

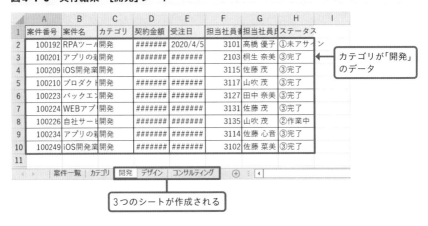

ステップアップ

［データ分割］ボタンをクリックして一度処理を実行したあと、再度［データ分割］ボタンをクリックすると**図4-1-7**のようなエラーが起きます。これは、すでに作成されているシートと同じ名前のシートを作成しようとして起きるエラーです。

図4-1-7　［データ分割］ボタン押下後の実行時エラー

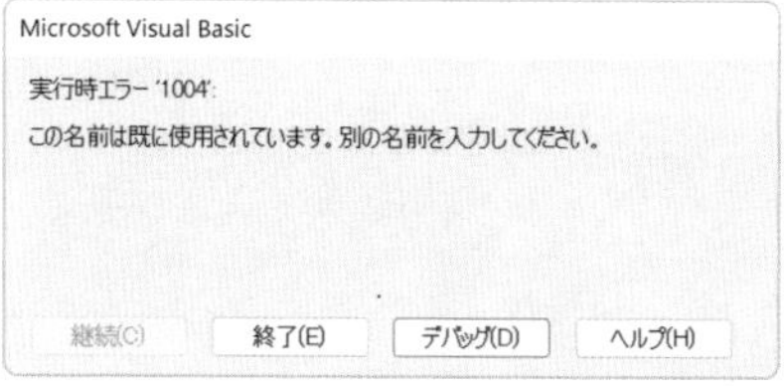
Microsoft Visual Basic
実行時エラー '1004':
この名前は既に使用されています。別の名前を入力してください。
継続(C)
終了(E)
デバッグ(D)
ヘルプ(H)

このエラーを防ぐため、❸と❹の処理の間に、シートが重複している場合は削除する［シート重複チェック］処理を追加します。この処理は新たなプロシージャとして作成し、それを［データ分割］プロシージャの中で呼び出します。

［データ分割］プロシージャ

```
  （省略）
 ③シート名を取得する
 ⑨シートが重複している場合は削除する（［シート重複チェック］プロシージャを呼び出す）
 ④シートを最後尾に作成する
  （省略）
```

［シート重複チェック］プロシージャ

```
①シート1つずつ繰り返し処理する
    ②指定したシート名がすでに存在する場合、次の処理を行う
        ③シート削除時の警告を非表示にする
        ④シートを削除する
        ⑤シート削除時の警告を表示にする
        ⑥処理を終了する
```

［シート重複チェック］プロシージャの作成例は次のとおりです。引数として与えられたシート名が、既存のシートのいずれかと一致する場合に、`Delete`メソッドを

使ってシートを削除します。シートを削除するときに確認メッセージが表示されて処理が中断してしまうのを防ぐため、確認メッセージを非表示にする「Application.DisplayAlerts = False」というコードを書きます。また、重複しているシートを削除したら、それ以降の繰り返し処理を続行する必要はないので、「Exit Sub」でプロシージャを抜けて、すべての処理を終了させます。

◉ ［シート重複チェック］プロシージャ作成例

```
Sub シート重複チェック(シート名 As String)
    Dim シート番号 As Long

    With Sheets("案件一覧")
        '①シート1つずつ繰り返し処理する
        For シート番号 = 1 To Sheets.Count
            '②指定したシート名がすでに存在する場合、以下の処理を行う
            If Sheets(シート番号).Name = シート名 Then
                '③シート削除時の警告を非表示にする
                Application.DisplayAlerts = False

                '④シートを削除する
                Sheets(シート番号).Delete

                '⑤シート削除時の警告を表示にする
                Application.DisplayAlerts = True

                '⑥処理を終了する
                Exit Sub
            End If
        Next
    End With
End Sub
```

また、［データ分割］プロシージャの修正例は次のとおりです。Callステートメントを使って、［シート重複チェック］プロシージャを呼び出します。呼び出すときに、引数としてカテゴリを指定します。

○[データ分割]プロシージャ修正例

```
            (省略)
  With Sheets("案件一覧")
      '②カテゴリごとに繰り返し処理する
      For 行 = 1 To UBound(カテゴリ一覧)
          '③シート名を取得する
          カテゴリ = カテゴリ一覧(行, 1)

          '⑨シートが重複している場合は削除する
          Call シート重複チェック(カテゴリ)

          '④シートを最後尾に作成する
          Set シート = Sheets.Add(After:=Sheets(Sheets.
Count))
            (省略)
```

4-2 工事現場の人材派遣データを検索する

難易度 ★★☆☆

POINT
- ☑ 簡易的な検索フォームを作り、データを検索するしくみを構築する
- ☑ 部分一致検索のやり方を理解する

CASE 10

工事現場にスタッフを派遣しているA社では、日々の人材派遣データを検索できるしくみを作りたいと考えています。

図4-2-1はそのイメージです。上段に検索条件、下段に検索結果があります。検索条件として、[工事現場]・[日付]・[氏名]・[役割]の4つの項目を指定することができ、[検索]ボタンをクリックすると、該当する人材派遣データを表示します。

図4-2-1 [検索]シート

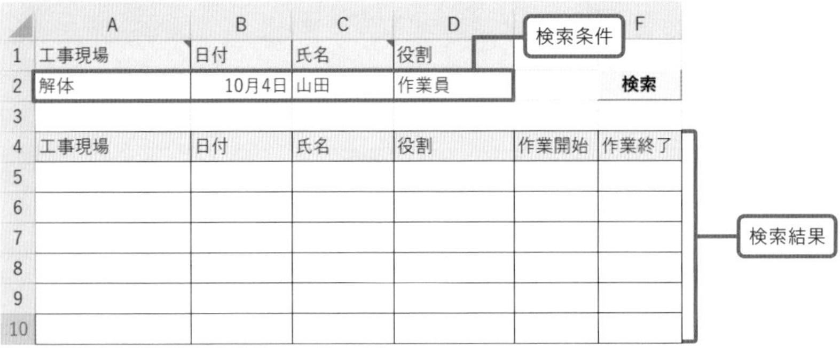

	A	B	C	D		F
1	工事現場	日付	氏名	役割		
2	解体	10月4日	山田	作業員		検索
3						
4	工事現場	日付	氏名	役割	作業開始	作業終了
5						
6						
7						
8						
9						
10						

つくりたいプログラム

人材派遣データには、[工事現場]・[日付]・[氏名]・[役割]・[作業開始時刻]・[作業終了時刻]の6項目があります。いつ、誰を、どの現場に派遣したのかという情報です。絞り込む対象は、[工事現場]・[日付]・[氏名]・[役割]の4つの項目です。

図4-2-2 ［人材派遣データ］シート（人材派遣データ）

	A	B	C	D	E	F
1	工事現場	日付	氏名	役割	作業開始	作業終了
2	汐留ビル解体工事	10月3日	藤原 悠太	現場監督	8:00	18:00
3	汐留ビル解体工事	10月3日	武田 太一	クレーン	9:00	16:00
4	汐留ビル解体工事	10月3日	鈴木 雄太	ブルドーザー	9:00	16:00
5	汐留ビル解体工事	10月3日	久保 琉生	とび	9:00	16:00
6	汐留ビル解体工事	10月3日	阿部 陽太	とび	9:00	16:00
7	汐留ビル解体工事	10月3日	中島 健斗	作業員	9:00	16:00
8	汐留ビル解体工事	10月3日	山田 諒	作業員	9:00	16:00
9	汐留ビル解体工事	10月3日	大塚 瑞希	警備	8:00	17:00
10	汐留ビル解体工事	10月3日	和田 智也	警備	8:00	17:00
11	吾妻橋橋梁工事	10月3日	松本 琢磨	現場監督	8:00	18:00
12	吾妻橋橋梁工事	10月3日	丸山 大和	クレーン	9:00	16:00
13	吾妻橋橋梁工事	10月3日	千葉 陸斗	ブルドーザー	9:00	16:00
14	吾妻橋橋梁工事	10月3日	鈴木 雄太	とび	9:00	16:00
15	吾妻橋橋梁工事	10月3日	長谷川 啓太	作業員	9:00	16:00

［検索］シートの上部にある検索条件に［工事現場］・［日付］・［氏名］・［役割］の4つの項目を入力して［検索］ボタンをクリックすると、入力した条件で人材派遣データを絞り込みます。絞り込みの方法は項目によって変わり、［工事現場］・［氏名］は部分一致（入力した文字列の一部が含まれるデータを探す）、［日付］・［役割］は完全一致（入力した文字列と完全に一致するデータを探す）とします。

図4-2-3 ［検索］シート

	A	B	C	D	E	F
1	工事現場	日付	氏名	役割		
2	解体	10月4日	山田	作業員		検索
3						
4	工事現場	日付	氏名	役割	作業開始	作業終了
5						
6						
7						
8						
9						
10						

 処理の流れ

処理は大きく分けて、次の2つです。

- ［検索］シートから、検索条件を取得する
- 人材派遣データを絞り込み、検索結果に表示する

2つ目の処理を大きく分けると、次の2つです。

- フィルターを解除してから、フィルターをかける
- 検索結果をクリアしてから、検索結果にデータを貼りつける

図4-2-4　全体から詳細へと処理を落とし込むイメージ

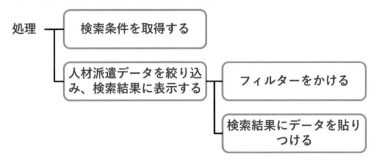

このように、まず全体の処理を見て、そこから段階的に詳細化するという考え方を身につけると、複雑な処理にも対応できるようになります。

▽［検索］処理

①検索条件を取得する
②フィルターを解除する
③工事現場の条件が入力されている場合、工事現場を部分一致検索する
④日付の条件が入力されている場合、日付を完全一致検索する
⑤氏名の条件が入力されている場合、氏名を部分一致検索する
⑥役割の条件が入力されている場合、役割を完全一致検索する
⑦検索結果のデータをクリアする
⑧検索結果にデータを貼りつける

 解決のためのヒント

○ワイルドカード

ワイルドカードとは、検索において使用する特殊な文字のことです。よく使うワ

イルドカードの1つがアスタリスク「*」で、任意の数の文字がある、ということを意味します。検索する文字列の前後にアスタリスクをつけることによって、「検索する文字列が含まれる」という意味になります。

表4-2-1　ワイルドカードの書き方

検索方法の名称	書き方	意味
部分一致検索	*検索する文字列*	指定した文字列が含まれる
前方一致検索	検索する文字列*	指定した文字列で始まる
後方一致検索	*検索する文字列	指定した文字列で終わる

　具体例を見てみましょう。次のコードは、A列（1列目）において「橋梁」という文字を含むデータに絞り込みます。引数Criteria1の値には、文字列の両端にアスタリスクをつけた「*橋梁*」という文字を指定しています。

```
Range("A1").AutoFilter Field:=1, Criteria1:= "*橋梁*"
                  オートフィルター
```

実行結果は次のようになり、「橋梁」という文字が含まれるデータを取得できます。

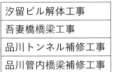 

○ Format関数

　日付や時刻の表示形式を変えるときに、Format関数を使います。例えば「2022/10/3」という日付データから、「10月3日」という文字列を取得する場合などに使います。

関数	**Format（フォーマット）**
説明	値の表示形式を変換します。
引数	1. 値
	2. 表示形式を示す文字列
戻り値	表示形式変換後の文字列
使用例	値 = Format(#2022/10/3#, "m月d日")

　▶「2022/10/3」という日付を、「10月3日」という文字列に変換します。表示形式を示す文字列には、月を表すmや、日を表すdなど、日付の表示形式を示す

記号（これを「日付記号」と呼ぶ）を指定できます。日付記号以外の文字は、そのまま表示されます。

よく使う日付記号は**表4-2-2**のとおりです。年・月・日・時・分・秒のそれぞれについて、日付記号を2種類ずつ覚えておきましょう。「2022/8/3 7:8:5」（2022年8月3日7時8分5秒）という日時における表示例をあわせて記載します。

表4-2-2　日付記号

時間単位	日付記号1	表示例1	日付記号2	表示例2
年	yyyy	2022	yy	22
月	mm	08	m	8
日	dd	03	d	3
時	hh	07	h	7
分	nn	08	n	8
秒	ss	05	s	5

 # プログラミング

プロシージャ名は「検索」とし、プロシージャ内に処理の流れを書き込みます。

▼ [検索]プロシージャ

```
Sub 検索 ()
    '①検索条件を取得する
    '②フィルターを解除する
    '③工事現場の条件が入力されている場合、工事現場を部分一致検索する
    '④日付の条件が入力されている場合、日付を完全一致検索する
    '⑤氏名の条件が入力されている場合、氏名を部分一致検索する
    '⑥役割の条件が入力されている場合、役割を完全一致検索する
    '⑦検索結果のデータをクリアする
    '⑧検索結果にデータを貼りつける
End Sub
```

また、[検索]シートの右上には[検索]ボタンを設置し、[検索]プロシージャを関連づけておきましょう。

図4-2-5 ［検索］シート

ボタンを右クリック
→［マクロの登録］を
クリック→マクロの
一覧から「検索」を選
択→［OK］ボタンを
クリックします。

では、コードについて解説します。

❶検索条件を取得する

　検索条件に入力された、［工事現場］・［日付］・［氏名］・［役割］の4つの値を取得
します。日付については、Format関数を使って表示形式を「m月d日」に変換しま
す。これは、人材派遣データの日付と同じ表示形式に揃えるためです。表示形式を
そろえておかないと、AutoFilterメソッドで検索してもヒットしないので注意し
てください。また、Rangeの前にピリオドをつけるのを忘れないようにしましょう。

```
With Sheets("検索")
    '①検索条件を取得する
    工事現場 = .Range("A2").Value
    日付 = Format(.Range("B2").Value, "m月d日")
    氏名 = .Range("C2").Value
    役割 = .Range("D2").Value
End With
```

➡【変数宣言】Dim 工事現場 As String, 日付 As String,
氏名 As String, 役割 As String

❷フィルターを解除する

　フィルターを解除するときは、AutoFilterメソッドを引数なしで使います。
これ以降、［人材派遣データ］シートでの処理が続くので、Withステートメントを
使ってシートオブジェクトの入力を省略できるようにします。

```
With Sheets("人材派遣データ")
    '②フィルターを解除する
    .Range("A1").AutoFilter

    '③工事現場の条件が入力されている場合
```

```
          :
    '⑧検索結果にデータを貼りつける
End With
```

❸ 工事現場の条件が入力されている場合、工事現場を部分一致検索する

「入力されている」＝「空白ではない」ということなので、条件式は「工事現場 <> ""」となります。工事現場は部分一致検索なので、引数Criteria1で指定する値の前後にアスタリスクをつけましょう。

```
'③工事現場の条件が入力されている場合
If 工事現場 <> "" Then
    '工事現場を部分一致検索する
    .Range("A1").AutoFilter Field:=1, Criteria1:="*" &
工事現場 & "*"
End If
```

❹ 日付の条件が入力されている場合

日付は完全一致検索なので、引数Criteria1には値をそのまま指定します。

```
'④日付の条件が入力されている場合
If 日付 <> "" Then
    '日付を完全一致検索する
    .Range("A1").AutoFilter Field:=2, Criteria1:=日付
End If
```

❺ 氏名の条件が入力されている場合、氏名を部分一致検索する

氏名は部分一致検索なので、引数Criteria1で指定する値の前後にアスタリスクをつけます。

```
'⑤氏名の条件が入力されている場合
If 氏名 <> "" Then
    '氏名を部分一致検索する
    .Range("A1").AutoFilter Field:=3, Criteria1:="*" &
氏名 & "*"
End If
```

❻役割の条件が入力されている場合、役割を完全一致検索する

役割は完全一致検索なので、値をそのまま指定します。

```
'⑥役割の条件が入力されている場合
If 役割 <> "" Then
    '役割を完全一致検索する
    .Range("A1").AutoFilter Field:=4, Criteria1:=役割
End If
```

❼検索結果のデータをクリアする

以前の検索結果のデータが残っている可能性があるため、検索結果にデータを貼りつける前に、貼りつけ先をクリアします。[検索]シートのA4セルを基点とする表全体をクリアします。

```
'⑦検索結果のデータをクリアする
Sheets("検索").Range("A4").CurrentRegion.ClearContents
```

❽検索結果にデータを貼りつける

❸〜❻で絞り込んだ人材派遣データを、Copyメソッド（1-3-2参照）でコピーします。コピー先には、[検索]シート内のA4セルを指定します。

```
'⑧検索結果にデータを貼りつける
.Range("A1").CurrentRegion.Copy Sheets("検索").Range("A4")
```

完成したプログラムは次のようになります。

● プログラム作成例

```
Sub 検索()
    Dim 工事現場 As String, 日付 As String, 氏名 As String, 役割
As String

    With Sheets("検索")
        '①検索条件を取得する
```

```vba
        工事現場 = .Range("A2").Value
        日付 = Format(.Range("B2").Value, "m月d日")
        氏名 = .Range("C2").Value
        役割 = .Range("D2").Value
    End With

    With Sheets("人材派遣データ")
        '②フィルターを解除する
        .Range("A1").AutoFilter

        '③工事現場の条件が入力されている場合
        If 工事現場 <> "" Then
            '工事現場を部分一致検索する
            .Range("A1").AutoFilter Field:=1, Criteria1:="*"
& 工事現場 & "*"
        End If

        '④日付の条件が入力されている場合
        If 日付 <> "" Then
            '日付を完全一致検索する
            .Range("A1").AutoFilter Field:=2, Criteria1:=日付
        End If

        '⑤氏名の条件が入力されている場合
        If 氏名 <> "" Then
            '氏名を部分一致検索する
            .Range("A1").AutoFilter Field:=3, Criteria1:="*"
& 氏名 & "*"
        End If

        '⑥役割の条件が入力されている場合
        If 役割 <> "" Then
            '役割を完全一致検索する
            .Range("A1").AutoFilter Field:=4, Criteria1:=役割
        End If
```

```
            '⑦検索結果のデータをクリアする
            Sheets("検索").Range("A4").CurrentRegion.
ClearContents

            '⑧検索結果にデータを貼りつける
            .Range("A1").CurrentRegion.Copy Sheets("検索").
Range("A4")
        End With
End Sub
```

　プログラムを実行すると、**図4-2-6**のようになります。検索条件の値をいろいろ変えて、正しい検索結果が表示されるか試してみましょう。

図4-2-6　実行結果 - [検索]シート

	A	B	C	D	E	F
1	工事現場	日付	氏名	役割		
2	解体		山田	作業員		検索
3						
4	工事現場	日付	氏名	役割	作業開始	作業終了
5	汐留ビル解体工事	10月3日	山田 諒	作業員	9:00	16:00
6	汐留ビル解体工事	10月4日	山田 諒	作業員	9:00	16:00
7	汐留ビル解体工事	10月5日	山田 諒	作業員	9:00	16:00
8	汐留ビル解体工事	10月6日	山田 諒	作業員	9:00	16:00
9	汐留ビル解体工事	10月10日	山田 諒	作業員	9:00	16:00
10	汐留ビル解体工事	10月12日	山田 諒	作業員	9:00	16:00
11	汐留ビル解体工事	10月13日	山田 諒	作業員	9:00	16:00
12	汐留ビル解体工事	10月14日	山田 諒	作業員	9:00	16:00
13						

[検索]ボタンをクリックすると、検索結果が表示される

ステップアップ

　日付の条件を機能拡張して、検索性能を向上させます。これまでは特定の日付でしか検索できませんでしたが、ここからは日付の範囲を指定し、その範囲内の日付に該当する人材派遣データを検索できるようにします。先ほどまで使用していた[検索]シートとは別に[検索2]シートを作成し、検索条件の日付の項目を、[開始日]と[終了日]の2つの項目に分けます。

図4-2-7 ［検索2］シート

	A	B	C	D	E	F
1	工事現場	開始日	終了日	氏名	役割	
2	解体	10月4日	10月5日	田	クレーン	**検索**
3						
4	工事現場	日付	氏名	役割	作業開始	作業終了
5						

もとのプログラムから修正するコードは、❷ と❹ です。

❷検索条件を取得する

　日付の代わりに、開始日と終了日を取得します。また、氏名と役割の取得元列も1列ずらします。

```
With Sheets("検索2")
    '①検索条件を取得する
    工事現場 = .Range("A2").Value
    開始日 = Format(.Range("B2").Value, "m月d日")
    終了日 = Format(.Range("C2").Value, "m月d日")
    氏名 = .Range("D2").Value
    役割 = .Range("E2").Value
End With
```

➡【変数宣言】Dim 開始日 As String, 終了日 As String

❹日付の条件が入力されている場合、日付を範囲検索する

　人材派遣データの日付が、［検索2］シートの開始日と終了日の間にある、という条件に変更します。AutoFilterメソッドで指定する条件を次のように変えます。

- 1つ目の条件（Criteria1）：［開始日］以降（">=" & 開始日）
- 2つ目の条件（Criteria2）：［終了日］以前（"<=" & 終了日）

Criteria1とCriteria2の2つの引数を指定するとともに、引数Operatorにはx1Andを指定します。

```
'④日付の条件が入力されている場合
If 開始日 <> "" And 終了日 <> "" Then
    '日付を範囲検索する
    .Range("A1").AutoFilter Field:=2, Criteria1:=">=" &
```

```
開始日, Operator:=xlAnd, Criteria2:="<=" & 終了日
End If
```

完成したプログラムは次のようになります。

● プログラム作成例

```
Sub 検索2()
    Dim 工事現場 As String, 開始日 As String, 終了日 As String
    Dim 氏名 As String, 役割 As String

    With Sheets("検索2")
        '①検索条件を取得する
        工事現場 = .Range("A2").Value
        開始日 = Format(.Range("B2").Value, "m月d日")
        終了日 = Format(.Range("C2").Value, "m月d日")
        氏名 = .Range("D2").Value
        役割 = .Range("E2").Value
    End With

    With Sheets("人材派遣データ")
        '②フィルターを解除する
        .Range("A1").AutoFilter

        '③工事現場の条件が入力されている場合
        If 工事現場 <> "" Then
            '工事現場を部分一致検索する
            .Range("A1").AutoFilter Field:=1, Criteria1:="*" &
工事現場 & "*"
        End If

        '④日付の条件が入力されている場合
        If 開始日 <> "" And 終了日 <> "" Then
            '日付を範囲検索する
            .Range("A1").AutoFilter Field:=2, Criteria1:=">="
& 開始日, Operator:=xlAnd, Criteria2:="<=" & 終了日
```

```
        End If

        '⑤氏名の条件が入力されている場合
        If 氏名 <> "" Then
            '氏名を部分一致検索する
            .Range("A1").AutoFilter Field:=3, Criteria1:="*" &
氏名 & "*"
        End If

        '⑥役割の条件が入力されている場合
        If 役割 <> "" Then
            '役割を完全一致検索する
            .Range("A1").AutoFilter Field:=4, Criteria1:=役割
        End If

        '⑦検索結果のデータをクリアする
        Sheets("検索2").Range("A4").CurrentRegion.
ClearContents

        '⑧検索結果にデータを貼りつける
        .Range("A1").CurrentRegion.Copy Sheets("検索2").
Range("A4")
    End With
End Sub
```

　プログラムの実行結果の一例は、図4-2-8のようになります。

図4-2-8　実行結果 - [検索]シート

	A	B	C	D	E	F
1	工事現場	開始日	終了日	氏名	役割	
2	橋梁	10月7日	10月21日		現場監督	**検索**
3						
4	工事現場	日付	氏名	役割	作業開始	作業終了
5	吾妻橋橋梁工事	10月7日	松本 琢磨	現場監督	8:00	18:00
6	吾妻橋橋梁工事	10月10日	松本 琢磨	現場監督	8:00	18:00
7	吾妻橋橋梁工事	10月11日	松本 琢磨	現場監督	8:00	18:00
8	吾妻橋橋梁工事	10月12日	松本 琢磨	現場監督	8:00	18:00
9	吾妻橋橋梁工事	10月13日	松本 琢磨	現場監督	8:00	18:00
10	吾妻橋橋梁工事	10月14日	松本 琢磨	現場監督	8:00	18:00
11	品川管内橋梁補修工事	10月17日	松本 琢磨	現場監督	8:00	18:00
12	品川管内橋梁補修工事	10月18日	松本 琢磨	現場監督	8:00	18:00
13	品川管内橋梁補修工事	10月19日	松本 琢磨	現場監督	8:00	18:00
14	品川管内橋梁補修工事	10月20日	松本 琢磨	現場監督	8:00	18:00
15	品川管内橋梁補修工事	10月21日	松本 琢磨	現場監督	8:00	18:00
16						

日付の範囲で絞り込める

4 大量データの中から欲しいデータを一発で取り出す

難易度 ★★★☆

支店ごとの体制表を作成する

POINT
- ☑ フォーマットに合わせてデータを抽出する方法を理解する
- ☑ 処理の全体像をとらえ、詳細化していくテクニックを習得する

CASE 11
保険代理店を営むA社では、社員名簿を使って、支店ごとの体制表を作成したいと考えています。体制表の左側には支店名、支店長、副支店長、チームリーダーを表示します。チームリーダーが複数いる場合は、2行おきに表示します。また、右側には支店メンバーの一覧を表示します。

図4-3-1 体制表

つくりたいプログラム

社員名簿には、[番号]・[氏名]・[支店]・[役職]の4つの項目があります。[役職]の中でも、「支店長」「副支店長」「チームリーダー」については、体制表での表示位置が決まっています。

図4-3-2 ［社員名簿］シート（社員名簿）

	A	B	C	D
1	番号	氏名	支店	役職
2	S001	中村 花子	千葉支店	支店長
3	S002	松本 琢磨	千葉支店	副支店長
4	S003	渡部 太郎	千葉支店	チームリーダー
5	S004	清水 ほのか	千葉支店	チームリーダー
6	S005	丸山 大和	千葉支店	チームリーダー
7	S006	藤原 悠太	千葉支店	スタッフ
8	S007	森 彩夏	千葉支店	スタッフ
9	S008	菊地 鈴	埼玉支店	支店長

体制表での表示位置
を判別するのに使う

　支店名は、支店一覧表に書かれています。このデータを使って支店ごとに繰り返し処理します。

図4-3-3 ［支店一覧］シート（支店一覧表）

	A
1	千葉支店
2	埼玉支店
3	茨城支店
4	群馬支店

　支店ごとの体制表は、**図4-3-4**の［体制表テンプレート］シートを複製して作成します。コピーしたシートのシート名は該当する支店名に変更し、支店名（B1セル）、支店長（B4セル）、副支店長（D4セル）、チームリーダー（F4セル）をそれぞれ書き込みます。チームリーダーが複数名いる場合は、F4セルから下方向に2行おきに書き込みます。また、右側には支店メンバー一覧表があり、社員名簿を該当する支店で絞り込んだデータを、I4セルを起点にしてそのまま貼りつけます。

4

大量データの中から欲しい
データを一発で取り出す

図4-3-4　[体制表テンプレート]シート（体制表テンプレート）

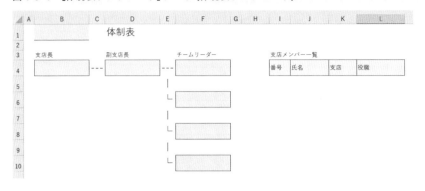

処理の流れ

処理を大きく分けると、次の3つです。

A　体制表テンプレートシートをコピーし、シート名を支店名に変える

B　社員名簿を支店で絞り込み、該当する社員を支店メンバー一覧にコピーする

C　支店メンバーの役職を1人ずつ判別し、氏名を体制表の左側に書き込む

　支店メンバーの役職については、分岐処理を使って「支店長」「副支店長」「チームリーダー」の3つを判別します。また、「チームリーダー」については2行おきに書き込む、という点を踏まえて処理の流れを書くと、次のようになります。

▼ [体制表作成] 処理

A　体制表テンプレートシートをコピーし、シート名を支店名に変える
①支店一覧を取得する
②支店ごとに繰り返し処理する
　　③支店名を取得する
　　④体制表テンプレートシートを最後尾にコピーする
　　⑤シート名を支店名に変更する

　　B　社員名簿を支店で絞り込み、該当する社員を支店メンバー一覧にコピーする
　　⑥支店で絞り込む

⑦絞り込んだ社員名簿をコピーする
⑧フィルターを解除する

C　支店メンバーの役職を1人ずつ判別し、氏名を体制表の左側に書き込む
⑨支店名を書き込む
⑩支店メンバーを取得する
⑪チームリーダー書込行を初期化する
⑫支店メンバーごとに繰り返し処理する
　　⑬氏名と役職を取得する
　　⑭役職に応じて、体制表に氏名を記入する

 プログラミング

　プロシージャ名は「体制表作成」とします。処理の流れは次のようにコメントで書いておきます。

▼ [体制表作成] プロシージャ

```
Sub　体制表作成 ( )
    'A　体制表テンプレートシートをコピーし、シート名を支店名に変える
    '①支店一覧を取得する
    '②支店ごとに繰り返し処理する
        '③支店名を取得する
        '④体制表テンプレートシートを最後尾にコピーする
        '⑤シート名を支店名に変更する

        'B　社員名簿を支店で絞り込み、該当する社員を支店メンバー一覧に
コピーする
        '⑥支店で絞り込む
        '⑦絞り込んだ社員名簿をコピーする
        '⑧フィルターを解除する

        'C　支店メンバーの役職を1人ずつ判別し、氏名を体制表の左側に書
き込む
        '⑨支店名を書き込む
        '⑩支店メンバーを取得する
```

```
            '⑪チームリーダー書込行を初期化する
          '⑫支店メンバーごとに繰り返し処理する
             '⑬氏名と役職を取得する
             '⑭役職に応じて、体制表に氏名を記入する
End Sub
```

また、[社員名簿]シートの右上に[体制表作成]ボタンを設置し、[体制表作成]プロシージャを関連づけておきましょう。

図4-3-5 [体制表作成]ボタンの設置

	A	B	C	D	E	F
1	番号	氏名	支店	役職	体制表作成	
2	S001	中村 花子	千葉支店	支店長		
3	S002	松本 琢磨	千葉支店	副支店長		
4	S003	渡部 太郎	千葉支店	チームリーダー		
5	S004	清水 ほのか	千葉支店	チームリーダー		
6	S005	丸山 大和	千葉支店	チームリーダー		

> ボタンを右クリック→[マクロの登録]をクリック→マクロの一覧から「体制表作成」を選択→[OK]ボタンをクリックします。

では、コードについて解説します。

A 体制表テンプレートシートをコピーし、シート名を支店名に変える

❶支店一覧を取得する

支店一覧シートにあるデータを取得します。UsedRangeプロパティ、CurrentRegionプロパティのどちらを使ってもかまいません。

```
'①支店一覧を取得する
支店一覧 = Sheets("支店一覧").UsedRange
```

➡【変数宣言】Dim 支店一覧 As Variant

❷支店ごとに繰り返し処理する

支店ごとにシートを作成するため、繰り返し処理を使います。繰り返し処理の始点は、支店一覧の配列の要素番号の最小値である「1」です。これ以降の処理はすべてこの繰り返し処理の中に書きます。

```
'②支店ごとに繰り返し処理する
For 番号 = 1 To UBound(支店一覧)
    '③支店名を取得する
```

```
              :
    '⑭支店メンバーごとに繰り返し処理する
        '⑮氏名と役職を取得する
        '⑯役職に応じて、体制表に氏名を記入する
Next
```

➡【変数宣言】Dim 番号 As Long

❸ 支店名を取得する

支店一覧の配列から支店名を取得します。支店名は、シート名の変更や、支店名
の書き込みにおいて使用します。

```
'③支店名を取得する
支店 = 支店一覧(番号, 1)
```

➡【変数宣言】Dim 支店 As String

❹ 体制表テンプレートシートを最後尾にコピーする

ブック内の最後にあるシート番号は、SheetsオブジェクトのCountプロパティ
で取得できます。最後のシートの「あと」にシートをコピーするので、引数After
を使います。

```
'④体制表テンプレートシートを最後尾にコピーする
Sheets("体制表テンプレート").Copy After:=Sheets(Sheets.
Count)
```

❺ シート名を支店名に変更する

Nameプロパティを使ってシート名を変更します。コピーしたシートはブック内
の最後のシートなので、Countプロパティで取得します。ただし、シート番号は、
シートの追加・削除によって番号が変わってしまう可能性があるので、通常はシー
ト名を使ってシートを指定するようにしましょう。

```
'⑤シート名を支店名に変更する
Sheets(Sheets.Count).Name = 支店
```

4

■■■
大量データの中から欲しい
データを一発で取り出す

B 社員名簿を支店で絞り込み、該当する社員を支店メンバー一覧にコピーする
❻ 支店で絞り込む

AutoFilterメソッドを使って、社員名簿の［支店］(3列目)を支店名で絞り込みます。これ以降、社員名簿における処理が続くので、Withステートメントを使って［社員名簿］シートを省略できるようにします。シートだけでなく、セルも含めて省略できます。

```
With Sheets("社員名簿").Range("A1")
    '⑥支店で絞り込む
    .AutoFilter Field:=3, Criteria1:=支店

    '⑦絞り込んだ社員名簿をコピーする
    '⑧フィルターを解除する
End With
```

❼ 絞り込んだ社員名簿をコピーする

絞り込んだ社員名簿をコピーし、該当支店のシートの支店メンバー一覧に貼りつけます。貼りつけ先の起点セルにはI4セルを指定します。

```
'⑦絞り込んだ社員名簿をコピーする
.CurrentRegion.Copy Sheets(支店).Range("I4")
```

❽ フィルターを解除する

フィルターを解除するときは、引数なしでAutoFilterメソッドを使います。

```
'⑧フィルターを解除する
.AutoFilter
```

C 支店メンバーの役職を1人ずつ判別し、氏名を体制表の左側に書き込む
❾ 支店名を書き込む

支店名をB1セルに書き込みます。このあとの処理は該当支店のシートにおいて行うため、Withステートメントで省略しておきます。

```
With Sheets(支店)
    '⑨支店名を書き込む
```

```
        .Range("B1").Value = 支店

    '⑩支店メンバーを取得する
    '⑪チームリーダー書込行を初期化する
    '⑫支店メンバーごとに繰り返し処理する
        '⑬氏名と役職を取得する
        '⑭役職に応じて、体制表に氏名を記入する
End With
```

⑩ 支店メンバーを取得する

❼でコピーした支店メンバー一覧のデータを取得します。I4セルを基点として表全体を指定します。

```
'⑩支店メンバーを取得する
支店メンバー = .Range("I4").CurrentRegion
```

➡【変数宣言】Dim 支店メンバー As Variant

⑪ チームリーダー書込行を初期化する

チームリーダーが複数いる場合は2行おきに書き込む必要があるため、「チームリーダー書込行」という変数を用意しておき、書込行を管理します。初期値は4行目です。

```
'⑪チームリーダー書込行を初期化する
チームリーダー書込行 = 4
```

➡【変数宣言】Dim チームリーダー書込行 As Long

⑫ 支店メンバーごとに繰り返し処理する

繰り返し処理を使って、支店メンバーを1人ずつ処理していきます。開始行は、配列内の2行目です。シート内の行番号とは異なるので注意しましょう。

```
'⑫支店メンバーごとに繰り返し処理する
For 支店メンバー行 = 2 To UBound(支店メンバー)
    '⑬氏名と役職を取得する
    '⑭役職に応じて、体制表に氏名を記入する
Next
```

➡【変数宣言】Dim 支店メンバー行 As Long

⓭氏名と役職を取得する

　該当社員の氏名と役職を配列から取得します。氏名はB列（2列目）、役職はD列（4列目）にあります。

```
'⓭氏名と役職を取得する
氏名 = 支店メンバー (支店メンバー行 , 2)
役職 = 支店メンバー (支店メンバー行 , 4)
```

➡【変数宣言】Dim 氏名 As String, 役職 As String

⓮役職に応じて、体制表に氏名を記入する

　役職に応じて書込先が変わるので、分岐処理を行います。次の3つに分岐します。チームリーダーについては2行おきに書き込むので、行番号を数値で指定できるCellsオブジェクト（1-3-2参照）を使います。

- 支店長の場合、氏名をB4セルに書き込む
- 副支店長の場合、氏名をD4セルに書き込む
- チームリーダーの場合、氏名をF4セルから2行おきに書き込む

　Ifステートメントよりも見やすいSelect Caseステートメント（2-4参照）を使っていますが、Ifステートメントを使ってもかまいません。

```
'⓰役職に応じて、体制表に氏名を記入する
Select Case 役職
    '支店長の場合
    Case "支店長"
        '氏名を B4 セルに書き込む
        .Range("B4").Value = 氏名
    '副支店長の場合
    Case "副支店長"
        '副支店長を D4 セルに書き込む
        .Range("D4").Value = 氏名
    'チームリーダーの場合
    Case "チームリーダー"
        'チームリーダーを F4 セルから 2 行おきに書き込む
        .Cells(チームリーダー書込行 , 6).Value = 氏名
```

```
        チームリーダー書込行 = チームリーダー書込行 + 2
End Select
```

完成したプログラムは次のようになります。

● プログラム作成例

```vba
Sub 体制表作成()
    Dim 支店一覧 As Variant
    Dim 番号 As Long
    Dim 支店 As String
    Dim 支店メンバー As Variant
    Dim チームリーダー書込行 As Long
    Dim 支店メンバー行 As Long
    Dim 氏名 As String, 役職 As String

    'A  体制表テンプレートシートをコピーし、シート名を支店名に変える
    '①支店一覧を取得する
    支店一覧 = Sheets("支店一覧").UsedRange

    '②支店ごとに繰り返し処理する
    For 番号 = 1 To UBound(支店一覧)
        '③支店名を取得する
        支店 = 支店一覧(番号, 1)

        '④体制表テンプレートシートを最後尾にコピーする
        Sheets("体制表テンプレート").Copy After:=Sheets(Sheets.Count)

        '⑤シート名を支店名に変更する
        Sheets(Sheets.Count).Name = 支店

        'B  社員名簿を支店で絞り込み、該当する社員を支店メンバー一覧にコピーする

        With Sheets("社員名簿").Range("A1")
```

```vba
    '⑥支店で絞り込む
    .AutoFilter Field:=3, Criteria1:=支店

    '⑦絞り込んだ社員名簿をコピーする
    .CurrentRegion.Copy Sheets(支店).Range("I4")

    '⑧フィルターを解除する
    .AutoFilter
End With

'C  支店メンバーの役職を1人ずつ判別し、氏名を体制表の左側に書き込む
With Sheets(支店)
    '⑨支店名を書き込む
    .Range("B1").Value = 支店

    '⑩支店メンバーを取得する
    支店メンバー = .Range("I4").CurrentRegion

    '⑪チームリーダー書込行を初期化する
    チームリーダー書込行 = 4

    '⑫支店メンバーごとに繰り返し処理する
    For 支店メンバー行 = 2 To UBound(支店メンバー)
        '⑬氏名と役職を取得する
        氏名 = 支店メンバー(支店メンバー行, 2)
        役職 = 支店メンバー(支店メンバー行, 4)

        '⑭役職に応じて、体制表に氏名を記入する
        Select Case 役職
            '支店長の場合
            Case "支店長"
                '氏名をB4セルに書き込む
                .Range("B4").Value = 氏名
            '副支店長の場合
            Case "副支店長"
                '副支店長をD4セルに書き込む
```

206

```
                    .Range("D4").Value = 氏名
            'チームリーダーの場合
            Case "チームリーダー"
                    'チームリーダーをF4セルから2行おきに書き込む
                    .Cells(チームリーダー書込行, 6).Value =
氏名
                    チームリーダー書込行 = チームリーダー書込行
+ 2
                End Select
            Next
        End With
    Next
End Sub
```

プログラムを実行すると、**図4-3-6**のようになります。

図4-3-6　実行結果 - [群馬支店]シート

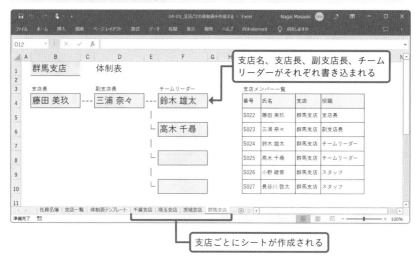

難易度 ★ ★ ★ ★

アパレル商品の在庫データの差分を抽出する

POINT
☑ データの差分計算を行うテクニックを習得する
☑ 配列から特定の行のデータを取り出す方法を理解する

CASE 12　アパレル小売業を営むA社では、商品の在庫データを毎日抽出しており、2つの日付間で発生している在庫の差分を把握したいと考えています。

そこで、**図4-4-1**の[在庫差分]シートのように、基準日と比較日の2つの日付を指定して[差分抽出]ボタンをクリックすると、2つの日付間で在庫数が異なるデータ(在庫差分データ)を自動的に表示してくれるしくみを作りたいと考えています。

図4-4-1　[在庫差分]シート

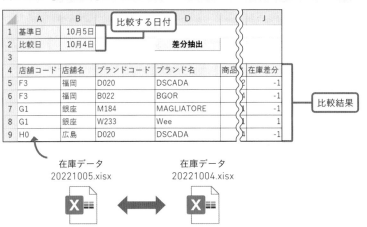

つくりたいプログラム

各日に出力される在庫データのファイル名は「yyyymmdd.xlsx」(例:20221005.xlsx)で、[店舗コード]・[店舗名]・[ブランドコード]・[ブランド名]・[商品コード]・[商品名]・[サイズコード]・[サイズ名]・[現在庫数]の9項目があります。

このうち、[店舗コード]・[商品コード]・[サイズコード]は、在庫データを一意に識別し、他の在庫データと比較する行を特定するために使います。また、[現在庫数]は、2つの日付間の在庫差分を算出するために使います。

図4-4-2　在庫データのファイル（在庫データ）

	A	B	C	D	E	F	G	H	I
1	店舗コード	店舗名	ブランドコード	ブランド名	商品コード	商品名	サイズコード	サイズ名	現在庫数
2	F3	福岡	D020	DSCADA	91484	カーディガン	07	110cm	2
3	F3	福岡	B022	BGOR	27120	ボンダイ	63	17cm	4
4	F3	福岡	E239	emiomie	31529	オーバー	09	130cm	1
5	F3	福岡	M184	MAGLIATORE	02985	チェスターコート	08	120cm	3
6	F3	福岡	U039	UVIREX	98038	ジャケット	06	100cm	2
7	G1	銀座	W010	WEGE	08392	厚底スニーカー	69	20cm	2
8	G1	銀座	P003	Purley	83798	セーター	10	140cm	0
9	G1	銀座	E239	emiomie	31529	オーバー	06	100cm	5
10	G1	銀座	M184	MAGLIATORE	02985	チェスターコート	04	90cm	1
11	G1	銀座	W233	Wee	99276	ペインターパンツ	10	140cm	-1

[店舗コード]・[商品コード]・[サイズコード]は、比較する行を特定するために使う

在庫差分を算出するために使う

[在庫差分]シートの上部にある、[基準日]・[比較日]に日付を入力して[差分抽出]ボタンをクリックすると、[基準日]と[比較日]に該当するファイルから在庫データを取得します。それぞれ、「基準データ」と「比較データ」と呼びます。4行目以降にある在庫差分表には、基準データを貼りつけます。また、2つのデータ間で、[店舗コード]・[商品コード]・[サイズコード]が一致する行における[現在庫数]の差（在庫差分）を算出し、J列に書き込みます。

図4-4-3　[在庫差分]シート（在庫差分表）

	A	B	C	D		J
1	基準日	10月5日				
2	比較日	10月4日		差分抽出		
3						
4	店舗コード	店舗名	ブランドコード	ブランド名	商品	在庫差分
5	F3	福岡	D020	DSCADA	2	-1
6	F3	福岡	B022	BGOR	1	-1
7	G1	銀座	M184	MAGLIATORE	1	-1
8	G1	銀座	W233	Wee	1	1
9	H0	広島	D020	DSCADA	1	-1

在庫差分表

基準データ

処理の流れ

　まず、どのように在庫差分を算出するのかについて方針を立てましょう。基準日の在庫データを「基準データ」、比較日の在庫データを「比較データ」と呼びます。それぞれのデータにある［店舗コード］・［商品コード］・［サイズコード］の文字列をつなげて、データを一意に識別するための「識別コード」を作ります。基準データと比較データにおいて識別コードが一致する行を探し、一致する場合は、「基準データの在庫数−比較データの在庫数」を計算して在庫差分とします。一致しない場合、つまり比較データに該当する識別コードがない場合は、基準データの在庫数が在庫差分となります。在庫差分が0の場合、該当するデータは記載しません。

図4-4-4　在庫差分の算出イメージ

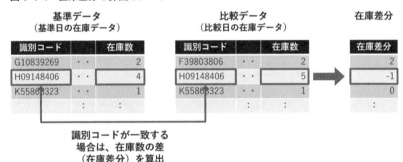

　図4-4-4を踏まえて、処理の流れを大まかに分けると、次の3つです。

A　基準データと在庫データを取得する
B　在庫差分を算出し、配列に格納する
C　比較結果をExcelに書き込む

　この処理を詳細化すると、次のようになります。

▼ ［差分抽出］処理

A　基準データと在庫データを取得する
①フォルダパスを設定する
②基準日・比較日を取得する
③2つのブックのファイルパスを設定する
④2つのブックを開く

⑤2つのブックからデータを取得する
⑥2つのブックを閉じる

B　在庫差分を算出し、配列に格納する
⑦在庫差分の配列の要素数を基準データの行数に合わせて変更する
⑧基準データを1行ずつ処理する
　　　⑨基準データの該当行の値を取得する
　　　⑩基準データを一意に識別するコードを作成する
　　　⑪在庫差分の初期値を設定する
　　　⑫比較データを1行ずつ処理する
　　　　　⑬比較データの該当行の値を取得する
　　　　　⑭比較データを一意に識別するコードを作成する
　　　　　⑮識別コードが一致する場合、次の処理を行う
　　　　　　　・在庫差分を算出する
　　　　　　　・比較を止めて、次の基準データの処理を行う

C　比較結果をExcelに書き込む
⑯在庫差分シートの比較結果をクリアする
⑰書込行の初期値を設定する
⑱在庫差分を1行ずつ処理する
　　　⑲在庫差分が0ではない場合、次の処理を行う
　　　　　・基準データを書き込む範囲を設定する
　　　　　・基準データを書き込む
　　　　　・在庫差分を書き込む
　　　　　・書込行を次の行に移動する

解決のためのヒント

◉配列から行データを取り出す

　配列から、特定の行または列にあるデータを取り出すには、Excelの Index関数を使います。Index関数は、行番号と列番号を指定して、特定のセルの値を取得するために使いますが、それだけにとどまらず、行全体、あるいは列全体のデータを取得することができます。

図4-4-5 Index関数によるデータ取得範囲

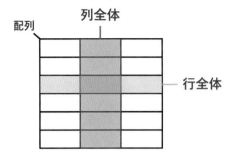

配列
列全体
行全体

関 数	**Index**（インデックス）
説 明	範囲（配列）内にある値を取得します。
引 数	1. 範囲（配列） 2. 行番号 3. 列番号 ※列番号は任意
戻り値	該当する値または配列
使用例	Range("A7:J7") = WorksheetFunction.Index(基準データ, 3) ▶ 配列「基準データ」の3行目のデータを、A7:J7のセル範囲に書き込みます。

　配列から行全体のデータを取得する書き方は次のとおりです。Excelの関数なので、WorksheetFunctionオブジェクトを使います。

```
WorksheetFunction.Index(配列, 行番号)
```

　また、配列から列全体のデータを取得する書き方は次のとおりです。列全体のデータを取得する場合であっても、行番号は必須項目なので何かしら値を書く必要があります。そこで、値がなにもないことを表すEmptyという特殊なキーワードを指定します。

```
WorksheetFunction.Index(配列, Empty, 列番号)
              「配列,,列番号」と書くとエラーになる ┘
```

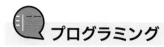

プログラミング

　プロシージャ名は「差分抽出」とし、プロシージャ内に処理の流れをコメントとして書いておきましょう。在庫データが入っているフォルダのフォルダ名と、在庫データのファイル拡張子についてはあらかじめ定数として宣言しておきます。

▼[差分抽出]プロシージャ

```
Const フォルダ名 As String = "04-04"
Const 拡張子 As String = ".xlsx"

Sub 差分抽出 ()
    'A  基準データと在庫データを取得する
    '①フォルダパスを設定する
    '②基準日・比較日を取得する
    '③2つのブックのファイルパスを設定する
    '④2つのブックを開く
    '⑤2つのブックからデータを取得する
    '⑥2つのブックを閉じる

    'B  在庫差分を算出し、配列に格納する
    '⑦在庫差分の配列の要素数を基準データの行数に合わせて変更する
    '⑧基準データを1行ずつ処理する
        '⑨基準データの該当行の値を取得する
        '⑩基準データを一意に識別するコードを作成する
        '⑪在庫差分の初期値を設定する
        '⑫比較データを1行ずつ処理する
            '⑬比較データの該当行の値を取得する
            '⑭比較データを一意に識別するコードを作成する
            '⑮識別コードが一致する場合、次の処理を行う
                '在庫差分を算出する
                '比較を止めて、次の基準データの処理を行う

    'C  比較結果をExcelに書き込む
    '⑯在庫差分シートの比較結果をクリアする
    '⑰書込行の初期値を設定する
    '⑱在庫差分を1行ずつ処理する
```

4

大量データの中から欲しいデータを一発で取り出す

```
          '⑲在庫差分が0ではない場合、次の処理を行う
              '基準データを書き込む範囲を設定する
              '基準データを書き込む
              '在庫差分を書き込む
              '書込行を次の行に移動する
End Sub
```

また、在庫差分シートの右上には［差分抽出］ボタンを設置し、［差分抽出］プロシージャを関連づけておきましょう。

図4-4-6　［在庫差分］シート

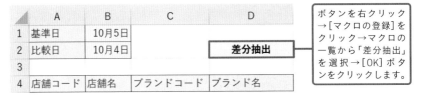

ボタンを右クリック →［マクロの登録］を クリック→マクロの 一覧から「差分抽出」 を選択→［OK］ボタ ンをクリックします。

では、コードについて解説します。

A　基準データと在庫データを取得する

❶フォルダパスを設定する

　在庫データが入っているフォルダは、コードを書いているブックと同じディレクトリにあるものとします。コードを書いているブックを指定するときはThisWorkbookというオブジェクト（1-3-5参照）を使います。したがって、ThisWorkbook.Pathのあとにフォルダ名をつければ、フォルダパスを取得できます。ThisWorkbookオブジェクトはこのあとの処理でも使うので、Withステートメントで括っておきましょう。

```
With ThisWorkbook
    '①フォルダパスを設定する
    フォルダパス = .Path & "¥" & フォルダ名 & "¥"

    '②基準日・比較日を取得する
End With
```

➡【変数宣言】Dim フォルダパス As String

❷基準日・比較日を取得する

［在庫差分］シートに入力されている基準日と比較日を取得します。それぞれ、B1セルとB2セルにあります。［在庫差分］シートオブジェクトは、**With**ステートメントで省略します。

```
With .Sheets("在庫差分")
    '②基準日・比較日を取得する
    基準日 = .Range("B1").Value
    比較日 = .Range("B2").Value
End With
```

➡【変数宣言】Dim 基準日 As Date, 比較日 As Date

❸2つのブックのファイルパスを設定する

基準日・比較日に対応するブックのファイルパスを設定します。ファイル名は、日付（yyyymmdd）と拡張子をつなげた文字列です。フォルダパスとファイル名をつなげれば、ファイルパスを生成できます。日付の表示形式を変換するには**Format**関数（4-2参照）を使い、表示形式を示す文字列には「yyyymmdd」を指定します。

```
'③2つのブックのファイルパスを設定する
基準ファイルパス = フォルダパス & Format(基準日, "yyyymmdd") & 拡張子
比較ファイルパス = フォルダパス & Format(比較日, "yyyymmdd") & 拡張子
```

➡【変数宣言】Dim 基準ファイルパス As String, 比較ファイルパス As String

❹2つのブックを開く

Workbooksオブジェクトの**Open**メソッド（1-3-5参照）を使って、2つのブックを開きます。引数には、❸で作成したファイルパスを指定します。開いたブックはオブジェクト変数に格納するので、冒頭に**Set**ステートメントをつけるのを忘れないようにしてください。

```
'④2つのブックを開く
Set 基準ファイル = Workbooks.Open(基準ファイルパス)
Set 比較ファイル = Workbooks.Open(比較ファイルパス)
```

➡【変数宣言】Dim 基準ファイル As Workbook, 比較ファイル As Workbook

❺ 2つのブックからデータを取得する

　各ブックにあるデータを配列に格納します。各ブックの1番目のシートのA1セルを起点とする表全体のデータを取得します。

```
'⑤2つのブックからデータを取得する
基準データ = 基準ファイル.Sheets(1).Range("A1").CurrentRegion
比較データ = 比較ファイル.Sheets(1).Range("A1").CurrentRegion
```

➡【変数宣言】Dim 基準データ As Variant，比較データ As Variant

❻ 2つのブックを閉じる

　配列にデータを格納したあとはブックを開いておく必要性がないので、2つのブックを保存せずに閉じます。WorkbookオブジェクトのCloseメソッドを使います。引数には、保存しないことを表すSaveChanges:=Falseを指定します。

```
'⑥2つのブックを閉じる
基準ファイル.Close SaveChanges:=False
比較ファイル.Close SaveChanges:=False
```

B　在庫差分を算出し、配列に格納する

❼ 在庫差分の配列の要素数を基準データの行数に合わせて変更する

　在庫差分（基準データと比較データの在庫数の差）を格納するための配列を用意します。この配列は、基準データとまったく同じ要素数にするので、ReDimステートメント（1-4-3参照）を使って配列の要素数を変更します。開始値は「1」、終了値は基準データの要素数の最大値です。

```
'⑦在庫差分の配列の要素数を基準データの行数に合わせて変更する
ReDim 在庫差分(1 To UBound(基準データ))
```

➡【変数宣言】Dim 在庫差分() As Long

❽ 基準データを1行ずつ処理する

　基準データの開始行は2行目です。また、最終行はUBound関数を使って取得します。

```
'⑧基準データを1行ずつ処理する
For 基準行 = 2 To UBound(基準データ)
```

```
    '⑨基準データの該当行の値を取得する
            ：
    '⑫比較データを1行ずつ処理する
        '⑬比較データの該当行の値を取得する
        '⑭比較データを一意に識別するコードを作成する
        '⑮識別コードが一致する場合、次の処理を行う
            '在庫差分を算出する
            '比較を止めて、次の基準データの処理を行う
Next
```

➡【変数宣言】Dim 基準行 As Long

❾基準データの該当行の値を取得する

　識別コードを生成するために必要な、[店舗コード]・[商品コード]・[サイズコード]の3つの値を取得し、それぞれ「店舗コード1」・「商品コード1」・「サイズコード1」という変数に格納します。また、在庫差分を算出するときに使用する[在庫数]についてもここで取得しておきます。

```
    '⑨基準データの該当行の値を取得する
店舗コード1 = 基準データ(基準行, 1)
商品コード1 = 基準データ(基準行, 5)
サイズコード1 = 基準データ(基準行, 7)
在庫数1 = 基準データ(基準行, 9)
```

➡【変数宣言】Dim 店舗コード1 As String, 商品コード1 As String,
サイズコード1 As String, 在庫数1 As Long

❿基準データを一意に識別するコードを作成する

　「店舗コード1」・「商品コード1」・「サイズコード1」の値をつなげて、識別コードを生成します。

```
    '⑩基準データを一意に識別するコードを作成する
識別コード1 = 店舗コード1 & 商品コード1 & サイズコード1
```

➡【変数宣言】Dim 識別コード1 As String

⓫在庫差分の初期値を設定する

　在庫差分の初期値として、基準データの在庫数を設定しておきます。基準データと比較データの識別コードが一致する場合は、在庫数の差を計算して値を上書きし

ます。また、識別コードが一致しない場合というのは、基準データにあって比較データにはない商品であるということを意味するので、初期値として設定した基準データの在庫数が、在庫差分となります。

```
'⑪在庫差分の初期値を設定する
在庫差分(基準行) = 在庫数1
```

⑫比較データを1行ずつ処理する

基準データと同様、比較データも開始行は2行目です。最終行はUBound関数で取得します。

```
'⑫比較データを1行ずつ処理する
For 比較行 = 2 To UBound(比較データ)
    '⑬比較データの該当行の値を取得する
    '⑭比較データを一意に識別するコードを作成する
    '⑮識別コードが一致する場合、次の処理を行う
        '在庫差分を算出する
        '比較を止めて、次の基準データの処理を行う
Next
```

➡【変数宣言】Dim 比較行 As Long

⑬比較データの該当行の値を取得する

基準データと同様、比較データの[店舗コード]・[商品コード]・[サイズコード]・[在庫数]の値を取得し、それぞれ変数「店舗コード2」・「商品コード2」・「サイズコード2」・「在庫数2」に格納します。

```
'⑬比較データの該当行の値を取得する
店舗コード2 = 比較データ(比較行, 1)
商品コード2 = 比較データ(比較行, 5)
サイズコード2 = 比較データ(比較行, 7)
在庫数2 = 比較データ(比較行, 9)
```

➡【変数宣言】Dim 店舗コード2 As String, 商品コード2 As String,
　　　　　　　　　サイズコード2 As String, 在庫数2 As Long

⑭比較データを一意に識別するコードを作成する

基準データと同様、比較データの識別コードを生成し、「識別コード2」とします。

```
'⑭比較データを一意に識別するコードを作成する
識別コード2 = 店舗コード2 & 商品コード2 & サイズコード2
```

➡【変数宣言】Dim 識別コード2 As String

⑮ 識別コードが一致する場合、次の処理を行う

• 在庫差分を算出する

• 比較を止めて、次の基準データの処理を行う

　識別コード1と識別コード2を比較し、一致する場合は在庫数の差を算出して、配列「在庫差分」の値を上書きします。そのあとはもう識別コードを比較する必要がないので、Exitステートメントを使って比較データに関する繰り返し処理を抜けて、基準データの次の行の処理に移ります。

4

大量データの中から欲しいデータを一発で取り出す

```
'⑮識別コードが一致する場合、次の処理を行う
If 識別コード1 = 識別コード2 Then
    '在庫差分を算出する
    在庫差分(基準行) = 在庫数1 - 在庫数2

    '比較を止めて、次の基準データの処理を行う
    Exit For
End If
```

C　比較結果をExcelに書き込む

⑯ [在庫差分]シートの比較結果をクリアする

　[在庫差分]シートにデータが書き込まれている可能性があるので、データをクリアします。CurrentRegionプロパティで表全体を選択したあと、見出し行を除外するためOffsetプロパティを使って選択した範囲を1行下にずらして、ClearContentsメソッドでクリアします。

```
With ThisWorkbook.Sheets("在庫差分")
    '⑯在庫差分シートの比較結果をクリアする
    .Range("A4").CurrentRegion.Offset(1, 0).ClearContents

    '⑰書込行の初期値を設定する
    '⑱在庫差分を1行ずつ処理する
        '⑲在庫差分が0ではない場合、次の処理を行う
```

219

```
                    '基準データを書き込む範囲を設定する
                    '基準データを書き込む
                    '在庫差分を書き込む
                    '書込行を次の行に移動する
      End With
```

⑰書込行の初期値を設定する

データの書き込みは5行目から開始します。

```
    '⑰書込行の初期値を設定する
    書込行 = 5
```

➡【変数宣言】Dim 書込行 As Long

⑱在庫差分を1行ずつ処理する

在庫差分のデータを1行ずつ処理します。

```
    '⑱在庫差分を1行ずつ処理する
    For 行 = 1 To UBound(在庫差分)
        '⑲在庫差分が0ではない場合、次の処理を行う
        '・基準データを書き込む範囲を設定する
        '・基準データを書き込む
        '・在庫差分を書き込む
        '・書込行を次の行に移動する
    Next
```

➡【変数宣言】Dim 行 As Long

⑲在庫差分が0ではない場合、次の処理を行う

- 基準データを書き込む範囲を設定する
- 基準データを書き込む
- 在庫差分を書き込む
- 書込行を次の行に移動する

　在庫差分が0の場合は、該当行のデータを書き込む必要はありません。在庫差分が0ではない場合にのみデータを書き込みます。該当行の基準データをまるごと取得するために**Index**関数を使いますが、そのデータを書き込む範囲をあらかじめ設定しておく必要があります。書き込み終わったら、書込行を1行増やします。

```
'⑲在庫差分が0ではない場合、次の処理を行う
If 在庫差分(行) <> 0 Then
        '基準データを書き込む範囲を設定する
        書込開始セル = .Cells(書込行, 1).Address
        書込終了セル = .Cells(書込行, 9).Address

        '基準データを書き込む
        .Range(書込開始セル, 書込終了セル) = WorksheetFunction.
Index(基準データ, 行)

        '在庫差分を書き込む
        .Cells(書込行, 10).Value = 在庫差分(行)

        '書込行を次の行に移動する
        書込行 = 書込行 + 1
End If
```

➡【変数宣言】Dim 書込開始セル As String, 書込終了セル As String

完成したプログラムは次のようになります。

●プログラム作成例

```
Const フォルダ名 As String = "04-04"
Const 拡張子 As String = ".xlsx"

Sub 差分抽出()
    Dim フォルダパス As String
    Dim 基準日 As Date, 比較日 As Date
    Dim 基準ファイルパス As String, 比較ファイルパス As String
    Dim 基準ファイル As Workbook, 比較ファイル As Workbook
    Dim 基準データ As Variant, 比較データ As Variant
    Dim 在庫差分() As Long
    Dim 基準行 As Long
    Dim 店舗コード1 As String, 商品コード1 As String, サイズコード1
As String, 在庫数1 As Long
```

```
    Dim 識別コード1 As String
    Dim 比較行 As Long
    Dim 店舗コード2 As String, 商品コード2 As String, サイズコード2
As String, 在庫数2 As Long
    Dim 識別コード2 As String
    Dim 書込行 As Long
    Dim 行 As Long
    Dim 書込開始セル As String, 書込終了セル As String

    'A 基準データと在庫データを取得する
    With ThisWorkbook
        '①フォルダパスを設定する
        フォルダパス = .Path & "¥" & フォルダ名 & "¥"

        With .Sheets("在庫差分")
            '②基準日・比較日を取得する
            基準日 = .Range("B1").Value
            比較日 = .Range("B2").Value
        End With
    End With

    '③2つのブックのファイルパスを設定する
    基準ファイルパス = フォルダパス & Format(基準日, "yyyymmdd") & 拡
張子
    比較ファイルパス = フォルダパス & Format(比較日, "yyyymmdd") & 拡
張子

    '④2つのブックを開く
    Set 基準ファイル = Workbooks.Open(基準ファイルパス)
    Set 比較ファイル = Workbooks.Open(比較ファイルパス)

    '⑤2つのブックからデータを取得する
    基準データ = 基準ファイル.Sheets(1).Range("A1").CurrentRegion
    比較データ = 比較ファイル.Sheets(1).Range("A1").CurrentRegion

    '⑥2つのブックを閉じる
```

```
基準ファイル.Close SaveChanges:=False
比較ファイル.Close SaveChanges:=False

'B　在庫差分を算出し、配列に格納する
'⑦在庫差分の配列の要素数を基準データの行数に合わせて変更する
ReDim 在庫差分(1 To UBound(基準データ))


'⑧基準データを1行ずつ処理する
For 基準行 = 2 To UBound(基準データ)
    '⑨基準データの該当行の値を取得する
    店舗コード1 = 基準データ(基準行, 1)
    商品コード1 = 基準データ(基準行, 5)
    サイズコード1 = 基準データ(基準行, 7)
    在庫数1 = 基準データ(基準行, 9)


    '⑩基準データを一意に識別するコードを作成する
    識別コード1 = 店舗コード1 & 商品コード1 & サイズコード1


    '⑪在庫差分の初期値を設定する
    在庫差分(基準行) = 在庫数1


    '⑫比較データを1行ずつ処理する
    For 比較行 = 2 To UBound(比較データ)

        '⑬比較データの該当行の値を取得する
        店舗コード2 = 比較データ(比較行, 1)
        商品コード2 = 比較データ(比較行, 5)
        サイズコード2 = 比較データ(比較行, 7)
        在庫数2 = 比較データ(比較行, 9)


        '⑭比較データを一意に識別するコードを作成する
        識別コード2 = 店舗コード2 & 商品コード2 & サイズコード2


        '⑮識別コードが一致する場合、次の処理を行う
        If 識別コード1 = 識別コード2 Then
            '在庫差分を算出する
```

4

大量データの中から欲しい
データを一発で取り出す

```vba
                在庫差分(基準行) = 在庫数1 - 在庫数2

                    '比較を止めて、次の基準データの処理を行う
                    Exit For
                End If
            Next
        Next

    'C  比較結果をExcelに書き込む
    With ThisWorkbook.Sheets("在庫差分")
        '⑯在庫差分シートの比較結果をクリアする
        .Range("A4").CurrentRegion.Offset(1, 0).ClearContents

        '⑰書込行の初期値を設定する
        書込行 = 5

        '⑱在庫差分を1行ずつ処理する
        For 行 = 1 To UBound(在庫差分)
            '⑲在庫差分が0ではない場合、次の処理を行う
            If 在庫差分(行) <> 0 Then
                '基準データを書き込む範囲を設定する
                書込開始セル = .Cells(書込行, 1).Address
                書込終了セル = .Cells(書込行, 9).Address

                '基準データを書き込む
                .Range(書込開始セル, 書込終了セル) =
WorksheetFunction.Index(基準データ, 行)

                '在庫差分を書き込む
                .Cells(書込行, 10).Value = 在庫差分(行)

                '書込行を次の行に移動する
                書込行 = 書込行 + 1
            End If
        Next
    End With
```

End Sub

　プログラムの実行結果の一例は、**図4-4-7**のようになります。基準日と比較日を変えて、在庫差分の値が正しく表示されることを確認してみましょう。

図4-4-7　実行結果 - [在庫差分]シート

	A	B	C	D	E	F	G	H	I	J
1	基準日	10月5日								
2	比較日	10月4日		差分抽出						
3										
4	店舗コード	店舗名	ブランドコード	ブランド名	商品コード	商品名	サイズコード	サイズ名	在庫数	在庫差分
5	F3	福岡	D020	DSCADA	91484	カーディガン	07	110cm	2	-1
6	F3	福岡	B022	BGOR	27120	ボンダイ	63	17cm	4	-1
7	G1	銀座	W010	WEGE	08392	厚底スニーカー	69	20cm	2	2
8	G1	銀座	M184	MAGLIATORE	02985	チェスターコート	04	90cm	1	-1
9	G1	銀座	W233	Wee	99276	ペインターパンツ	10	140cm	-1	-1
10	H0	広島	D020	DSCADA	91484	カーディガン	06	100cm	4	-1
11	H0	広島	B022	BGOR	27120	ボンダイ	61	16cm	0	1
12	H0	広島	M184	MAGLIATORE	02985	チェスターコート	07	110cm	-4	-1
13	K5	京都	W010	WEGE	08392	厚底スニーカー	67	19cm	-4	-1
14	K5	京都	P003	Purley	83798	セーター	09	130cm	0	-1
15	K5	京都	M034	MIKE	14764	シューズ	73	22cm	1	-1

[差分抽出]ボタンをクリックすると、在庫差分が算出され、基準日の在庫データの右側に表示される

4

大量データの中から欲しいデータを一発で取り出す

難易度 ★ ★ ★ ★

商品マスタと販売履歴のデータを結合する

POINT
☑ Excelをデータベースとして扱う方法を習得する
☑ SQLを使ったデータ結合のやり方を理解する

CASE 13　家具の製造・販売を営むA社では、商品マスタと販売履歴のデータを手作業で結合して販売管理を行っていますが、データを結合するのに時間がかかるので、作業を効率化したいと考えています。

作業内容としては、販売履歴と商品マスタの2つの表を、商品IDが一致する行で結合して、[販売日]・[商品ID]・[商品名]・[数量]の4つの項目を取得します。

図4-5-1　販売履歴と商品マスタの結合

販売履歴

販売日	商品ID	数量
2022/10/3	1156-2510	2
2022/10/4	1156-2511	2
2022/10/5	1156-2512	1

商品マスタ

商品ID	商品名
1156-2510	パソコンデスク
1156-2511	ダイニングテーブル

販売日	商品ID	商品名	数量
2022/10/3	1156-2510	パソコンデスク	2
2022/10/4	1156-2511	ダイニングテーブル	2

つくりたいプログラム

[販売履歴]・[商品]・[価格表]の3つの表が格納されたブックは、マクロを書くブックとは別にあります。[販売履歴]には、[販売日]・[商品ID]・[仕様年月]・[数量]の4項目があります。このうち[商品ID]は、他の表と結合するために使います。また、[商品ID]・[仕様年月]を、後述する価格表と突き合わせることによっ

て、商品の[販売価格]を特定できます。[販売価格]がわかれば、[数量]をかけて売上金額を算出できます。

図4-5-2 [販売履歴]シート(販売履歴)

	A	B	C	D
1	販売日	商品ID	仕様年月	数量
2	2022/10/3	1156-2508	202203	2
3	2022/10/3	1156-2509	202203	2
4	2022/10/3	1156-2510	202203	2
5	2022/10/3	1156-2510	202203	3

商品マスタには、[商品ID]・[商品名]・[カテゴリ]の3項目があります。[商品ID]は、商品を一意に特定するためのIDで、他の表と結合するために使います。商品の価格は、後述する価格表にあります。

図4-5-3 [商品]シート(商品マスタ)

	A	B	C
1	商品ID	商品名	カテゴリ
2	1156-2510	パソコンデスク	テーブル
3	1156-2511	ダイニングテーブル	テーブル
4	1156-2512	リビングテーブル	テーブル
5	1156-2513	ゲーミングデスク	テーブル

価格表には、[商品ID]・[仕様年月]・[販売価格]の3項目があります。仕様年月とは、商品の仕様(モデル)を改訂した年月のことです。同じ商品でも仕様(モデル)はどんどん変わっていき、販売価格も仕様年月によって異なります。[商品ID]と[仕様年月]を指定することによって、[販売価格]を特定することができます。

図4-5-4 [価格表]シート(価格表)

	A	B	C
1	商品ID	仕様年月	販売価格
2	1029-3301	202003	12,500
3	1029-3301	202009	13,200
4	1029-3301	202103	13,900
5	1029-3301	202109	13,900

データの取得にあたっては、後述する「データベース接続」を行ってデータを取得します。

処理の流れ

今回の処理は非常にシンプルですが、新しい知識を必要とするため、解決のためのヒントをよく読んでプログラミングに取り組んでみてください。

▽ [データ結合] 処理

① Excelファイルにデータベース接続する

② データを格納するためのレコードセットを作成する

③ SQLを作成する

④ SQLに基づきデータを取得する

⑤ 貼りつけ先のデータをクリアする

⑥ データを貼りつける

解決のためのヒント

● データベース接続

Excelファイルをデータベースとして扱うことができます。この方法を覚えておくと、大量データの処理や複雑なデータ結合作業などを一瞬で終わらせることができます。

Memo
データベースとは、整理されたデータの集合のことです。**図4-5-5**のようにシンプルな表が連なっている状態をイメージしてください。データベースとして扱うExcelファイルでは、1シートにつき表を1つだけ作成し、表の見出しは1行目に書きます。

図4-5-5　データベースのイメージ

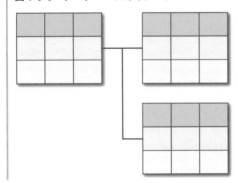

　マクロがあるブックとは別に、データを保管したブックをあらかじめ用意し、そのブックに対してデータベース接続を行って、データを取得します。

図4-5-6　外部ファイルからのデータ取得

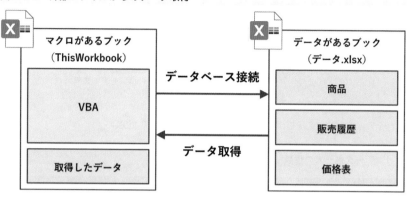

データベース接続は次の4つの手順で行います。

1. データベース接続オブジェクトを作成する
2. データベースの種類を指定する
3. データベースの詳細な種類を指定する
4. データベースに接続する

1. データベース接続オブジェクトを作成する

　自宅でインターネットに接続するとき、プロバイダやID・パスワードなどさまざまな情報が必要になります。同じように、データベース接続するには、接続に関するさまざまな情報を管理する必要があり、接続に関する情報を管理するためのオブジェクトが必要になります。それが、ADODB.Connectionです。Excel外部にあるオブジェクトです。このような外部のオブジェクトを作成するときは、CreateObject関数を使います。引数には、オブジェクトを表す文字列を指定します。作成したオブジェクトは、Object型の変数に格納して使います。オブジェクト名称をまちがえるとエラーになるので、正確な名称を入力してください。

```
Dim 接続 As Object
Set 接続 = CreateObject("ADODB.Connection")
                              └ オブジェクトを表す文字列
```

2. データベースの種類を指定する

　データベースと一口にいっても、Excelだけでなく、Access、ＳＱＬ Server、Oracleなどさまざまな種類があり、その中のどれを使うのかを指定しないといけません。データベースの種類は、データベース接続オブジェクトのProviderプロパティで指定します。

```
接続.Provider = "Microsoft.ACE.OLEDB.12.0"
```
　　　　　　　　　　　　└ データベースの種類を表す文字列

　プロパティの値については、**表4-5-1**を参考にしてください。

表4-5-1　データベースの種類

データベースの種類	プロパティの値
Excel/Access	Microsoft.ACE.OLEDB.12.0 （またはMicrosoft.ACE.OLEDB.16.0）
SQL Server	SQLOLEDB
Oracle	OraOLEDB.Oracle

3. データベースの詳細な種類を指定する

　データベースの種類がExcelの場合はさらに、Excelファイルの種類（Excelブック、Excelマクロ有効ブックなど）を指定します。Properties("Extended Properties")というプロパティを使って指定します。

```
接続.Properties("Extended Properties") = "Excel 12.0 Xml"
```
　　　　　　　　　　　　　　　データベースの詳細な種類を表す文字列 ┘

　プロパティの値については、**表4-5-2**を参考にしてください。

表4-5-2　データベースの詳細な種類

データベースの詳細な種類	プロパティの値
Excelブック	Excel 12.0 Xml
Excelマクロ有効ブック	Excel 12.0 Macro
Excel97-2003 ブック	Excel 8.0

4. データベースに接続する

データベースに接続するには、データベース接続オブジェクトのOpenメソッドを使います。引数にファイルパスを指定します。

接続.Open■ファイルパス

●レコードセット

データベースから取得したデータを一時的に保管するために使うのが、レコードセットです。配列と似たようなものですが、配列よりも高機能なオブジェクトで、データの追加・削除・検索などができます。レコードセットに関する次の3つの基本操作を覚えておきましょう。

1. レコードセットを作成する
2. データを取得する
3. データを貼りつける

1. レコードセットを作成する

オブジェクトの種類（型）は ADODB.Recordset です。CreateObject関数を使って作成します。

```
Dim レコードセット As Object
Set レコードセット = CreateObject("ADODB.Recordset")
                                   └ オブジェクトを表す文字列
```

2. データを取得する

レコードセットのOpenメソッドを使って、データベースからデータを取得します。引数は2つあります。1つ目の引数Sourceに指定する値は、データを取得する操作内容を記述したSQLという文字列です。SQLについては後述します。2つ目の引数ActiveConnectionでは、データベース接続オブジェクトを指定します。

レコードセット.Open■Source:=SQL文字列, ActiveConnection:=接続

3. データを貼りつける

取得したデータをExcelに貼りつけるときは、CopyFromRecordsetメソッド

を使います。引数Data（データ）には、貼りつけるレコードセットを指定します。

```
貼付先セル.CopyFromRecordset▮Data:=レコードセット
```

○ SQL

SQLとは、データベースにあるデータを操作するための言語です。プログラミング言語と区別するために、データベース言語と呼ばれます。SQLの書き方はデータベースの種類によらず共通で、Accessなどでも活用することができます。SQLは用途によって**図4-5-7**のように分類されますが、今回はデータ取得に関するSQLを紹介します。

図4-5-7 SQLの分類

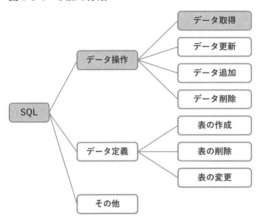

単一の表からデータを取得する

まず、単一の表からデータを取得するSQLを紹介します。なお、表にある項目名のことを「列名」と呼ぶことにします。単一の表から、ある条件で特定の列のデータを取得するには次のように書きます。取得したい列が複数ある場合は、列名をカンマ「,」区切りで並べます。

```
SELECT▮列名▮FROM▮表名▮WHERE▮条件
     └ どの列(項目)を  └ どの表から  └ どういう条件で
```

> **注意**
> SQL内の単語と単語の間には、半角スペースが必要です。半角スペースの入れ忘れはエラーの原因になるので、十分注意してください。

Memo
SÉLÉCTやFRÓMやWHÉRÉなどのキーワードのことを「句」といいます。SÉLÉCT句、
FRÓM句のように呼びます。

では、[商品]シートにある表から、カテゴリが「テーブル」に一致するという条件で、商品IDと商品名の2列を取得するSQLを見てみましょう。

図4-5-8　[商品シート]からのデータ抽出

商品ID	商品名	カテゴリ
1156-2510	パソコンデスク	テーブル
1156-2511	ダイニングテーブル	テーブル
2094-7821	木製チェア	チェア

商品ID	商品名
1156-2510	パソコンデスク
1156-2511	ダイニングテーブル

```
SELECT 商品ID, 商品名 FROM [商品$] WHERE カテゴリ = 'テーブル'
                          └ 表名
```

表名にはシート名を指定しますが、書き方がやや特殊です。シート名の末尾にドル記号「$」をつけて、角カッコ[]で括るのがルールです。

列名や表名には、あなたがわかりやすいように別名をつけることができます。例えば[商品$]→商品に変えたいときは、ÁS（アズ）というキーワードを使って、次のように書きます。

```
SELECT 商品ID, 商品名 FROM [商品$] AS 商品 WHERE カテゴリ =
'テーブル'
```

2つの表からデータを取得する

2つの表からデータを取得するときは、表と表をどのように結合するかを表す「結合方法」を指定します。また、その補足情報として「結合条件」を指定します。

例えば、商品マスタと販売明細を商品IDで結合する場合、結合条件は「商品マスタの商品IDと販売明細の商品IDが一致する」となります。さらに、列名を指定するときにはどちらの表の列なのかを明示する必要があります。なぜなら、どちらの表にも同じ列名があるときに、どちらの表の列なのか判別できなくなるからです。書き方は、列名の前に表名とピリオド「.」をつけます。

```
                ┌─ どの表の
SELECT▮表名1.列名 ,  表名2.列名
FROM▮表名1▮結合方法▮表名2▮ON▮結合条件
```

　結合方法については、「内部結合」と「外部結合」の2種類を覚えておけば十分です。書き方は**表4-5-3**のとおりです。

表4-5-3　結合方法

結合方法	書き方
内部結合	インナー　ジョイン INNER JOIN
外部結合	レフト　アウター　ジョイン LEFT OUTER JOIN ライト　アウター　ジョイン またはRIGHT OUTER JOIN

> **注意**
> 各単語の間には半角スペースを入れます。例えばINNERとJOINの間や、LEFTとOUTERの間などです。半角スペースの入れ忘れはエラーの原因になるので注意してください。

　では、2つの結合方法を詳しく確認していきましょう。

内部結合

　内部結合は、2つの表において指定した列の**値が一致する**行を抽出する方法です。通常使用する結合方法だと覚えておいてください。例として、**図4-5-9**に示した「販売履歴」と「商品」の2つの表を、商品IDが一致する条件で結合し、［販売日］・［商品ID］・［商品名］・［数量］の4つの列を取得します。商品IDのうち、どちらの表にもあるのが「1156-2510」と「1156-2511」です。商品ID「1156-2512」は、販売履歴にはありますが、商品マスタにはありません。よって、商品ID「1156-2512」の行は除外されます。

図4-5-9 内部結合

販売履歴

販売日	商品ID	数量
2022/10/3	1156-2510	2
2022/10/4	1156-2511	2
2022/10/5	1156-2512	1

商品マスタ

商品ID	商品名
1156-2510	パソコンデスク
1156-2511	ダイニングテーブル

販売日	商品ID	商品名	数量
2022/10/3	1156-2510	パソコンデスク	2
2022/10/4	1156-2511	ダイニングテーブル	2

　内部結合のSQLは次のように書きます。FROM句において指定する2つの表名[販売履歴$]と[商品$]にはそれぞれ、「販売履歴」「商品」という別名をつけます。また、[販売日]・[商品ID]・[商品名]・[数量]の4つの列の先頭には、どちらの表から取得しているのかを明示するため、表名とピリオドをつけます。

```
SELECT 販売履歴.販売日, 販売履歴.商品ID, 商品.商品名, 販売履歴.数
量 FROM [販売履歴$] AS 販売履歴 INNER JOIN [商品$] AS 商品 ON
販売履歴.商品ID = 商品.商品ID
```

　さて、上記SQLは1行で書かれていて見づらいので、次のように書き直します。句は基本的に左端に書き、それ以外は tab でインデントして書くと見やすくなります。

```
SELECT
        販売履歴.販売日,
        販売履歴.商品ID,
        商品.商品名,
        販売履歴.数量
FROM
        [販売履歴$] AS 販売履歴
                INNER JOIN [商品$] AS 商品
                ON 販売履歴.商品ID = 商品.商品ID
```

結合方法

結合条件

外部結合

　外部結合は、メインの表とサブの表（結合する2つの表の主従関係）を決めて、メインの表にあるデータは全件取得する方法です。例えば「販売履歴」をメインの表とした場合、**該当する商品IDが「商品」の表にあるかどうかにかかわらず、「販売履歴」にあるデータは全件取得します**。**図4-5-10**の例を見てください。商品ID「1156-2512」は「商品」の表にはないので、その行の［商品名］は空欄になります。

図4-5-10　外部結合

販売履歴

販売日	商品ID	数量
2022/10/3	1156-2510	2
2022/10/4	1156-2511	2
2022/10/5	1156-2512	1

外部結合

商品

商品ID	商品名
1156-2510	パソコンデスク
1156-2511	ダイニングテーブル

販売日	商品ID	商品名	数量
2022/10/3	1156-2510	パソコンデスク	2
2022/10/4	1156-2511	ダイニングテーブル	2
2022/10/5	1156-2512		1

「商品」の表から取得できないため、空欄になる

　外部結合のSQLは次のように書きます。結合方法を表す LEFT OUTER JOIN の左側に書く表がメインの表（右側に書く表がサブの表）になります。もし右側に書く表をメインの表にしたい場合は、結合方法を RIGHT OUTER JOIN に変更してください。

```
SELECT
      販売履歴.販売日,
      販売履歴.商品ID,
      商品.商品名,
      販売履歴.数量
FROM
      [販売履歴$] AS 販売履歴
          LEFT OUTER JOIN [商品$] AS 商品
          ON 販売履歴.商品ID = 商品.商品ID
```

メインの表

サブの表

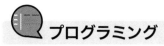
プログラミング

プロシージャ名は「データ結合」とし、プロシージャ内に処理の流れを書き込みます。フォルダ名とファイル名はあらかじめ定数として用意しておきます。

▼ [データ結合] プロシージャ

```
Const フォルダ名 As String = "04-05"
Const ファイル名 As String = "データ.xlsx"

Sub データ結合()
    '①Excelファイルにデータベース接続する
    '②データを格納するためのレコードセットを作成する
    '③SQLを作成する
    '④SQLに基づきデータを取得する
    '⑤貼りつけ先のデータをクリアする
    '⑥データを貼りつける
End Sub
```

また、データ結合シートの右上には[データ結合]ボタンを設置し、[データ結合]プロシージャを関連づけておきましょう。

図4-5-11 [データ結合]ボタンの設置

	C		D	E	F	
商品名			数量	**データ結合**		

ボタンを右クリック→[マクロの登録]をクリック→マクロの一覧から「データ結合」を選択→[OK]ボタンをクリックします。

では、コードについて解説します。

❶ Excelファイルにデータベース接続する

データベース接続オブジェクトを使って、Excelファイルにデータベース接続します。`CreateObject`関数の引数には`ADODB.Connection`を指定します。あらかじめObject型の変数を宣言しておき、そこにデータベース接続オブジェクトを格納します。データベースの種類を表す「`Microsoft.ACE.OLEDB.12.0`」

などの文字をまちがえるとエラーが発生するので、スペルミスには十分注意してください。

```
'①Excelファイルにデータベース接続する
Set 接続 = CreateObject("ADODB.Connection")
接続.Provider = "Microsoft.ACE.OLEDB.12.0"
接続.Properties("Extended Properties") = "Excel 12.0 Xml"
接続.Open ThisWorkbook.Path & "¥" & フォルダ名 & "¥" & ファイル名
```

➡【変数宣言】Dim 接続 As Object

❷データを格納するためのレコードセットを作成する

レコードセットを作成するときは、先ほどと同様にCreateObject関数を使います。引数に指定するオブジェクトの型はADODB.Recordsetです。

```
'②データを格納するためのレコードセットを作成する
Set レコードセット = CreateObject("ADODB.Recordset")
```

➡【変数宣言】Dim レコードセット As Object

❸SQLを作成する

「商品」と「販売履歴」の表を、[商品ID]列が一致する条件で内部結合し、[販売日]・[商品ID]・[商品名]・[数量]を取得するSQLは次のとおりです。1行で書くと視認性が悪いため、改行やインデントを加えて書くのがポイントです。

```
SELECT
    販売履歴.販売日,
    販売履歴.商品ID,
    商品.商品名,
    販売履歴.数量
FROM
    [商品$] AS 商品
        INNER JOIN [販売履歴$] AS 販売履歴
            ON 商品.商品ID = 販売履歴.商品ID
```

SQLをコードで書くときは少し工夫が必要です。次に示すように、「SQL = SQL & 文字列」というコードを使うことによって、見やすいSQLをコード上で表現する

ことができます。

```
SQL = SQL & 文字列
SQL = SQL & 文字列
          :
```

SQL内の単語と単語の間には必ずスペースを入れる必要があるため、SELECTやFROMなどの**句の前に半角スペース**を入れて、**その他の文字の前には**tabでインデントを入れてください。このように書き方をルール化して統一しておくことで、SQLの書きまちがいによるエラーを未然に防ぐことができます。

```
            ┌ 半角スペース
SQL = SQL & " SELECT"
             ┌ TAB
SQL = SQL & "    商品ID,"
SQL = SQL & "    商品名"
SQL = SQL & " FROM"
SQL = SQL & "    [商品$] AS 商品"
                 :
```

これを踏まえてコードを書くと、次のようになります。

```
'③SQLを作成する
SQL = SQL & " SELECT"
SQL = SQL & "    販売履歴.販売日,"
SQL = SQL & "    販売履歴.商品ID,"      ← 行末にカンマ「,」を付ける
SQL = SQL & "    商品.商品名,"
SQL = SQL & "    販売履歴.数量 "        ← 行末にカンマ「,」を付けない
SQL = SQL & " FROM"
SQL = SQL & "    [商品$] AS 商品"
SQL = SQL & "        INNER JOIN [販売履歴$] AS 販売履歴"
SQL = SQL & "            ON 商品.商品ID = 販売履歴.商品ID"
```

➡【変数宣言】Dim SQL As String

❹ SQLに基づきデータを取得する

レコードセットオブジェクトのOpenメソッドを使ってデータを取得します。引

数には、❸で作成したSQLと、❶で作成したデータベース接続オブジェクトを指定します。

```
'④SQLに基づきデータを取得する
レコードセット.Open Source:=SQL, ActiveConnection:=接続
```

❺ 貼りつけ先のデータをクリアする

データが書き込まれている可能性があるので、貼りつけ先のデータをクリアします。UsedRangeプロパティを使って範囲指定したあと、見出し行を除外するためにOffsetプロパティを使って範囲を1行下にずらし、その範囲にあるすべての行を削除します。

```
With Sheets("データ結合")
    '⑤貼りつけ先のデータをクリアする
    .UsedRange.Offset(1, 0).EntireRow.Delete

    '⑥データを貼りつける
End With
```

❻ データを貼りつける

最後に、取得したデータを貼りつけます。CopyFromRecordsetメソッドを使います。

```
'⑥データを貼りつける
.Range("A2").CopyFromRecordset レコードセット
```

完成したプログラムは次のようになります。

● プログラム作成例

```
Const フォルダ名 As String = "04-05"
Const ファイル名 As String = "データ.xlsx"


Sub データ結合()
```

```
Dim 接続 As Object
Dim レコードセット As Object
Dim SQL As String

'①Excelファイルにデータベース接続する
Set 接続 = CreateObject("ADODB.Connection")
接続.Provider = "Microsoft.ACE.OLEDB.12.0"
接続.Properties("Extended Properties") = "Excel 12.0 Xml"
接続.Open ThisWorkbook.Path & "¥" & フォルダ名 & "¥" & ファ
イル名

'②データを格納するためのレコードセットを作成する
Set レコードセット = CreateObject("ADODB.Recordset")

'③SQLを作成する
SQL = SQL & " SELECT"
SQL = SQL & "   販売履歴.販売日,"
SQL = SQL & "   販売履歴.商品ID,"
SQL = SQL & "   商品.商品名,"
SQL = SQL & "   販売履歴.数量"
SQL = SQL & " FROM"
SQL = SQL & "   [商品$] AS 商品"
SQL = SQL & "       INNER JOIN [販売履歴$] AS 販売履歴"
SQL = SQL & "         ON 商品.商品ID = 販売履歴.商品ID"

'④SQLに基づきデータを取得する
レコードセット.Open Source:=SQL, ActiveConnection:=接続

With Sheets("データ結合")
    '⑤貼りつけ先のデータをクリアする
    .UsedRange.Offset(1, 0).EntireRow.Delete

    '⑥データを貼りつける
    .Range("A2").CopyFromRecordset Data:=レコードセット
End With
End Sub
```

大量データの中から欲しいデータを一発で取り出す

プログラムを実行すると、**図4-5-12**のようになります。

図4-5-12　実行結果 -［データ結合］シート

	A	B	C	D
1	販売日	商品ID	商品名	数量
2	2022/10/3	1156-2510	パソコンデスク	3
3	2022/10/3	1156-2510	パソコンデスク	2
4	2022/10/3	1156-2510	パソコンデスク	3
5	2022/10/4	1156-2511	ダイニングテーブル	2
6	2022/10/5	1156-2511	ダイニングテーブル	2
7	2022/10/5	1156-2511	ダイニングテーブル	3
8	2022/10/7	1156-2512	リビングテーブル	3
9	2022/10/5	1156-2512	リビングテーブル	3
10	2022/10/6	1156-2512	リビングテーブル	1

「商品」と「販売履歴」を結合したデータを取得できる

ステップアップ

　「商品」「販売履歴」に「価格表」を加えて、3つの表を結合します。「商品」と「価格表」については、**［商品ID］**が一致する条件で内部結合します。また、「価格表」と「販売履歴」については、**［商品ID］**と**［仕様年月］**が一致する条件で内部結合します。まとめると、**表4-5-4**のとおり2つの結合を行います。

表4-5-4　実施する結合

1つ目の表	2つ目の表	結合方法	結合条件
商品	価格表	内部結合（INNER JOIN）	［商品ID］が一致する
価格表	販売履歴	内部結合（INNER JOIN）	［商品ID］と［仕様年月］が一致する

図4-5-13　結合のイメージ

商品	
商品ID	**商品名**
1156-2510	パソコンデスク
1156-2511	ダイニングテーブル

内部結合

価格表		
商品ID	**仕様年月**	**販売価格**
1156-2510	202203	11,100
1156-2510	202209	11,700
1156-2511	202203	25,000
1156-2511	202209	26,300

内部結合

販売履歴			
販売日	**商品ID**	**仕様年月**	**数量**
2022/10/3	1156-2510	202203	2
2022/10/4	1156-2511	202209	3

販売日	**商品ID**	**商品名**	**仕様年月**	**売上金額**
2022/10/3	1156-2510	パソコンデスク	202203	22,200
2022/10/4	1156-2511	ダイニングテーブル	202209	78,900

SQLを書くときは、1つ目の結合をカッコで括る必要があります。次のコードを見てください。カッコをつけないと「構文エラー:演算子がありません」というエラーが発生するので注意してください。

```
SELECT  列名
FROM
    (表名1
        結合方法  表名2
            ON  結合条件1) ← [1つ目の結合をカッコで括る]
        結合方法  表名3
            ON  結合条件2  AND  結合条件
```

これを踏まえて作成したSQLは次のとおりです。

```
SELECT
    販売履歴.販売日,
    販売履歴.商品ID,
    商品.商品名,
    価格表.仕様年月,
```

```
    価格表.販売価格 * 販売履歴.数量
FROM
   ([商品$] AS 商品
       INNER JOIN [価格表$] AS 価格表
           ON 商品.商品ID = 価格表.商品ID)
       INNER JOIN [販売履歴$] AS 販売履歴
           ON 商品.商品ID = 販売履歴.商品ID AND
               価格表.仕様年月 = 販売履歴.仕様年月
```

コード内のSQLを上記SQLに書き直して実行した結果は**図4-5-14**のようになります。「価格表」から[販売価格]を取得して、売上金額を算出できていることが確認できます。

図4-5-14　実行結果 - [データ結合2] シート

	A	B	C	D	E
1	販売日	商品ID	商品名	仕様年月	売上金額
2	2022/10/3	1156-2510	パソコンデスク	202203	22,200
3	2022/10/3	1156-2510	パソコンデスク	202203	33,300
4	2022/10/3	1156-2510	パソコンデスク	202203	33,300
5	2022/10/4	1156-2511	ダイニングテーブル	202003	50,000
6	2022/10/5	1156-2511	ダイニングテーブル	202009	50,000
7	2022/10/5	1156-2511	ダイニングテーブル	202209	78,900
8	2022/10/5	1156-2512	リビングテーブル	202209	52,500
9	2022/10/6	1156-2512	リビングテーブル	202009	15,800
10	2022/10/6	1156-2513	ゲーミングデスク	202209	15,500
11	2022/10/7	1156-2512	リビングテーブル	202209	52,500
12	2022/10/7	1156-2514	ローテーブル	202103	20,000
13	2022/10/8	2094-7821	木製チェア	202103	2,900
14	2022/10/9	1156-2513	ゲーミングデスク	202203	14,700
15	2022/10/9	1156-2513	ゲーミングデスク	202103	14,000

5

データの形を瞬時に変えるデータ加工のテクニック

データ加工は、実務において最も多く発生する作業の1つです。本書ではデータ加工を、主にデータの形（フォーマット、レイアウト）を変える作業に限定しており、データクレンジングとは分けて扱っています。

データ加工は業務の数だけバリエーションがあるので、作業をパターン化して紹介するのは難しいです。ただ、どの作業においても重要なことは、データ変換の規則性を見つけることです。データ変換のコツや、処理の組み立て方を習得するうえで、本章の題材は必ず役立つはずです。

社員間の情報共有や経営層への報告を行うために、データのレイアウトを変えて視覚的にわかりやすいレポートなどを作成することがよくあります。定期的に行う作業なので、意外と作業工数がかかります。

一ノ瀬さん

コピー＆ペーストや集計などいろいろな種類の作業が混在しているので、なかなか作業効率が上がらないですね。

笠井主任

ええ。VBAを使って作業を自動化したいなと思いますが、どうやって処理の流れを考えたらよいかわかりません……。

一ノ瀬さん

変換前と変換後のレイアウトの対応関係を明確にし、規則性を見つけることが大事だよ。いくつか題材を見ていけば、きっとコツがつかめるはずだ。

永井課長

入退室時刻から勤怠管理表を作成する

POINT
- ☑ 絞り込んだデータから最小値・最大値を取得する方法を理解する
- ☑ 論理エラーを解消するためにコードを修正するテクニックを習得する

CASE 14　英会話スクールを営むA社では、社員証で出退勤時刻を打刻できる勤怠管理システムを導入しています。講師が出社または退社するとき、各教室にあるタイムレコーダーと呼ばれる機械に自分の社員証をかざすと、出退勤時刻が記録されます。

タイムレコーダーから出力したデータを見ると、出退勤時刻が1つの列に記録されています。出勤時間と退勤時間が同じ列にあると、それぞれを判別するのが難しく、勤務時間を計算するなどの作業がしづらいです。そこで、出勤時刻と退勤時刻を別の列に分けたいと考えています。

図5-1-1　タイムレコーダーで記録した入退室履歴

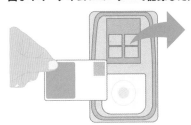

氏名	日付	出退勤時刻
田中 遥	10月3日	08:59
田中 遥	10月3日	19:06

💬 つくりたいプログラム

タイムレコーダーから出力したデータは、[入退室履歴]シートにあります。[氏名]・[日付]・[出退勤時刻]の3項目からなります。

図5-1-2　[入退室履歴]シート（入退室履歴）

	A	B	C
1	氏名	日付	出退勤時刻
2	田中 遥	10月3日	08:59
3	田中 遥	10月3日	19:06
4	田中 遥	10月4日	10:38
5	田中 遥	10月4日	22:25

各日の出退勤時刻が1列に記録されている

　一方、[勤怠管理表]シートには[氏名]・[日付]・[出勤時刻]・[退勤時刻]の4つの項目があり、[出勤時刻]と[退勤時刻]が横に並んでいます。氏名と日付はあらかじめ入力されているものとします。

図5-1-3　[勤怠管理表]シート（勤怠管理表）

	A	B	C	D
1	氏名	日付	出勤時刻	退勤時刻
2	田中 遥	2022/10/3		
3	田中 遥	2022/10/4		
4	田中 遥	2022/10/5		
5	田中 遥	2022/10/6		

	A	B	C	D
1	氏名	日付	出勤時刻	退勤時刻
2	田中 遥	2022/10/3	8:59	19:06
3	田中 遥	2022/10/4	10:38	22:25
4	田中 遥	2022/10/5	9:16	20:48
5	田中 遥	2022/10/6	8:46	19:27
6	田中 遥	2022/10/7	9:03	21:41

出退勤時刻を、出勤時刻と退勤時刻の2列に分ける

　入退室履歴から、**図5-1-3**のデータを作成することをイメージしてください。同一社員、同一日付における[出退勤時刻]の最小値・最大値を、それぞれ[出勤時刻]・[退勤時刻]に書き込むプログラムを作成します。

処理の流れ

　勤怠管理表にある[氏名]と[日付]を使って入退室履歴のデータを**図5-1-4**のよ

うに絞り込み、［出退勤時刻］の最小値・最大値をそれぞれ［出勤時刻］・［退勤時刻］
とします。

図5-1-4　［氏名］と［日付］での絞り込み

	A	B	C
1	氏名	日付	出退勤時刻
2	田中 遥	10月3日	08:59
3	田中 遥	10月3日	19:06

出退勤時刻の最小値と最大値を取得する

これを踏まえて処理の流れを書くと、次のようになります。

▼ ［出退勤時刻の転記］処理

①勤怠管理表を取得する
②勤怠管理表を1行ずつ繰り返し処理する
　　③氏名を取得する
　　④日付を取得し、「m月d日」形式にする
　　⑤入退室履歴を氏名で絞り込む
　　⑥入退室履歴を該当日付で絞り込む
　　⑦件数を取得する（見出しの1行分減らす）
　　⑧1件以上取得できた場合、次の処理を行う
　　・出退勤時刻の最小値を取得し、出勤時刻とする
　　・出退勤時刻の最大値を取得し、退勤時刻とする
　　⑨出勤時刻と退勤時刻を書き込む
⑩フィルターを解除する

解決のためのヒント

◎ Subtotal関数

Subtotal関数は、データの個数、最小値、最大値などの集計値を算出する関
数です。Excelの関数なので、関数名の前にWorksheetFunctionオブジェクト
をつけて使います。

Subtotal（サブトータル）

指定した集計方法で、指定した範囲の集計値を算出します。

1. 集計方法（**表5-1-1**参照）

　　 2. 集計対象範囲

集計値

値 = WorksheetFunction.Subtotal(3, Columns(2))

　　 ▶ B列（2列目）のデータの個数を求めます。引数の1つ目に指定した「3」の値は、個数を集計するという意味です。

主要な集計方法と、引数に指定する値は**表5-1-1**のとおりです。

表5-1-1　Subtotal関数の集計方法

集計方法	値
平均値	1
個数	3
最大値	4
最小値	5
合計	9

　データの個数を数える関数であれば$\overset{\text{カウントエー}}{\text{COUNTA}}$関数、最小値・最大値を求めるのであれば$\overset{\text{ミニマム}}{\text{MIN}}$関数や$\overset{\text{マックス}}{\text{MAX}}$関数のほうが使用頻度は高いと思います。では、なぜわざわざSUBTOTAL関数を使うのかというと、フィルターをかけた状態で、**見えているデータだけを集計できる**からです。COUNTA関数・MIN関数・MAX関数だと、見えていないデータまで含めて集計されてしまうので、今回の題材で使うのには適していません。

> **Memo**
> VBAにはSubtotal関数と同じ名前のSubtotalメソッドというものがあります。
> Subtotal関数に比べて高機能なので、興味がある方は調べてみてください。

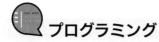 プログラミング

　プロシージャ名は「出退勤時刻の転記」とし、プロシージャ内にコメントを書きましょう。

▼ [出退勤時刻の転記] プロシージャ

```
Sub 出退勤時刻の転記()
    '①勤怠管理表を取得する
    '②勤怠管理表を1行ずつ繰り返し処理する
        '③氏名を取得する
        '④日付を取得し、「m月d日」形式にする
        '⑤入退室履歴を氏名で絞り込む
        '⑥入退室履歴を該当日付で絞り込む
        '⑦件数を取得する(見出しの1行分減らす)
        '⑧1件以上取得できた場合、次の処理を行う
        '・出退勤時刻の最小値を取得し、出勤時刻とする
        '・出退勤時刻の最大値を取得し、退勤時刻とする
        '⑨出勤時刻と退勤時刻を書き込む
    '⑩フィルターを解除する
End Sub
```

また、[勤怠管理表]シートにある表の右上に[出退勤時刻の転記]ボタンを設置し、[出退勤時刻の転記]プロシージャを関連づけておきましょう。

図5-1-5　[出退勤時刻の転記] ボタンの設置

	A	B	C	D	E	F
1	氏名	日付	出勤時刻	退勤時刻	出退勤時刻の転記	
2	田中 遥	2022/10/3				
3	田中 遥	2022/10/4				
4	田中 遥	2022/10/5				

ボタンを右クリック→[マクロの登録]をクリック→マクロの一覧から「出退勤時刻の転記」を選択→[OK]ボタンをクリックします。

では、処理の流れに沿ってコードを解説します。

❶勤怠管理表を取得する

CurrentRegionプロパティで表全体を指定し、勤怠管理表のデータを取得します。データを格納する変数名は「勤怠管理表」とします。

```
'①勤怠管理表を取得する
勤怠管理表 = Sheets("勤怠管理表").Range("A1").CurrentRegion
```

➡【変数宣言】Dim 勤怠管理表 As Variant

❷勤怠管理表を1行ずつ繰り返し処理する

　勤怠管理表のデータを1行ずつ処理していきます。開始行は2行目、最終行は Ubound関数を使って取得します。

```
''②勤怠管理表を1行ずつ繰り返し処理する
For 行 = 2 To UBound(勤怠管理表)
    '③氏名を取得する
            :
    '⑨出勤時刻と退勤時刻を書き込む
Next
```

➡【変数宣言】Dim 行 As Long

❸氏名を取得する

　A列（1列目）にある氏名の値を取得します。

```
'③氏名を取得する
氏名 = 勤怠管理表(行, 1)
```

➡【変数宣言】Dim 氏名 As String

❹日付を取得し、「m月d日」形式にする

　B列（2列目）にある日付の値を取得します。日付でフィルターをかけるとき、「m月d日」形式の文字列で指定する必要があるため、Format関数（4-2参照）を使って日付の形式を変換しておきます。

```
'④日付を取得し、「m月d日」形式にする
日付 = Format(勤怠管理表(行, 2), "m月d日")
```

➡【変数宣言】Dim 日付 As String

❺入退室履歴を氏名で絞り込む

　入退室履歴のA列（1列目）に、❸で取得した氏名でフィルターをかけます。AutoFilterメソッド（4-1参照）の引数Fieldの値には「1」、Criteria1の値には氏名を設定します。

```
With Sheets("入退室履歴")
    '⑤入退室履歴を氏名で絞り込む
    .Range("A1").AutoFilter Field:=1, Criteria1:=氏名
```

```
End With
```

❻入退室履歴を該当日付で絞り込む

さらに、入退室履歴のB列（2列目）に対して、❹で取得した日付でフィルターをかけます。`AutoFilter`メソッドの引数`Field`の値には「2」、`Criteria1`の値には日付を設定します。

```
'⑥入退室履歴を該当日付で絞り込む
.Range("A1").AutoFilter Field:=2, Criteria1:=日付
```

❼件数を取得する（見出しの1行分減らす）

フィルターをかけて絞り込まれた［出退勤時刻］（3列目）の個数を`Subtotal`関数で取得します。引数の1つ目には集計方法を指定します。個数を集計するときは「3」を指定します。また、引数の2つ目には集計対象範囲として、［出退勤時刻］がある3列目を指定します。`Subtotal`関数で取得した件数には見出しの行も含まれているので、その分の行数を減らすために1行分マイナスします。

```
'⑦件数を取得する（見出しの1行分減らす）
件数 = WorksheetFunction.Subtotal(3, .Columns(3)) - 1
```

➡【変数宣言】`Dim 件数 As Long`

❽1件以上取得できた場合、次の処理を行う

- 出退勤時刻の最小値を取得し、出勤時刻とする
- 出退勤時刻の最大値を取得し、退勤時刻とする

❼で取得した個数が0個の場合は、取得する時刻がありません。よって、1件以上取得できた場合のみ、時刻を取得するようにします。出勤時刻は、［出退勤時刻］の最小値から取得します。また退勤時刻は、［出退勤時刻］の最大値から取得します。どちらも`Subtotal`関数を使います。引数の1つ目の集計方法については、最小値を表す「5」と、最大値を表す「4」を指定します。

```
'⑧1件以上取得できた場合、次の処理を行う
If 件数 >= 1 Then
    '・出退勤時刻の最小値を取得し、出勤時刻とする
    出勤時刻 = WorksheetFunction.Subtotal(5, .Columns(3))
```

```
      '・出退勤時刻の最大値を取得し、退勤時刻とする
      退勤時刻 = WorksheetFunction.Subtotal(4, .Columns(3))
End If
```

➡【変数宣言】Dim 出勤時刻 As Date, 退勤時刻 As Date

❾ 出勤時刻と退勤時刻を書き込む

勤怠管理表に、❽で取得した出勤時刻と退勤時刻を書き込みます。

```
'⑨出勤時刻と退勤時刻を書き込む
With Sheets("勤怠管理表")
    .Cells(行, 3).Value = 出勤時刻
    .Cells(行, 4).Value = 退勤時刻
End With
```

❿ フィルターを解除する

AutoFilterメソッドを引数なしで使えば、フィルターを解除できます。

```
'⑩フィルターを解除する
Sheets("入退室履歴").Range("A1").AutoFilter
```

完成したプログラムは次のようになります。

○プログラム作成例

```
Sub 出退勤時刻の転記()
    Dim 勤怠管理表 As Variant
    Dim 行 As Long
    Dim 氏名 As String
    Dim 日付 As String
    Dim 件数 As Long
    Dim 出勤時刻 As Date, 退勤時刻 As Date

    '①勤怠管理表を取得する
    勤怠管理表 = Sheets("勤怠管理表").Range("A1").CurrentRegion
```

```vba
    '②勤怠管理表を1行ずつ繰り返し処理する
For 行 = 2 To UBound(勤怠管理表)
    '③氏名を取得する
    氏名 = 勤怠管理表(行, 1)

    '④日付を取得し、「m月d日」形式にする
    日付 = Format(勤怠管理表(行, 2), "m月d日")

    With Sheets("入退室履歴")
        '⑤入退室履歴を氏名で絞り込む
        .Range("A1").AutoFilter Field:=1, Criteria1:=氏名

        '⑥入退室履歴を該当日付で絞り込む
        .Range("A1").AutoFilter Field:=2, Criteria1:=日付

        '⑦件数を取得する(見出しの1行分減らす)
        件数 = WorksheetFunction.Subtotal(3, .
Columns(3)) - 1

        '⑧1件以上取得できた場合、次の処理を行う
        If 件数 >= 1 Then
            '・出退勤時刻の最小値を取得し、出勤時刻とする
            出勤時刻 = WorksheetFunction.Subtotal(5,
.Columns(3))

            '・出退勤時刻の最大値を取得し、退勤時刻とする
            退勤時刻 = WorksheetFunction.Subtotal(4,
.Columns(3))
        End If
    End With

    '⑨出勤時刻と退勤時刻を書き込む
    With Sheets("勤怠管理表")
        .Cells(行, 3).Value = 出勤時刻
        .Cells(行, 4).Value = 退勤時刻
```

```
        End With
    Next

    '⑩フィルターを解除する
    Sheets("入退室履歴").Range("A1").AutoFilter
End Sub
```

プログラムを実行すると、**図5-1-6**のようになります。

図5-1-6　実行結果 - [勤怠管理表]シート

	A	B	C	D	E	F
1	氏名	日付	出勤時刻	退勤時刻	**出退勤時刻の転記**	
2	田中 遥	2022/10/3	8:59	19:06		
3	田中 遥	2022/10/4	10:38	22:25		
4	田中 遥	2022/10/5	9:16	20:48		
5	田中 遥	2022/10/6	8:46	19:27		
6	田中 遥	2022/10/7	9:03	21:41		← 出勤時刻と退勤時刻が書き込まれる
7	田中 遥	2022/10/11	10:07	20:11		
8	田中 遥	2022/10/12	10:08	10:08		
9	山本 慎二	2022/10/3	9:35	18:15		
10	山本 慎二	2022/10/4	18:56	18:56		

ステップアップ

出力したデータを確認してみると、[出勤時刻]と[退勤時刻]が同じ時刻になっているエラー行があります。

図5-1-7　[勤務管理表]シート

	A	B	C	D	E	F
1	氏名	日付	出勤時刻	退勤時刻	**出退勤時刻の転記**	
2	田中 遥	2022/10/3	8:59	19:06		
3	田中 遥	2022/10/4	10:38	22:25		
4	田中 遥	2022/10/5	9:16	20:48		
5	田中 遥	2022/10/6	8:46	19:27		
6	田中 遥	2022/10/7	9:03	21:41		
7	田中 遥	2022/10/11	10:07	20:11		
8	田中 遥	2022/10/12	10:08	10:08		エラー行
9	山本 慎二	2022/10/3	9:35	18:15		
10	山本 慎二	2022/10/4	18:56	18:56		

このエラーは、該当社員・該当日付における入退室履歴データが1件しかないことが原因で発生しています。

図 5-1-8　［入退室履歴］シート

	A	B	C
1	氏名	日付	出退勤時刻
12	田中 遥	10月11日	10:07
13	田中 遥	10月11日	20:11
14	田中 遥	10月12日	10:08
15	山本 慎二	10月3日	09:35
16	山本 慎二	10月3日	18:15
17	山本 慎二	10月4日	18:56

該当日付に1行しかない

このエラーを防ぐため、出勤時刻と退勤時刻を区別するための「基準時刻」を設けます。出勤時刻は基準時刻よりも早く、退勤時刻は基準時刻よりも遅いものとします。今回の題材における基準時刻は12時とします。

図 5-1-9　基準時刻の新設

出勤時刻　≦　基準時刻　＜　退勤時刻

これにともない、❾ の出勤時刻と退勤時刻を書き込む処理を変更します。**図 5-1-10** に示すように、「出勤時刻≦基準時刻」（出勤時刻が基準時刻よりも早い）を満たす場合は出勤時刻を書き込み、その他の場合は出勤時刻を空白にします。また、「基準時刻＜退勤時刻」（退勤時刻が基準時刻よりも遅い）を満たす場合は退勤時刻を書き込み、その他の場合は退勤時刻を空白にします。

図 5-1-10　分岐処理のイメージ

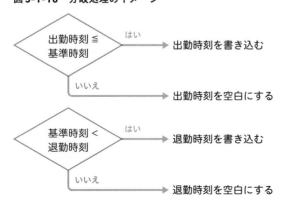

出勤時刻 ≦ 基準時刻　はい → 出勤時刻を書き込む

いいえ → 出勤時刻を空白にする

基準時刻 < 退勤時刻　はい → 退勤時刻を書き込む

いいえ → 退勤時刻を空白にする

具体的には、「❾出勤時刻と退勤時刻を書き込む」の処理を次のように変えます。

（省略）
⑪出勤時刻が基準時刻より早い場合は出勤時刻を書き込み、その他の場合は出勤
時刻を空白にする
⑫退勤時刻が基準時刻より遅い場合は退勤時刻を書き込み、その他の場合は退勤
時刻を空白にする

修正後のコードは次のとおりです。

```
'⑨出勤時刻と退勤時刻を書き込む
With Sheets("勤怠管理表")
    '⑪出勤時刻が基準時刻より早い場合
    If 出勤時刻 <= 基準時刻 Then
        '出勤時刻を書き込む
        .Cells(行, 3).Value = 出勤時刻
    'その他の場合
    Else
        '出勤時刻を空白にする
        .Cells(行, 3).Value = ""
    End If

    '⑫退勤時刻が基準時刻より遅い場合
    If 基準時刻 < 退勤時刻 Then
        '退勤時刻を書き込む
        .Cells(行, 4).Value = 退勤時刻
    'その他の場合
    Else
        '退勤時刻を空白にする
        .Cells(行, 4).Value = ""
    End If
End With
```

この変更を反映したプログラム作成例は次のとおりです。

○ プログラム作成例

```
Const 基準時刻 As Date = "12:00:00"

Sub 出退勤時刻の転記2()
    Dim 勤怠管理表 As Variant
    Dim 行 As Long
    Dim 氏名 As String
    Dim 日付 As String
    Dim 件数 As Long
    Dim 出勤時刻 As Date, 退勤時刻 As Date

    '①勤怠管理表を取得する
    勤怠管理表 = Sheets("勤怠管理表").Range("A1").CurrentRegion

    '②勤怠管理表を1行ずつ繰り返し処理する
    For 行 = 2 To UBound(勤怠管理表)
        '③氏名を取得する
        氏名 = 勤怠管理表(行, 1)

        '④日付を取得し、「m月d日」形式にする
        日付 = Format(勤怠管理表(行, 2), "m月d日")

        With Sheets("入退室履歴")
            '⑤入退室履歴を氏名で絞り込む
            .Range("A1").AutoFilter Field:=1, Criteria1:=氏名

            '⑥入退室履歴を該当日付で絞り込む
            .Range("A1").AutoFilter Field:=2, Criteria1:=日付

            '⑦件数を取得する(見出しの1行分減らす)
            件数 = WorksheetFunction.Subtotal(3, .Columns(3))
- 1

            '⑧1件以上取得できた場合、次の処理を行う
            If 件数 >= 1 Then
```

```vba
                    '・出退勤時刻の最小値を取得し、出勤時刻とする
                    出勤時刻 = WorksheetFunction.Subtotal(5, .
Columns(3))

                    '・出退勤時刻の最大値を取得し、退勤時刻とする
                    退勤時刻 = WorksheetFunction.Subtotal(4, .
Columns(3))
            End If
        End With

        '⑨出勤時刻と退勤時刻を書き込む
        With Sheets("勤怠管理表")
            '⑪出勤時刻が基準時刻より早い場合
            If 出勤時刻 <= 基準時刻 Then
                '出勤時刻を書き込む
                .Cells(行, 3).Value = 出勤時刻
            'その他の場合
            Else
                '出勤時刻を空白にする
                .Cells(行, 3).Value = ""
            End If

            '⑫退勤時刻が基準時刻より遅い場合
            If 基準時刻 < 退勤時刻 Then
                '退勤時刻を書き込む
                .Cells(行, 4).Value = 退勤時刻
            'その他の場合
            Else
                '退勤時刻を空白にする
                .Cells(行, 4).Value = ""
            End If
        End With
    Next

    '⑩フィルターを解除する
    Sheets("入退室履歴").Range("A1").AutoFilter
```

End Sub

　プログラムを実行すると、**図5-1-11**のようになります。基準時刻によって、打刻漏れであるかどうかを推定することができるようになり、打刻漏れと推定される箇所は空白にすることができます。

図5-1-11　実行結果 - [勤怠管理表]シート

	A	B	C	D	E	F
1	氏名	日付	出勤時刻	退勤時刻	**出退勤時刻の転記**	
2	田中 遥	2022/10/3	8:59	19:06		
3	田中 遥	2022/10/4	10:38	22:25		
4	田中 遥	2022/10/5	9:16	20:48		
5	田中 遥	2022/10/6	8:46	19:27		
6	田中 遥	2022/10/7	9:03	21:41		
7	田中 遥	2022/10/11	10:07	20:11		
8	田中 遥	2022/10/12	10:08			
9	山本 慎二	2022/10/3	9:35	18:15		
10	山本 慎二	2022/10/4		18:56		

打刻漏れと推定される箇所は空白になる

難易度 ★ ★ ☆ ☆

社員のアサイン状況を可視化する

POINT
☑ セルをグラフに見立てて可視化するテクニックを習得する
☑ データをソートする方法を理解する

CASE 15　中古マンションのリノベーションを手がけるA社では、案件のアサイン（割り当て）状況を示す**図5-2-1**のようなグラフを毎月手作業で作成し、デザイナーの作業負荷を可視化するために活用しています。シート上部に年月が表示されていて、案件の納期が該当年月に一致する案件のみを表示します。1つのセルが1案件を表し、デザイナーごとに列を分けて、案件を積み上げて表示します。セル内には、案件の受注金額を表示します。セルの色は案件のステータスを表します。この作業を手で行うのは時間がかかるので、作業を自動化できないか検討しています。

図5-2-1　［アサイン状況］シート

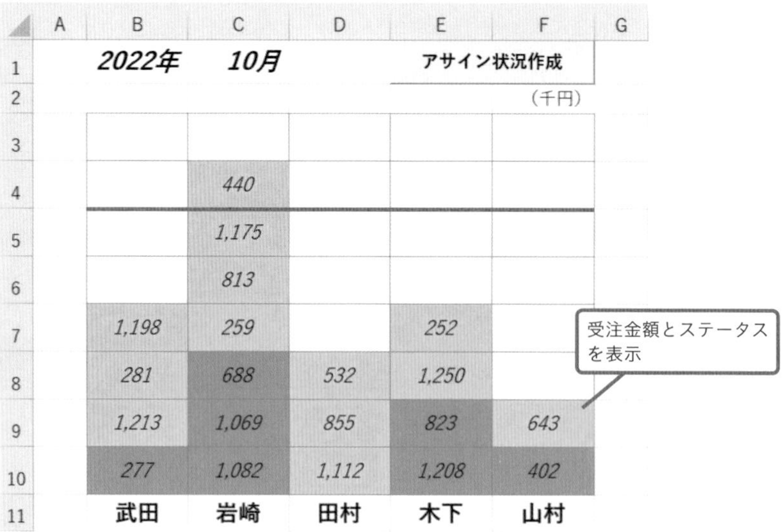

受注金額とステータスを表示

つくりたいプログラム

　案件一覧は、アサイン状況を作成するための元データです。案件一覧には、[案件番号]・[顧客氏名]・[デザイナー]・[受注金額]・[納期]・[ステータス]の6項目があります。

図5-2-2　[案件一覧]シート（案件一覧）

	A	B	C	D	E	F
1	案件番号	顧客氏名	デザイナー	受注金額	納期	ステータス
2	A111	菊地 鈴	武田	1,213,000	10月26日	5.作業中
3	A121	千葉 陸斗	岩崎	1,082,000	10月26日	9.完了
4	A126	佐藤 悠	田村	1,112,000	10月31日	5.作業中
5	A143	武田 太一	木下	1,208,000	10月26日	9.完了
6	A160	岩崎 拓磨	武田	281,000	10月29日	5.作業中
7	A168	田村 一樹	武田	277,000	10月28日	9.完了
8	A172	木下 優花	岩崎	1,175,000	10月26日	5.作業中
9	A180	小林 愛美	岩崎	1,069,000	10月28日	9.完了
10	A208	柴田 悠斗	山村	643,000	10月27日	5.作業中

　図5-2-3に示すアサイン状況の上部には、[年]（B1セル）と[月]（C1セル）が記載されており、案件一覧のデータを絞り込むために使用します。案件一覧の[納期]の年月と一致する行が、表示する対象データになります。11行目には[デザイナー]が記載されており、案件一覧において該当する[デザイナー]の案件を、10行目から順に積み上げて表示します。そのとき、セルの値には案件一覧の[受注金額]を書き込み、セルの色はステータスによって変えます。ステータスが「9.完了」の案件はグレー、その他の案件はオレンジで表示します。

図5-2-3　［アサイン状況］シート（アサイン状況）

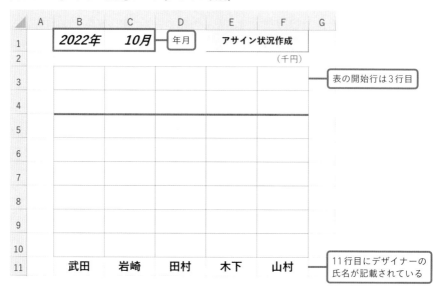

表の開始行は3行目

11行目にデザイナーの氏名が記載されている

 処理の流れ

　案件一覧のデータを上から順に1行ずつ処理していきます。ポイントは、各案件をどこに書き込むかを特定する処理です。書込列については、案件一覧にある［デザイナー］が、アサイン状況の11行目のどの列に一致するかを特定することでわかります。また書込行については、アサイン状況の3行目から Ctrl + ↓ をクリックしてヒットするセルの1行上になります。

図5-2-4　書込行と書込列の特定

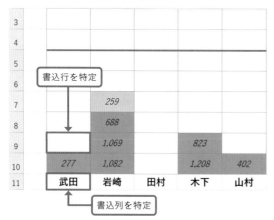

264

　また、案件一覧のデータを取得するときにステータスの「降順」でソートすれば、ステータスが「9.完了」の案件を先に処理することになるため、結果としてステータスが「9.完了」の案件を表の下側に表示することができます。

　これを踏まえて処理の流れを書くと、次のようになります。

■ [アサイン状況作成] 処理

①案件一覧をステータス列の降順でソートする
②案件一覧を取得する
③初期化する範囲を特定する
④初期化する
⑤表示する年月を取得する
⑥案件一覧のデータを1行ずつ処理する
　　　⑦該当行のデータを取得する
　　　⑧年月が一致する場合、次の処理を行う
　　　　　・書込列を特定する
　　　　　・書込行を特定する
　　　　　・⑨該当セルに受注金額を書き込む
　　　　　・⑩ステータスに応じて、色を塗り分ける処理を行う
　　　　　　　・ステータスが完了の場合はグレー色にする
　　　　　　　・その他の場合はオレンジ色にする

解決のためのヒント

○ ソートする

　ソートするには、Sort（ソート）メソッドを使います。書き方は次のとおりです。

```
ソートする範囲.Sort■引数
```

　具体的には、**表5-2-1**のように書きます。

表5-2-1　Sortメソッドの書き方

操作	書き方の例
フィルターをかける	Range("A:F").Sort■Key1:=Range("F1"), Order1:=xlAscending, Header:=xlYes A列からF列の範囲を、見出し行を除いて、F列の昇順でソートします。

Sortメソッドで指定する引数は**表5-2-2**のとおりです。基本的には、どの列に対して（Key1）、どういう順番で（Order1）ソートするかを指定します。1つのコードで3つの列に対してソートすることができます。見出し行の有無（Header）については、必ず指定するようにしましょう。

表5-2-2 Sortメソッドの引数

順番	名前	説明	省略	使用例
1	Key1	1つ目にソートする列を、Rangeオブジェクトで指定します。	可	Key1:=Range("F1")
2	Order1	1つ目にソートする順序を指定します。 • 昇順：xlAscending • 降順：xlDescending	可	Order1:=xlDescending
3	Key2	2つ目にソートする列を、Rangeオブジェクトで指定します。	可	Key2:=Range("E1")
4	Order2	2つ目にソートする順序を指定します。	可	Order2:=xlAscending
5	Key3	3つ目にソートする列を、Rangeオブジェクトで指定します。	可	Key3:=Range("D1")
6	Order3	3つ目にソートする順序を指定します。	可	Order3:=xlDescending
7	Header	最初の行が見出し行かどうかを指定します。見出し行がある場合は、見出し行を除いてソートされます。 • 見出し行である：xlYes • 見出し行ではない：xlNo	可	Header:=xlYes

Memo

4つ以上の列をソートしたいときは、1つの列をソートするコードを複製してください。また、ソートする列順とは逆の順序でコードを書きます。例えばF列→E列→D列→A列の順番でソートしたいときは、次のように書きます。

```
Range("A:F").Sort Key1:=Range("A1"), Order1:=xlAscending, Header:=xlYes
Range("A:F").Sort Key1:=Range("D1"), Order1:=xlDescending, Header:=xlYes
Range("A:F").Sort Key1:=Range("E1"), Order1:=xlAscending, Header:=xlYes
Range("A:F").Sort Key1:=Range("F1"), Order1:=xlDescending, Header:=xlYes
```

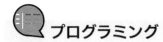 プログラミング

プロシージャ名は「アサイン状況作成」とし、プロシージャ内に処理の流れを書き込みます。

■［アサイン状況作成］プロシージャ

```
Sub アサイン状況作成 ()
    '①案件一覧をステータス列の降順でソートする
    '②案件一覧を取得する
    '③初期化する範囲を特定する
    '④初期化する
    '⑤表示する年月を取得する
    '⑥案件一覧1行ずつ繰り返す
        '⑦該当行のデータを取得する
        '⑧年月が一致する場合、次の処理を行う
            '書込列を特定する
            '書込行を特定する
            '⑨該当セルに受注金額を書き込む
            '⑩ステータスに応じて、色を塗り分ける処理を行う
                'ステータスが完了の場合はグレー色にする
                'その他の場合はオレンジ色にする
End Sub
```

また、アサイン状況の右上には［アサイン状況作成］ボタンを設置し、［アサイン状況作成］プロシージャを関連づけておきましょう。

図 5-2-5 ［アサイン状況作成］ボタンの設置

ボタンを右クリック→［マクロの登録］をクリック→マクロの一覧から「アサイン状況作成」を選択→［OK］ボタンをクリックします。

さらに、［アサイン状況］シートの表の開始行（3行目）、開始列（2列目）、最終行（11行目）についてはあらかじめ定数として宣言しておきます。

```
Const 表開始行 As Long = 3
Const 表開始列 As Long = 2
Const 表最終行 As Long = 11
```

では、コードについて解説します。

❶案件一覧をステータス列の降順でソートする

Sortメソッドを使ってソートします。ステータス列はF列にあるので、引数Key1にはF1セルを指定します。ソート順は降順にしたいので、引数Order1には降順を表すxlDescendingを指定します。表には見出しがあるので、引数Headerには見出しがあることを示すxlYesを指定します。

```
With Sheets("案件一覧")
    '①案件一覧をステータス列の降順でソートする
    .Range("A1").CurrentRegion.Sort Key1:=.Range("F1"),
Order1:=xlDescending, Header:=xlYes

    '②案件一覧を取得する
End With
```

❷案件一覧を取得する

ソートしてから、案件一覧を取得します。ソートする前にデータを取得してしまうと、[アサイン状況] シートにおいて、ステータスで案件を並べることができなくなるので注意してください。

```
'②案件一覧を取得する
案件一覧 = .Range("A1").CurrentRegion
```

➡【変数宣言】Dim 案件一覧 As Variant

❸初期化する範囲を特定する

アサイン状況にデータが書き込まれていることを考慮し、表を初期化する処理を行います。初期化する前に、初期化する表の範囲を特定します。表の開始セルについては、定数にある表開始行、表開始列を使って指定します。一方、表の最終セルについては、最終列を取得する必要があります。Endプロパティ(1-5-3参照)を使って、11行目(デザイナーの氏名が書かれている列)の最右列を取得します。最終行は、定数にある表最終行の1行上です。

```
With Sheets("アサイン状況")
        '③初期化する範囲を特定する
        表最終列 = .Cells(表最終行, 表開始列).End(xlToRight).Column
        表開始セル = .Cells(表開始行, 表開始列).Address
        表最終セル = .Cells(表最終行 - 1, 表最終列).Address


        '④初期化する
        '⑤表示する年月を取得する
        '⑥案件一覧1行ずつ繰り返す
                '⑦該当行のデータを取得する
                '⑧年月が一致する場合、次の処理を行う
                        '書込列を特定する
                        '書込行を特定する
                        '⑨該当セルに受注金額を書き込む
                        '⑩ステータスに応じて、色を塗り分ける処理を行う
                                'ステータスが完了の場合はグレー色にする
                                'その他の場合はオレンジ色にする
End With
```

➡【変数宣言】Dim 表最終列 As Long, 表開始セル As String,
　　　　　　　　　　　　　　　　表最終セル As String

❹初期化する

　ClearContentsメソッド(2-1参照)を使ってセルの値をクリアするとともに、ColorIndexプロパティ(1-3-2参照)を使ってセルの色をクリアします。

```
'④初期化する
.Range(表開始セル, 表最終セル).ClearContents
.Range(表開始セル, 表最終セル).Interior.ColorIndex = 0
```

❺表示する年月を取得する

　アサイン状況の上部にある年月を取得し、それぞれ「表示年」「表示月」という変数に格納します。後工程で、案件一覧の[納期]と比較するために使います。

```
'⑤表示する年月を取得する
表示年 = .Range("B1").Value
表示月 = .Range("C1").Value
```

➡【変数宣言】Dim 表示年 As Long，表示月 As Long

❻ 案件一覧のデータを1行ずつ処理する

案件一覧のデータを繰り返し処理します。開始行は2行目、最終行はUBound関数を使って取得します。

```
'⑥案件一覧のデータを1行ずつ処理する
For 行 = 2 To UBound(案件一覧)
        '⑦該当行のデータを取得する
        '⑧年月が一致する場合、次の処理を行う
                '書込列を特定する
                '書込行を特定する
                '⑨該当セルに受注金額を書き込む
                '⑩ステータスに応じて、色を塗り分ける処理を行う
                        'ステータスが完了の場合はグレー色にする
                        'その他の場合はオレンジ色にする
Next
```

➡【変数宣言】Dim 行 As Long

❼ 該当行のデータを取得する

案件一覧の該当行のデータを取得して、それぞれ変数に格納します。変数に格納することで、コードがわかりやすくなります。受注金額は千円単位で表示するので、1,000で割って、Int関数で整数にします。年・月については、［納期］からYear関数・Month関数を使って取得します。

```
'⑦該当行のデータを取得する
デザイナー = 案件一覧(行, 3)
受注金額 = Int(案件一覧(行, 4) / 1000)
年 = Year(案件一覧(行, 5))
月 = Month(案件一覧(行, 5))
ステータス = 案件一覧(行, 6)
```

➡【変数宣言】Dim デザイナー As String，受注金額 As Long
Dim 年 As Long，月 As Long，ステータス As String

❽年月が一致する場合、次の処理を行う

- 書込列を特定する
- 書込行を特定する

❺で取得したアサイン状況の表示年・表示月が、案件一覧の年・月と一致するデータだけを処理対象とします。年月が一致する場合は、アサイン状況において書き込むセルの列番号「書込列」と行番号「書込行」を特定します。書込列は、Match関数を使って取得します。案件一覧のデザイナーの氏名が、アサイン状況シートの最終行（11行目）にあるデザイナーと一致する箇所を特定します。また、書込行については、開始行（3行目）から[Ctrl]＋[↓]をクリックして、ヒットしたセルの1つ上の行になります。つまり、Endプロパティを使ってヒットしたセルの行番号から、1行分引いた値となります。

5 データの形を瞬時に変える データ加工のテクニック

```
'⑧年月が一致する場合、次の処理を行う
If 表示年 = 年 And 表示月 = 月 Then
    '書込列を特定する
    書込列 = WorksheetFunction.Match(デザイナー, .Rows(表最終行), 0)

    '書込行を特定する
    書込行 = .Cells(表開始行, 書込列).End(xlDown).Row - 1

    '⑨該当セルに受注金額を書き込む
    '⑩ステータスに応じて、色を塗り分ける処理を行う
        'ステータスが完了の場合はグレー色にする
        'その他の場合はオレンジ色にする
End If
```

➡【変数宣言】Dim 書込行 As Long, 書込列 As Long

❾該当セルに受注金額を書き込む

❽で取得した書込行と書込列を使って書込先セルを指定し、そこに受注金額を書き込みます。

```
With .Cells(書込行, 書込列)
    '⑨該当セルに受注金額を書き込む
    .Value = 受注金額
```

```
        '⑩ステータスに応じて、色を塗り分ける処理を行う
            'ステータスが完了の場合はグレー色にする
            'その他の場合はオレンジ色にする
End With
```

⑩ ステータスに応じて、色を塗り分ける処理を行う

• ステータスが完了の場合はグレー色にする

• その他の場合はオレンジ色にする

　書込先セルの色をColorプロパティで変えます。ステータスによって分岐させ、色を塗り分けます。RGB関数内の3つの値を変えることによって、色を変更することができます。

```
'⑩ステータスに応じて、色を塗り分ける処理を行う
If ステータス = "9.完了" Then
    'ステータスが完了の場合はグレー色にする
    .Interior.Color = RGB(150, 150, 150)
Else
    'その他の場合はオレンジ色にする
    .Interior.Color = RGB(250, 200, 0)
End If
```

Memo
RGB関数は、色の値を数値で取得するための関数です。引数で、赤・緑・青の濃さを0から255の範囲で指定します。

　完成したプログラムは次のようになります。

○プログラム作成例

```
Const 表開始行 As Long = 3
Const 表開始列 As Long = 2
Const 表最終行 As Long = 11

Sub アサイン状況作成()
    Dim 案件一覧 As Variant
```

```vba
    Dim 表最終列 As Long
    Dim 表開始セル As String, 表最終セル As String
    Dim 表示年 As Long, 表示月 As Long
    Dim 行 As Long
    Dim デザイナー As String, 受注金額 As Long
    Dim 年 As Long, 月 As Long, ステータス As String
    Dim 書込行 As Long, 書込列 As Long


    With Sheets("案件一覧")
        '①案件一覧をステータス列の降順でソートする
        .Range("A1").CurrentRegion.Sort Key1:=.Range("F1"),
Order1:=xlDescending, Header:=xlYes

        '②案件一覧を取得する
        案件一覧 = .Range("A1").CurrentRegion
    End With

    With Sheets("アサイン状況")
        '③初期化する範囲を特定する
        表最終列 = .Cells(表最終行, 表開始列).End(xlToRight).
Column

        表開始セル = .Cells(表開始行, 表開始列).Address
        表最終セル = .Cells(表最終行 - 1, 表最終列).Address

        '④初期化する
        .Range(表開始セル, 表最終セル).ClearContents
        .Range(表開始セル, 表最終セル).Interior.ColorIndex = 0

        '⑤表示する年月を取得する
        表示年 = .Range("B1").Value
        表示月 = .Range("C1").Value

        '⑥案件一覧のデータを1行ずつ処理する
        For 行 = 2 To UBound(案件一覧)
            '⑦該当行のデータを取得する
            デザイナー = 案件一覧(行, 3)
```

```
            受注金額 = Int(案件一覧(行, 4) / 1000)
            年 = Year(案件一覧(行, 5))
            月 = Month(案件一覧(行, 5))
            ステータス = 案件一覧(行, 6)


            '⑧年月が一致する場合、次の処理を行う
            If 表示年 = 年 And 表示月 = 月 Then
                '書込列を特定する
                書込列 = WorksheetFunction.Match(デザイナー,
.Rows(表最終行), 0)


                '書込行を特定する
                書込行 = .Cells(表開始行, 書込列).End(xlDown).
Row - 1


                With .Cells(書込行, 書込列)
                    '⑨該当セルに受注金額を書き込む
                    .Value = 受注金額


                    '⑩ステータスに応じて、色を塗り分ける処理を行う
                    If ステータス = "9.完了" Then
                        'ステータスが完了の場合はグレー色にする
                        .Interior.Color = RGB(150, 150, 150)
                    Else
                        'その他の場合はオレンジ色にする
                        .Interior.Color = RGB(250, 200, 0)
                    End If
                End With
            End If
        Next
    End With
End Sub
```

　プログラムを実行すると、**図5-2-6**のようになります。各デザイナーが担当している案件が積み上げ棒グラフのように表示され、ステータスが「9.完了」の案件は下側に配置されます。セルの中には案件の受注金額が表示されます。

図5-2-6 実行結果 - [アサイン状況]シート

	A	B	C	D	E	F	G
1		*2022年*	*10月*		アサイン状況作成		
2						(千円)	
3							
4			*259*				
5			*813*				
6			*440*				
7		*1,198*	*1,175*		*1,250*		
8		*281*	*1,069*	*1,112*	*252*		
9		*1,213*	*688*	*855*	*823*	*643*	
10		*277*	*1,082*	*532*	*1,208*	*402*	
11		**武田**	**岩崎**	**田村**	**木下**	**山村**	

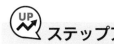

ステップアップ

選択した案件の担当デザイナーを変更するアサイン変更機能を追加してみましょう。[アサイン変更]ボタンを新設し、[アサイン変更]ボタンをクリックすると、デザイナーを入力するためのアサイン変更ダイアログが表示されるようにします。

図5-2-7 [アサイン状況2]シート

	A	B	C	D	E	F	G	H	I	J
1		*2022年*	*10月*		アサイン状況作成		アサイン変更			
2						(千円)				
3										
4			*259*							
5			*813*							
6			*440*							
7		*1,198*	*1,175*		*1,250*					
8		*281*	*1,069*	*1,112*	*252*					
9		*1,213*	*688*	*855*	*823*	*643*				
10		*277*	*1,082*	*532*	*1,208*	*402*				
11		**武田**	**岩崎**	**田村**	**木下**	**山村**				

1. デザイナーを変更したい案件を選択

2. [アサイン変更]ボタンをクリック

5

データの形を瞬時に変える
データ加工のテクニック

図5-2-8のアサイン変更ダイアログでデザイナーを入力して［OK］ボタンをクリックすると、該当する案件のデザイナーが変更され、［アサイン状況作成］プロシージャを実行してアサイン状況を再描画します。

図5-2-8　アサイン変更ダイアログ

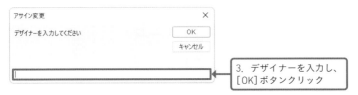

　では、コードの追加・変更箇所を考えてみましょう。デザイナーを変更するには、選択した案件の案件番号を特定できるようにする必要があります。そのためには、あらかじめ各セルに案件番号を保持しておかないといけません。各セルに案件番号を保持する方法はいろいろ考えられますが、今回はExcelのコメント機能を活用し、コメントに案件番号を書き込んでおく方法を採ります。

図5-2-9　コメント機能を使った案件番号の保持

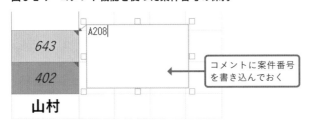

　案件番号を保持できるようにするため、［アサイン状況作成］プロシージャを修正します。**表5-2-3**に記載した箇所を変更し、［アサイン状況作成2］プロシージャとして作成し直します。

表5-2-3　アサイン状況作成プロシージャの変更内容

変更箇所	変更内容
④初期化する	各セルのコメントをクリアする処理を追加します。
⑦該当行のデータを取得する	案件番号を取得する処理を追加します。
⑧年月が一致する場合、次の処理を行う	案件番号をコメントに書き込む処理を追加します。

　また、［アサイン変更］ボタンをクリックしたときに呼び出す処理として、［アサ

イン変更]プロシージャを追加します。このプロシージャ内の処理の最後に、[アサイン状況作成2]プロシージャを呼び出し、アサイン状況を再描画します。

▼ [アサイン変更]プロシージャ

①選択したセルに値がある場合、次の処理を行う
　　②コメントに書かれている案件番号を取得する
　　③変更後のデザイナーを入力してもらう
　　④案件番号とデザイナーが空白でない場合、次の処理を行う
　　⑤案件一覧を取得する
　　⑥案件一覧のデータを1行ずつ処理する
　　　　⑦案件番号が一致する場合、次の処理を行う
　　　　・変更後のデザイナーを書き込む
　　　　・繰り返し処理を終了する
　　⑧アサイン状況を再描画する

完成したプログラムは次のようになります。

● プログラム作成例

▼ [アサイン状況作成2]プロシージャ

```
Const 表開始行 As Long = 3
Const 表開始列 As Long = 2
Const 表最終行 As Long = 11


Sub アサイン状況作成2()
    Dim 案件一覧 As Variant
    Dim 表最終列 As Long
    Dim 表開始セル As String, 表最終セル As String
    Dim 表示年 As Long, 表示月 As Long
    Dim 行 As Long
    Dim 案件番号 As String
    Dim デザイナー As String, 受注金額 As Long
    Dim 年 As Long, 月 As Long, ステータス As String
    Dim 書込行 As Long, 書込列 As Long
```

案件番号を保持するための変数を追加する

```vba
    With Sheets("案件一覧")
        '①案件一覧をステータス列の降順でソートする
        .Range("A1").CurrentRegion.Sort Key1:=.Range("F1"),
Order1:=xlDescending, Header:=xlYes

        '②案件一覧を取得する
        案件一覧 = .Range("A1").CurrentRegion
    End With

    With Sheets("アサイン状況2")
        '③初期化する範囲を特定する
        表最終列 = .Cells(表最終行, 表開始列).End(xlToRight).Column
        表開始セル = .Cells(表開始行, 表開始列).Address
        表最終セル = .Cells(表最終行 - 1, 表最終列).Address

        '④初期化する
        .Range(表開始セル, 表最終セル).ClearContents
        .Range(表開始セル, 表最終セル).Interior.ColorIndex = 0
        .Range(表開始セル, 表最終セル).ClearComments

        '⑤表示する年月を取得する
        表示年 = .Range("B1").Value
        表示月 = .Range("C1").Value

        '⑥案件一覧のデータを1行ずつ処理する
        For 行 = 2 To UBound(案件一覧)
            '⑦該当行のデータを取得する
            案件番号 = 案件一覧(行, 1)
            デザイナー = 案件一覧(行, 3)
            受注金額 = Int(案件一覧(行, 4) / 1000)
            年 = Year(案件一覧(行, 5))
            月 = Month(案件一覧(行, 5))
            ステータス = 案件一覧(行, 6)

            '⑧年月が一致する場合、次の処理を行う
            If 表示年 = 年 And 表示月 = 月 Then
```

> 各セルのコメントをクリアする処理を追加する

> 案件番号を取得する処理を追加する

```
                    '書込列を特定する
                    書込列 = WorksheetFunction.Match(デザイナー , .
Rows(表最終行), 0)


                    '書込行を特定する
                    書込行 = .Cells(表開始行, 書込列).End(xlDown).Row
- 1


            With .Cells(書込行, 書込列)
                '⑨該当セルに受注金額を書き込む
                .Value = 受注金額

                '⑩ステータスに応じて、色を塗り分ける処理を行う
                If ステータス = "9.完了" Then
                    'ステータスが完了の場合はグレー色にする
                    .Interior.Color = RGB(150, 150, 150)
                Else
                    'その他の場合はオレンジ色にする
                    .Interior.Color = RGB(250, 200, 0)
                End If

                '⑪案件番号をコメントに書き込む
                .AddComment 案件番号
            End With
        End If
    Next
    End With
End Sub
```

案件番号をコメントに書き込む処理を追加する

▼ [アサイン変更]プロシージャ

```
Sub アサイン変更()
    Dim 案件番号 As String
    Dim デザイナー As String
    Dim 案件一覧 As Variant
    Dim 行 As Long
```

```
    '①選択したセルに値がある場合、次の処理を行う
    If Selection.Value > 0 Then
        '②コメントに書かれている案件番号を取得する
        案件番号 = Selection.Comment.Text

        '③変更後のデザイナーを入力してもらう
        デザイナー = InputBox("デザイナーを入力してください", "ア
サイン変更")

        '④案件番号とデザイナーが空白でない場合、次の処理を行う
        If 案件番号 <> "" And デザイナー <> "" Then
            '⑤案件一覧を取得する
            案件一覧 = Sheets("案件一覧").Range("A1").
CurrentRegion

            '⑥案件一覧のデータを１行ずつ処理する
            For 行 = 2 To UBound(案件一覧)
                '⑦案件番号が一致する場合、次の処理を行う
                If 案件一覧(行, 1) = 案件番号 Then
                    '変更後のデザイナーを書き込む
                    Sheets("案件一覧").Cells(行, 3).Value
= デザイナー

                    '繰り返し処理を終了する
                    Exit For
                End If
            Next

            '⑧アサイン状況を再描画する
            Call アサイン状況作成２
        End If
    End If
End Sub
```

　プログラムを実行すると、**図5-2-10**のようになります。デザイナーが担当する
案件をシート上で変更できるようになります。

図5-2-10　アサイン変更

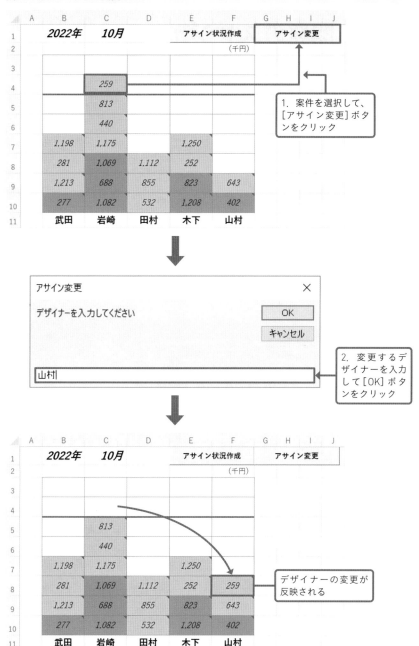

1．案件を選択して、[アサイン変更]ボタンをクリック

2．変更するデザイナーを入力して[OK]ボタンをクリック

デザイナーの変更が反映される

システム開発のスケジュール表を作成する

CASE 16　　ホテル事業を営むA社では、社内システムの刷新を行っており、複数のシステム開発プロジェクトを実行しています。システム開発のスケジュールを管理するために、**図5-3-1**のような週次のガントチャート（横線で作業期間や進捗を表現する図）を手作業で作成していますが、日程変更が生じるたびに横線を引き直さないといけません。そこで、ガントチャートの作成作業を自動化したいと考えています。

図5-3-1　工程表の作成

	A	B	C	D	E	F	G	H	I	J	K	L	M
	スケジュール表作成					*8月*					*9月*		
1													
2	工程	開始日	終了日	実働日数	*1*	*8*	*15*	*22*	*29*	*5*	*12*	*19*	*26*
3	企画立案	8月11日	8月21日	7									
4	要件定義	8月22日	9月11日	15									
5	外部設計	9月12日	10月15日	25									
6	内部設計	10月1日	11月6日	25									
7	開発	11月9日	1月8日	43									

作業期間に該当するセルに色を塗る

つくりたいプログラム

　スケジュール表の左側には、［工程］・［開始日］・［終了日］・［実働日数］の4つの項目があります。また、上側のカレンダー部分には月と日にちが表示されています。この日にちは週の始まりを示しており、8月1日週、8月8日週というように、週次のスケジュールを表現しています。

図5-3-2 ［スケジュール表］シート（スケジュール表）

	A	B	C	D	E	F	G	H	I	J	K	L	M	N	O	P	Q	R		
1	スケジュール表作成					8月					9月					10月				月
2	工程	開始日	終了日	実働日数	1	8	15	22	29	5	12	19	26	3	10	17	24	31		日にち
3	企画立案	8月11日	8月21日	7																
4	要件定義	8月22日	9月11日	15																
5	外部設計	9月12日	10月15日	25																
6	内部設計	10月1日	11月6日	25																
7	開発	11月9日	1月8日	43																

終了日が属する週
開始日が属する週

例えば3行目にある「企画立案」という工程は、開始日「8月11日」から、終了日「8月21日」まで実施します。このとき、開始日が属する8月8日週から、終了日が属する8月15日週まで色を塗ります。すべての工程について、開始日から終了日までのセルの色を塗るプログラムを作成します。

処理の流れ

今回の題材のポイントは、色を塗る範囲をどうやって特定するか、です。具体的には、次の2点をどのように解決するかを考えます。

A　開始日と終了日が属する月曜日の日付を取得する

B　Aで取得した日付が、スケジュール表の2行目の日付と一致する列を特定する

A　開始日と終了日が属する月曜日の日付を取得する

一週間は月曜日から始まるものとし、各曜日には**図5-3-3**のように1〜7の番号（曜日番号）が付与されているものとします。

図5-3-3 曜日番号

1	2	3	4	5	6	7
月	火	水	木	金	土	日

このとき、開始日や終了日の日付が属する月曜日は、「日付 - 曜日番号 + 1」で求めることができます。実際に確認してみましょう。例えば2022年8月11日は木曜日です。よって、この日付が属する月曜日は、2022年8月11日から4ひいて

1たした、2022年8月8日となります。

B　Aで取得した日付が、スケジュール表の2行目の日付と一致する列を特定する

　スケジュール表の2行目には、毎週月曜日の日付が入力されています。Aで取得した日付（開始日や終了日の日付が属する月曜日）が、その中のどの日付と一致するかを探します。一致した列を特定できれば、色を塗り始めるセルと塗り終わるセルの行番号・列番号を特定できたことになります。

図5-3-4　開始列と終了列の特定

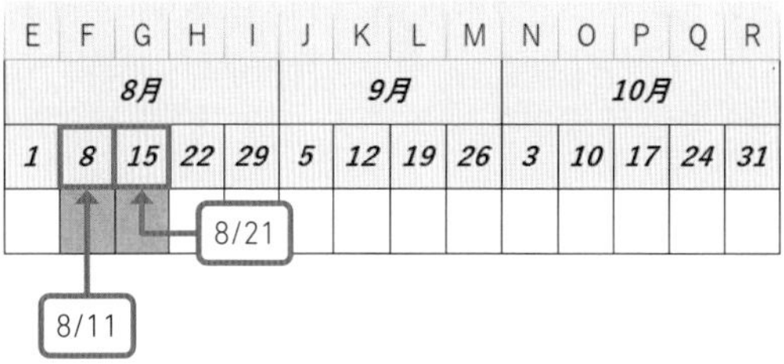

　これを踏まえて処理の流れを書くと、次のようになります。

▼［スケジュール表作成］処理

①スケジュール表の終点セルを取得する
②スケジュール表の色をクリアする
③工程ごとに次の処理を行う
　　④開始日・終了日を取得する
　　⑤開始列・終了列を初期化する
　　⑥日付の大小関係に誤りがない場合、次の処理を行う
　　　　⑦各日付が属する週の月曜日を取得する
　　　　⑧上記日付に一致する列を取得する
　　　　⑨開始列と終了列が取得できた場合、次の処理を行う
　　　　　　⑩色を塗る範囲を取得する
　　　　　　⑪上記範囲に色を塗る

電脳会議 紙面版

新規送付の お申し込みは…

電脳会議事務局 検索

索するか、以下の QR コード・URL へ、
ソコン・スマホから検索してください。

https://gihyo.jp/site/inquiry/dennou

「電脳会議」紙面版の送付は送料含め費用は
一切無料です。
登録時の個人情報の取扱については、株式
会社技術評論社のプライバシーポリシーに準
じます。

技術評論社のプライバシーポリシー
はこちらを検索。
https://gihyo.jp/site/policy/

技術評論社 電脳会議事務局
〒162-0846 東京都新宿区市谷左内町21-13

紙面版 電脳会議 一切無料
DENNOUKAIGI

今が旬の情報を満載して お送りします！

『電脳会議』は、年6回の不定期刊行情報誌です。
A4判・16頁オールカラーで、弊社発行の新刊・
近刊書籍・雑誌を紹介しています。この『電脳会議』
の特徴は、単なる本の紹介だけでなく、著者と
編集者が協力し、その本の重点や狙いをわかり
やすく説明していることです。現在200号を超
えて刊行を続けている、出版界で
評判の情報誌です。

毎号、厳選 ブックガイドも ついてくる!!

『電脳会議』とは別に、テー
マごとにセレクトした優良
図書を紹介するブックカタ
ログ（A4判・4頁オール
カラー）が同封されます。

◆ 電子書籍・雑誌を読んでみよう！

技術評論社　GDP	検索

と検索するか、以下のQRコード・URLへ、
パソコン・スマホから検索してください。

https://gihyo.jp/dp

1 アカウントを登録後、ログインします。
【外部サービス(Google、Facebook、Yahoo!JAPAN)
でもログイン可能】

2 ラインナップは入門書から専門書、
趣味書まで 3,500点以上！

3 購入したい書籍を 🛒 カート に入れます。

4 お支払いは「 **PayPal** 」にて決済します。

5 さあ、電子書籍の
読書スタートです！

◆  も電子版で読める

電子版定期購
お得に楽しめ

くわしくは、
「**Gihyo Digital Pu**
のトップページをご覧

🎁 電子書籍をプレゼント

Gihyo Digital Publishing でお買い求めいただい
品と引き替えが可能な、ギフトコードをご購入いた
りました。おすすめの電子書籍や電子雑誌を贈って

こんなシーンで… ●ご入学のお祝いに　●新社会人へ
●イベントやコンテストのプレゼント

● ギフトコードとは？ Gihyo Digital Publishi
る商品と引き替えできるクーポンコードです。
対一で結びつけられています。

くわしいご利用方法は、「Gihyo Digital Publishi

解決のためのヒント

● Weekday関数

Weekday関数は、指定した日付に対応する曜日を番号で取得するためのVBAの関数です。Excelにも、まったく同じ名前の関数があります。

関 数	**Weekday**（ウィークデイ）
説 明	指定した日付に対応する曜日を番号で取得します。
引 数	1. 日付
	2. 週の最初の曜日番号
戻り値	番号
使用例	値 = Weekday(#2022/10/15#, vbMonday)
	▶ 2022年10月15日に対応する曜日の番号を取得します。上記の値は「6」になります。

2つ目の引数に指定する値は**表5-3-1**のとおりです。値の指定方法は2通りあり、1から7の番号で指定するか、vbで始まるキーワードで指定することができます。コードを書くときに、vbで始まるキーワードが候補表示されるので、1から7の番号は覚えなくても大丈夫です。

表5-3-1　週の最初の曜日番号

週の最初の曜日	値		
日	1	または	vbSunday
月	2	または	vbMonday
火	3	または	vbTuesday
水	4	または	vbWednesday
木	5	または	vbThursday
金	6	または	vbFriday
土	7	または	vbSaturday

● エラーを無視する

コードを実行したときに発生するエラーを無視して、処理を続行することができます。エラーを無視するときに使うのが、On Error Resume Nextステートメントです。このステートメントを実行すると、それ以降のコードでエラーが発生したとき、エラーを無視して処理を続行します。しかし、すべてのエラーを無視すると、本来対処しないといけないエラーですら検知できなくなるため、エラーを無視

する対象のコードは限定しなければいけません。そこで、無視する対象コードの終わりを指定するためのOn Error GoTo 0ステートメントをあわせて使います。

 ## プログラミング

プロシージャ名は「スケジュール表作成」とします。処理の流れは次のようにコメントで書いておきます。

▼ [スケジュール表作成] プロシージャ

```
Sub  スケジュール表作成 ()
    '①終点セルを取得する
    '②スケジュール表の色をクリアする
    '③工程ごとに次の処理を行う
        '④開始日・終了日を取得する
        '⑤開始列・終了列を初期化する
        '⑥日付の大小関係に誤りがない場合、次の処理を行う
            '⑦各日付が属する週の月曜日を取得する
            '⑧上記日付に一致する列を取得する
            '⑨開始列と終了列が取得できた場合、次の処理を行う
                '⑩色を塗る範囲を取得する
                '⑪上記範囲に色を塗る
End  Sub
```

また、スケジュール表の左上に[スケジュール表作成]ボタンを設置し、[スケジュール表作成]プロシージャを関連づけておきましょう。

図5-3-5 ［スケジュール表作成］ボタンの設置

	A	B	C	D
1	スケジュール表作成			
2	工程	開始日	終了日	実働日数
3	企画立案	8月11日	8月21日	7

ボタンを右クリック→［マクロの登録］をクリック→マクロの一覧から「スケジュール表作成」を選択→［OK］ボタンをクリックします。

さらに、スケジュール表において始点となるセルを、定数として用意しておきます。

```
Const 始点セル As String = "E3"
```

では、コードについて解説します。

❶終点セルを取得する

SpecialCellsメソッド（1-5-4参照）を使って、スケジュール表の終点セルをRange型のオブジェクトとして取得します。SpecialCellsメソッドの引数には、最後のセルを意味するxlCellTypeLastCellを指定します。

```
'①終点セルを取得する
Set 終点セル = Cells.SpecialCells(xlCellTypeLastCell)
```

➡【変数宣言】Dim 終点セル As Range

❷スケジュール表の色をクリアする

色をクリアするときは、ColorIndexプロパティを使います。色をクリアする範囲は、定数としてあらかじめ宣言している始点セルと、❶で取得した終点セルを使って指定します。終点セルからアドレスを取得するため、Addressプロパティをつけます。

```
'②スケジュール表の色をクリアする
Range(始点セル, 終点セル.Address).Interior.ColorIndex = 0
```

❸工程ごとに次の処理を行う

工程ごとに繰り返し処理します。開始行は3行目です。最終行は、❶で取得した終点セルの行番号なので、Rowプロパティを使って取得します。

```
'③工程ごとに次の処理を行う
For 行 = 3 To 終点セル.Row
        '④開始日・終了日を取得する
        '⑤開始列・終了列を初期化する
        '⑥日付の大小関係に誤りがない場合、次の処理を行う
                '⑦各日付が属する週の月曜日を取得する
                '⑧上記日付に一致する列を取得する
                '⑨開始列と終了列が取得できた場合、次の処理を行う
                        '⑩色を塗る範囲を取得する
                        '⑪上記範囲に色を塗る
Next
```

➡【変数宣言】Dim 行 As Long

❹開始日・終了日を取得する

該当行(該当の工程)の開始日と終了日を取得します。それぞれ、スケジュール表のB列(2列目)とC列(3列目)にあります。

```
'④開始日・終了日を取得する
開始日 = Cells(行, 2).Value
終了日 = Cells(行, 3).Value
```

➡【変数宣言】Dim 開始日 As Date, 終了日 As Date

❺開始列・終了列を初期化する

開始列と終了列という2つの変数は、該当行(該当の工程)の色を塗る範囲の始まりと終わりの列番号です。❽の処理でセットした列番号の値が残っている可能性があるので、初期化しておきます。

```
'⑤開始列・終了列を初期化する
開始列 = 0
終了列 = 0
```

➡【変数宣言】Dim 開始列 As Long, 終了列 As Long

❻日付の大小関係に誤りがない場合、次の処理を行う

データの入力ミスによって、開始日と終了日の日付の大小関係が誤っている可能性があるため、大小関係に誤りがないかどうかをチェックし、誤りがない場合のみ後続の処理を行います。

```
'⑥日付の大小関係に誤りがない場合、次の処理を行う
If 開始日 <= 終了日 Then
    '⑦各日付が属する週の月曜日を取得する
    '⑧上記日付に一致する列を取得する
    '⑨開始列と終了列が取得できた場合、次の処理を行う
        '⑩色を塗る範囲を取得する
        '⑪上記範囲に色を塗る
End If
```

❼ 各日付が属する週の月曜日を取得する

開始日と終了日の各日付が属する週の月曜日を取得するため、Weekday関数を使います。週の始まりの曜日を月曜日にするので、2つ目の引数にはvbMondayを指定します。取得した日付は開始月曜日と終了月曜日という変数に格納しておきます。

```
'⑦各日付が属する週の月曜日を取得する
開始月曜日 = 開始日 - Weekday(日付, vbMonday) + 1
終了月曜日 = 終了日 - Weekday(日付, vbMonday) + 1
```

➡【変数宣言】Dim 開始月曜日 As Date, 終了月曜日 As Date

❽ 上記日付に一致する列を取得する

Match関数（2-3参照）を使って、スケジュール表上部にあるカレンダーの日付の中から、開始月曜日と終了月曜日に該当する列を探します。ただし、検索する日付の値はシリアル値（補足参照）に変換する必要があります。シリアル値に変換するには、CLng関数（1-9-1参照）を使います。Match関数で日付がヒットしない場合エラーが発生してしまうので、それを無視するためにOn Error Resume Nextステートメントを使って、エラーが発生しても処理が止まらないようにします。

```
'⑧上記日付に一致する列を取得する
On Error Resume Next
開始列 = WorksheetFunction.Match(CLng(開始月曜日), Rows(2), 0)
終了列 = WorksheetFunction.Match(CLng(終了月曜日), Rows(2), 0)
On Error GoTo 0
```

❾開始列と終了列が取得できた場合、次の処理を行う

❽の処理で開始列と終了列が取得できた場合のみ、色を塗る処理を行います。もし日付がヒットしなかった場合は、開始列または終了列は初期値の「0」のままとなるため、色を塗る処理は行われません。

```
'⑨開始列と終了列が取得できた場合、次の処理を行う
If 開始列 > 0 And 終了列 > 0 Then
    '⑩色を塗る範囲を取得する
    '⑪上記範囲に色を塗る
End If
```

❿色を塗る範囲を取得する

❽で取得した開始列・終了列を使って、色を塗り始めるセルと塗り終えるセルのアドレスを取得し、それぞれ「開始セル」「終了セル」という変数に格納します。

```
'⑩色を塗る範囲を取得する
開始セル = Cells(行, 開始列).Address
終了セル = Cells(行, 終了列).Address
```

➡【変数宣言】Dim 開始セル As String, 終了セル As String

⓫上記範囲に色を塗る

Colorプロパティを使って色を塗ります。RGB関数で色を指定します。

```
'⑪上記範囲に色を塗る
Range(開始セル, 終了セル).Interior.Color = RGB(250, 150, 50)
```

完成したプログラムは次のようになります。

○ プログラム作成例

```
Const 始点セル As String = "E3"

Sub スケジュール表作成()
    Dim 終点セル As Range
    Dim 行 As Long
    Dim 開始日 As Date, 終了日 As Date
    Dim 開始列 As Long, 終了列 As Long
    Dim 開始月曜日 As Date, 終了月曜日 As Date
    Dim 開始セル As String, 終了セル As String

    '①スケジュール表の終点セルを取得する
    Set 終点セル = Cells.SpecialCells(xlCellTypeLastCell)

    '②スケジュール表の色をクリアする
    Range(始点セル, 終点セル.Address).Interior.ColorIndex = 0

    '③工程ごとに次の処理を行う
    For 行 = 3 To 終点セル.Row
        '④開始日・終了日を取得する
        開始日 = Cells(行, 2).Value
        終了日 = Cells(行, 3).Value

        '⑤開始列・終了列を初期化する
        開始列 = 0
        終了列 = 0

        '⑥日付の大小関係に誤りがない場合、次の処理を行う
        If 開始日 <= 終了日 Then
            '⑦各日付が属する週の月曜日を取得する
            開始月曜日 = 開始日 - Weekday(開始日, vbMonday) + 1
            終了月曜日 = 終了日 - Weekday(終了日, vbMonday) + 1

            '⑧上記日付に一致する列を取得する
            On Error Resume Next
```

```
            開始列 = WorksheetFunction.Match(CLng(開始月曜日),
Rows(2), 0)
            終了列 = WorksheetFunction.Match(CLng(終了月曜日),
Rows(2), 0)

            On Error GoTo 0

            '⑨開始列と終了列が取得できた場合、次の処理を行う
            If 開始列 > 0 And 終了列 > 0 Then
                '⑩色を塗る範囲を取得する
                開始セル = Cells(行, 開始列).Address
                終了セル = Cells(行, 終了列).Address

                '⑪上記範囲に色を塗る
                Range(開始セル, 終了セル).Interior.Color =
RGB(250, 150, 50)
            End If
        End If
    Next
End Sub
```

　プログラムを実行すると、**図5-3-6**のようになります。［開始日］や［終了日］の日付を変えて［スケジュール表作成］ボタンをクリックし、工程表に瞬時に反映されることを確認してみましょう。

図5-3-6　実行結果 - ［スケジュール表］シート

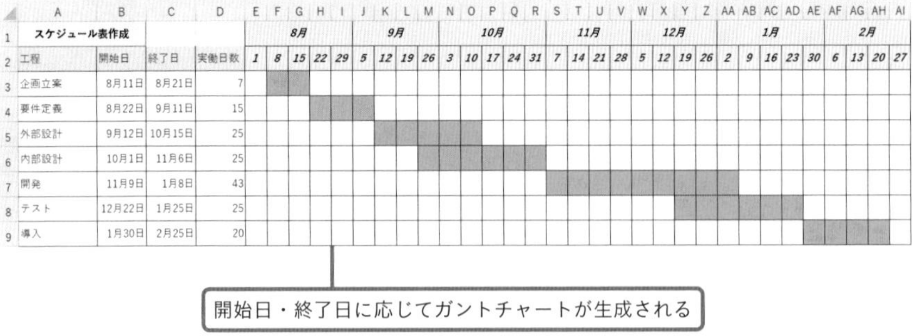

開始日・終了日に応じてガントチャートが生成される

請求データのレイアウトを変換する

POINT ☑ 項目対応表を使ったデータレイアウト変換のテクニックを習得する
☑ コード修正なしで仕様変更できるプログラムのメリットを理解する

CASE 17 スピーカーやヘッドホンなどの音響機器に組み込む部品の製造・販売を手がけるA社では、オーディオ機器メーカー向けの請求情報を会計システムで管理しています。

経理部にて、会計システムから定期的に請求情報を抽出し、データのレイアウトを手作業で変換して、請求や督促などの業務に使用しています。データのレイアウト変換は煩雑であり、作業ミスも多発しているので、作業を自動化したいと考えています。また、請求情報の項目は今後増える可能性があるので、項目が増えてもプログラムを変更せずに済むようにして、保守性を高めたいです。

図5-4-1 請求情報のレイアウト変換

請求番号	顧客名	請求金額
B9492	ワインズ	5,340,000
B7609	ダックスハイザー	9,190,000
B6792	ダックスハイザー	7,390,000

顧客名	請求番号	請求金額
ワインズ	B9492	5,340,000
ダックスハイザー	B7609	9,190,000
ダックスハイザー	B6792	7,390,000

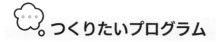つくりたいプログラム

レイアウト変換前のデータを「抽出データ」、レイアウト変換後のデータを「請求データ」と呼びます。抽出データと請求データのちがいは、項目の並び順が変わっていることと、［消費税］の項目の有無です。

5 データの形を瞬時に変える データ加工のテクニック

抽出データには［注文番号］・［顧客番号］・［請求番号］・［支店番号］・［顧客名］・［支店］・［請求金額］・［割引］の8項目あります。

図 5-4-2　［抽出データ］シート（抽出データ）

	A	B	C	D	E	F	G	H
1	注文番号	顧客番号	請求番号	支店番号	顧客名	支店	請求金額	割引
2	T00590	C516	B4244	S035	近畿インスツルメンツ	長野店	9,980,000	499,000
3	T01384	C094	B9492	S029	ワインズ	千葉店	5,340,000	267,000
4	T01506	C938	B7609	S025	ダックスハイザー	盛岡店	9,190,000	367,000
5	T04096	C938	B6792	S046	ダックスハイザー	名古屋店	7,390,000	443,000
6	T09292	C094	B7895	S026	ワインズ	青森店	9,690,000	872,000
7	T09799	C605	B2123	S028	レッドマイクロフォン	仙台店	9,040,000	723,000
8	T10301	C187	B0693	S045	ザッカー	福島店	7,550,000	528,000
9	T10597	C094	B9919	S027	ワインズ	静岡店	1,520,000	45,000
10	T10959	C094	B6399	S034	ワインズ	長崎店	8,620,000	689,000

一方、請求データには、［注文番号］・［顧客番号］・［顧客名］・［請求番号］・［請求金額］・［割引］・［消費税］・［支店番号］・［支店］の9項目あります。抽出データと比べると、［消費税］の項目が増えています。消費税は、［請求金額］に税率をかけて自動的に算出します。また、［顧客名］や［請求番号］などいくつかの項目については抽出データから並び順が変わっています。

図 5-4-3　［請求データ］シート（請求データ）

	A	B	C	D	E	F	G	H	I
1	注文番号	顧客番号	顧客名	請求番号	請求金額	割引	消費税	支店番号	支店
2									
3									
4									
5									
6									
7									
8									
9									
10									

今回は、抽出データから請求データへと項目を並べ替えるプログラムを作成します。ただし、単に並べ替えるだけでなく、今後コードの修正なしに並び順や項目追加などができるようなしくみを実装します。

 処理の流れ

今回の題材では、データのレイアウトを変換する作業全般に使える重要なノウハ

ウを紹介するので、ぜひ習得してください。まず、**図5-4-4**のような対応表を作成
します。項目ごとに、[転記元](抽出データ)における列番号と、[転記先](請求
データ)における列番号の対応関係が入力されています。例えば4行目にある[顧
客名]については、抽出データの**E列(5列目)**にあるデータを、請求データの**C列
(3列目)**に転記する、ということを表します。

図5-4-4　[対応表]シート(対応表)

	A	B	C	D
1		転記元	転記先	個別処理
2	注文番号	1	1	
3	顧客番号	2	2	
4	顧客名	5	3	
5	請求番号	3	4	
6	請求金額	7	5	
7	割引	8	6	
8	消費税	7	7	消費税
9	支店番号	4	8	
10	支店	6	9	

> 抽出データのE列(5列目)に
> あるデータを、請求データの
> C列(3列目)に転記する

この対応表に従ってレイアウト変換するプログラムを作成すれば、今後項目を追
加したり並び順を変更したりするときに、プログラミングの知識がまったくない
ユーザでも、対応表のデータを変更するだけで仕様を変更できるようになります。
さらに、機能追加するときのプログラムの修正箇所が少なくなるため、保守性を高
めることができます。

対応表を上から順番に処理し、**図5-4-5**のように1項目ずつデータを転記します。
[転記元]の該当列から1列分のデータを取得し、それを[転記先]の列に転記します。

図5-4-5　列全体の転記

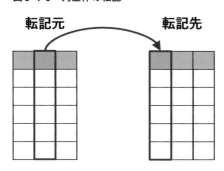

転記元　　　　　転記先

ただし項目によっては、単に転記するだけではなく、個別に計算などの処理を行う必要があります。例えば[消費税]は、転記元の[請求金額]に税率をかけて算出します。そこで、個別処理を行う項目なのかどうかを識別できるよう、対応表に[個別処理]という列を設けています。通常の転記処理と個別処理は分岐させて、[個別処理]に何らかの文字列が書かれている場合は、その処理を行います。

これを踏まえて処理の流れを書くと次のようになります。

▼[レイアウト変換]処理

```
①抽出データを取得する
②対応表を取得する
③請求データをクリアする
④対応表を1行ずつ処理する
    ⑤対応表の各行のデータを取得する
    ⑥抽出データから、転記元列のデータを抽出する
    ⑦個別処理を行う
        ⑧消費税の項目を作成する
    ⑨転記する範囲を特定する
    ⑩転記データを書き込む
```

 ## プログラミング

　プロシージャ名は「レイアウト変換」とし、プロシージャ内に処理の流れをコメントとして書いておきましょう。

▼[レイアウト変換]プロシージャ

```
Sub レイアウト変換()
    '①抽出データを取得する
    '②対応表を取得する
    '③請求データをクリアする
    '④対応表を1行ずつ処理する
        '⑤対応表の各行のデータを取得する
        '⑥抽出データから、転記元列のデータを抽出する
```

```
              '⑦個別処理を行う
                  '⑧消費税の項目を作成する
              '⑨転記する範囲を特定する
              '⑩転記データを書き込む
End Sub
```

また、[請求データ]シート（転記先のシート）の右上には[レイアウト変換]ボタンを設置し、[レイアウト変換]プロシージャを関連づけておきましょう。

図5-4-6　[レイアウト変換]シート

ボタンを右クリック→[マクロの登録]をクリック→マクロの一覧から「レイアウト変換」を選択→[OK]ボタンをクリックします。

では、コードについて解説します。

❶抽出データを取得する

転記元のデータである抽出データを配列で取得します。見出し行を除いて取得するため、`Offset`プロパティをあわせて使い、取得範囲を1行分下にずらします。

```
'①抽出データを取得する
抽出データ = Sheets("抽出データ").Range("A1").CurrentRegion.
Offset(1, 0)
```

➡【変数宣言】Dim 抽出データ As Variant

❷対応表を取得する

対応表を配列で取得します。

```
'②対応表を取得する
対応表 = Sheets("対応表").Range("A1").CurrentRegion
```

➡【変数宣言】Dim 対応表 As Variant

❸請求データをクリアする

転記先の[請求データ]シートには、すでにデータが書き込まれている可能性があるため、データを削除します。`UsedRange`プロパティでデータ領域全体を選択

したあと、見出し行を除外するため**Offset**プロパティで1行分下にずらし、該当範囲の行をすべて削除します。

```
'③請求データをクリアする
Sheets("請求データ").UsedRange.Offset(1, 0).EntireRow.Delete
```

❹ 対応表を1行ずつ処理する

対応表に基づき、項目ごとに転記処理を行います。開始行は2行目です。最終行は、**UBound**関数で取得します。

```
'④対応表を1行ずつ処理する
For 行 = 2 To UBound(対応表)
    '⑤対応表の各行のデータを取得する
    '⑥抽出データから、転記元列のデータを抽出する
    '⑦個別処理を行う
        '⑧消費税の項目を作成する
    '⑨転記する範囲を特定する
    '⑩転記データを書き込む
Next
```

➡【変数宣言】Dim 行 As Long

❺ 対応表の各行のデータを取得する

対応表の、該当行のデータを取得して、それぞれ「転記元列番号」「転記先列番号」「個別処理」という変数に格納します。コードを読みやすくするための工夫です。

```
With Sheets("請求データ")
    '⑤対応表の各行のデータを取得する
    転記元列番号 = 対応表(行, 2)
    転記先列番号 = 対応表(行, 3)
    個別処理 = 対応表(行, 4)

    '⑥抽出データから、転記元列のデータを抽出する
            :
    '⑩転記データを書き込む
End With
```

➡【変数宣言】Dim 転記元列番号 As Long, 転記先列番号 As Long,
個別処理 As String

⑥抽出データから、転記元列のデータを抽出する

　Index関数(4-4参照)を使って、抽出データから1列分のデータを取得します。1つ目の引数には、抽出データを指定します。2つ目の引数は行番号を表しますが、今回は列全体のデータを取得したいので、行番号には「0」を指定します。3つ目の引数は列番号を表すので、転記元列番号を指定します。

```
'⑥抽出データから、転記元列のデータを抽出する
転記データ = WorksheetFunction.Index(抽出データ, 0, 転記元列番号)
```

➡【変数宣言】Dim 転記データ As Variant

⑦個別処理を行う

　個別処理を識別するため、Select Caseステートメント(2-4参照)を使って分岐処理します。今回は消費税の項目を新規作成する処理があるので、「消費税」という分岐を用意しておきます。今後新たな個別処理を作成する必要がある場合は、その都度分岐を追加します。

```
'⑦個別処理を行う
Select Case 個別処理
    '⑧消費税の項目を作成する
    Case "消費税"
        '転記データを1行ずつ処理する
            '請求金額に消費税をかけた値を上書きする
End Select
```

⑧消費税の項目を作成する

　消費税は、請求金額に税率10%をかけた値です。よって、転記データとして取得した請求金額の値に0.1をかけて、その値で転記データを上書きします。この繰り返し処理で使う行番号の変数名は、❹の繰り返し処理で使っている変数と区別するため、「行2」としています。

```
'転記データを1行ずつ処理する
For 行2 = 1 To UBound(転記データ)
```

5
■■■■
■■■■■

データの形を瞬時に変える
データ加工のテクニック

```
'請求金額に消費税をかけた値を上書きする
    転記データ(行2, 1) = 転記データ(行2, 1) * 0.1
Next
```

➡【変数宣言】Dim 行2 As Long

❾ 転記する範囲を特定する

データを貼りつける範囲を特定します。見出し行を除いて、2行目から貼りつけ
ます。最終行は、抽出データの行数と一致します。

```
'⑨転記する範囲を特定する
転記開始セル = .Cells(2, 転記先列番号).Address
転記終了セル = .Cells(UBound(抽出データ), 転記先列番号).Address
```

➡【変数宣言】Dim 転記開始セル As String, 転記終了セル As String

Memo

転記先の最終行が、抽出データの行数と一致するのはなぜなのか、疑問に思った方もいる
と思います。
図5-4-7を見てください。転記元に3行だけデータがあるものとします。そもそも転記元に
おいてデータを取得するとき、見出し行を除くために Offset プロパティを使って1行分
ずらしてデータを取得しています。よって、転記データの最終行は空行となっています(最
終行が空行にならないようにデータを取得することもできます)。
転記データの行数をUBound関数で取得すると、「4」になります。次に、転記先の転記開始
行を2行目、転記終了行をUBound関数で取得した4行目にすれば、転記データの最終行に
ある空行が除外されて、3行分のデータが転記されることになります。

図5-4-7　転記元の行数と転記先の行番号

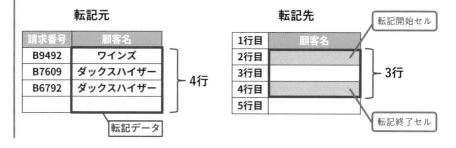

❿ 転記データを書き込む

❾ で取得した範囲に、転記データを書き込みます。1列分のデータを一発で転記
することで、Excelとのデータのやりとりを極力少なくし、処理速度を向上させる
ことができます。

```
' ⑩転記データを書き込む
.Range(転記開始セル, 転記終了セル) = 転記データ
```

完成したプログラムは次のようになります。

● プログラム作成例

```
Sub レイアウト変換()
    Dim 抽出データ As Variant
    Dim 対応表 As Variant
    Dim 行 As Long
    Dim 転記元列番号 As Long, 転記先列番号 As Long, 個別処理 As
String
    Dim 転記データ As Variant
    Dim 行2 As Long
    Dim 転記開始セル As String, 転記終了セル As String

    '①抽出データを取得する
    抽出データ = Sheets("抽出データ").Range("A1").CurrentRegion.
Offset(1, 0)

    '②対応表を取得する
    対応表 = Sheets("対応表").Range("A1").CurrentRegion

    '③請求データをクリアする
    Sheets("請求データ").UsedRange.Offset(1, 0).EntireRow.Delete

    '④対応表を1行ずつ処理する
    For 行 = 2 To UBound(対応表)
        With Sheets("請求データ")
            '⑤対応表の各行のデータを取得する
            転記元列番号 = 対応表(行, 2)
            転記先列番号 = 対応表(行, 3)
            個別処理 = 対応表(行, 4)
```

```
            '⑥抽出データから、転記元列のデータを抽出する
            転記データ = WorksheetFunction.Index(抽出データ, 0,
転記元列番号)


            '⑦個別処理を行う
            Select Case 個別処理
                '⑧消費税の項目を作成する
                Case "消費税"
                    '転記データを1行ずつ処理する
                    For 行2 = 1 To UBound(転記データ)
                        '請求金額に消費税をかけた値を上書きする
                        転記データ(行2, 1) = 転記データ(行2, 1)
* 0.1

                    Next
            End Select

            '⑨転記する範囲を特定する
            転記開始セル = .Cells(2, 転記先列番号).Address
            転記終了セル = .Cells(UBound(抽出データ), 転記先列番
号).Address

            '⑩転記データを書き込む
            .Range(転記開始セル, 転記終了セル) = 転記データ
        End With
    Next
End Sub
```

　プログラムを実行すると、**図5-4-8**のようになります。対応表で指定したとおり
に列が並び替えられていることがわかります。対応表の列番号をいろいろ変えて試
してみてください。

図5-4-8　実行結果 - [請求データ]シート

	A	B	C	D	E	F	G	H	I
1	注文番号	顧客番号	顧客名	請求番号	請求金額	割引	消費税	支店番号	支店
2	T00590	C516	近畿インスツルメンツ	B4244	9,980,000	499,000	998,000	S035	長野店
3	T01384	C094	ワインズ	B9492	5,340,000	267,000	534,000	S029	千葉店
4	T01506	C938	ダックスハイザー	B7609	9,190,000	367,000	919,000	S025	盛岡店
5	T04096	C938	ダックスハイザー	B6792	7,390,000	443,000	739,000	S046	名古屋店
6	T09292	C094	ワインズ	B7895	9,690,000	872,000	969,000	S026	青森店
7	T09799	C605	レッドマイクロフォン	B2123	9,040,000	723,000	904,000	S028	仙台店
8	T10301	C187	ザッカー	B0693	7,550,000	528,000	755,000	S045	福島店
9	T10597	C094	ワインズ	B9919	1,520,000	45,000	152,000	S027	静岡店
10	T10959	C094	ワインズ	B6399	8,620,000	689,000	862,000	S034	長崎店

対応表に従ってレイアウト変換される

ステップアップ

　プログラムの保守のやりやすさを体験するため、個別処理をもう1つ追加してみましょう。今回は、[支店]の値から「店」という文字を除外する処理を追加します。プログラムを修正する前に、処理の流れにおける変更箇所を確認することが重要です。ここでは、個別処理を行う（❼）処理の中に、支店から「店」を削除する処理（⓫）を追加します。

> ①抽出データを取得する
> ②対応表を取得する
> ③請求データをクリアする
> ④対応表を1行ずつ処理する
> 　　　⑤対応表の各行のデータを取得する
> 　　　⑥抽出データから、転記元列のデータを抽出する
> 　　　⑦個別処理を行う
> 　　　　　⑧消費税の項目を作成する
> 　　　　　⑪支店から「店」を削除する
> 　　　⑨転記する範囲を特定する
> 　　　⑩転記データを書き込む

　また、対応表の「支店」項目の[個別処理]に、「店削除」という文字列を追記します。個別処理を識別する分岐処理において使います。

5

データの形を瞬時に変える
データ加工のテクニック

図5-4-9 対応表における個別処理の追記

	A	B	C	D
1		転記元	転記先	個別処理
2	注文番号	1	1	
3	顧客番号	2	2	
4	顧客名	5	3	
5	請求番号	3	4	
6	請求金額	7	5	
7	割引	8	6	
8	消費税	7	7	消費税
9	支店番号	4	8	
10	支店	6	9	店削除

個別処理に「店削除」を追記

　では、コードを変更していきます。変更箇所は、❼の分岐処理です。消費税に関する分岐のあとに、もう1つ分岐を追加します。

```
'⑦個別処理を行う
Select Case 個別処理
    '⑧消費税の項目を作成する
    Case "消費税"
        '転記データを1行ずつ処理する
        For 行2 = 1 To UBound(転記データ)
            '請求金額に消費税をかけた値を上書きする
            転記データ(行2, 1) = 転記データ(行2, 1) * 0.1
        Next
    '⑪支店から「店」を削除する
    Case "店削除"

End Select
```

❶❶ 支店から「店」を削除する

　「店」という文字は支店名の末尾にあるので、転記データとして取得した支店名の末尾を1文字削る処理を行います。どうやって削るかというと、支店名の文字の長さから1文字減らした文字数分だけ、Left関数を使って文字列を取り出します。文字の長さはLen関数を使って取得できます。

```
'転記データを1行ずつ処理する
For 行2 = 1 To UBound(転記データ)
    '支店名が入力されている場合は、支店名から「店」を削除する(右側1文字削る)
    If Len(転記データ(行2, 1)) > 0 Then
        転記データ(行2, 1) = Left(転記データ(行2, 1), Len(転記データ
(行2, 1)) - 1)
    End If
Next
```

プログラムを実行すると、**図5-4-10**のようになります。支店名から「店」の字が削除されます。

図5-4-10　実行結果 - [請求データ]シート

	A	B	C	D	E	F	G	H	I
1	注文番号	顧客番号	顧客名	請求番号	請求金額	割引	消費税	支店番号	支店
2	T00590	C516	近畿インスツルメンツ	B4244	9,980,000	499,000	998,000	S035	長野
3	T01384	C094	ワインズ	B9492	5,340,000	267,000	534,000	S029	千葉
4	T01506	C938	ダックスハイザー	B7609	9,190,000	367,000	919,000	S025	盛岡
5	T04096	C938	ダックスハイザー	B6792	7,390,000	443,000	739,000	S046	名古屋
6	T09292	C094	ワインズ	B7895	9,690,000	872,000	969,000	S026	青森
7	T09799	C605	レッドマイクロフォン	B2123	9,040,000	723,000	904,000	S028	仙台
8	T10301	C187	ザッカー	B0693	7,550,000	528,000	755,000	S045	福島
9	T10597	C094	ワインズ	B9919	1,520,000	45,000	152,000	S027	静岡
10	T10959	C094	ワインズ	B6399	8,620,000	689,000	862,000	S034	長崎
11	T11827	C443	TELEマイクロフォン	B0946	1,010,000	40,000	101,000	S018	鹿児島
12	T18494	C605	レッドマイクロフォン	B9340	9,600,000	480,000	960,000	S033	大分
13	T24578	C564	タマハ	B5956	4,410,000	352,000	441,000	S023	神戸
14	T27433	C085	アシュア	B8634	4,020,000	201,000	402,000	S006	宮崎
15	T28145	C187	ザッカー	B8305	5,060,000	506,000	506,000	S012	高松
16	T29016	C085	アシュア	B3786	4,360,000	436,000	436,000	S032	大津

「店」の字が削除される

5

データの形を瞬時に変える データ加工のテクニック

スーパーマーケットのシフト表を作成する

POINT
- ☑ 複雑な処理の構造を単純化し、処理を組み立てるテクニックを習得する
- ☑ 大量のコードを書くことに慣れる

CASE 18　東京近郊に食品スーパーマーケットを展開するA社では、各店舗の担当者が、社員から提出されるシフト希望の一覧表にもとづき、日々のシフト表を手作業で作成しています。

　シフト表は、シフト希望にもとづいて、1時間ごとに役割（レジ・品出しなど）を割り当てたものです。シフト表を作成してチェックするだけでも毎日1時間以上かかっており、さらにミスがあった場合はシフト表を作成し直すこともあります。そこで、シフト表作成業務を自動化して作業負担を軽減したいと考えています。

図5-5-1　シフト表

	A	B	C	D	E	F	G	H
1	**10月5日**	**8時**	**9時**	**10時**	**11時**	**12時**	**13時**	**14時**
2	**レジ1**	森	中村	中村	山崎	山崎	山崎	山崎
3	**レジ2**	木下	森	森	小野	山口	山口	山口
4	**レジ3**	谷口	菊地	菊地	増田	増田	増田	増田
5	**レジ4**	斎藤	木下	木下	高木	三浦	三浦	三浦
6	**レジ5**		谷口	谷口		高木	高木	高木
7	**品出し1**	清水	清水	清水	宮崎	宮崎	宮崎	宮崎
8	**品出し2**	小林	小林	小林	藤田	藤田	藤田	藤田
9	**その他1**		斎藤	斎藤		小野	小野	小野
10	**その他2**							

🗨️つくりたいプログラム

　社員マスタの項目は、［社員番号］・［姓］・［名］・［品出し］の4つです。入社時に、力仕事である品出し業務が可能かどうかを社員に確認しており、可能である社員については［品出し］の値を「可」と入力しています。

図5-5-2 [社員]シート（社員マスタ）

	A	B	C	D
1	社員番号	姓	名	品出し
2	S001	中村	花子	
3	S004	清水	ほのか	可
4	S007	森	彩夏	
5	S008	菊地	鈴	
6	S014	木下	優花	
7	S015	小林	愛美	可
8	S017	山崎	美月	
9	S018	山口	愛莉	
10	S020	増田	萌花	

品出しOKなら「可」と表示

社員は毎週、シフト希望を提出します。シフト希望には、働きたい日にち（出勤日）と時間帯（出勤時刻〜退勤時刻）が記入されており、全社員分のシフト希望を**図5-5-3**の［シフト希望］シートの表にまとめています。項目は、［社員番号］・［姓］・［名］・［出勤日］・［出勤時刻］・［退勤時刻］の6つです。

図5-5-3 [シフト希望]シート（シフト希望）

	A	B	C	D	E	F
1	社員番号	姓	名	出勤日	出勤時刻	退勤時刻
2	S001	中村	花子	10月3日	9時	11時
3	S001	中村	花子	10月4日	9時	11時
4	S001	中村	花子	10月5日	9時	11時
5	S001	中村	花子	10月6日	9時	11時
6	S001	中村	花子	10月7日	9時	11時
7	S004	清水	ほのか	10月3日	9時	11時
8	S004	清水	ほのか	10月4日	8時	11時
9	S004	清水	ほのか	10月5日	9時	11時
10	S004	清水	ほのか	10月6日	8時	11時

図5-5-4のシフト表には、左上に日付、横軸に時間帯、縦軸に役割が表示されています。時間帯は、例えば8:00〜9:00の1時間を「8時」と表示しており、「8時」から「21時」まで記載されています。また、役割には「レジ」と「品出し」と「その他」の3種類あります。レジは5台あるので、「レジ1」から「レジ5」まで最大で5人を同一時間帯に割り当てることができます。品出しとその他は最大2人まで割り当てることができます。ただし、品出しができるのは［社員］シートの［品出し］が「可」となっている社員のみです。また、役割には優先順位があり、「品出し」→「レジ」

→「その他」の順に割り当てます。時間帯と役割が交差するセルに、割り当てた社員の[姓]を記入します。

図5-5-4　[シフト表]シート（シフト表）

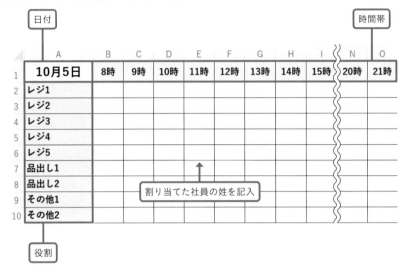

処理の流れ

シフト希望からシフト表を一気に作成するのは難しいので、途中段階として「シフト明細表」という表を作成することを考えてみましょう。

図5-5-5　データ作成の流れ

シフト明細表は、**図5-5-6**に示すように、シフト希望の右側に時間帯を書きたした表です。シフト希望の[出勤日]を、シフト表の左上にある日付でフィルターしたデータを貼りつけます。

図5-5-6 [シフト明細表] シート

シフト希望　　時間帯

	A	B	C	D	E	F	G	H	I	J	K	L
1	番号	姓	名	出勤日	出勤時刻	退勤時刻	8時	9時	10時	11時	12時	13時
2	S001	中村	花子	10月5日	9時	11時		レジ1	レジ1			
3	S004	清水	ほのか	10月5日	9時	11時		品出し1	品出し1			
4	S007	森	彩夏	10月5日	9時	11時		レジ2	レジ2			
5	S008	菊地	鈴	10月5日	9時	11時		レジ3	レジ3			
6	S014	木下	優花	10月5日	9時	11時		レジ4	レジ4			
7	S015	小林	愛美	10月5日	9時	11時		品出し2	品出し2			
8	S036	谷口	こころ	10月5日	9時	11時		レジ5	レジ5			
9	S028	斎藤	美空	10月5日	9時	11時		その他1	その他1			
10	S017	山崎	美月	10月5日	11時	16時				レジ1	レジ1	レジ1
11	S018	山口	愛莉	10月5日	12時	16時					レジ2	レジ2
12	S020	増田	萌花	10月5日	12時	16時					レジ3	レジ3
13	S021	宮崎	明日香	10月5日	11時	16時				品出し1	品出し1	品出し1

シフト明細表を作成する手順を大きく分けると、次のとおりです。

[シフト明細表作成] 処理

A　シフト希望のデータをシフト明細表に転記する
B　シフト明細表のデータを作成する
- 品出し担当者を設定する（条件：5名まで、かつ、品出し可）
- レジ担当者を設定する（条件：2名まで）
- その他担当者を設定する（条件：2名まで）
- 役割を割り当てられなかった場合、未割当とする

C　作成したデータをシフト明細表に貼りつける

役割は、「品出し」→「レジ」→「その他」の順に割り当てます。各役割の担当数の上限は決まっているので、上限を超えないように割り当てる必要があります。割り当て済みの品出し担当数、レジ担当数、その他担当数をそれぞれ管理し、社員に役割を割り当てる都度、該当する担当数を1つ増やし、各担当数が上限を超えていないかどうかをチェックします。該当時間帯のシフト希望の社員数が多くて、割り当てられる人数を超えてしまい、役割を割り当てられなかった社員については、役割を「未割当」とします。

図 5-5-7　役割の割り当て

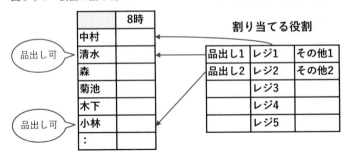

これを踏まえて処理の流れを書くと、次のようになります。

▼ [シフト明細表作成] 処理

①シフト表で入力された日付を取得する
②シフト明細表の2行目以降のデータをクリアする

A　シフト希望のデータをシフト明細表に転記する
③シフト希望のデータを、シフト表で指定された日付で絞り込む
④シフト希望のデータをコピーする
⑤シフト希望のデータをシフト明細表に貼りつける
⑥シフト明細表のデータを取得する

B　シフト明細表のデータを作成する
⑦勤務時間帯 (列) ごとに繰り返し処理する
　　⑧勤務時刻を取得する
　　⑨各役割の担当数を初期化する
　　⑩明細行ごとに繰り返し処理する
　　　　⑪該当行のデータを取得する
　　　　⑫該当時間帯が、該当社員の勤務時間帯に合致する場合、次の処理を
　　　　　行う
　　　　　　⑬品出し担当者を設定する (条件：5名まで、かつ、品出し可)
　　　　　　　・品出し担当数を1増やす
　　　　　　　・役割を書き込む (役割名+連番)
　　　　　　⑭レジ担当者を設定する (条件：2名まで)
　　　　　　　・レジ担当数を1増やす
　　　　　　　・役割を書き込む (役割名+連番)

⑮その他担当者を設定する（条件：2名まで）
- その他担当数を1増やす
- 役割を書き込む（役割名＋連番）

⑯役割を割り当てられなかった場合、未割当とする
- 役割に「未割当」と書き込む

C　作成したデータをシフト明細表に貼りつける

⑰シフト明細表にデータを貼りつける

　社員の品出し可否を判別する処理については、シフト明細表作成処理とは別に作成します。

▼[品出し可否] 処理

①社員シートのデータを取得する
②社員（行）ごとに繰り返し処理する
　③社員番号が一致する場合、次の処理を行う
- 該当社員の品出し可否を取得する
- 処理を終了する

 プログラミング

　1つ目のプロシージャ名は「シフト明細表作成」とし、プロシージャ内に処理の流れを書き込みます。レジ担当数、品出し担当数、その他担当数の上限値はあらかじめ定数として用意しておきます。

▼[シフト明細表作成] プロシージャ

```
Const レジ担当数上限 As Long = 5
Const 品出し担当数上限 As Long = 2
Const その他担当数上限 As Long = 2

Sub シフト明細表作成 ()
    '①シフト明細表の2行目以降のデータをクリアする
    '②シフト表で入力された日付を取得する
```

```
'A　シフト希望のデータをシフト明細表に転記する
'③シフト希望のデータを、シフト表で指定された日付で絞り込む
'④シフト希望のデータをコピーする
'⑤シフト希望のデータをシフト明細表に貼りつける
'⑥シフト明細表のデータを取得する

'B　シフト明細表のデータを作成する
'⑦勤務時間帯 (列) ごとに繰り返し処理する
    '⑧勤務時刻を取得する
    '⑨各役割の担当数を初期化する
    '⑩明細行ごとに繰り返し処理する
        '⑪該当行のデータを取得する
        '⑫該当時間帯が、該当社員の勤務時間帯に合致する場合、次の
処理を行う
            '⑬品出し担当者を設定する (条件：5名まで、かつ、品出
し可)
                '品出し担当数を1増やす
                '役割を書き込む (役割名+連番)
            '⑭レジ担当者を設定する (条件：2名まで)
                'レジ担当数を1増やす
                '役割を書き込む (役割名+連番)
            '⑮その他担当者を設定する (条件：2名まで)
                'その他担当数を1増やす
                '役割を書き込む (役割名+連番)
            '⑯役割を割り当てられなかった場合、未割当とする
                '役割に「未割当」と書き込む

'C　作成したデータをシフト明細表に貼りつける
'⑰シフト明細表にデータを貼りつける
End Sub
```

［品出し可否］プロシージャを呼び出す

　2つ目のプロシージャ名は「品出し可否」とし、プロシージャ内に処理の流れを書き込みます。

▼ [品出し可否] プロシージャ

```
Function 品出し可否 (社員番号 As String) As String
    '①社員シートのデータを取得する
    '②社員 (行) ごとに繰り返し処理する
        '③社員番号が一致する場合、次の処理を行う
            '・該当社員の品出し可否を取得する
            '・処理を終了する
End Function
```

また、[シフト明細表] シートの右上には [シフト明細表作成] ボタンを設置し、[シフト明細表作成] プロシージャを関連づけておきましょう。

図 5-5-8　[シフト明細表作成] ボタンの設置

R	S	T	U	V
19時	20時	21時	シフト明細表作成	

ボタンを右クリック→[マクロの登録] をクリック→マクロの一覧から「シフト明細表作成」を選択→[OK] ボタンをクリックします。

では、コードについて解説します。

❶ シフト明細表の2行目以降のデータをクリアする

シフト明細表にデータが書き込まれている可能性があるので、事前にデータをクリアします。シフト明細表のデータ領域全体を UsedRange プロパティで指定します。見出し行を削除しないようにするため Offset プロパティを使って範囲を1行下にずらします。EntireRow プロパティ (1-3-3参照) で行全体を選択し、Delete メソッドで削除します。

```
'①シフト明細表の2行目以降のデータをクリアする
Sheets("シフト明細表").UsedRange.Offset(1, 0).EntireRow.
Delete
```

❷ シフト表で入力された日付を取得する

シフト表のA1セルに入力されている日付を取得します。この日付はシフト希望のデータをフィルターするときに使うので、セルの値ではなく、見た目上の文字列

を取得しなければいけません。よって、Valueプロパティではなく Textプロパティ(1-3-2参照) を使います。Valueプロパティはセルの中にある値で、Textプロパティはセルに表示されている値です。例えばセルに「2,500円」と表示されていて、セルの中の値は「2500」だとすると、Valueプロパティで取得できる値は「2500」、Textプロパティで取得できる値は「2,500円」となります。

```
'②シフト表で入力された日付を取得する
日付 = Sheets("シフト表").Range("A1").Text
```

➡【変数宣言】Dim 日付 As String

A　シフト希望のデータをシフト明細表に転記する

❸ シフト希望のデータを、シフト表で指定された日付で絞り込む

シフト明細表のD列(4列目)にある[出勤日]を、❷で取得した日付でフィルターします。AutoFilterメソッド(4-1参照)の1つ目の引数Fieldには、D列(4列目)を表す「4」を指定します。

```
With Sheets("シフト希望")
    '③シフト希望のデータを、シフト表で指定された日付で絞り込む
    .Range("A1").AutoFilter Field:=4, Criteria1:=日付

    '④シフト希望のデータをコピーする
End With
```

❹ シフト希望のデータをコピーする

フィルターをかけたシフト希望の表全体をCurrentRegionプロパティで選択し、Copyメソッドでコピーします。

```
'④シフト希望のデータをコピーする
.Range("A1").CurrentRegion.Copy
```

❺ シフト希望のデータをシフト明細表に貼りつける

コピーしたデータを、シフト明細表に貼りつけます。貼りつけ先の起点セルは、A1セルです。

```
With Sheets("シフト明細表")
    '⑤シフト希望のデータをシフト明細表に貼りつける
    .Range("A1").PasteSpecial

    '⑥シフト明細表のデータを取得する
End With
```

❻ シフト明細表のデータを取得する

貼りつけたデータを、配列に格納します。

```
'⑥シフト明細表のデータを取得する
シフト明細表 = .Range("A1").CurrentRegion
```

➡【変数宣言】Dim シフト明細表 As Variant

B シフト明細表のデータを作成する

❼ 勤務時間帯（列）ごとに繰り返し処理する

「8時」から「21時」までの時間帯ごとに役割を割り当てていきます。時間帯はシフト明細表のG列（7列目）から始まります。最終列はUBound関数で取得しますが、取得するのは列数なので、引数の2つ目に「2」を指定するのを忘れないよう注意してください。

```
'⑦勤務時間帯（列）ごとに繰り返し処理する
For 列 = 7 To UBound(シフト明細表, 2)
    '⑧勤務時刻を取得する
    '⑨各役割の担当数を初期化する
    '⑩明細行ごとに繰り返し処理する
        ：
Next
```

➡【変数宣言】Dim 列 As Long

❽ 勤務時刻を取得する

該当列の1行目にある時間帯を取得します。

```
'⑧勤務時刻を取得する
時間帯 = シフト明細表(1, 列)
```

➡【変数宣言】Dim 時間帯 As Long

❾ 各役割の担当数を初期化する

　「レジ担当数」「品出し担当数」「その他担当数」は、割り当て済みの社員数を管理し、各担当数が上限に到達していないかをチェックするために使用します。時間帯（列）ごとにカウントし直すものなので、時間帯が変わるたびに初期化する必要があります。

```
'⑨各役割の担当数を初期化する
レジ担当数 = 0
品出し担当数 = 0
その他担当数 = 0
```

➡【変数宣言】Dim レジ担当数 As Long, 品出し担当数 As Long,
　　　　　　　　　その他担当数 As Long

❿ 明細行ごとに繰り返し処理する

　社員（行）ごとに繰り返し処理し、各社員に対して役割を割り当てていきます。

```
'⑩明細行ごとに繰り返し処理する
For 行 = 2 To UBound(シフト明細表)
    '⑪該当行のデータを取得する
    '⑫該当時間帯が、該当社員の勤務時間帯に合致する場合、次の処理を行う
        （省略）
Next
```

➡【変数宣言】Dim 行 As Long

⓫ 該当行のデータを取得する

　各社員のデータとして、社員番号・出勤時刻・退勤時刻を取得します。社員番号は、あとで品出し可否を取得するために使います。

```
'⑪該当行のデータを取得する
社員番号 = シフト明細表(行, 1)
出勤時刻 = シフト明細表(行, 5)
退勤時刻 = シフト明細表(行, 6)
```

➡【変数宣言】Dim 社員番号 As String, 出勤時刻 As Long,
　　　　　　　　　　　　　　　　　　退勤時刻 As Long

⓬ 該当時間帯が、該当社員の勤務時間帯に合致する場合、次の処理を行う

　社員が該当時間帯に仕事をしたいというシフト希望を出している場合に役割を割り当てます。条件は「出勤時刻 <= 時間帯 < 退勤時刻」となります。

```
'⓬該当時間帯が、該当社員の勤務時間帯に合致する場合、次の処理を行う
If 出勤時刻 <= 時間帯 And 時間帯 < 退勤時刻 Then
        '⓭品出し担当者を設定する (条件：5名まで、かつ、品出し可)
            '品出し担当数を1増やす
            '役割を書き込む (役割名＋連番)
        '⓮レジ担当者を設定する (条件：2名まで)
            'レジ担当数を1増やす
            '役割を書き込む (役割名＋連番)
        '⓯その他担当者を設定する (条件：2名まで)
            'その他担当数を1増やす
            '役割を書き込む (役割名＋連番)
        '⓰役割を割り当てられなかった場合、未割当とする
            '役割に「未割当」と書き込む
End If
```

⓭ 品出し担当者を設定する (条件：5名まで、かつ、品出し可)

　品出し担当者については上限5名まで、かつ、社員が品出し可であることが必要です。2つの条件を満たす場合にのみ、品出しの役割を割り当てます。該当社員が品出し可であるかどうかについては、後述する[品出し可否]プロシージャを使って取得します。役割を割り当てるときは、品出し担当数を1増やし、その値を役割の名前の末尾につける連番にも使用します。

```
'⓭品出し担当者を設定する (条件：5名まで、かつ、品出し可)
If 品出し担当数 < 品出し担当数上限 And 品出し可否(社員番号) = "可"
Then
        '品出し担当数を1増やす
        品出し担当数 = 品出し担当数 + 1

        '役割を書き込む (役割名＋連番)
```

```
        シフト明細表 (行 , 列) = "品出し" & 品出し担当数
End If
```

⓮ レジ担当者を設定する（条件：2名まで）

　レジ担当者については上限2名までです。この条件を満たす場合にのみ、レジの役割を割り当てます。役割を割り当てるときは、レジ担当数を1増やし、その値を役割の名前の末尾につける連番にも使用します。2つ目の分岐なので、`If`ではなく`ElseIf`と書きます。

```
'⓮ レジ担当者を設定する (条件：2名まで)
ElseIf レジ担当数 < レジ担当数上限 Then
        'レジ担当数を1増やす
        レジ担当数 = レジ担当数 + 1

        '役割を書き込む (役割名＋連番)
        シフト明細表 (行 , 列) = "レジ" & レジ担当数
```

⓯ その他担当者を設定する（条件：2名まで）

　その他担当者については上限2名までです。この条件を満たす場合にのみ、その他の役割を割り当てます。役割を割り当てるときは、その他担当数を1増やし、その値を役割の名前の末尾につける連番にも使用します。

```
'⓯ その他担当者を設定する (条件：2名まで)
ElseIf その他担当数 < その他担当数上限 Then
        'その他担当数を1増やす
        その他担当数 = その他担当数 + 1

        '役割を書き込む (役割名＋連番)
        シフト明細表 (行 , 列) = "その他" & その他担当数
```

⓰ 役割を割り当てられなかった場合、未割当とする

　どの役割も割り当てられなかった場合（該当時間帯にシフト希望を出している社員が多い場合など）は、役割を「未割当」とします。

```
'⑯役割を割り当てられなかった場合、未割当とする
Else
    '役割に「未割当」と書き込む
    シフト明細表(行, 列) = "未割当"
```

C 作成したデータをシフト明細表に貼りつける

⑰ シフト明細表にデータを貼りつける

配列に格納されているデータを、[シフト明細表]シートにまとめて貼りつけます。

```
'⑰シフト明細表にデータを貼りつける
Sheets("シフト明細表").Range("A1").CurrentRegion = シフト明細表
```

続いて、[シフト明細表作成]プロシージャの ⑬ の処理で呼び出す[品出し可否]プロシージャについて解説します。

▣ [品出し可否]プロシージャ

社員マスタの中から該当する[社員番号]を探し、ヒットした社員の[品出し]の値を取得します。引数として受け取るのは社員番号で、戻り値は品出し可否です。①[社員]シートからデータを取得して、②1行ずつ繰り返し処理しながら、③社員番号が一致する行を探します。社員番号が一致する場合は、該当行にある品出し可否の値を戻り値として返します。品出し可否がわかったら、それ以降の社員番号を探す必要はないので、Exit Function (2-2参照)で処理を終了します。

```
Function 品出し可否(社員番号 As String) As String
    Dim 社員 As Variant
    Dim 行 As Long

    '①社員シートのデータを取得する
    社員 = Sheets("社員").Range("A1").CurrentRegion

    '②社員(行)ごとに繰り返し処理する
    For 行 = 2 To UBound(社員)
        '③社員番号が一致する場合、次の処理を行う
        If 社員番号 = 社員(行, 1) Then
```

```
            '該当社員の品出し可否を戻り値として返す
            品出し可否 = 社員(行, 4)

            '処理を終了する
            Exit Function
        End If
    Next
End Function
```

完成したプログラムは次のようになります。

● プログラム作成例

```
Const レジ担当数上限 As Long = 5
Const 品出し担当数上限 As Long = 2
Const その他担当数上限 As Long = 2


Sub シフト明細表作成()
    Dim 日付 As String
    Dim シフト明細表 As Variant
    Dim 列 As Long
    Dim 時間帯 As Long
    Dim レジ担当数 As Long, 品出し担当数 As Long, その他担当数 As
Long
    Dim 行 As Long
    Dim 社員番号 As String, 出勤時刻 As Long, 退勤時刻 As Long

    '①シフト明細表の2行目以降のデータをクリアする
    Sheets("シフト明細表").UsedRange.Offset(1, 0).EntireRow.Delete

    '②シフト表で入力された日付を取得する
    日付 = Sheets("シフト表").Range("A1").Text

    'A  シフト希望のデータをシフト明細表に転記する
    With Sheets("シフト希望")
        '③シフト希望のデータを、シフト表で指定された日付で絞り込む
```

```
        .Range("A1").AutoFilter Field:=4, Criteria1:=日付

        '④シフト希望のデータをコピーする
        .Range("A1").CurrentRegion.Copy
End With

With Sheets("シフト明細表")
    '⑤シフト希望のデータをシフト明細表に貼りつける
    .Range("A1").PasteSpecial

    '⑥シフト明細表のデータを取得する
    シフト明細表 = .Range("A1").CurrentRegion
End With

'B  シフト明細表のデータを作成する
'⑦勤務時間帯(列)ごとに繰り返し処理する
For 列 = 7 To UBound(シフト明細表, 2)
    '⑧勤務時刻を取得する
    時間帯 = シフト明細表(1, 列)

    '⑨各役割の担当数を初期化する
    レジ担当数 = 0
    品出し担当数 = 0
    その他担当数 = 0

    '⑩明細行ごとに繰り返し処理する
    For 行 = 2 To UBound(シフト明細表)
        '⑪該当行のデータを取得する
        社員番号 = シフト明細表(行, 1)
        出勤時刻 = シフト明細表(行, 5)
        退勤時刻 = シフト明細表(行, 6)

        '⑫該当時間帯が、該当社員の勤務時間帯に合致する場合、次の処理
を行う
        If 出勤時刻 <= 時間帯 And 時間帯 < 退勤時刻 Then
            '⑬品出し担当者を設定する(条件：5名まで、かつ、品出し可)
```

```vba
                    If 品出し担当数 < 品出し担当数上限 And 品出し可否(社
員番号) = "可" Then
                            '品出し担当数を1増やす
                            品出し担当数 = 品出し担当数 + 1

                            '役割を書き込む(役割名+連番)
                            シフト明細表(行, 列) = "品出し" & 品出し担当数
                    '⑭レジ担当者を設定する(条件:2名まで)
                    ElseIf レジ担当数 < レジ担当数上限 Then
                            'レジ担当数を1増やす
                            レジ担当数 = レジ担当数 + 1

                            '役割を書き込む(役割名+連番)
                            シフト明細表(行, 列) = "レジ" & レジ担当数
                    '⑮その他担当者を設定する(条件:2名まで)
                    ElseIf その他担当数 < その他担当数上限 Then
                            'その他担当数を1増やす
                            その他担当数 = その他担当数 + 1

                            '役割を書き込む(役割名+連番)
                            シフト明細表(行, 列) = "その他" & その他担当数
                    '⑯役割を割り当てられなかった場合、未割当とする
                    Else
                            '役割に「未割当」と書き込む
                            シフト明細表(行, 列) = "未割当"
                    End If
            End If
        Next
    Next

    'C 作成したデータをシフト明細表に貼りつける
    '⑰シフト明細表にデータを貼りつける
    Sheets("シフト明細表").Range("A1").CurrentRegion = シフト明細表
End Sub

Function 品出し可否(社員番号 As String) As String
```

```
        Dim 社員 As Variant
        Dim 行 As Long

        '①社員シートのデータを取得する
        社員 = Sheets("社員").Range("A1").CurrentRegion

        '②社員(行)ごとに繰り返し処理する
        For 行 = 2 To UBound(社員)
            '③社員番号が一致する場合、次の処理を行う
            If 社員番号 = 社員(行, 1) Then
                '該当社員の品出し可否を戻り値として返す
                品出し可否 = 社員(行, 4)

                '処理を終了する
                Exit Function
            End If
        Next
End Function
```

　プログラムを実行すると、**図5-5-9**のようになります。[シフト明細表作成]ボタンをクリックすると、シート左側には該当日付のシフト希望が貼りつけられ、シート右側には各社員の役割が自動入力されます。

図5-5-9　実行結果 - [シフト明細表]シート

	A	B	C	D	E	F	G	H	I	J	K	L	M	N
1	社員番号	姓	名	出勤日	出勤時刻	退勤時刻	8時	9時	10時	11時	12時	13時	14時	15時
2	S001	中村	花子	10月5日	9時	11時		レジ1	レジ1					
3	S004	清水	ほのか	10月5日	9時	11時		品出し1	品出し1					
4	S007	森	彩夏	10月5日	9時	11時		レジ2	レジ2					
5	S008	菊地	鈴	10月5日	9時	11時		レジ3	レジ3					
6	S014	木下	優花	10月5日	9時	11時		レジ4	レジ4					
7	S015	小林	愛美	10月5日	9時	11時		品出し2	品出し2					
8	S036	谷口	こころ	10月5日	9時	11時		レジ5	レジ5					
9	S028	斎藤	美空	10月5日	9時	11時		その他1	その他1					
10	S017	山崎	美月	10月5日	11時	16時				レジ1	レジ1	レジ1	レジ1	レジ1
11	S018	山口	愛莉	10月5日	12時	16時					レジ2	レジ2	レジ2	レジ2
12	S020	増田	萌花	10月5日	12時	16時					レジ3	レジ3	レジ3	レジ3
13	S021	宮崎	明日香	10月5日	11時	16時				品出し1	品出し1	品出し1	品出し1	品出し1
14	S022	藤田	美玖	10月5日	12時	16時					品出し2	品出し2	品出し2	品出し2
15	S023	三浦	奈々	10月5日	12時	16時					レジ4	レジ4	レジ4	レジ4

該当日付のシフト希望データが貼りつけられる

時間帯ごとに役割が割り当てられる

5

データの形を瞬時に変える
データ加工のテクニック

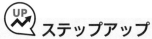
ステップアップ

　シフト明細表を作成できたら、シフト表の作成にトライしてみましょう。主な処理としては、シフト明細表の時間帯（列）ごと・社員（行）ごとに繰り返し処理を行い、該当セルに書かれている役割と、シフト表にある役割とが合致する箇所に、社員の姓を書き込みます。

図5-5-10　シフト明細票からシフト表への転記

シフト明細表

	9時
中村	レジ1
清水	品出し1
森	レジ2
菊池	レジ3
木下	レジ4
小林	品出し2
：	：

シフト表

	9時
レジ1	
レジ2	
レジ3	
レジ4	
レジ5	
品出し1	
：	：

　これを踏まえて処理の流れを書くと次のようになります。

▼[シフト表作成] 処理

①シフト明細表のデータを取得する
②シフト表のデータを取得する
③勤務時間帯（列）ごとに繰り返し処理する
　　④シフト表の書込列を設定する
　　⑤明細行ごとに繰り返し処理する
　　　　⑥該当行のデータを取得する
　　　　⑦役割が入力されている場合、次の処理を行う
　　　　　　⑧シフト表の行ごとに処理する
　　　　　　　　⑨役割が一致する場合、シフト表に社員の姓を書き込む
⑩シフト表にデータを貼りつける

　プロシージャ名は「シフト表作成」とし、プロシージャ内に処理の流れを書き込みます。

▽［シフト表作成］プロシージャ

```
Sub シフト表作成()
    '①シフト明細表のデータを取得する
    '②シフト表のデータを取得する
    '③勤務時間帯(列)ごとに繰り返し処理する
        '④シフト表の書込列を設定する
        '⑤明細行ごとに繰り返し処理する
            '⑥該当行のデータを取得する
            '⑦役割が入力されている場合、次の処理を行う
                '⑧シフト表の行ごとに処理する
                    '⑨役割が一致する場合、シフト表に社員の姓を書き込む
        '⑩シフト表にデータを貼りつける
End Sub
```

また、［シフト表］シートの右上には［シフト表作成］ボタンを設置し、［シフト表作成］プロシージャを関連づけておきましょう。

図5-5-11　［シフト表作成］ボタンの設置

J	K	L	M	N	O	P	Q
16時	17時	18時	19時	20時	21時	シフト表作成	

ボタンを右クリック→［マクロの登録］をクリック→マクロの一覧から「シフト表作成」を選択→［OK］ボタンをクリックします。

では、コードについて解説します。

❶ シフト明細表のデータを取得する

シフト明細表のデータを取得して、配列に格納します。

```
'①シフト明細表のデータを取得する
シフト明細表 = Sheets("シフト明細表").Range("A1").CurrentRegion
```

➡【変数宣言】Dim シフト明細表 As Variant

❷ シフト表のデータを取得する

シフト表のデータを取得して、配列に格納します。この配列に対して書き込み処理を行い、最後にまとめてExcelにデータを貼りつけます。

```
'②シフト表のデータを取得する
シフト表 = Sheets("シフト表").Range("A1").CurrentRegion
```

➡【変数宣言】Dim シフト表 As Variant

❸ 勤務時間帯 (列) ごとに繰り返し処理する

シフト明細表の列ごとに繰り返し処理します。開始列はG列 (7列目)、最終列は
UBound関数で取得します。

```
'③勤務時間帯 (列) ごとに繰り返し処理する
For 列 = 7 To UBound(シフト明細表, 2)
        '④シフト表の書込列を設定する
        '⑤明細行ごとに繰り返し処理する
            '⑥該当行のデータを取得する
            '⑦役割が入力されている場合、次の処理を行う
                '⑧シフト表の行ごとに処理する
                    '⑨役割が一致する場合、シフト表に社員の姓を書き込む
Next
```

➡【変数宣言】Dim 列 As Long

❹ シフト表の書込列を設定する

シフト明細表とシフト表では、時間帯の開始列に5列分のズレがあります。それ
を踏まえて、書き込み先の列番号を取得します。

```
'④シフト表の書込列を設定する
書込列 = 列 - 5
```

➡【変数宣言】Dim 書込列 As Long

❺ 明細行ごとに繰り返し処理する

❸ に続いて、シフト明細表の行ごとに繰り返し処理します。行と列がわかれ
ば、セルを特定できます。

```
'⑤明細行ごとに繰り返し処理する
For 行 = 2 To UBound(シフト明細表)
    '⑥該当行のデータを取得する
    '⑦役割が入力されている場合、次の処理を行う
        '⑧シフト表の行ごとに処理する
```

```
        '⑨役割が一致する場合、シフト表に社員の姓を書き込む
Next
```

→【変数宣言】Dim 行 As Long

⑥ 該当行のデータを取得する

シフト明細表の行番号と列番号からセルを特定できるので、該当セルに書かれて
いる役割を取得します。同時に、該当行のB列（2列目）にある姓を取得しておき、
あとでシフト表に書き込むときに使用します。

```
'⑥該当行のデータを取得する
役割 = シフト明細表(行, 列)
姓 = シフト明細表(行, 2)
```

→【変数宣言】Dim 役割 As String, 姓 As String

⑦ 役割が入力されている場合、次の処理を行う

役割が割り当てられている場合（役割が空欄ではない場合）のみ、シフト表への
書き込み処理を行います。役割が割り当てられていない場合は何も処理する必要は
ありません。

```
'⑦役割が入力されている場合、次の処理を行う
If 役割 <> "" Then
    '⑧シフト表の行ごとに処理する
        '⑨役割が一致する場合、シフト表に社員の姓を書き込む
End If
```

⑧ シフト表の行ごとに処理する

⑥で取得した役割を、シフト表のA列（1列目）にある役割の中から探すため、シ
フト表の行ごとに繰り返し処理を行います。

```
'⑧シフト表の行ごとに処理する
For 書込行 = 2 To UBound(シフト表)
    '⑨役割が一致する場合、シフト表に社員の姓を書き込む
Next
```

→【変数宣言】Dim 書込行 As Long

❾ 役割が一致する場合、次の処理を行う

❻で取得した役割と、シフト表のA列(1列目)にある役割が一致する場合は、シフト表に社員の姓を書き込みます。❹で取得した書込列を使います。

```
'⑨役割が一致する場合、次の処理を行う
If 役割 = シフト表(書込行, 1) Then
    'シフト表に社員の姓を書き込む
    シフト表(書込行, 書込列) = 姓
End If
```

❿ シフト表にデータを貼りつける

シフト表のデータを作成し終わったら、そのデータを[シフト表]シートにまとめて貼りつけます。

```
'⑩シフト表にデータを貼りつける
Sheets("シフト表").Range("A1").CurrentRegion = シフト表
```

完成したプログラムは次のようになります。

● プログラム作成例

```
Sub シフト表作成()
    Dim シフト明細表 As Variant
    Dim シフト表 As Variant
    Dim 列 As Long
    Dim 書込列 As Long
    Dim 行 As Long
    Dim 役割 As String, 姓 As String
    Dim 書込行 As Long

    '①シフト明細表のデータを取得する
    シフト明細表 = Sheets("シフト明細表").Range("A1").
CurrentRegion

    '②シフト表のデータを取得する
```

```
    シフト表 = Sheets("シフト表").Range("A1").CurrentRegion

    '③勤務時間帯(列)ごとに繰り返し処理する
    For 列 = 7 To UBound(シフト明細表, 2)
        '④シフト表の書込列を設定する
        書込列 = 列 - 5

        '⑤明細行ごとに繰り返し処理する
        For 行 = 2 To UBound(シフト明細表)
            '⑥該当行のデータを取得する
            役割 = シフト明細表(行, 列)
            姓 = シフト明細表(行, 2)

            '⑦役割が入力されている場合、次の処理を行う
            If 役割 <> "" Then
                '⑧シフト表の行ごとに処理する
                For 書込行 = 2 To UBound(シフト表)
                    '⑨役割が一致する場合、次の処理を行う
                    If 役割 = シフト表(書込行, 1) Then
                        'シフト表に社員の姓を書き込む
                        シフト表(書込行, 書込列) = 姓
                    End If
                Next
            End If
        Next
    Next

    '⑩シフト表にデータを貼りつける
    Sheets("シフト表").Range("A1").CurrentRegion = シフト表
End Sub
```

プログラムを実行すると、**図5-5-12**のようになります。役割・時間帯ごとに、社員の姓が表示されます。

図5-5-12　実行結果 - [シフト表]シート

	A	B	C	D	E	F	G	H	I	J	K	L	M	N	O
1	**10月5日**	**8時**	**9時**	**10時**	**11時**	**12時**	**13時**	**14時**	**15時**	**16時**	**17時**	**18時**	**19時**	**20時**	**21時**
2	レジ1		中村	中村	山崎	山崎	山崎	山崎	山崎	大塚	大塚	大塚	大塚	大塚	酒井
3	レジ2		森	森	小野	山口	山口	山口	山口	酒井	野村	野村	野村	野村	高田
4	レジ3		菊地	菊地		増田	増田	増田	増田	大野	酒井	酒井	酒井	酒井	
5	レジ4		木下	木下		三浦	三浦	三浦	三浦	山下	大野	大野	大野	大野	
6	レジ5		谷口	谷口		高木	高木	高木	高木		高田	高田	高田	高田	
7	品出し1		清水	清水	宮崎	宮崎	宮崎	宮崎	宮崎	杉山	杉山	杉山	杉山	杉山	石井
8	品出し2		小林	小林		藤田	藤田	藤田	藤田	石井	石井	石井	石井	石井	
9	その他1		斎藤	斎藤		小野	小野	小野	小野		山下	山下	山下	山下	
10	その他2														

複雑でミスが起きやすい集計作業を楽にする

データ集計は、データ分析や意思決定の前工程にある重要な作業です。

集計するときは集計対象（客数、金額など）と集計条件（時間帯別、年代別など）を決めて、その手段として集計用の関数やピボットテーブルなどのExcelの機能を使います。

単発で集計を行うのであれば手作業でも問題ないですが、似たような集計を何度も行う場合はVBAを活用して作業を効率化すべきです。社員の有給休暇の残日数を算出するといった、複雑でミスが起きやすい作業にこそ、VBAの威力を発揮できます。

人事部から相談されたのですが、有給休暇の残日数計算って意外と大変なんですね。有給休暇には期限があるので、失効することも考慮しないといけません。

笠井主任

全社員分の残日数をまとめて手作業で計算するとなると、なおさらですね。

一ノ瀬さん

簡単な集計なら手作業でもExcelの関数や機能を使ってなんとかなるけれど、複雑な集計となるとVBAの力を借りたいところだね。

永井課長

複雑な集計を行うときに、処理の流れをどうやって組み立てていくのかに注目してみたいです。

一ノ瀬さん

6-1

契約件数と契約金額を集計する

POINT
- ☑ データを区切り文字で分割する方法を理解する
- ☑ フィルター機能と関数を組み合わせた集計テクニックを習得する

CASE 19　　法人向けの損害保険商品の開発・販売を行うA社では、営業担当が受注した契約一覧を一元管理しています。A社の経営企画部はこのデータをもとに、支店別・四半期別に、契約件数および契約金額を集計して経営層に報告し、支店別の営業戦略立案に役立てています。集計作業は手作業で行っていますが、スピーディに報告することが求められており、作業時間の短縮を図りたいと考えています。

図6-1-1　［集計］シート

	A	B	C	D	E	F
1	▼契約件数					
2		2022/3Q	2022/4Q	2023/1Q	2023/1Q	合計
3	日本橋支店	9	5	11	11	36
4	京橋支店	3	8	5	5	21
5	秋葉原支店	9	9	10	10	38
6	蔵前支店	3	4	1	1	9
7	押上支店	2	3	1	1	7
8	新小岩支店	4	1	2	2	9
9	合計	30	30	30	30	120
10						
11	▼契約金額					（百万円）
12		2022/3Q	2022/4Q	2023/1Q	2023/1Q	合計
13	日本橋支店	554	487	919	919	2,879
14	京橋支店	221	548	369	369	1,507
15	秋葉原支店	556	684	853	853	2,946
16	蔵前支店	237	342	47	47	673
17	押上支店	123	138	34	34	329
18	新小岩支店	288	70	125	125	608
19	合計	1,979	2,269	2,347	2,347	8,942

つくりたいプログラム

契約一覧は、営業担当が受注した契約を集約したものです。契約一覧には、[契約日]・[年度]・[四半期]・[営業担当]・[支店]・[契約金額]の6項目があります。[年度]・[四半期]には数式が入力されており、[契約日]から自動的に算出します。契約一覧の[年度]・[四半期]と[支店]によって、契約件数と契約金額を集計します。

図6-1-2　[契約一覧]シート（契約一覧）

	A	B	C	D	E	F
1	契約日	年度	四半期	営業担当	支店	契約金額
2	2022/10/1	2022	3Q	中村 花子	日本橋支店	46,990,000
3	2022/10/4	2022	3Q	松本 琢磨	押上支店	88,970,000
4	2022/10/9	2022	3Q	渡部 太郎	新小岩支店	84,160,000
5	2022/10/13	2022	3Q	清水 ほのか	日本橋支店	56,920,000

[集計]シートには、契約一覧にもとづいて集計した契約件数と契約金額を書き込みます。契約件数表と契約金額表は上下に分かれています。いずれも、縦軸（1列目）に[支店]、横軸（2行目または12行目）に[年度/四半期]が書かれており、[支店]の値と[年度/四半期]の値はまったく同じです。[支店]と[年度/四半期]が交差するセルに、集計した値を書き込みます。

図6-1-3　[集計]シート（契約件数表と契約金額表）

契約一覧の[年度]・[四半期]・[支店]と、[集計]シートの[年度/四半期]・[支店]を突き合わせて、契約一覧から年度四半期別・支店別の契約件数および契約金額を集計し、その値を[集計]シートの契約件数表および契約金額表に書き込むプログラムを作成します。

処理の流れ

契約件数と契約金額の処理は似ています。まずは、契約件数の集計について考えてみましょう。やり方はいろいろありますが、今回は**図6-1-4**のように、契約件数の書き込み範囲にあるセルを1つずつ処理し、セルごとに契約件数を集計して、値を書き込んでいきます。

図6-1-4　契約件数の書き込み

処理対象のセルからみて上方向（2行目）に[年度/四半期]があり、左方向（1列目）に[支店]があります。その[年度/四半期]・[支店]を使って契約一覧を絞り込めば、セルに書き込む契約件数の値をSubtotal関数で取得できます。契約金額についても同じタイミングで取得できます。契約金額の書き込み先は、契約件数の書き込み先の10行下にあるものとします。

図6-1-5　[年度/四半期]および[支店]の値取得

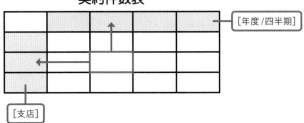

これを踏まえて処理の流れを書くと、次のようになります。

▼ [集計] 処理

①集計シートの契約件数表のセルごとに繰り返し処理する
②支店と年度四半期を取得する
③年度四半期を、年度と四半期に分解する
④契約一覧を支店（5列目）で絞り込む
⑤契約一覧を年度（2列目）で絞り込む
⑥契約一覧を四半期（3列目）で絞り込む
⑦契約件数と契約金額を取得する
⑧契約件数と契約金額を書き込む
⑨フィルターをクリアする

 解決のためのヒント

○ Split関数

文字列を分割するためのVBA関数です。例えば「30代,40代,50代」という文字列は、カンマ「,」で区切られています。Split関数を使えば、次のように分けて配列に格納できます。

30代,40代,50代 → 30代 40代 50代

関数	**Split**（スプリット）
説明	文字列を区切り文字で分けて配列に変換します。
引数	1. 文字列 2. 区切り文字
戻り値	配列
使用例	Dim 年齢層() As String 年齢層 = Split("30代,40代,50代", ",")

　　　　　　　　　　　　　　└── 文字列 ┘　└── 区切り文字

▶「30代,40代,50代」をカンマ「,」で分けて配列にし、それを「年齢層」という変数に配列として格納します。配列の0番目に「30代」、1番目に「40代」、2番目に「50代」の値が入ります。変数の宣言は、「Dim 年齢層() As String」「Dim 年齢層 As Variant」のどちらでもかまいません。

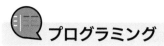

プログラミング

プロシージャ名は「集計」とし、プロシージャ内に処理の流れを書き込みます。

▼ **[集計]プロシージャ**

```
Sub 集計()
    '①集計シートの契約件数表のセルごとに繰り返し処理する
        '②支店と年度四半期を取得する
        '③年度四半期を、年度と四半期に分解する
        '④契約一覧を支店(5列目)で絞り込む
        '⑤契約一覧を年度(2列目)で絞り込む
        '⑥契約一覧を四半期(3列目)で絞り込む
        '⑦契約件数と契約金額を取得する
        '⑧契約件数と契約金額を書き込む
        '⑨フィルターをクリアする
End Sub
```

また、[集計]シートの右上には[集計]ボタンを設置し、[集計]プロシージャを関連づけておきましょう。

図6-1-6 [集計]ボタンの設置

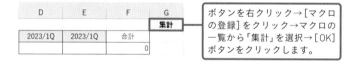

さらに、契約金額と契約件数の表の行間隔、契約件数表の開始セル(B3セル)、契約件数表の最終セル(E8セル)についてはあらかじめ定数として宣言しておきます。

```
Const 表の行間隔 As Long = 10
Const 契約件数表開始セル As String = "B3"
Const 契約件数表最終セル As String = "E8"
```

では、コードについて解説します。

❶ 集計シートの契約件数表のセルごとに繰り返し処理する

　セルごとに繰り返し処理するので、`For Each...Next`ステートメントを使います。処理対象範囲は、定数として宣言している契約件数表開始セルと契約件数表最終セルで指定します。

```
'①集計シートの契約件数表のセルごとに繰り返し処理する
For Each セル In Sheets("集計").Range(契約件数表開始セル, 契約
件数表最終セル)
    '②支店と年度四半期を取得する
    '③年度四半期を、年度と四半期に分解する
    '④契約一覧を支店(5列目)で絞り込む
    '⑤契約一覧を年度(2列目)で絞り込む
    '⑥契約一覧を四半期(3列目)で絞り込む
    '⑦契約件数と契約金額を取得する
    '⑧契約件数と契約金額を書き込む
    '⑨フィルターをクリアする
Next
```

➡【変数宣言】Dim セル As Range

❷ 支店と年度四半期を取得する

　セルから見て左方向(1列目)にある[支店]と、上方向(2行目)にある[年度/四半期]を取得します。

```
With Sheets("集計")
    '②支店と年度四半期を取得する
    支店 = .Cells(セル.Row, 1).Value
    年度四半期 = .Cells(2, セル.Column).Value

    '③年度四半期を、年度と四半期に分解する
End With
```

➡【変数宣言】Dim 支店 As String, 年度四半期 As String

❸ 年度四半期を、年度と四半期に分解する

　[年度/四半期]の値を、スラッシュ「/」によって年度と四半期に分割します。`Split`関数の1つ目に[年度/四半期]の値を指定し、2つ目の引数に区切り文字のスラッシュを指定します。分割すると配列になります。配列の要素の0番目に年

度、1番目に四半期が格納されます。

```
'③年度四半期を、年度と四半期に分解する
配列 = Split(年度四半期, "/")
年度 = 配列(0)
四半期 = 配列(1)
```

➡【変数宣言】Dim 配列 As Variant, 年度 As Long, 四半期 As String

❹契約一覧を支店(5列目)で絞り込む

AutoFilterメソッドを使って、契約一覧を3つの列で絞り込みます。どの列から絞り込んでもかまいませんが、ここでは[支店]から絞り込んでいます。対象列は、契約一覧のE列(5列目)です。

```
With Sheets("契約一覧")
    '④契約一覧を支店(5列目)で絞り込む
    .Range("A1").AutoFilter Field:=5, Criteria1:=支店

    '⑤契約一覧を年度(2列目)で絞り込む
    '⑥契約一覧を四半期(3列目)で絞り込む
    '⑦契約件数と契約金額を取得する
    '⑧契約件数と契約金額を書き込む
    '⑨フィルターをクリアする
End With
```

❺契約一覧を年度(2列目)で絞り込む

続いて、年度で絞り込みます。対象列は、契約一覧のB列(2列目)です。

```
'⑤契約一覧を年度(2列目)で絞り込む
.Range("A1").AutoFilter Field:=2, Criteria1:=年度
```

❻契約一覧を四半期(3列目)で絞り込む

さらに四半期で絞り込みます。対象列は、契約一覧のC列(3列目)です。

```
'⑥契約一覧を四半期(3列目)で絞り込む
.Range("A1").AutoFilter Field:=3, Criteria1:=四半期
```

❼契約件数と契約金額を取得する

　絞り込みが終わったら、Subtotal関数（5-1参照）を使って契約件数と契約金額を集計します。1つ目の引数には集計方法を指定します。個数をカウントする場合は「3」、合計値を求める場合は「9」を指定します。2つ目の引数は集計対象範囲を表し、契約件数の場合はA列（1列目）、契約金額の場合はF列（6列目）を集計対象とします。契約件数をカウントするときは、見出し行の1行分を減らす必要があります。また、契約金額は100万円単位で表示するので、100万でわります。

```
'⑦契約件数と契約金額を取得する
'※見出しの1行分を減らす
契約件数 = WorksheetFunction.Subtotal(3, .Columns(1)) - 1
契約金額 = WorksheetFunction.Subtotal(9, .Columns(6)) /
1000000
```

➡【変数宣言】Dim 契約件数 As Long, 契約金額 As Long

❽契約件数と契約金額を書き込む

　契約件数と契約金額をセルに書き込みます。契約金額の書込先は、契約件数の書込先の10行下にあるので、Offset関数を使って書込先を10行分下にずらします。

```
'⑧契約件数と契約金額を書き込む
セル.Value = 契約件数
セル.Offset(表の行間隔, 0).Value = 契約金額
```

❾フィルターをクリアする

　フィルターをクリアするときは、引数なしでAutoFilterメソッドを使います。

```
'⑨フィルターをクリアする
.Range("A1").AutoFilter
```

　完成したプログラムは次のようになります。

●プログラム作成例

```
Const 表の行間隔 As Long = 10
Const 契約件数表開始セル As String = "B3"
```

```
Const 契約件数表最終セル As String = "E8"

Sub 集計()
    Dim セル As Range
    Dim 支店 As String, 年度四半期 As String
    Dim 配列 As Variant, 年度 As Long, 四半期 As String
    Dim 契約件数 As Long, 契約金額 As Long

    '①集計シートの契約件数表のセルごとに繰り返し処理する
    For Each セル In Sheets("集計").Range(契約件数表開始セル,
契約件数表最終セル)
        With Sheets("集計")
            '②支店と年度四半期を取得する
            支店 = .Cells(セル.Row, 1).Value
            年度四半期 = .Cells(2, セル.Column).Value

            '③年度四半期を、年度と四半期に分解する
            配列 = Split(年度四半期, "/")
            年度 = 配列(0)
            四半期 = 配列(1)
        End With

        With Sheets("契約一覧")
            '④契約一覧を支店(5列目)で絞り込む
            .Range("A1").AutoFilter Field:=5,
Criteria1:=支店

            '⑤契約一覧を年度(2列目)で絞り込む
            .Range("A1").AutoFilter Field:=2,
Criteria1:=年度

            '⑥契約一覧を四半期(3列目)で絞り込む
            .Range("A1").AutoFilter Field:=3,
Criteria1:=四半期

            '⑦契約件数と契約金額を取得する
```

```
            '※見出しの1行分を減らす
            契約件数 = WorksheetFunction.Subtotal(3,
.Columns(1)) - 1
            契約金額 = WorksheetFunction.Subtotal(9, .
Columns(6)) / 1000000

            '⑧契約件数と契約金額を書き込む
            セル.Value = 契約件数
            セル.Offset(表の行間隔, 0).Value = 契約金額

            '⑨フィルターをクリアする
            .Range("A1").AutoFilter
        End With
    Next
End Sub
```

プログラムを実行すると、**図6-1-7**のようになります。契約件数と契約金額が正しく集計されることが確認できます。

図6-1-7　実行結果 - [集計] シート

	A	B	C	D	E	F	G
1	▼契約件数						**集計**
2		2022/3Q	2022/4Q	2023/1Q	2023/1Q	合計	
3	日本橋支店	9	5	11	11		契約件数が書き込まれる
4	京橋支店	3	8	5	5		
5	秋葉原支店	9	9	10	10	38	
6	蔵前支店	3	4	1	1	9	
7	押上支店	2	3	1	1	7	
8	新小岩支店	4	1	2	2	9	
9	合計	30	30	30	30	120	
10							
11	▼契約金額					(百万円)	
12		2022/3Q	2022/4Q	2023/1Q	2023/1Q	合計	
13	日本橋支店	554	487	919	919		契約金額が書き込まれる
14	京橋支店	221	548	369	369		
15	秋葉原支店	556	684	853	853	2,946	
16	蔵前支店	237	342	47	47	673	
17	押上支店	123	138	34	34	329	
18	新小岩支店	288	70	125	125	608	
19	合計	1,979	2,269	2,347	2,347	8,942	

6-2

難易度 ★★☆☆

配送ルートから運送コストを計算する

POINT ☑ 効果的なプロシージャの分け方を理解する

CASE 20　荷主企業からの下請けを中心とした運送業務を営むA社は、関東・東海・関西に物流拠点をもっています。A社に所属するドライバーは大型トラックで複数の拠点間を移動します。

A社経理部は運送コストを算出するため、各ドライバーの日々の移動距離を集計しています。ドライバーの増加にともない作業量が増加しており、集計作業を省力化できないか検討しています。

図6-2-1　拠点間の走行距離計算

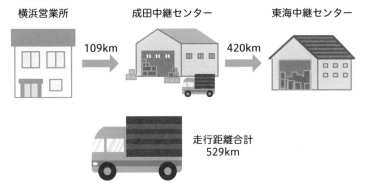

横浜営業所　　成田中継センター　　東海中継センター
109km　420km
走行距離合計
529km

つくりたいプログラム

拠点間の距離は、走行距離表に記載されています。縦軸（1列目）と横軸（1行目）に同じ拠点の名称が記入されており、行と列が交差するセルを見ると、拠点間の走行距離がわかります。

図6-2-2　［走行距離表］シート（走行距離表）

	A	B 神戸営業所	C 大阪営業所	D 東海中継センター	E 埼玉営業所	F 関東中継センター	G 横浜営業所	H 成田中継センター
2	神戸営業所		45	210	553	557	584	690
3	大阪営業所	45		184	527	531	487	576
4	東海中継センター	210	184		385	389	338	420
5	埼玉営業所	553	527	385		10	118	122
6	関東中継センター	557	531	389	10		83	131
7	横浜営業所	504	487	338	110	83		109
8	成田中継センター	690	576	420	122	131	109	

走行距離

　一方、配送ルート表では、日々のドライバーごとの配送ルートを管理しており、最大で5拠点間の移動を入力できます。配送ルート表には［ドライバー］・［拠点1］・［拠点2］・［拠点3］・［拠点4］・［拠点5］・［走行距離合計］・［運送コスト］の8項目あります。ドライバーが移動した各拠点間の移動距離を合計して、［走行距離合計］に記録するプログラムを作成するのが今回の課題です。［運送コスト］にはあらかじめ数式が入力されているので、［走行距離合計］が記録されれば、自動的に運送コストが算出されます。

図6-2-3　［配送ルート表］シート（配送ルート表）

拠点間の走行距離の合計値を算出する

	A	B 拠点1	C 拠点2	D 拠点3	E 拠点4	F 拠点5	G 走行距離合計	H 運送コスト
1	10月3日							走行距離計算
2	ドライバー	拠点1	拠点2	拠点3	拠点4	拠点5	走行距離合計	運送コスト
3	前田	横浜営業所	成田中継センター	東海中継センター				0
4	金子	埼玉営業所	東海中継センター	大阪営業所	神戸営業所			0
5	宮本	大阪営業所	東海中継センター	横浜営業所				0
6	松田	大阪営業所	成田中継センター	埼玉営業所				0
7	中島	埼玉営業所	関東中継センター	横浜営業所	東海中継センター	大阪営業所		0

処理の流れ

　ドライバーごとに、2つの拠点から走行距離を取得する処理を繰り返して、その合計値を算出します。2つの拠点いずれかが空白だと走行距離を計算できないので、その点に注意する必要があります。

図6-2-4　2拠点ごとの繰り返し処理

	A	B	C	D	E	F
1	10月3日					
2	ドライバー	拠点1	拠点2	拠点3	拠点4	拠点5
3	前田	横浜営業所	成田中継センター	東海中継センター		
4	金子	埼玉営業所	東海中継センター	大阪営業所	神戸営業所	
5	宮本	大阪営業所	東海中継センター	横浜営業所		
6	松田	大阪営業所	成田中継センター	埼玉営業所		
7	中島	埼玉営業所	関東中継センター	横浜営業所	東海中継センター	大阪営業所

> 2つの拠点から
> 走行距離を取得

これを踏まえて処理の流れを書くと、次のようになります。

▼ [走行距離計算] 処理

①配送ルート表を取得する
②ドライバーごとに繰り返し処理する
　　③走行距離合計を初期化する
　　④拠点ごとに繰り返し処理する
　　　　⑤前後の拠点を取得する
　　　　⑥2拠点が入力されている場合、2拠点間の距離を取得し、走行距離
　　　　　合計に加算する
　　⑦配送ルート表に走行距離合計を書き込む

走行距離表から2拠点間の距離を取得する処理は別途用意します。

▼ [距離取得] 処理

①各拠点に合致する行列を取得する
②距離を取得し、戻り値として返す

 ## プログラミング

1つ目のプロシージャ名は「走行距離計算」とし、プロシージャ内に処理の流れを
書き込みます。拠点開始列、拠点終了列、書込列はあらかじめ定数として用意して
おきます。

▼ [走行距離計算] プロシージャ

```
Const 拠点開始列 As Long = 2
Const 拠点終了列 As Long = 6
Const 書込列 As Long = 7

Sub 走行距離計算()
    '①配送ルート表を取得する
    '②ドライバーごとに繰り返し処理する
        '③走行距離合計を初期化する
        '④拠点ごとに繰り返し処理する
            '⑤前後の拠点を取得する
            '⑥2拠点が入力されている場合、2拠点間の距離を取得し、走
行距離合計に加算する
            '⑦配送ルート表に走行距離合計を書き込む
End Sub
```

2つ目のプロシージャ名は「距離取得」とします。[走行距離計算]プロシージャから呼び出します。2つの拠点を引数として受け取り、走行距離を戻り値として返します。

▼ [距離取得] プロシージャ

```
Function 距離取得(拠点1 As String, 拠点2 As String) As Long
    '①各拠点に合致する行列を取得する
    '②距離を取得し、戻り値として返す
End Function
```

また、配送ルート表の右上に[走行距離計算]ボタンを設置し、[走行距離計算]プロシージャを関連づけておきましょう。

図6-2-5 [走行距離計算]ボタンの設置

D	E	F	G	H
				走行距離計算
拠点3	拠点4	拠点5	走行距離合計	運送コスト
東海中継センター				0

ボタンを右クリック→[マクロの登録]をクリック→マクロの一覧から「走行距離計算」を選択→[OK]ボタンをクリックします。

では、処理の流れに沿ってコードを解説します。

▼ [走行距離計算] プロシージャ

❶ 配送ルート表を取得する

配送ルート表のデータを配列で取得します。

```
'①配送ルート表を取得する
配送ルート表 = Sheets("配送ルート表").UsedRange
```

➡【変数宣言】Dim 配送ルート表 As Variant

❷ ドライバーごとに繰り返し処理する

ドライバーごとに走行距離を計算するため、繰り返し処理をします。UBound関数で最終行を取得します。

```
'②ドライバーごとに繰り返し処理する
For 行 = 3 To UBound(配送ルート表)
    '③走行距離合計を初期化する
    '④拠点ごとに繰り返し処理する
        '⑤前後の拠点を取得する
        '⑥2拠点が入力されている場合、2拠点間の距離を取得し、走行距離合計に加算する
    '⑦配送ルート表に走行距離合計を書き込む
Next
```

➡【変数宣言】Dim 行 As Long

❸ 走行距離合計を初期化する

前の計算結果を消去するため、走行距離合計の値を0にします。

```
'③走行距離合計を初期化する
走行距離合計 = 0
```

➡【変数宣言】Dim 走行距離合計 As Long

❹ 拠点ごとに繰り返し処理する

拠点(列)ごとに繰り返し処理します。2拠点をセットで取得するので、拠点終了列の1つ前の列までを処理対象とします。

6

複雑でミスが起きやすい集計作業を楽にする

図6-2-6　拠点開始列と拠点最終列

2列目	3列目	4列目	5列目	6列目
埼玉営業所	関東中継センター	横浜営業所	東海中継センター	大阪営業所

拠点開始列は2列目　　　　　　　　　　拠点終了列は5列目

```
'④拠点ごとに繰り返し処理する
For 列 = 拠点開始列 To 拠点終了列 - 1
    '⑤前後の拠点を取得する
    '⑥2拠点が入力されている場合、2拠点間の距離を取得し、走行距離合計に加
算する
Next
```

➡【変数宣言】Dim 列 As Long

❺前後の拠点を取得する

　拠点の名称を2つ取得し、「拠点1」「拠点2」という変数に格納します。

```
'⑤前後の拠点を取得する
拠点1 = 配送ルート表(行, 列)
拠点2 = 配送ルート表(行, 列 + 1)
```

➡【変数宣言】Dim 拠点1 As String, 拠点2 As String

❻2拠点が入力されている場合、2拠点間の距離を取得し、走行距離合計に加算する

　いずれかの拠点が空白の場合は距離を取得できないので、2拠点とも値が入力されている場合にのみ処理を行います。後述する[距離取得]プロシージャを呼び出して、2拠点間の距離を取得します。引数に「拠点1」と「拠点2」を指定します。取得した値は「走行距離合計」にたし合わせます。

```
'⑥2拠点が入力されている場合
If 拠点1 <> "" And 拠点2 <> "" Then
    '2拠点間の距離を取得し、走行距離合計に加算する
    走行距離合計 = 走行距離合計 + 距離取得(拠点1, 拠点2)
End If
```

❼配送ルート表に走行距離合計を書き込む

走行距離合計を配送ルート表に書き込みます。定数としてあらかじめ宣言した書込列を使用します。

```
'⑦配送ルート表に走行距離合計を書き込む
Sheets("配送ルート表").Cells(行, 書込列).Value = 走行距離合計
```

続いて、［走行距離計算］プロシージャから呼び出す［距離取得］プロシージャについて解説します。

▼ ［距離取得］プロシージャ

❶各拠点に合致する行列を取得する

走行距離表において、引数として受け取った「拠点1」「拠点2」と一致する行番号・列番号を探します。Match関数を使い、「拠点1」は1列目の中から、「拠点2」は1行目の中から探します。拠点の名称がヒットしない場合はMatch関数の実行時にエラーが発生しますが、今回は誤った名称は入力されないものとして、エラー処理を割愛します。

```
With Sheets("走行距離表")
    '①各拠点に合致する行列を取得する
    行 = WorksheetFunction.Match(拠点1, .Columns(1), 0)
    列 = WorksheetFunction.Match(拠点2, .Rows(1), 0)

    '②距離を取得し、戻り値として返す
End With
```

➡【変数宣言】Dim 行 As Long, 列 As Long

❷距離を取得し、戻り値として返す

ヒットした行番号・列番号からセルの値を取得し、戻り値として返します。

```
'②距離を取得し、戻り値として返す
距離取得 = .Cells(行, 列).Value
```

完成したプログラムは次のようになります。

6

複雑でミスが起きやすい集計作業を楽にする

● プログラム作成例

```
Const 拠点開始列 As Long = 2
Const 拠点終了列 As Long = 6
Const 書込列 As Long = 7


Sub 走行距離計算()
    Dim 配送ルート表 As Variant
    Dim 行 As Long
    Dim 走行距離合計 As Long
    Dim 列 As Long
    Dim 拠点1 As String, 拠点2 As String

    '①配送ルート表を取得する
    配送ルート表 = Sheets("配送ルート表").UsedRange

    '②ドライバーごとに繰り返し処理する
    For 行 = 3 To UBound(配送ルート表)
        '③走行距離合計を初期化する
        走行距離合計 = 0

        '④拠点ごとに繰り返し処理する
        For 列 = 拠点開始列 To 拠点終了列 - 1
            '⑤前後の拠点を取得する
            拠点1 = 配送ルート表(行, 列)
            拠点2 = 配送ルート表(行, 列 + 1)

            '⑥2拠点が入力されている場合
            If 拠点1 <> "" And 拠点2 <> "" Then
                '2拠点間の距離を取得し、走行距離合計に加算する
                走行距離合計 = 走行距離合計 + 距離取得(拠点1, 拠点2)
            End If
        Next

        '⑦配送ルート表に走行距離合計を書き込む
        Sheets("配送ルート表").Cells(行, 書込列).Value = 走行距離合計
```

```
        Next
End Sub

Function 距離取得(拠点1 As String, 拠点2 As String) As Long
    Dim 行 As Long, 列 As Long

    With Sheets("走行距離表")
        '①各拠点に合致する行列を取得する
        行 = WorksheetFunction.Match(拠点1, .Columns(1), 0)
        列 = WorksheetFunction.Match(拠点2, .Rows(1), 0)

        '②距離を取得し、戻り値として返す
        距離取得 = .Cells(行, 列).Value
    End With
End Function
```

　プログラムを実行すると、**図6-2-7**のようになります。ドライバーごとに、拠点間の走行距離が合算されて、走行距離合計が算出されます。

図6-2-7　実行結果 - [配送ルート表]シート

	A	B	C	D	E	F	G	H
1	**10月3日**							**走行距離計算**
2	ドライバー	拠点1	拠点2	拠点3	拠点4	拠点5	走行距離合計	運送コスト
3	**前田**	横浜営業所	成田中継センター	東海中継センター			529	5,290
4	**金子**	埼玉営業所	東海中継センター	大阪営業所	神戸営業所		614	6,140
5	**宮本**	大阪営業所	東海中継センター	横浜営業所			522	5,220
6	**松田**	大阪営業所	成田中継センター	埼玉営業所			698	6,980
7	**中島**	埼玉営業所	関東中継センター	横浜営業所	東海中継センター	大阪営業所	615	6,150

ドライバーごとの走行距離合計が算出される

来店客数を時間帯・年代別に集計する

POINT
☑ 集計項目をカスタマイズできるしくみを習得する
☑ データ型を調べる方法を理解する

CASE 21　　関西圏でレストランチェーンを展開するA社では、POSデータを活用して、時間帯別・年齢層別に来店客数を集計し、メニュー開発やスタッフ採用に役立てています。時間帯はモーニングタイム・ランチタイム・ティータイム・ディナータイムの4つに分類し、年齢層は若年層・中年層・高齢層の3つに分類しています。

　POSデータの集計作業は各店舗の社員が忙しい業務の合間を縫って毎日行っています。少しでも作業負荷を減らすため、集計作業を自動化できないか本部にて検討しています。

図6-3-1　[集計]シート

	A	B	C	D	E
1	**集計**		若年層	中年層	高齢層
2			10代〜20代	30代〜50代	60代〜
3	モーニングタイム	〜11時	26	58	5
4	ランチタイム	11時〜14時	125	162	5
5	ティータイム	14時〜17時	24	48	6
6	ディナータイム	17時〜22時	44	92	2

🗨️つくりたいプログラム

　POSデータは、[日付]・[時刻]・[年代]・[客数]の4項目です。時刻は「h:mm」形式で、年代は数値に「代」という文字をつけて表示しています。このうち、[時刻]と[年代]を使って、[客数]を集計します。ピボットテーブルでいうと、行に[時刻]を、列に[年代]を、値に[客数]を設定するイメージです。

図6-3-2 ［POSデータ］シート（POSデータ）

	A	B	C	D
1	日付	時刻	年代	客数
2	2022/10/1	8:00	70代	3
3	2022/10/1	8:09	60代	2
4	2022/10/1	8:18	10代	2
5	2022/10/1	8:23	20代	4
6	2022/10/1	8:32	30代	4
7	2022/10/1	8:36	20代	2
8	2022/10/1	8:41	50代	4
9	2022/10/1	8:45	20代	1
10	2022/10/1	8:48	20代	2

　［集計］シートのA列には時間帯を示す文字列が記載されていて、「モーニングタイム」「ランチタイム」「ティータイム」「ディナータイム」の4種類あります。また、1行目には年齢層を表す文字列が記載されていて、「若年層」「中年層」「高齢層」の3種類あります。時間帯と年齢層の2つの軸でPOSデータの［客数］を集計し、C3セルからE6セルの範囲に、客数の合計値を書き込むプログラムを作成します。

図6-3-3 ［集計］シート

　6 複雑でミスが起きやすい集計作業を楽にする

処理の流れ

　主な処理としては、POSデータを時間帯と年齢層でフィルターして客数の合計値を取得し、それを［集計］シートに書き込みます。フィルターをかける処理を集計する処理とは別に分けておくと、他のプロシージャからも呼び出すことができ、使い勝手がよくなります。

これを踏まえて処理の流れを書くと、次のようになります。

▼ [フィルター] 処理

①条件が２つある場合、引数に２つの条件を設定してフィルターをかける
②その他の場合（条件が１つの場合）、引数に１つだけ条件を設定してフィルターをかける

▼ [集計] 処理

①集計値の書込範囲にあるセルごとに繰り返す
　②時間帯と年齢層を取得する
　③時間帯によってフィルターをかける
　④年齢層によってフィルターをかける
　⑤セルに合計値を書き込む
　⑥フィルターをクリアする

 解決のためのヒント

○ VarType関数

　指定した値の型を判別するためのVBA関数です。戻り値は、型を表す数値です。型に対応する定数が用意されているので、どの数値がどの型を表すかについて覚える必要はありません。

関 数	**VarType** （バータイプ）
説 明	指定した値の型を取得します。
引 数	1. 値
戻り値	型を表す数値

使用例	If VarType(値) = <u>vbLong</u> Then
	　　　値 = 値 * 1.1 ┗━ 型を表す定数
	End If
	▶ 値がLong型の場合、値を1.1倍します。

　型を表す定数と数値については、**表6-3-1**を参考にしてください。定数の名前の中には、型を表す英単語がそのまま書かれているので、意味がわかりやすいと思います。

表6-3-1　型を表す定数と数値

型	定数	数値
空	vbEmpty	0
整数（32,767以下）	vbInteger	2
数値（32,768以下）	vbLong	3
日付	vbDate	7
文字列	vbString	8
オブジェクト	vbObject	9
配列	vbArray	8192

 プログラミング

　プロシージャは2つ作成します。それぞれ、プロシージャ内に処理の流れを書き込みます。

　1つ目のプロシージャ名は「フィルター」とします。このプロシージャは、［集計］プロシージャから呼び出します。絞り込む対象列の列番号と、2つの絞り込み条件を指定できるようにしたいので、引数は「列番号」「条件1」「条件2」の3つとします。ただし、条件は1つだけ指定する場合もあるので、2つ目の条件である「条件2」の引数については、指定してもしなくてもどちらでもよいという意味のOptionalというキーワードをつけます。

▼ ［フィルター］プロシージャ

```
Sub フィルター (列番号 As Long, 条件1 As String, Optional 条件
2 As String)
    '①条件が2つある場合、引数に2つの条件を設定してフィルターをかける
    '②その他の場合 (条件が1つの場合)、引数に1つだけ条件を設定してフィ
ルターをかける
End Sub
```

　［フィルター］プロシージャの引数と戻り値を整理すると、次のようになります。

表6-3-2　[フィルター]プロシージャの引数と戻り値

引数・戻り値	名称	型	必須・任意
引数1	列番号	Long型	必須
引数2	条件1	String型	必須
引数3	条件2	String型	任意
戻り値	なし	―	―

　2つ目のプロシージャ名は「集計」とします。

▼ [集計]プロシージャ

```
Sub 集計 ()
        '①集計値の書込範囲にあるセルごとに繰り返す
        '②時間帯と年齢層を取得する
        '③時間帯によってフィルターをかける
        '④年齢層によってフィルターをかける
        '⑤セルに合計値を書き込む
        '⑥フィルターをクリアする
End Sub
```

　また、[集計]シートの左上には[集計]ボタンを設置し、[集計]プロシージャを関連づけておきましょう。

図6-3-4　[アサイン状況]シート

ボタンを右クリック→[マクロの登録]をクリック→マクロの一覧から「集計」を選択→[OK]ボタンをクリックします。

　では、コードについて解説します。まず、[集計]プロシージャから呼び出す[フィルター]プロシージャを先に作ります。

▼ [フィルター]プロシージャ

❶条件が2つある場合、引数に2つの条件を設定してフィルターをかける

　2つ目の条件が指定されているかどうかによって分岐します。条件が2つある場合は、AutoFilterメソッドの引数を4つ指定します。引数Operatorには、2

つの条件をどのようにつなげるかを指定します。「かつ」を意味するxlAnd、「または」を意味するxlOrのいずれかです。1つ目の条件は引数Criteria1に、2つ目の条件は引数Criteria2に書きます。「列番号」「条件1」「条件2」は、いずれも引数から受け取った値です。

```
With Sheets("POSデータ")
    '①条件が2つある場合
    If 条件2 <> "" Then
        '引数に2つの条件を設定してフィルターをかける
            .Range("A1").AutoFilter Field:=列 番 号 ,
Criteria1:=条件1, Operator:=xlAnd, Criteria2:=条件2
    '②その他の場合 (条件が1つの場合)
    End If
End With
```

❷その他の場合（条件が1つの場合）、引数に1つだけ条件を設定してフィルターをかける

条件が1つの場合は、引数Operatorと引数Criteria2を指定する必要はありません。

```
'②その他の場合 (条件が1つの場合)
Else
    '引数に1つだけ条件を設定してフィルターをかける
    .Range("A1").AutoFilter field:=列番号, Criteria1:=条件1
```

続いて、［集計］プロシージャのコードについて解説します。

▼［集計］プロシージャ

❶集計値の書込範囲にあるセルごとに繰り返す

セルを1つずつ繰り返し処理するので、For Each...Nextステートメントを使います。範囲はC3セルからE6セルの固定範囲としています（ただし、最終セルについては自動で取得するほうが拡張性は高くなります）。集計シートにおける処理が続くので、Withステートメントで括っておきましょう。

```
With Sheets("集計")
    '①集計値の書込範囲にあるセルごとに繰り返す
    For Each セル In .Range("C3", "E6")
        '②時間帯と年齢層を取得する
        '③時間帯によってフィルターをかける
        '④年齢層によってフィルターをかける
        '⑤セルに合計値を書き込む
        '⑥フィルターをクリアする
    Next
End With
```

➡【変数宣言】Dim セル As Range

❷ 時間帯と年齢層を取得する

　各セルの1列目にある時間帯と、上側（1行目）にある年齢層の文字列を取得します。各セルの行を取得するにはRowプロパティ、列を取得するにはColumnプロパティを使います。

```
'②時間帯と年齢層を取得する
時間帯 = .Cells(セル.Row, 1).Value
年齢層 = .Cells(1, セル.Column).Value
```

➡【変数宣言】Dim 時間帯 As String, 年齢層 As String

❸ 時間帯によってフィルターをかける

　「モーニングタイム」「ランチタイム」「ティータイム」「ディナータイム」の4種類の時間帯で分岐します。Ifステートメントでもかまいませんが、Select Caseステートメント（2-4参照）のほうが視認性はよくなります。それぞれの分岐処理の中で、［フィルター］プロシージャを呼び出します。絞り込む対象列はPOSデータの［時刻］（2列目）なので、1つ目の引数には「2」を指定します。また、例えば「ランチタイム」であれば11時～14時（11時以降かつ14時前）という条件で絞り込むので、2つ目の引数には「>=11:00」、3つ目の引数には「<14:00」を指定します。

```
'③時間帯によってフィルターをかける
Select Case 時間帯
    Case "モーニングタイム"
        Call フィルター (2, "<11:00")
```

```
        Case "ランチタイム"
            Call フィルター (2, ">=11:00", "<14:00")
        Case "ティータイム"
            Call フィルター (2, ">=14:00", "<17:00")
        Case "ディナータイム"
            Call フィルター (2, ">=17:00")
End Select
```

❹ 年齢層によってフィルターをかける

年齢層は「若年層」「中年層」「高齢層」の3種類あるので、それぞれ分岐します。❸同様、**Select Case**ステートメントを使います。絞り込む対象列はPOSデータの［年代］(3列目)なので、1つ目の引数には「3」を指定します。また、例えば「若年層」であれば10代～20代(10代以上かつ20代以下)という条件で絞り込むので、2つ目の引数には「>=10代」、3つ目の引数には「<=20代」を指定します。

```
'④年齢層によってフィルターをかける
Select Case 年齢層
    Case "若年層"
        Call フィルター (3, ">=10代", "<=20代")
    Case "中年層"
        Call フィルター (3, ">=30代", "<=50代")
    Case "高齢層"
        Call フィルター (3, ">=60代")
End Select
```

❺ セルに合計値を書き込む

フィルターをかけた状態でPOSデータのD列(4列目)にある［客数］の合計値を取得するため、**Subtotal**関数(5-1参照)を使います。1つ目の引数には合計を意味する「9」を指定します。2つ目の引数には、［POSデータ］シートのD列(4列目)を指定します。

```
'⑤セルに合計値を書き込む
セル.Value = WorksheetFunction.Subtotal(9, Sheets("POSデータ
").Columns(4))
```

❻フィルターをクリアする

最後に、`AutoFilter`メソッドを引数なしで実行して、フィルターをクリアします。

```
'⑥フィルターをクリアする
Sheets("POSデータ").Range("A1").AutoFilter
```

完成したプログラムは次のようになります。

○プログラム作成例

```
Sub フィルター(列番号 As Long, 条件1 As String, Optional 条件2 As
String)
    With Sheets("POSデータ")
        '①条件が2つある場合
        If 条件2 <> "" Then
            '引数に2つの条件を設定してフィルターをかける
            .Range("A1").AutoFilter Field:=列番号, Criteria1:=
条件1, Operator:=xlAnd, Criteria2:=条件2
        '②その他の場合(条件が1つの場合)
        Else
            '引数に1つだけ条件を設定してフィルターをかける
            .Range("A1").AutoFilter Field:=列番号, Criteria1:=
条件1
        End If
    End With
End Sub

Sub 集計()
    Dim セル As Range
    Dim 時間帯 As String, 年齢層 As String

    With Sheets("集計")
        '①集計値の書込範囲にあるセルごとに繰り返す
        For Each セル In .Range("C3", "E6")
```

```
'②時間帯と年齢層を取得する
時間帯 = .Cells(セル.Row, 1).Value
年齢層 = .Cells(1, セル.Column).Value


'③時間帯によってフィルターをかける
Select Case 時間帯
    Case "モーニングタイム"
        Call フィルター (2, "<11:00")
    Case "ランチタイム"
        Call フィルター (2, ">=11:00", "<14:00")
    Case "ティータイム"
        Call フィルター (2, ">=14:00", "<17:00")
    Case "ディナータイム"
        Call フィルター (2, ">=17:00")
End Select


'④年齢層によってフィルターをかける
Select Case 年齢層
    Case "若年層"
        Call フィルター (3, ">=10代", "<=20代")
    Case "中年層"
        Call フィルター (3, ">=30代", "<=50代")
    Case "高齢層"
        Call フィルター (3, ">=60代")
End Select


'⑤セルに合計値を書き込む
セル.Value = WorksheetFunction.Subtotal(9,
Sheets("POSデータ").Columns(4))


'⑥フィルターをクリアする
        Sheets("POSデータ").Range("A1").AutoFilter
    Next
  End With
End Sub
```

プログラムを実行すると、**図6-3-5**のようになります。POSデータの［客数］が、時間帯別・年齢層別に集計されます。

図6-3-5　実行結果 - ［集計］シート

	A	B	C	D	E
1	**集計**		若年層	中年層	高齢層
2			10代〜20代	30代〜50代	60代〜
3	モーニングタイム	〜11時	26	58	5
4	ランチタイム	11時〜14時	125	162	5
5	ティータイム	14時〜17時	24	48	6
6	ディナータイム	17時〜22時	44	92	2

POSデータの［客数］が集計される

ステップアップ

前述のプログラムで指定できる条件の種類は、時間帯が4種類だけ、年齢層が3種類だけで、さらに時間や年代もあらかじめ決められた値だったので、極めて拡張性に乏しいものでした。そこで、時間帯も年齢層も自由に変更できるようにして、柔軟に集計ができるプログラムに作り替えてみましょう。まず、集計シートを**図6-3-6**のように変更します。

図6-3-6　［集計2］シート

	A	B	C	D	E	F	G
1	**集計**				若年層	中年層	高齢層
2					10代,20代	30代,40代,50代	60代,70代,80代
3	モーニングタイム		〜	11時			
4	ランチタイム	11時	〜	14時			
5	ティータイム	14時	〜	17時			
6	ディナータイム	17時	〜	22時			

時間帯

年齢層

時間帯については、開始時間と終了時間の列を明確に分け、数値で入力できるよ

うにします。次に年齢層については、カンマ区切りで年代を入力できるようにし、複数の年代を自由に指定できるようにします。

　では、前述の処理からの変更箇所を確認していきましょう。まず時間帯については、開始時間と終了時間の2つに分けて取得するように変更するため、次の3つのパターンを考慮しないといけません。

- **開始時間と終了時間の両方が入力されている場合**、開始時間と終了時間でフィルターをかける
- **開始時間だけが入力されている場合**、開始時間だけでフィルターをかける
- **終了時間だけが入力されている場合**、終了時間だけでフィルターをかける

　次に年齢層については、入力された年代の文字列をカンマ区切りで分割して配列にし、それをフィルターで使用します。前述の［フィルター］プロシージャでは、配列を使ってフィルターすることは想定していなかったため、処理を追加する必要があります。

- **条件に配列がある場合**、引数に配列を設定してフィルターをかける── 追加
- 条件が2つある場合、引数に2つの条件を設定してフィルターをかける
- 条件が1つの場合、引数に1つだけ条件を設定してフィルターをかける

　これを踏まえて処理の流れを書くと、次のようになります。

▼［フィルター］処理

①条件に配列がある場合、引数に配列を設定してフィルターをかける
②条件が2つある場合、引数に2つの条件を設定してフィルターをかける
③条件が1つの場合、引数に1つだけ条件を設定してフィルターをかける

▼［集計2］処理

①最終セルを取得する
②集計値の書込範囲にあるセルごとに繰り返す
　③時間帯を取得する
　④年齢層を取得する
　⑤時間帯によってフィルターをかける

・開始時間と終了時間の両方が入力されている場合、開始時間と終了時間でフィルターをかける

・開始時間だけが入力されている場合、開始時間だけでフィルターをかける

・終了時間だけが入力されている場合、終了時間だけでフィルターをかける

⑥年齢層によってフィルターをかける

⑦セルに合計値を書き込む

⑧フィルターをクリアする

完成したプログラムは次のようになります。

● プログラム作成例

```
Sub フィルター (列番号 As Long, 条件1 As Variant, Optional 条
件2 As Variant)
    With Sheets("POSデータ")
        '①条件に配列がある場合
        If VarType(条件1) >= vbArray Then
            '引数に配列を設定してフィルターをかける
            .Range("A1").AutoFilter Field:=列番号,
Criteria1:=条件1, Operator:=xlFilterValues
        '②条件が2つある場合
        ElseIf IsEmpty(条件2) = False Then
            '引数に2つの条件を設定してフィルターをかける
            .Range("A1").AutoFilter Field:=列番号,
Criteria1:=条件1, Operator:=xlAnd, Criteria2:=条件2
        '③条件が1つの場合
        Else
            '引数に1つだけ条件を設定してフィルターをかける
            .Range("A1").AutoFilter Field:=列番号,
Criteria1:=条件1
        End If
    End With
End Sub

Sub 集計2()
    Dim 最終セル As String
```

```vba
    Dim セル As Range
    Dim 開始時間 As Long, 終了時間 As Long
    Dim 年齢層文字列 As String, 年齢層 As Variant

    With Sheets("集計2")
        '①最終セルを取得する
        最終セル = .Cells.SpecialCells(xlCellTypeLastCell).Address

        '②集計値の書込範囲にあるセルごとに繰り返す
        For Each セル In .Range("E3", 最終セル)
            '③時間帯を取得する
            開始時間 = .Cells(セル.Row, 2).Value
            終了時間 = .Cells(セル.Row, 4).Value

            '④年齢層を取得する
            年齢層文字列 = .Cells(2, セル.Column).Value
            年齢層 = Split(年齢層文字列, ",")

            '⑤時間帯によってフィルターをかける
            '開始時間と終了時間の両方が入力されている場合
            If 開始時間 > 0 And 終了時間 > 0 Then
                '開始時間と終了時間でフィルターをかける
                Call フィルター(2, ">=" & 開始時間 & ":00", "<" & 終了時間 & ":00")
            '開始時間だけが入力されている場合
            ElseIf 開始時間 > 0 Then
                '開始時間だけでフィルターをかける
                Call フィルター(2, ">=" & 開始時間 & ":00")
            '終了時間だけが入力されている場合
            ElseIf 終了時間 > 0 Then
                '終了時間だけでフィルターをかける
                Call フィルター(2, "<" & 終了時間 & ":00")
            End If

            '⑥年齢層によってフィルターをかける
```

```
            Call フィルター (3, 年齢層)

            '⑦セルに合計値を書き込む
            セル.Value = WorksheetFunction.Subtotal(9,
Sheets("POSデータ").Columns(4))

            '⑧フィルターをクリアする
            Sheets("POSデータ").Range("A1").AutoFilter
        Next
    End With
End Sub
```

　プログラムを実行すると、**図6-3-7**のようになります。時間や年代を変更したり、時間帯や年齢層の種類（行や列）を増やしたりして、さまざまな集計結果を確認してみましょう。

図6-3-7　実行結果 - [集計2]シート

	A	B	C	D	E	F	G
1	**集計**				若年層	中年層	高齢層
2					10代,20代	30代,40代,50代	60代,70代,80代
3	モーニングタイム		～	11時	26	58	5
4	ランチタイム	11時	～	14時	125	162	5
5	ティータイム	14時	～	17時	24	48	6
6	ディナータイム	17時	～	22時	44	92	2

POSデータの[客数]が集計される

難易度 ★★★☆

製品分類ごとにピボットテーブルを作成する

POINT
☑ ピボットテーブルの作り方を理解する
☑ 日付をグループ化して年月で集計する方法を理解する

CASE 22　業務用厨房機器を受注生産しているA社では、生産予定の製品の個数や販売価格、納期などの情報を、注文一覧というシートで管理しています。

A社工場の製造ラインは、洗浄機器・製パン機器・ドリンク機器の3つに分かれており、これを製品分類と呼んでいます。製品分類ごとに生産状況を把握するため、**図6-4-1**のようなピボットテーブルを作成し、納期とステータスによって製品の個数を集計しています。複数のピボットテーブルをもっとスピーディに作成できるようにしたいと考えています。

図6-4-1　生産状況

	洗浄機器			
製品分類				
合計 / 個数	列ラベル			
行ラベル	①注文受付	②製造中	③出荷完了	総計
2022年	1	3	5	9
6月		1	2	3
6月19日			2	2
6月21日		1		1
8月	1	2		3
8月2日		2		2
8月18日	1			1
12月			3	3
12月14日			3	3
2023年			3	3
2月			3	3
2月5日			3	3
総計	1	3	8	12

ステータス（E列）／納期（A列）

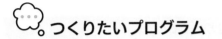

つくりたいプログラム

　注文一覧には、［注文番号］・［製品名］・［製品分類］・［個数］・［販売価格］・［納期］・［担当社員氏名］・［ステータス］の8項目があります。ピボットテーブルは、［製品分類］ごとにシートを分けて作成します。ピボットテーブルの作成において使用する項目は、［製品分類］・［個数］・［納期］・［ステータス］の4つです。

図6-4-2　［注文一覧］シート（注文一覧）

	A	B	C	D	E	F	G	H
1	注文番号	製品名	製品分類	個数	販売価格	納期	担当社員氏名	ステータス
2	100192	ウォーターディスペンサー	ドリンク機器	3	32,620,000	2022/4/5	高橋 優子	①注文受付
3	100195	生ビールディスペンサー	ドリンク機器	1	3,146,000	2022/4/16	田中 希美	②製造中
4	100197	コーヒーディスペンサー	ドリンク機器	3	2,869,000	2022/4/25	佐藤 菜美	③出荷完了
5	100201	フライヤー	製パン機器	3	12,141,000	2022/5/14	桐生 奈美	③出荷完了
6	100202	フライヤー	製パン機器	2	2,348,000	2022/5/27	田中 彩子	②製造中
7	100204	器具洗浄機	洗浄機器	2	2,940,000	2022/6/19	渡辺 里奈	③出荷完了
8	100208	器具洗浄機	洗浄機器	1	1,100,000	2022/6/21	佐藤 衣子	②製造中
9	100209	生ビールディスペンサー	ドリンク機器	2	21,238,000	2022/7/14	佐藤 茂	③出荷完了
10	100210	包装機	製パン機器	2	17,217,000	2022/7/26	山吹 茂	③出荷完了
11	100215	業務用食器製造機	洗浄機器	2	5,036,000	2022/8/2	佐藤 心音	③出荷完了
12	100216	床清掃ロボット	洗浄機器	1	15,172,000	2022/8/18	一条 梨乃	①注文受付
13	100221	ウォーターディスペンサー	ドリンク機器	2	2,604,000	2022/9/7	斎藤 和夫	②製造中
14	100223	スチームオーブン	製パン機器	1	11,180,100	2022/9/12	田中 奈美	③出荷完了
15	100224	電子レンジ	製パン機器	3	14,850,010	2022/10/7	佐藤 茂	③出荷完了

　［製品分類］シートに製品分類が記載されています。このシートに記載されている製品分類ごとに、ピボットテーブルを作成するものとします。

図6-4-3　［製品分類］シート（製品分類）

	A
1	洗浄機器
2	製パン機器
3	ドリンク機器

処理の流れ

　主な処理は、製品分類ごとにシートを作成し、各シートに、該当する製品分類に応じたピボットテーブルを作成することです。

図6-4-4　製品分類ごとのピボットテーブル作成

　ピボットテーブルの作成方法としては、ピボットテーブルの行に［納期］を、列に［ステータス］を設定して、［個数］の合計を集計し、［製品分類］でフィルターをかけます。［納期］については、その日付が属する年および月もあわせて表示します。

図6-4-5　ピボットテーブルの作成イメージ

6

複雑でミスが起きやすい集計作業を楽にする

シートを作成するとき、すでに同じ名前のシートが作成されている場合は、該当するシートを削除してから作成します。これを踏まえて処理の流れを書くと、次のようになります。

▼ [ピボットテーブル作成] 処理

①製品分類一覧を取得する
②製品分類ごとに繰り返し処理する
　③製品分類の名称を取得する
　④すでにシートがある場合は削除する
　⑤シートを作成する
　⑥シート名を、製品分類の名称に変える
　⑦ピボットキャッシュを作成する　※解決のためのヒントで解説します
　⑧ピボットテーブルを作成する
　ピボットテーブル関連の設定を行う
　　⑨行・列・値・フィルターに、フィールドを設定する
　　⑩製品分類でフィルターをかける
　　⑪納期を年・月でグループ化する

 解決のためのヒント

◎ピボットテーブルを作成する

VBAでピボットテーブルを作るには、次の3つのステップが必要です。

1. ピボットキャッシュを作成する
2. ピボットテーブルを作成する
3. ピボットテーブル関連の設定を行う

ピボットキャッシュというのは、Excelのデータをコピーして内部的に保持したものです。Excelのデータを変えてもすぐにピボットテーブルに反映されないのは、ピボットテーブルがExcelのデータを直接参照しているのではなく、ピボットキャッシュのデータを参照しているからです。

図6-4-6　ピボットキャッシュの位置づけ

　ピボットテーブルを右クリック→[更新]ボタンをクリックすると、Excelのデータがピボットキャッシュに反映されて、ピボットテーブルのデータが更新されるというしくみです。では、コードの書き方を解説します。

1. ピボットキャッシュを作成する

　ピボットキャッシュをコードで表すと、PivotCaches（ピボットキャッシュ）オブジェクトです。これは、シートオブジェクトと同様に、ブックに付随するオブジェクトです。ピボットキャッシュを変数として宣言するときは、単数形のPivotCacheという名前の型を使います。ピボットキャッシュを新規作成するには、Create（クリエイト）メソッドを使います。

```
ThisWorkbook.PivotCaches.Create 引数
```

　Createメソッドの引数は**表6-4-1**のとおりです。2つ目の引数SourceDataで、取得するデータのセル範囲を指定します。

表6-4-1　Createメソッドの引数

順番	名前	説明	省略	使用例
1	SourceType（ソースタイプ）	取得するデータの種類を指定します。 xlDatabase・・Excelのデータ xlExternal・・外部のアプリケーションのデータ	不可	SourceType:=xlDatabase
2	SourceData（ソースデータ）	取得するデータのセル範囲を指定します。	可	SourceData:=Sheets("注文一覧").Range("A1:H23")

　表6-4-2は、コードの書き方の例です。

表6-4-2　Createメソッドの書き方

操作	書き方の例
ピボットキャッシュを作成する	ThisWorkbook.PivotCaches.Create▨ 　　SourceType:=xlDatabase, 　　SourceData:=Sheets("注文一覧").Range("A1:H23") 注文一覧シートのA1:H23の範囲のデータからピボットキャッシュを作成します。

2. ピボットテーブルを作成する

　ピボットテーブルは、ピボットキャッシュオブジェクトの$\overset{\text{クリエイトピボットテーブル}}{\text{CreatePivotTable}}$メソッドで作成します。ピボットテーブルを変数として宣言するときは、PivotTableという名前の型を使います。

> ピボットキャッシュ .CreatePivotTable▨引数

CreatePivotTableメソッドの引数は**表6-4-3**のとおりです。

表6-4-3　CreatePivotTableメソッドの引数

順番	名前	説明	省略	使用例
1	テーブルデスティネーション TableDestination	ピボットテーブルを作成する起点となるセル範囲を指定します。	不可	TableDestination:= Sheets("洗浄機器"). Range("A1")
2	TableName	ピボットテーブルの名前を指定します。	可	TableName:="製パン機器"

　表6-4-4は、コードの書き方の例です。

表6-4-4　CreatePivotTableメソッドの書き方

操作	書き方の例
ピボットテーブルを作成する	ピボットキャッシュ .CreatePivotTable▨ 　　TableDestination:=Sheets("製パン機器").Range("A1"), 　　TableName:= "製パン機器" [製パン機器]シートのA1セルにピボットテーブルを作成し、作成したピボットテーブルの名前を「製パン機器」にします。

> **Memo**
> ピボットテーブルの名前は指定しなくてもかまいませんが、名前をつけておくとピボット
> テーブルを操作するときに便利です。名前を指定しない場合は自動的に名前が付与されま
> すが、その名前はExcelの［ピボットテーブル分析］タブ→［ピボットテーブル名］を参照し
> ないとわかりません。

3. ピボットテーブル関連の設定を行う

　ピボットテーブルでは、項目のことを「フィールド」と呼びます。フィールドを
操作するには、$\overset{\text{ピボットフィールド}}{\texttt{PivotFields}}$オブジェクトを使います。ピボットフィールドは、
ピボットテーブルにひもづくオブジェクトです。ピボットテーブルの行・列・値・
フィルターを設定するには、ピボットフィールドオブジェクトの$\overset{\text{オリエンテーション}}{\texttt{Orientation}}$
プロパティを使います。

図6-4-7　ピボットフィールドの設定

　コードの書き方は次のとおりです。数式の右辺に、行・列・値・フィルターのい
ずれかを表すキーワードを設定します。

```
ピボットテーブル.PivotFields(フィールド名).Orientation = キーワード
```

　設定可能なキーワードは**表6-4-5**のとおりです。

6
複雑でミスが起きやすい
集計作業を楽にする

表6-4-5　ピボットフィールドの設定値

ピボットフィールド	キーワード
行	xlRowField
列	xlColumnField
値	xlDataField
フィルター	xlPageField

　次のコードは、アクティブシートにある「製パン機器」という名前のピボットテーブルの行に「納期」フィールドを設定します。

```
ActiveSheet.PivotTables("製パン機器").PivotFields("納期
").Orientation = xlRowField
```

　ただし、フィルターを設定しただけでは、ピボットテーブルのデータは絞り込まれません。データを絞り込むには、ピボットフィールドオブジェクトのCurrentPage（カレントページ）プロパティを使って、該当のフィールドに値を設定します。

```
ピボットテーブル.PivotFields(フィールド名).CurrentPage = 値
```

　表6-4-6は、コードの書き方の例です。

表6-4-6　CurrentPageプロパティの書き方

操作	書き方の例
フィルターをかける	ピボットテーブル.PivotFields("製品分類").CurrentPage = "ドリンク機器" フィルターに設定した製品分類フィールドを、「ドリンク機器」で絞り込みます。

○日付をグループ化する

　日付をグループ化して年月単位などに変更するには、グループ化するフィールド内の任意のセルにおいて、Groupメソッドを使います。

```
セル.Group░引数
```

　Groupメソッドの引数は**表6-4-7**のとおりです。

表6-4-7 Groupメソッドの引数

順番	名前	説明	省略	使用例
1	Start	グループ化する最初の値を指定します。Trueを指定すると、フィールド内の最初の値が自動的に指定されます。	可	Start:=True
2	End	グループ化する最後の値を指定します。Trueを指定すると、フィールド内の最後の値が自動的に指定されます。	可	End:=True
3	Periods	フィールドが日付の場合に、「年」や「月」など表示する単位を、配列（Array）を使って設定します。配列の値は次の7つに分かれており、表示する場合はTrue、表示しない場合はFalseをそれぞれ指定します。 1. 秒 2. 分 3. 時 4. 日 5. 月 6. 四半期 7. 年	可	Periods:=Array(False, False, False, True, True, False, True)

さて、グループ化するセルをどうやって指定するかについても学習しておきましょう。ピボットフィールド内にあるセル全体を指定するには、DataRange（データレンジ）プロパティを使います。さらに、その中にある特定のセルを指定するには、Item（アイテム）プロパティを使います。

図6-4-8 フィールド内にあるセルの指定方法

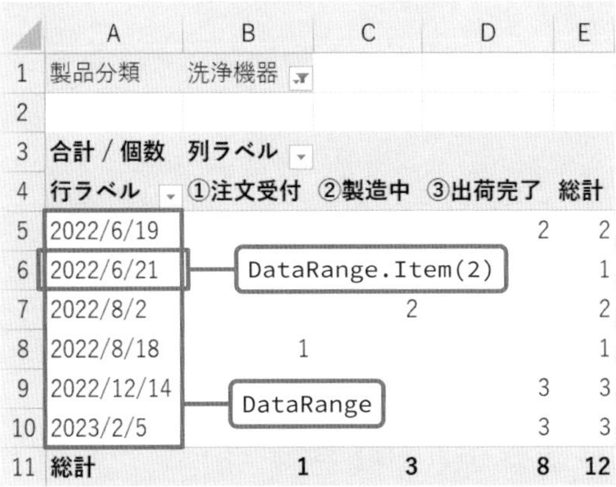

Itemプロパティの引数には、フィールド内の何番目のセルかを数値で指定します。

```
ピボットフィールド.DataRange.Item(番号)
```

表6-4-8は、Groupメソッドの書き方の例です。

表6-4-8　Groupメソッドの書き方

操作	書き方の例
日付を年月でグループ化する	ピボットテーブル.PivotFields("納期").DataRange.Item(1).Group Start:=True, End:=True, Periods:=Array(False, False, False, True, True, False, True) 納期フィールドにある1つ目のセルをグループ化し、年月日を表示します。

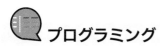

プログラミング

プロシージャ名は「ピボットテーブル作成」とし、プロシージャ内に処理の流れを書き込みます。

▼［ピボットテーブル作成］プロシージャ

```
Sub ピボットテーブル作成 ()
    '①製品分類一覧を取得する
    '②製品分類ごとに繰り返し処理する
        '③製品分類の名称を取得する
        '④すでにシートがある場合は削除する
        '⑤シートを作成する
        '⑥シート名を、製品分類の名称に変える
        '⑦ピボットキャッシュを作成する
        '⑧ピボットテーブルを作成する
        '⑨行・列・値・フィルターに、フィールドを設定する
        '⑩製品分類でフィルターをかける
        '⑪納期を年・月でグループ化する
End Sub
```

また、［ピボットテーブル作成］シートの右上には［ピボットテーブル作成］ボタンを設置し、［ピボットテーブル作成］プロシージャを関連づけておきましょう。

図6-4-9　［ピボットテーブル作成］ボタンの設置

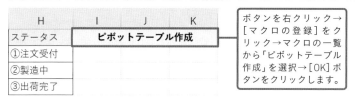

では、コードについて解説します。

❶ 製品分類一覧を取得する

［製品分類］シートから製品分類のリストを配列として取得します。製品分類は今後追加される可能性があるので、UsedRangeプロパティを使って、データの使用範囲全体を取得します。

```
'①製品分類一覧を取得する
製品分類一覧 = Sheets("製品分類").UsedRange
```

➡️【変数宣言】Dim 製品分類一覧 As Variant

❷ 製品分類ごとに繰り返し処理する

製品分類ごとに繰り返し処理するので、For...Nextステートメントを使います。最終行を取得するために、UBound関数を使います。

```
'②製品分類ごとに繰り返し処理する
For 製品分類番号 = 1 To UBound(製品分類一覧)
    '③製品分類の名称を取得する
        :
    '⑨行・列・値・フィルターに、フィールドを設定する
    '⑩製品分類でフィルターをかける
    '⑪納期を年・月でグループ化する
Next
```

➡️【変数宣言】Dim 製品分類番号 As Long

❸ 製品分類の名称を取得する

製品分類の名称を配列のA列（1列目）から取得します。

```
'③製品分類の名称を取得する
製品分類 ＝ 製品分類一覧(製品分類番号 , 1)
```

➡【変数宣言】Dim 製品分類 As String

❹ すでにシートがある場合は削除する

　後工程でシートを新規作成するときに、同じ名前のシートを作成しようとすると
エラーが発生してしまうため、同名のシートがある場合はあらかじめ削除します。
シートを1つずつ繰り返し処理し、シート名が ❸ で取得した製品分類の名前と一
致する場合は、Deleteメソッドでシートを削除します。シートを削除するときに
確認メッセージが表示されないようにするため、Applicationオブジェクトの
DisplayAlerts プロパティを使って確認メッセージを非表示に設定します。

```
'④すでにシートがある場合は削除する
For シート番号 = 1 To Sheets.Count
    If Sheets(シート番号).Name = 製品分類 Then
        Application.DisplayAlerts = False
        Sheets(シート番号).Delete
        Application.DisplayAlerts = True
        Exit For
    End If
Next
```

➡【変数宣言】Dim シート番号 As Long

❺ シートを作成する

　シートを最後尾に新規作成します。Sheets.Countで、最後のシート番号を取
得できます。作成したシートは、オブジェクト変数に格納します。

```
'⑤シートを作成する
Set シート = Sheets.Add(After:=Sheets(Sheets.Count))
```

➡【変数宣言】Dim シート As Worksheet

❻ シート名を、製品分類の名称に変える

　シート名を変更するにはNameプロパティを使います。

```
'⑥シート名を、製品分類の名称に変える
シート.Name = 製品分類
```

❼ ピボットキャッシュを作成する

Createメソッドで、ピボットキャッシュを作成します。2つ目の引数SourceData
で、取得元のデータ範囲を指定します。ここでは、注文一覧シートのA1セルを起点と
する表全体を指定します。

```
'⑦ピボットキャッシュを作成する
Set ピボットキャッシュ = ThisWorkbook.PivotCaches.Create
(SourceType:=xlDatabase, SourceData:=Sheets("注文一覧").
Range("A1").CurrentRegion)
```

➡【変数宣言】Dim ピボットキャッシュ As PivotCache

❽ ピボットテーブルを作成する

CreatePivotTableメソッドを使って、ピボットテーブルを作成します。1
つ目の引数TableDestinationには、ピボットテーブルを作成する起点となる
セルを指定します。ここでは、新規作成したシートのA1セルを指定しています。
2つ目の引数TableNameにはピボットテーブルの名前を指定します。ここでは、
製品分類の名称を設定しています。

```
'⑧ピボットテーブルを作成する
Set ピボットテーブル = ピボットキャッシュ.CreatePivotTable(Tabl
eDestination:=シート.Range("A1"), TableName:=製品分類)
```

➡【変数宣言】Dim ピボットテーブル As PivotTable

❾ 行・列・値・フィルターに、フィールドを設定する

ピボットフィールドの行・列・値・フィルターに、次のフィールドをそれぞれ設
定します。納期とステータスによって個数を集計し、製品分類によってフィルター
をかけるという設定です。

- 行：納期
- 列：ステータス
- 値：個数
- フィルター：製品分類

```
With ピボットテーブル
    '⑨行・列・値・フィルターに、フィールドを設定する
```

```
      .PivotFields("納期").Orientation = xlRowField
      .PivotFields("ステータス").Orientation = xlColumnField
      .PivotFields("個数").Orientation = xlDataField
      .PivotFields("製品分類").Orientation = xlPageField

      '⑩製品分類でフィルターをかける
      '⑪納期を年・月でグループ化する
End With
```

⑩ 製品分類でフィルターをかける

指定した製品分類によってフィルターをかけます。

```
'⑩製品分類でフィルターをかける
.PivotFields("製品分類").CurrentPage = 製品分類
```

⑪ 納期を年・月でグループ化する

納期フィールドにあるデータの1番目のセルをグループ化し、年月日が表示されるように設定します。Groupメソッドの3つ目の引数で指定する配列の値が少しややこしいですが、4つ目・5つ目・7つ目の値をTrueにし、それ以外はFalseにします。

```
'⑪納期を年・月でグループ化する
.PivotFields(" 納 期 ").DataRange.Item(1).Group
Start:=True, End:=True, Periods:=Array(False, False,
False, True, True, False, True)
```

完成したプログラムは次のようになります。

● プログラム作成例

```
Sub ピボットテーブル作成()
    Dim 製品分類一覧 As Variant
    Dim 製品分類番号 As Long
    Dim 製品分類 As String
    Dim シート番号 As Long
```

```
Dim シート As Worksheet
Dim ピボットキャッシュ As PivotCache
Dim ピボットテーブル As PivotTable

'①製品分類一覧を取得する
製品分類一覧 = Sheets("製品分類").UsedRange

'②製品分類ごとに繰り返し処理する
For 製品分類番号 = 1 To UBound(製品分類一覧)
    '③製品分類の名称を取得する
    製品分類 = 製品分類一覧(製品分類番号, 1)

    '④すでにシートがある場合は削除する
    For シート番号 = 1 To Sheets.Count
        If Sheets(シート番号).Name = 製品分類 Then
            Application.DisplayAlerts = False
            Sheets(シート番号).Delete
            Application.DisplayAlerts = True
            Exit For
        End If
    Next

    '⑤シートを作成する
    Set シート = Sheets.Add(After:=Sheets(Sheets.Count))

    '⑥シート名を、製品分類の名称に変える
    シート.Name = 製品分類

    '⑦ピボットキャッシュを作成する
    Set ピボットキャッシュ = ThisWorkbook.PivotCaches.
Create(SourceType:=xlDatabase, SourceData:=Sheets("注文一覧
").Range("A1").CurrentRegion)

    '⑧ピボットテーブルを作成する
    Set ピボットテーブル = ピボットキャッシュ.CreatePivotTable(Ta
bleDestination:=シート.Range("A1"), TableName:=製品分類)
```

複雑でミスが起きやすい集計作業を楽にする

```
        With ピボットテーブル
            '⑨行・列・値・フィルターに、フィールドを設定する
            .PivotFields("納期").Orientation = xlRowField
            .PivotFields("ステータス").Orientation =
xlColumnField
            .PivotFields("個数").Orientation = xlDataField
            .PivotFields("製品分類").Orientation = xlPageField

            '⑩製品分類でフィルターをかける
            .PivotFields("製品分類").CurrentPage = 製品分類

            '⑪納期を年・月でグループ化する
            .PivotFields("納期").DataRange.Item(1).Group
Start:=True, End:=True, Periods:=Array(False, False, False,
True, True, False, True)
        End With
    Next
End Sub
```

　プログラムを実行すると、**図6-4-10**のようになります。製品分類ごとにシート
を分けてピボットテーブルが作成されることを確認できます。

図6-4-10　実行結果 - [洗浄機器] シート

難易度　★　★　★　★

有給休暇の残日数を算出する

POINT
☑ 複雑な計算過程を含む処理について、解決の道筋を考える訓練をする
☑ 時間間隔をさまざまな単位で求める方法を理解する

CASE 23
　　七五三の記念写真など、子ども向けの写真撮影事業を展開するA社では、社員の有給休暇の残日数を手作業で管理しています。

　A社では、入社日の半年後に最初の有給休暇を付与し、以降1年おきに所定の日数を付与します。社員は有給休暇届を提出することで、原則として好きなタイミングで有給休暇を消化します。そのとき、**早く付与された有給休暇から順に**消化されます。付与日数から消化日数を差し引くと、残日数を算出できます。ただし、有給休暇には有効期限があり、付与した日から2年間を過ぎた有給休暇は失効し、取得できなくなります。付与日数、消化日数、失効日数（または残日数）の関係は、**図6-5-1**のとおりです。

図6-5-1　付与日数、消化日数、失効日数（または残日数）の関係

$$\boxed{\text{付与日数}} = \boxed{\text{消化日数}} + \boxed{\begin{array}{c}\text{失効日数}\\ \text{または}\\ \text{残日数}\end{array}}$$

　A社人事部では社員が有給休暇を取得するごとに残日数を計算して該当社員に通知しています。計算作業が煩雑で時間がかかるため、作業を自動化できないか検討しています。

💭 つくりたいプログラム

　社員一覧には、［社員番号］・［氏名］・［入社日］・［残日数］の4つの項目があります。［入社日］から半年後に最初の有給休暇が付与され、以降1年ごとに付与されます。［残日数］にはあらかじめ数式が入力されており、後述する［付与履歴］シー

トの［付与日数］−［消化日数］−［失効日数］の合計値を取得します。

図6-5-2　［社員一覧］シート（社員一覧）

▲	A	B	C	D
1	社員番号	氏名	入社日	残日数
2	S051	前田 くるみ	2017/4/1	10
3	S054	松田 愛華	2019/4/1	16
4	S061	山田 諒	2020/4/1	11
5	S077	林 莉奈	2021/4/1	6

［付与日数］−［消化日数］−［失効日数］

　付与履歴は、社員に有給休暇を付与した履歴を集約したデータです。［社員番号］・［氏名］・［付与日］・［付与日数］・［有効期限］・［消化日数］・［失効日数］の7つの項目があります。付与した有給休暇の有効期間は2年間で、有効期限を過ぎると［残日数］分の有給休暇は失効し、［失効日数］として扱われます。［消化日数］と［失効日数］を自動的に算出するのが今回の課題です。

図6-5-3　［付与履歴］シート（付与履歴）

▲	A	B	C	D	E	F	G
1	社員番号	氏名	付与日	付与日数	有効期限	消化日数	失効日数
2	S051	前田 くるみ	2017/10/1	10	2019/9/30	8	2
3	S051	前田 くるみ	2018/10/1	11	2020/9/30	10	1
4	S051	前田 くるみ	2019/10/1	12	2021/9/30	12	0
5	S051	前田 くるみ	2020/10/1	14	2022/9/30	14	0
6	S051	前田 くるみ	2021/10/1	16	2023/9/30	6	0
7	S054	松田 愛華	2019/10/1	10	2021/9/30	7	3
8	S054	松田 愛華	2020/10/1	11	2022/9/30	7	0
9	S054	松田 愛華	2021/10/1	12	2023/9/30	0	0
10	S061	山田 諒	2020/10/1	10	2022/9/30	10	0
11	S061	山田 諒	2021/10/1	11	2023/9/30	0	0
12	S077	林 莉奈	2021/10/1	10	2023/9/30	4	0

［消化日数］と［失効日数］を自動算出する

　取得履歴には、社員が有給休暇を取得した履歴が記録されています。［社員番号］・［氏名］・［取得日］・［付与日割当］の4つの項目があります。1行につき有給休暇1日分の取得日が記録されています。［付与日割当］というのは、該当の［取得日］を、どの［付与日］（有給休暇が付与されたタイミング）における有給休暇から消

化するかを表します。付与履歴の［消化日数］を算出するためには、［取得日］に対して［付与日］を割り当てる作業が必要になります。

図6-5-4　［取得履歴］シート（取得履歴）

	A	B	C	D
1	社員番号	氏名	取得日	付与日割当
2	S051	前田 くるみ	2018/4/2	
3	S051	前田 くるみ	2019/1/30	
4	S051	前田 くるみ	2019/1/31	
5	S051	前田 くるみ	2019/2/1	
6	S051	前田 くるみ	2019/4/9	
7	S051	前田 くるみ	2019/4/10	
8	S051	前田 くるみ	2019/4/11	
9	S051	前田 くるみ	2019/4/12	
10	S051	前田 くるみ	2019/11/10	

取得した有給休暇をどの付与日から消化するか、自動的に算出する

処理の流れ

　計算が難しそうだと感じるかもしれませんが、計算過程を見失わないようにすれば必ずゴールにたどり着けるので、最後までがんばりましょう。最大のポイントは、取得した有給休暇を「いつ付与した有給休暇から使うのか」を突き止めることです。言い換えると、［取得日］ごとに［付与日］を割り当てる、ということです。付与日を割り当てられれば、次のように芋づる式に［残日数］を算出できます。

▼残日数の計算過程

> 取得履歴にある［取得日］ごとに［付与日］を割り当てる
> 　　　　　↓
> 割り当てた日数＝［消化日数］である
> 　　　　　↓
> ［付与日数］から［消化日数］を差し引けば、［残日数］または［失効日数］がわかる

　では、［取得日］ごとに［付与日］を割り当てる処理について考えてみましょう。取得履歴にある［取得日］が、付与履歴の有効期間内（［付与日］以降、［有効期限］以内）かどうかをチェックし、有効期間内であれば、［取得日］に対して該当する［付与日］を割り当てます。このとき、割り当て可能な付与日数が残っているかに

ついてもチェックする必要があります。

図6-5-5 [取得日]に対する[付与日]の割り当て

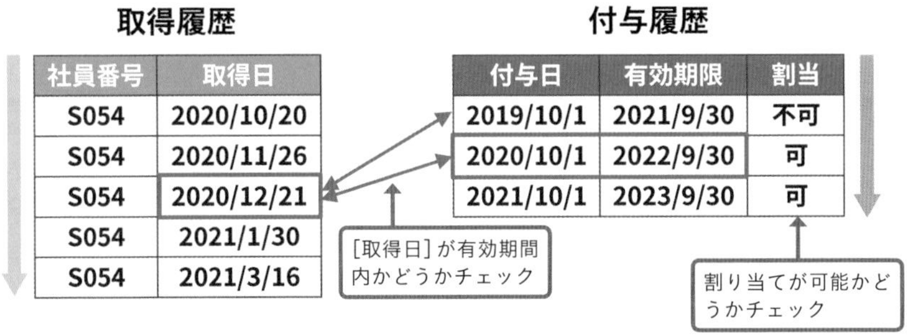

取得履歴

社員番号	取得日
S054	2020/10/20
S054	2020/11/26
S054	2020/12/21
S054	2021/1/30
S054	2021/3/16

付与履歴

付与日	有効期限	割当
2019/10/1	2021/9/30	不可
2020/10/1	2022/9/30	可
2021/10/1	2023/9/30	可

[取得日]が有効期間内かどうかチェック

割り当てが可能かどうかチェック

　整理すると、次のすべての条件に合致する場合に、[取得日]に対して[付与日]を割り当てます。

・取得履歴と付与履歴で社員番号が一致している
・[取得日]が、有給休暇の有効期間内である（[付与日]以降、[有効期限]以内）
・[消化日数]が[付与日数]よりも小さい（未割当の[付与日数]がある）

　これを踏まえて処理の流れを書くと、次のようになります。

▼ **[残日数計算]処理**

A　取得履歴データを取得する
①社員番号・取得日の昇順でソートする
②取得履歴シートの最終行を取得する
③付与日割当のデータをクリアする
④取得履歴データを取得する

B　付与履歴データを取得する
⑤社員番号・有効期限の昇順でソートする
⑥付与履歴シートの最終行を取得する
⑦消化日数・失効日数に初期値を設定する
⑧付与履歴データを取得する

C　取得日がどの有給休暇に属するかを割り当てる

---

⑨取得履歴を1行ずつ処理する

⑩取得履歴の該当行のデータを取得する

⑪付与履歴を1行ずつ処理する

⑫付与履歴の該当行のデータを取得する

⑬次の条件に合致する場合、以降の処理を行う

・取得履歴と付与履歴で社員番号が一致している

・取得日が、有給休暇の有効期間内である(付与日以降、有効期限以内)

・消化日数が付与日数よりも小さい(未割当の付与日数がある)

⑭該当行の消化日数を1日加算する

⑮原資となる有給休暇の付与日を割り当てる

⑯割り当てる処理を終了する

D　データを貼りつける

⑰取得履歴のデータを貼りつける

⑱付与履歴のデータを貼りつける

⑲失効日数列に数式を入力する

解決のためのヒント

○ DateDiff関数

2つの日付の時間間隔を求めるためのVBA関数です。ステップアップの課題で使用します。

関数	**DateDiff**(デイトディフ)
説明	2つの日付の時間間隔を算出し、指定した単位に換算します。
引数	1. 時間の単位を表す記号 2. 1つ目の日付 3. 2つ目の日付
戻り値	時間間隔の整数値
使用例	DateDiff("d", #2022/10/1#, Date()) 　　　　　└ 単位 ─┘ └ 1つ目の日付 ┘ └ 2つ目の日付 ▶ 2022年10月1日とシステム日付の差を、日単位で取得します。

時間の単位として指定できる記号を**表6-5-1**にまとめています。

6

複雑でミスが起きやすい集計作業を楽にする

表6-5-1　時間の単位を表す記号

時間の単位	記号
年	yyyy
四半期	q
月	m
日	d
週	ww
時	h
分	n
秒	s

Memo

時間間隔の値は整数になる点に注意しておきましょう。0.2年といった小数の値を求めたいときは、一旦「日」単位で求めたうえで、それを365で割って年に換算する、といった工夫が必要です。

● DateAdd関数

日付に、指定した時間間隔を加算するためのVBA関数です。ステップアップの課題で使用します。

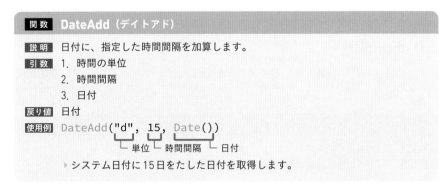

時間の単位として指定できる文字列は、前述の `DateDiff` 関数と同じです。

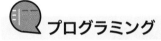 **プログラミング**

プロシージャ名は「残日数計算」とし、プロシージャ内に処理の流れを書き込みます。

▼ [残日数計算] プロシージャ

```
Sub  残日数計算 ( )
    'A   取得履歴データを取得する
    '①社員番号・取得日の昇順でソートする
    '②取得履歴シートの最終行を取得する
    '③付与日割当のデータをクリアする
    '④取得履歴データを取得する

    'B   付与履歴データを取得する
    '⑤社員番号・有効期限の昇順でソートする
    '⑥付与履歴シートの最終行を取得する
    '⑦消化日数・失効日数に初期値を設定する
    '⑧付与履歴データを取得する

    'C   取得日がどの有給休暇に属するかを割り当てる
    '⑨取得履歴を1行ずつ処理する
        '⑩取得履歴の該当行のデータを取得する
        '⑪付与履歴を1行ずつ処理する
            '⑫付与履歴の該当行のデータを取得する
            '⑬次の条件に合致する場合、以降の処理を行う
            '・取得履歴と付与履歴で社員番号が一致している
            '・取得日が、有給休暇の有効期間内である（付与日以降、有効期
限以内）
            '・消化日数が付与日数よりも小さい（未割当の付与日数がある）
                '⑭該当行の消化日数を1日加算する
                '⑮原資となる有給休暇の付与日を割り当てる
                '⑯割り当てる処理を終了する

    'D   データを貼りつける
    '⑰取得履歴のデータを貼りつける
    '⑱付与履歴のデータを貼りつける
    '⑲失効日数列に数式を入力する
End  Sub
```

　また、[社員一覧] シートの右上には [残日数計算] ボタンを設置し、[残日数計

算］プロシージャを関連づけておきましょう。

図6-5-6　［残日数計算］ボタンの設置

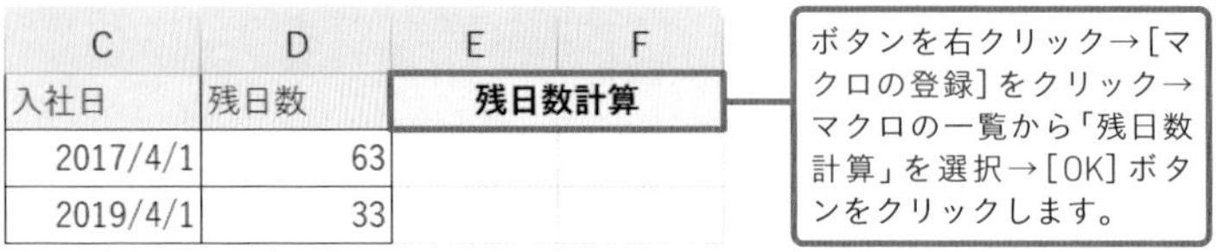

C	D	E	F
入社日	残日数	残日数計算	
2017/4/1	63		
2019/4/1	33		

> ボタンを右クリック→［マクロの登録］をクリック→マクロの一覧から「残日数計算」を選択→［OK］ボタンをクリックします。

では、コードについて解説します。

▼ A　取得履歴データを取得する

❶ 社員番号・取得日の昇順でソートする

社員1人ずつ、かつ取得日の早い順に処理をしないと、［付与日］を正しく割り当てることができません。取得履歴の［取得日］（C列）でソートしたあと、［社員番号］（A列）でソートすれば、［社員番号］・［取得日］の順序でソートされます。

```
With Sheets("取得履歴")
    '①社員番号・取得日の昇順でソートする
    .Range("A1").CurrentRegion.Sort Key1:=.Range("C1"),
Header:=xlYes
    .Range("A1").CurrentRegion.Sort Key1:=.Range("A1"),
Header:=xlYes

    '②取得履歴シートの最終行を取得する
    '③付与日割当のデータをクリアする
    '④取得履歴データを取得する
End With
```

❷ 取得履歴シートの最終行を取得する

データをクリアする範囲を特定するため、**End**プロパティを使って取得履歴の最終行を取得します。

```
'②取得履歴シートの最終行を取得する
最終行1 = .Range("A1").End(xlDown).Row
```

➡【変数宣言】Dim 最終行1 As String

❸ 付与日割当のデータをクリアする

［付与日割当］にデータが書き込まれている可能性があるため、データをクリアしておきます。セルの書式までクリアする必要はないので、**Clear**メソッドではなく**ClearContents**メソッドを使います。

```
'③付与日割当のデータをクリアする
.Range("D2", "D" & 最終行1).ClearContents
```

❹ 取得履歴データを取得する

❶～❸の処理を経て整備された取得履歴のデータを取得します。

```
'④取得履歴データを取得する
取得履歴 = .Range("A1").CurrentRegion
```

➡【変数宣言】Dim 取得履歴 As Variant

▼ B　付与履歴データを取得する

❺ 社員番号・有効期限の昇順でソートする

取得履歴同様、付与履歴についても［社員番号］・［有効期限］の昇順でソートしないと、付与日を正しく割り当てることができません。［有効期限］（E列）でソートした後、［社員番号］（A列）でソートすれば、［社員番号］・［有効期限］の順序でソートされます。

```
With Sheets("付与履歴")
    '⑤社員番号・有効期限の昇順でソートする
    .Range("A1").CurrentRegion.Sort Key1:=.Range("E1"),
Header:=xlYes
    .Range("A1").CurrentRegion.Sort Key1:=.Range("A1"),
Header:=xlYes

    '⑥付与履歴シートの最終行を取得する
    '⑦消化日数・失効日数に初期値を設定する
    '⑧付与履歴データを取得する
End With
```

6

複雑でミスが起きやすい集計作業を楽にする

❻ 付与履歴シートの最終行を取得する

データをクリアする範囲を特定するため、**End**プロパティを使って付与履歴の最終行を取得します。

```
'⑥付与履歴シートの最終行を取得する
最終行2 = .Range("A1").End(xlDown).Row
```

➡【変数宣言】Dim 最終行2 As String

❼ 消化日数・失効日数に初期値を設定する

［消化日数］（F列）と［失効日数］（G列）を初期化するため、「0」を書き込みます。

```
'⑦消化日数・失効日数に初期値を設定する
.Range("F2", "G" & 最終行2).Value = 0
```

❽ 付与履歴データを取得する

❺ ～ ❼ の処理を経て整備された付与履歴のデータを取得します。

```
'⑧付与履歴データを取得する
付与履歴 = .Range("A1").CurrentRegion
```

➡【変数宣言】Dim 付与履歴 As Variant

▼ C　取得日がどの有給休暇に属するかを割り当てる

❾ 取得履歴を1行ずつ処理する

取得履歴を1行ずつ繰り返し処理します。**UBound**関数を使って最終行を取得します。

```
'⑨取得履歴を1行ずつ処理する
For 取得行 = 2 To UBound(取得履歴)
        '⑩取得履歴の該当行のデータを取得する
        '⑪付与履歴を1行ずつ処理する
                '⑫付与履歴の該当行のデータを取得する
                '⑬次の条件に合致する場合、以降の処理を行う
                '・取得履歴と付与履歴で社員番号が一致している
                '・取得日が、有給休暇の有効期間内である（付与日以降、有効期限以内）
```

```
    '・消化日数が付与日数よりも小さい（未割当の付与日数がある）
        '⑭該当行の消化日数を１日加算する
        '⑮原資となる有給休暇の付与日を割り当てる
        '⑯割り当てる処理を終了する
Next
```

➡【変数宣言】Dim 取得行 As Variant

⓾取得履歴の該当行のデータを取得する

[社員番号]と[取得日]を取得し、変数に格納しておきます。これは、コードをわかりやすくするための工夫です。

```
'⓾取得履歴の該当行のデータを取得する
社員番号 ＝ 取得履歴 (取得行，1)
取得日 ＝ 取得履歴 (取得行，3)
```

➡【変数宣言】Dim 社員番号 As String，取得日 As Date

⓫付与履歴を１行ずつ処理する

取得履歴に続き、付与履歴の繰り返し処理を行います。

```
'⓫付与履歴を１行ずつ処理する
For 付与行 ＝ 2 To UBound(付与履歴)
        '⓬付与履歴の該当行のデータを取得する
        '⓭次の条件に合致する場合、以降の処理を行う
        '・取得履歴と付与履歴で社員番号が一致している
        '・取得日が、有給休暇の有効期間内である（付与日以降、有効期限以内）
        '・消化日数が付与日数よりも小さい（未割当の付与日数がある）
            '⑭該当行の消化日数を１日加算する
            '⑮原資となる有給休暇の付与日を割り当てる
            '⑯割り当てる処理を終了する
Next
```

➡【変数宣言】Dim 付与行 As Long

⓬付与履歴の該当行のデータを取得する

付与履歴の該当行のデータを取得して、項目ごとに変数に格納します。

```
'⑫付与履歴の該当行のデータを取得する
社員番号2 = 付与履歴(付与行, 1)
付与日 = 付与履歴(付与行, 3)
付与日数 = 付与履歴(付与行, 4)
有効期限 = 付与履歴(付与行, 5)
消化日数 = 付与履歴(付与行, 6)
```

➡【変数宣言】Dim 社員番号2 As String, 付与日 As Date,
　　　　　　付与日数 As Long, 有効期限 As Date, 消化日数 As Long

❸ 次の条件に合致する場合、以降の処理を行う

- 取得履歴と付与履歴で社員番号が一致している
- 取得日が、有給休暇の有効期間内である(付与日以降、有効期限以内)
- 消化日数が付与日数よりも小さい(未割当の付与日数がある)

　取得した有給休暇に対して付与日を割り当ててもよい場合というのは、上記3つ
の条件をすべて満たしている場合です。2つ目の条件「取得日が、有給休暇の有効期
間内である」をコードで書くときは、「付与日 <= 取得日」と「取得日 <= 有効期限」
の2つに分けて書きます。

```
'⑬次の条件に合致する場合、以降の処理を行う
'・取得履歴と付与履歴で社員番号が一致している
'・取得日が、有給休暇の有効期間内である(付与日以降、有効期限以内)
'・消化日数が付与日数よりも小さい(未割当の付与日数がある)
If 社員番号 = 社員番号2 And _
    付与日 <= 取得日 And 取得日 <= 有効期限 And _
    付与日数 > 消化日数 Then
        '⑭該当行の消化日数を1日加算する
        '⑮原資となる有給休暇の付与日を割り当てる
        '⑯割り当てる処理を終了する
End If
```

❹ 該当行の消化日数を1日加算する

　有給休暇を消化したことを記録するため、[消化日数](6列目)の値を1日分増や
します。配列内で計算して値を保持しておき、後工程でシートに貼りつけます。

```
'⑭該当行の消化日数を１日加算する
付与履歴（付与行，6） = 付与履歴（付与行，6） + 1
```

⑮原資となる有給休暇の付与日を割り当てる

　割り当てた［付与日］を、取得履歴の［付与日割当］(4列目) に記録します。配列内で値を保持しておき、後工程でシートに貼りつけます。

```
'⑮原資となる有給休暇の付与日を割り当てる
取得履歴（取得行，4） = 付与日
```

⑯割り当てる処理を終了する

　該当の［取得日］に対する割り当てが完了したら、これ以上の割り当て処理は必要ないため、付与履歴の繰り返し処理を抜けて、次の［取得日］の処理に移ります。

```
'⑯割り当てる処理を終了する
Exit For
```

▼ D　データを貼りつける

⑰取得履歴のデータを貼りつける

　割り当て処理が完了した取得履歴のデータを、［取得履歴］シートに貼りつけます。

```
'⑰取得履歴のデータを貼りつける
Sheets("取得履歴").Range("A1").CurrentRegion = 取得履歴
```

⑱付与履歴のデータを貼りつける

　消化日数の計算が完了した付与履歴のデータを、［付与履歴］シートに貼りつけます。

```
'⑱付与履歴のデータを貼りつける
Sheets("付与履歴").Range("A1").CurrentRegion = 付与履歴
```

⑲失効日数列に数式を入力する

　最後に、付与履歴の［失効日数］を求めるための数式を書き込みます。該当の有

給休暇が失効している場合は、［付与日数］から［消化日数］を差し引けば、［失効日数］を算出することができます。有給休暇が失効している場合というのは、NOW関数で取得できる現在日付が［有効期限］よりも後（有効期限＜現在日付）である場合のことです。逆に、有効期限≧現在日付の場合は、まだ有効期間が残っているわけですから、失効日数ではなく残日数としてカウントします。

```
'⑲失効日数列に数式を入力する
Sheets("付与履歴").Range("G2", "G" & 最終行2).Formula =
"=IF(E2<NOW(),D2-F2,0)"
```

完成したプログラムは次のようになります。

● プログラム作成例

```
Sub 残日数計算()
    Dim 最終行1 As String
    Dim 取得履歴 As Variant
    Dim 最終行2 As String
    Dim 付与履歴 As Variant
    Dim 取得行 As Variant
    Dim 社員番号 As String, 取得日 As Date
    Dim 付与行 As Long
    Dim 社員番号2 As String, 付与日 As Date, 付与日数 As Long,
有効期限 As Date, 消化日数 As Long

    'A  取得履歴データを取得する
    With Sheets("取得履歴")
        '①社員番号・取得日の昇順でソートする
        .Range("A1").CurrentRegion.Sort Key1:=.Range("C1"),
Header:=xlYes
        .Range("A1").CurrentRegion.Sort Key1:=.Range("A1"),
Header:=xlYes

        '②取得履歴シートの最終行を取得する
        最終行1 = .Range("A1").End(xlDown).Row
```

```vb
        '③付与日割当のデータをクリアする
        .Range("D2", "D" & 最終行1).ClearContents

        '④取得履歴データを取得する
        取得履歴 = .Range("A1").CurrentRegion
    End With

    'B　付与履歴データを取得する
    With Sheets("付与履歴")
        '⑤社員番号・有効期限の昇順でソートする
        .Range("A1").CurrentRegion.Sort Key1:=.Range("E1"),
Header:=xlYes
        .Range("A1").CurrentRegion.Sort Key1:=.Range("A1"),
Header:=xlYes

        '⑥付与履歴シートの最終行を取得する
        最終行2 = .Range("A1").End(xlDown).Row

        '⑦消化日数・失効日数に初期値を設定する
        .Range("F2", "G" & 最終行2).Value = 0

        '⑧付与履歴データを取得する
        付与履歴 = .Range("A1").CurrentRegion
    End With

    'C　取得日がどの有給休暇に属するかを割り当てる
    '⑨取得履歴を1行ずつ処理する
    For 取得行 = 2 To UBound(取得履歴)
        '⑩取得履歴の該当行のデータを取得する
        社員番号 = 取得履歴(取得行, 1)
        取得日 = 取得履歴(取得行, 3)

        '⑪付与履歴を1行ずつ処理する
        For 付与行 = 2 To UBound(付与履歴)
            '⑫付与履歴の該当行のデータを取得する
```

```vba
            社員番号2 = 付与履歴(付与行, 1)
            付与日 = 付与履歴(付与行, 3)
            付与日数 = 付与履歴(付与行, 4)
            有効期限 = 付与履歴(付与行, 5)
            消化日数 = 付与履歴(付与行, 6)


            '⑬次の条件に合致する場合、以降の処理を行う
            '・取得履歴と付与履歴で社員番号が一致している
            '・取得日が、有給休暇の有効期間内である(付与日以降、有効期限以内)
            '・消化日数が付与日数よりも小さい(未割当の付与日数がある)
            If 社員番号 = 社員番号2 And _
                付与日 <= 取得日 And 取得日 <= 有効期限 And _
                付与日数 > 消化日数 Then
                    '⑭該当行の消化日数を1日加算する
                    付与履歴(付与行, 6) = 付与履歴(付与行, 6) + 1

                    '⑮原資となる有給休暇の付与日を割り当てる
                    取得履歴(取得行, 4) = 付与日

                    '⑯割り当てる処理を終了する
                    Exit For
            End If
        Next
    Next

    'D  データを貼りつける
    '⑰取得履歴のデータを貼りつける
    Sheets("取得履歴").Range("A1").CurrentRegion = 取得履歴

    '⑱付与履歴のデータを貼りつける
    Sheets("付与履歴").Range("A1").CurrentRegion = 付与履歴

    '⑲失効日数列に数式を入力する
    Sheets("付与履歴").Range("G2", "G" & 最終行2).Formula = _
"=IF(E2<NOW(),D2-F2,0)"
End Sub
```

プログラムを実行すると、**図6-5-7**のようになります。取得履歴の[付与日割当]が書き込まれると同時に、付与履歴の[消化日数]と[失効日数]が算出されます。その結果として、社員一覧に[残日数]を表示することができます。

図6-5-7 実行結果 - [取得履歴]シート

	A	B	C	D
1	社員番号	氏名	取得日	付与日割当
2	S051	前田 くるみ	2018/4/2	2017/10/1
3	S051	前田 くるみ	2019/1/30	2017/10/1
4	S051	前田 くるみ	2019/1/31	2017/10/1
5	S051	前田 くるみ	2019/2/1	2017/10/1
6	S051	前田 くるみ	2019/4/9	2017/10/1
7	S051	前田 くるみ	2019/4/10	2017/10/1
8	S051	前田 くるみ	2019/4/11	2017/10/1
9	S051	前田 くるみ	2019/4/12	2017/10/1
10	S051	前田 くるみ	2019/11/10	2018/10/1

各取得日の原資となる付与日が明らかになる

図6-5-8 実行結果 - [付与履歴]シート

	A	B	C	D	E	F	G
1	社員番号	氏名	付与日	付与日数	有効期限	消化日数	失効日数
2	S051	前田 くるみ	2017/10/1	10	2019/9/30	8	2
3	S051	前田 くるみ	2018/10/1	11	2020/9/30	10	1
4	S051	前田 くるみ	2019/10/1	12	2021/9/30	12	0
5	S051	前田 くるみ	2020/10/1	14	2022/9/30	14	0
6	S051	前田 くるみ	2021/10/1	16	2023/9/30	6	0
7	S054	松田 愛華	2019/10/1	10	2021/9/30	7	3
8	S054	松田 愛華	2020/10/1	11	2022/9/30	7	0
9	S054	松田 愛華	2021/10/1	12	2023/9/30	0	0
10	S061	山田 諒	2020/10/1	10	2022/9/30	10	0
11	S061	山田 諒	2021/10/1	11	2023/9/30	0	0
12	S077	林 莉奈	2021/10/1	10	2023/9/30	4	0

付与した有給休暇のうち、消化・失効した日数が明らかになる

6 複雑でミスが起きやすい集計作業を楽にする

図6-5-9　実行結果 - [社員一覧]シート

	A	B	C	D	E	F
1	社員番号	氏名	入社日	残日数	残日数計算	
2	S051	前田 くるみ	2017/4/1	10		
3	S054	松田 愛華	2019/4/1	16		
4	S061	山田 諒	2020/4/1	11		
5	S077	林 莉奈	2021/4/1	6		

結果として、残日数が求まる

ステップアップ

　有給休暇日数は労働基準法第39条で**図6-5-10**の付与日数表のとおり定められています。社員の入社日さえわかれば、付与日数表から付与履歴のデータを作成できます。そこで、付与履歴のデータを自動的に作成するためのコードを書いてみましょう。

図6-5-10　[付与日数表]シート (付与日数表)

	A	B
1	継続勤務年数	付与日数
2		通常
3	0.5	10
4	1.5	11
5	2.5	12
6	3.5	14
7	4.5	16
8	5.5	18
9	6.5	20

　主な処理としては、各社員の入社日から勤務年数を求めて、付与日数表の各行に対応する付与履歴データを作成します。例えばある社員の勤務年数が2年の場合は、付与日数表の[継続勤務年数]のうち0.5年と1.5年に対応する付与履歴データを作成します。データ作成時に行う計算は次の3つです。

- 勤務年数：入社日から現在日付までの年数を算出する
- 付与日：入社日に継続勤務年数をたす
- 有効期限：付与日に24か月をたす

これを踏まえて処理の流れを書くと、次のようになります。

▼［付与履歴作成］処理

①社員一覧のデータを取得する
②付与日数表のデータを取得する
③付与履歴のデータをクリアする
④付与履歴の書込行の初期値を設定する
⑤社員ごとに繰り返し処理する
　⑥社員一覧の該当行のデータを取得する
　⑦該当社員の勤務年数を算出する（年単位）
　⑧付与日数表を1行ずつ繰り返し処理する
　　⑨付与日数表の該当行のデータを取得する
　　⑩勤務年数が、付与日数表の継続勤務年数を超えている場合、次の処理を行う
　　　⑪付与日と有効期限を算出する
　　　⑫付与履歴シートにデータを書き込む
　　　⑬書込行を次の行に設定する

プロシージャ名は「付与履歴作成」とし、プロシージャ内に処理の流れを書き込みます。

▼［付与履歴作成］プロシージャ

```
Sub 付与履歴作成()
    '①社員一覧のデータを取得する
    '②付与日数表のデータを取得する
    '③付与履歴のデータをクリアする
    '④付与履歴の書込行の初期値を設定する
    '⑤社員ごとに繰り返し処理する
        '⑥社員一覧の該当行のデータを取得する
        '⑦該当社員の勤務年数を算出する（年単位）
        '⑧付与日数表を1行ずつ繰り返し処理する
            '⑨付与日数表の該当行のデータを取得する
            '⑩勤務年数が、付与日数表の継続勤務年数を超えている場合、
次の処理を行う
```

```
        '⑪付与日と有効期限を算出する
        '⑫付与履歴シートにデータを書き込む
        '⑬書込行を次の行に設定する
End Sub
```

また、[付与履歴]シートの右上には[付与履歴作成]ボタンを設置し、[付与履歴作成]プロシージャを関連づけておきましょう。

図6-5-11 [付与履歴作成]ボタンの設置

E	F	G	H	I
有効期限	消化日数	失効日数	付与履歴作成	

> ボタンを右クリック→[マクロの登録]をクリック→マクロの一覧から「付与履歴作成」を選択→[OK]ボタンをクリックします。

では、コードについて解説します。

❶社員一覧のデータを取得する

CurrentRegionプロパティを使って社員一覧を取得します。

```
'①社員一覧のデータを取得する
社員一覧 = Sheets("社員一覧").Range("A1").CurrentRegion
```

➡【変数宣言】Dim 社員一覧 As Variant

❷付与日数表のデータを取得する

付与日数表についても、CurrentRegionプロパティで取得します。

```
'②付与日数表のデータを取得する
付与日数表 = Sheets("付与日数表").Range("A1").CurrentRegion
```

➡【変数宣言】Dim 付与日数表 As Variant

❸付与履歴のデータをクリアする

付与履歴にデータが存在する可能性があるため、全データをクリアします。UsedRangeプロパティでデータ全体を選択したあと、見出し行を除くためにOffsetプロパティで選択範囲を1行下にずらします。該当範囲の行をまるごと削除します。

```
'③付与履歴のデータをクリアする
Sheets("付与履歴").UsedRange.Offset(1, 0).EntireRow.Delete
```

❹付与履歴の書込行の初期値を設定する

付与履歴には、見出し行の下の2行目から書き込みます。

```
'④付与履歴の書込行の初期値を設定する
書込行 = 2
```

➡【変数宣言】Dim 書込行 As Long

❺社員ごとに繰り返し処理する

社員一覧のデータを1行ずつ繰り返し処理します。

```
'⑤社員ごとに繰り返し処理する
For 社員行 = 2 To UBound(社員一覧)
    '⑥社員一覧の該当行のデータを取得する
    '⑦該当社員の勤務年数を算出する（年単位）
    '⑧付与日数表を1行ずつ繰り返し処理する
        '⑨付与日数表の該当行のデータを取得する
         '⑩勤務年数が、付与日数表の継続勤務年数を超えている場合、次の
処理を行う
            '⑪付与日と有効期限を算出する
            '⑫付与履歴シートにデータを書き込む
            '⑬書込行を次の行に設定する
Next
```

➡【変数宣言】Dim 社員行 As Long

❻社員一覧の該当行のデータを取得する

［社員番号］・［氏名］・［入社日］の値を取得します。

```
'⑥社員一覧の該当行のデータを取得する
社員番号 = 社員一覧(社員行, 1)
氏名 = 社員一覧(社員行, 2)
入社日 = 社員一覧(社員行, 3)
```

➡【変数宣言】Dim 社員番号 As String, 氏名 As String,
　　　　　　　　　　　　入社日 As Date

❼該当社員の勤務年数を算出する（年単位）

　付与日数表の継続勤務年数と突き合わせるため、社員の勤務年数を算出します。入社日から現在日付までの日数を365で割って年に換算します。したがって、**DateDiff**関数の1つ目の引数には日を表す「d」を指定し、2つ目には入社日、3つ目には現在日付を取得するための**Date**関数を指定します。計算結果は小数になることがあるので、変数の型はDoubleにします。

```
'⑦該当社員の勤務年数を算出する（年単位）
勤務年数 = DateDiff("d", 入社日, Date) / 365
```

➡【変数宣言】Dim 勤務年数 As Double

❽付与日数表を1行ずつ繰り返し処理する

　❼で取得した勤務年数が、付与日数表の継続勤務年数を満たしているかどうかを判別するため、付与日数表を1行ずつ処理します。

```
'⑧付与日数表を1行ずつ繰り返し処理する
For 日数行 = 3 To UBound(付与日数表)
        '⑨付与日数表の該当行のデータを取得する
        '⑩勤務年数が、付与日数表の継続勤務年数を超えている場合、次の処理を行
う
            '⑪付与日と有効期限を算出する
            '⑫付与履歴シートにデータを書き込む
            '⑬書込行を次の行に設定する
Next
```

➡【変数宣言】Dim 日数行 As Long

❾付与日数表の該当行のデータを取得する

　該当行にある［継続勤務年数］と［付与日数］の値を取得します。継続勤務年数はDouble型で宣言します。

```
'⑨付与日数表の該当行のデータを取得する
継続勤務年数 = 付与日数表(日数行, 1)
付与日数 = 付与日数表(日数行, 2)
```

➡【変数宣言】Dim 継続勤務年数 As Double, 付与日数 As Long

❿勤務年数が、付与日数表の継続勤務年数を超えている場合、次の処理を行う

付与履歴のデータを作成する条件は、勤務年数が継続勤務年数を超えている場合です。

```
'⑩勤務年数が、付与日数表の継続勤務年数を超えている場合、次の処理を行う
If 勤務年数 > 継続勤務年数 Then
    '⑪付与日と有効期限を算出する
    '⑫付与履歴シートにデータを書き込む
    '⑬書込行を次の行に設定する
End If
```

⓫付与日と有効期限を算出する

付与日は、入社日に継続勤務年数をたした日付で、DateAdd関数を使って計算します。ただし、継続勤務年数には小数が含まれているので、月に換算して整数化します。つまり、DateAdd関数の1つ目の引数には月を表す「m」を指定し、2つ目の引数には継続勤務年数に12をかけた値を指定します。

続いて有効期限は、付与日に2年(24か月)をたして1日分マイナスした日付です。1日分マイナスする理由について、例えば付与日が2019/10/1の場合、付与日に2年をたすと2021/10/1になりますが、正しい有効期限は2021/9/30だからです。

```
'⑪付与日と有効期限を算出する
付与日 = DateAdd("m", 継続勤務年数 * 12, 入社日)
有効期限 = DateAdd("m", 24, 付与日) - 1
```

➡【変数宣言】Dim 付与日 As Date, 有効期限 As Date

⓬付与履歴シートにデータを書き込む

❻〜⓫で必要なデータが揃ったので、[付与履歴]シートにデータを1行分書き込みます。

```
'⑫付与履歴シートにデータを書き込む
With Sheets("付与履歴")
    .Cells(書込行, 1).Value = 社員番号
    .Cells(書込行, 2).Value = 氏名
    .Cells(書込行, 3).Value = 付与日
```

```
        .Cells(書込行, 4).Value = 付与日数
        .Cells(書込行, 5).Value = 有効期限
End With
```

❸書込行を次の行に設定する

書き込み終わったら、書込行を1行分増やして、次の行に設定します。

```
'❸書込行を次の行に設定する
書込行 = 書込行 + 1
```

完成したプログラムは次のようになります。

○ プログラム作成例

```
Sub 付与履歴作成()
    Dim 社員一覧 As Variant
    Dim 付与日数表 As Variant
    Dim 書込行 As Long
    Dim 社員行 As Long
    Dim 社員番号 As String, 氏名 As String, 入社日 As Date
    Dim 勤務年数 As Double
    Dim 日数行 As Long
    Dim 継続勤務年数 As Double, 付与日数 As Long
    Dim 付与日 As Date, 有効期限 As Date

    '①社員一覧のデータを取得する
    社員一覧 = Sheets("社員一覧").Range("A1").CurrentRegion

    '②付与日数表のデータを取得する
    付与日数表 = Sheets("付与日数表").Range("A1").CurrentRegion

    '③付与履歴のデータをクリアする
    Sheets("付与履歴").UsedRange.Offset(1, 0).EntireRow.Delete

    '④付与履歴の書込行の初期値を設定する
```

```
書込行 = 2

'⑤社員ごとに繰り返し処理する
For 社員行 = 2 To UBound(社員一覧)
    '⑥社員一覧の該当行のデータを取得する
    社員番号 = 社員一覧(社員行, 1)
    氏名 = 社員一覧(社員行, 2)
    入社日 = 社員一覧(社員行, 3)

    '⑦該当社員の勤務年数を算出する(年単位)
    勤務年数 = DateDiff("d", 入社日, Date) / 365

    '⑧付与日数表を1行ずつ繰り返し処理する
    For 日数行 = 3 To UBound(付与日数表)
        '⑨付与日数表の該当行のデータを取得する
        継続勤務年数 = 付与日数表(日数行, 1)
        付与日数 = 付与日数表(日数行, 2)

        '⑩勤務年数が、付与日数表の継続勤務年数を超えている場合、次の
処理を行う
        If 勤務年数 > 継続勤務年数 Then
            '⑪付与日と有効期限を算出する
            付与日 = DateAdd("m", 継続勤務年数 * 12, 入社日)
            有効期限 = DateAdd("m", 24, 付与日) - 1

            '⑫付与履歴シートにデータを書き込む
            With Sheets("付与履歴")
                .Cells(書込行, 1).Value = 社員番号
                .Cells(書込行, 2).Value = 氏名
                .Cells(書込行, 3).Value = 付与日
                .Cells(書込行, 4).Value = 付与日数
                .Cells(書込行, 5).Value = 有効期限
            End With

            '⑬書込行を次の行に設定する
            書込行 = 書込行 + 1
```

6

複雑でミスが起きやすい
集計作業を楽にする

```
            End If
        Next
    Next
End Sub
```

　プログラムを実行すると、**図6-5-12**のようになります。[付与履歴作成]ボタン
をクリックすると、一旦すべてのデータが削除された後、付与履歴のデータが生成
されます。

図6-5-12　実行結果 - [付与履歴]シート

	A	B	C	D	E	F	G	H	I
1	社員番号	氏名	付与日	付与日数	有効期限	消化日数	失効日数	**付与履歴作成**	
2	S051	前田 くるみ	2017/10/1	10	2019/9/30				
3	S051	前田 くるみ	2018/10/1	11	2020/9/30				
4	S051	前田 くるみ	2019/10/1	12	2021/9/30				
5	S051	前田 くるみ	2020/10/1	14	2022/9/30				
6	S051	前田 くるみ	2021/10/1	16	2023/9/30				
7	S054	松田 愛華	2019/10/1	10	2021/9/30				
8	S054	松田 愛華	2020/10/1	11	2022/9/30				
9	S054	松田 愛華	2021/10/1	12	2023/9/30				
10	S061	山田 諒	2020/10/1	10	2022/9/30				
11	S061	山田 諒	2021/10/1	11	2023/9/30				
12	S077	林 莉奈	2021/10/1	10	2023/9/30				

付与履歴のデータが生成される

7

ファイルに
データを
書き込んで
一括出力する

データをファイルに出力する主な目的は、出力したファイルを配布する、あるいは経理システムや人事システムなどに取り込むデータを作成することです。そのため、出力するデータにまちがいがあってはいけません。
手作業だと、どれだけ注意していても転記の抜け・漏れ・まちがいなどのミスが起きますが、VBAを使えば正確にデータを転記できます。ファイル出力のテクニックはある程度パターン化されているので、本書で紹介するプログラムを覚えれば幅広い業務に活用できます。

個人顧客や全社員向けに1つずつ書類を作成する作業は、数が多いので大変です。こういう作業はVBAの得意分野ですか？

笠井主任

そのとおり。VBAを使えば楽になるし、正確だし、一瞬で終わるよ。

永井課長

でもデータ出力するプログラムは高度だから、作るのが大変そうですね……。

一ノ瀬さん

扱うオブジェクトの種類が少し増えるだけなので、そんなに身構える必要はないよ。データ加工に比べれば処理の流れもシンプルだから、肩の力を抜いて学習しよう。

永井課長

ツアー参加者に配布する案内状を一括作成する

☑ 一括出力における Excel データの活用法を習得する
☑ PDF ファイルの出力方法を理解する

CASE 24 　法人向けの社員旅行の企画・運営業を営むA社では、ツアーにおいて参加者に配布する案内状を手作業で作成しています。参加者ごとに予約番号・名前・部屋番号を記入し、それをPDFファイルに出力して保管したうえで、紙での印刷を行っています。参加者が100名を超える場合などは作業量が多く手間がかかるため、作業を省力化できないか検討しています。

図7-1-1　案内状

411

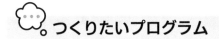

つくりたいプログラム

ツアー参加者一覧には、［予約番号］・［名前］・［部屋番号］・［性別］・［年齢］・［郵便番号］・［住所］・［連絡先］・［一人部屋希望］の9つの項目があります。このうち、［予約番号］・［名前］・［部屋番号］の3項目を案内状に書き込む作業を行っています。

図7-1-2　［ツアー参加者］シート（ツアー参加者一覧）

	A	B	C	D	E	F	G	H	I
1	予約番号	名前	部屋番号	性別	年齢	郵便番号	住所	連絡先	一人部屋希望
2	2058	五十嵐 乃愛	941	女	21	2730036	船橋市東中山1－22－52	0803826986	
3	2099	高野 拓海	411	男	22	2830064	東金市川場1番地イングビル103号室	0803938119	○
4	2116	佐藤 あかり	955	女	22	2620006	千葉市花見川区横戸台27－2	0803336562	○
5	2028	成田 和泰	1057	男	24	2720802	市川市柏井町2－1449－6	0803221632	
6	2041	栗原 莉緒	946	女	24	2890337	香取市木内1171	0803874572	
7	2101	今井 樹	413	男	24	2760022	八千代市上高野1384－4	0803117529	
8	2127	坂本 寛太	409	男	24	2900511	市原市石川339－14	0803945215	
9	2006	水野 大輝	938	男	25	2620043	千葉市花見川区天戸町1363	0803124566	○
10	2029	星野 陽菜	940	女	27	2900059	市原市白金町4－4－1	0803692335	○
11	2067	後藤 花音	940	女	27	2720832	市川市曽谷5－12－7	0803746116	○
12	2005	須藤 翔	943	男	28	2760031	八千代市八千代台北1－10－7NKビル1階	0803766974	○
13	2036	熊谷 翼	1051	男	32	2850854	佐倉市上座1178－21	0803356878	
14	2074	広瀬 悠真	952	男	32	2730121	鎌ヶ谷市初富808－59	0803976824	
15	2100	黒田 陽仁	411	男	32	2970104	長生郡長南町又富462－3	0803329614	○

［予約番号］・［名前］・［部屋番号］を、［案内状］シートに書き込む

案内状には、ツアー参加者一覧から転記する［予約番号］・［名前］・［部屋番号］の他に、［日程］・［場所］・［参加人数］・［主催］・［集合］・［研修日程］の項目があります。［予約番号］はU3セル、［名前］はG4セル、［部屋番号］はU4セルに入力します。

図7-1-3　［案内状］シート（案内状）

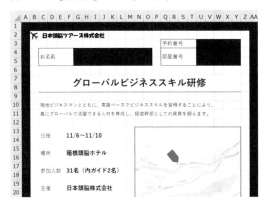

　ツアー参加者一覧にある参加者ごとに［予約番号］・［名前］・［部屋番号］の3項目を転記した案内状を作成し、「予約番号_名前.pdf」というファイル名のPDFファイルを出力するプログラムを作成します。

処理の流れ

　ツアー参加者ごとに、案内状に［予約番号］・［名前］・［部屋番号］のデータを転記し、案内状シートをPDFファイルに出力します。処理の流れは次のとおりです。

▼［案内状作成］処理

①ツアー参加者データを取得する
②参加者を1人ずつ繰り返し処理する
　　③該当行のデータを取得する
　　④出力するファイル名を生成する
　　⑤案内状シートに参加者のデータを入力する
　　⑥PDFファイルを出力する
⑦処理完了メッセージを表示する

解決のためのヒント

○ PDFファイル出力

　PDFファイルを出力するには、シートオブジェクト（またはブックオブジェクト）の ExportAsFixedFormat メソッドを使います。
（エクスポートアズフィックストフォーマット）

```
シートオブジェクト.ExportAsFixedFormat 引数
```

　引数は**表7-1-1**のとおりです。

7

ファイルにデータを書き込んで一括出力する

413

表7-1-1　ExportAsFixedFormatメソッドの引数

順番	名前	説明	省略	使用例
1	タイプ Type	出力するファイル形式を指定します。 ● PDF形式：xlTypePDF ● XPS形式：xlTypeXPS	不可	Type:=xlTypePDF
2	ファイルネーム Filename	ファイル名を指定します。	可	Filename:="案内状.pdf"

例えば、[案内状]シートをPDFファイルで出力するコードは次のように書きます。

```
Sheets("案内状").ExportAsFixedFormat _
    Type:=xlTypePDF,
    Filename:=ThisWorkbook.Path & "¥" & "案内状.pdf"
```

また、ブック内にあるすべてのシートをPDFファイルで出力するコードは次のように書きます。

```
ThisWorkbook.ExportAsFixedFormat _
    Type:=xlTypePDF,
    Filename:=ThisWorkbook.Path & "¥" & "ブック.pdf"
```

 プログラミング

プロシージャ名は「案内状作成」とし、プロシージャ内に処理の流れを書き込みます。

▼ [案内状作成] プロシージャ

```
Sub 案内状作成()
    '①ツアー参加者データを取得する
    '②参加者を1人ずつ繰り返し処理する
        '③該当行のデータを取得する
        '④出力するファイル名を生成する
        '⑤案内状シートに参加者のデータを入力する
        '⑥PDFファイルを出力する
    '⑦処理完了メッセージを表示する
End Sub
```

また、ツアー参加者一覧の右上には[案内状作成]ボタンを設置し、[案内状作成]プロシージャを関連づけておきましょう。

図7-1-4 [案内状作成]ボタンの設置

H	I	J
連絡先	一人部屋希望	案内状作成
0803826986		
0803938119	○	
0803336562	○	

> ボタンを右クリック→[マクロの登録]をクリック→マクロの一覧から「案内状作成」を選択→[OK]ボタンをクリックします。

さらに、ファイルの出力先フォルダの名前についてはあらかじめ定数として宣言しておきます。

```
Const フォルダ名 As String = "07-01"
```

では、コードについて解説します。

❶ツアー参加者データを取得する

ツアー参加者一覧の表全体を**CurrentRegion**プロパティで選択し、取得したツアー参加者一覧を配列に格納します。

```
'①ツアー参加者データを取得する
ツアー参加者 = Sheets("ツアー参加者").Range("A1").CurrentRegion
```

➡【変数宣言】Dim ツアー参加者 As Variant

❷参加者を1人ずつ繰り返し処理する

繰り返し処理を使って、ツアー参加者一覧を1行ずつ処理します。最終行はUBound関数で取得します。

```
'②参加者を1人ずつ繰り返し処理する
For 行 = 2 To UBound(ツアー参加者)
    '③該当行のデータを取得する
    '④出力するファイル名を生成する
    '⑤案内状シートに参加者のデータを入力する
    '⑥PDFファイルを出力する
```

ファイルにデータを書き込んで一括出力する

```
    Next
```

➡【変数宣言】Dim 行 As Long

❸ 該当行のデータを取得する

予約番号、名前、部屋番号という変数を用意し、該当行のデータを格納します。

```
'③該当行のデータを取得する
予約番号 = ツアー参加者(行, 1)
名前 = ツアー参加者(行, 2)
部屋番号 = ツアー参加者(行, 3)
```

➡【変数宣言】Dim 予約番号 As String, 名前 As String, 部屋番号 As String

❹ 出力するファイル名を生成する

PDFファイル名を生成します。予約番号と名前の間にアンダーバー「_」を入れます。ファイル名の末尾に拡張子「.pdf」をつけるのを忘れないように注意してください。

```
'④出力するファイル名を生成する
ファイル名 = 予約番号 & "_" & 名前 & ".pdf"
```

➡【変数宣言】Dim ファイル名 As String

❺ 案内状シートに参加者のデータを入力する

案内状シートに、❸で取得した予約番号、名前、部屋番号を書き込みます。

```
With Sheets("案内状")
    '⑤案内状シートに参加者のデータを入力する
    .Range("U3").Value = 予約番号
    .Range("G4").Value = 名前
    .Range("U4").Value = 部屋番号

    '⑥PDFファイルを出力する
End With
```

❻ PDFファイルを出力する

ExportAsFixedFormatメソッドを使って、案内状シートをPDFファイルに出力します。1つ目の引数Typeには、PDF形式を意味するxlTypePDFというキーワードを指定します。また、2つ目の引数Filenameには、定数で定義した

フォルダ名と、❹で設定したファイル名を使います。

```vba
'⑥PDFファイルを出力する
.ExportAsFixedFormat _
    Type:=xlTypePDF, _
    Filename:=ThisWorkbook.Path & "¥" & フォルダ名 & "¥" &
ファイル名
```

❼処理完了メッセージを表示する

最後に、処理が完了したことをユーザーに知らせるためのメッセージを表示します。

```vba
'⑦処理完了メッセージを表示する
MsgBox "処理が完了しました", vbInformation
```

完成したプログラムは次のようになります。

○ プログラム作成例

```vba
Const フォルダ名 As String = "07-01"

Sub 案内状作成()
    Dim ツアー参加者 As Variant
    Dim 行 As Long
    Dim 予約番号 As String, 名前 As String, 部屋番号 As String
    Dim ファイル名 As String

    '①ツアー参加者データを取得する
    ツアー参加者 = Sheets("ツアー参加者").Range("A1").CurrentRegion

    '②参加者を1人ずつ繰り返し処理する
    For 行 = 2 To UBound(ツアー参加者)
        '③該当行のデータを取得する
        予約番号 = ツアー参加者(行, 1)
        名前 = ツアー参加者(行, 2)
        部屋番号 = ツアー参加者(行, 3)
```

```vba
        '④出力するファイル名を生成する
        ファイル名 = 予約番号 & "_" & 名前 & ".pdf"

        With Sheets("案内状")
            '⑤案内状シートに参加者のデータを入力する
            .Range("U3").Value = 予約番号
            .Range("G4").Value = 名前
            .Range("U4").Value = 部屋番号

            '⑥PDFファイルを出力する
            .ExportAsFixedFormat _
                Type:=xlTypePDF, _
                Filename:=ThisWorkbook.Path & "¥" & フォルダ名
& "¥" & ファイル名
        End With
    Next

    '⑦処理完了メッセージを表示する
    MsgBox "処理が完了しました", vbInformation
End Sub
```

　プログラムを実行すると、**図7-1-5**のようになります。出力先のフォルダには、ツアー参加者全員分のPDFファイルが出力され、各ファイルを開くと、該当参加者の情報が表示されます。

図7-1-5　実行結果 - [07-01] フォルダ

図7-1-6　PDFファイルの例

該当参加者の情報が
書き込まれている

7

ファイルにデータを書き込んで一括出力する

7-2

難易度 ★★☆☆

経費明細データをCSVファイルに出力する

POINT
- ☑ CSVファイルの出力方法を理解する
- ☑ 出力する項目を制御するテクニックを習得する

CASE 25　　A社は、機械部品の表面にセラミックなどを溶融させて吹きつけることで耐久性を高める、いわゆる溶射コーティングを主力事業としています。

A社では、社員が使用した立替経費の銀行振り込みを行うために、経費精算システムを活用しています。社員から提出される経費明細データをExcelファイルに集約し、それを手作業でCSVファイル（文字コードはUTF-8）に変換して、経費精算システムに取り込んでいます。

図7-2-1　経費システムへのデータ取り込み

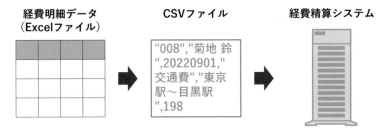

作成したCSVファイルを経費精算システムに取り込もうとすると書式の不一致などによりエラーが発生することが多く、データを修正する作業が面倒なので、CSVファイル出力を自動化する方法を検討しています。

> **Memo**
> CSVファイルは、**図7-2-2**に示すように、項目間をカンマで区切ったテキスト形式のデータのことです。

図7-2-2 CSVファイルの例

```
008,菊地 鈴,2022/09/01,交通費,東京駅〜目黒駅,198
008,菊地 鈴,2022/09/02,交通費,東京駅〜横須賀駅,1100
008,菊地 鈴,2022/09/03,交通費,東京駅〜目黒駅,198
008,菊地 鈴,2022/09/04,交通費,東京駅〜目黒駅,198
008,菊地 鈴,2022/09/05,交通費,東京駅〜目黒駅,198
```

　CSVファイルの中身を確認するときは、メモ帳を使って表示してください。Excelで開くと書式が自動判別されて表示されるので、実際の値と異なる表示になることがあります。

つくりたいプログラム

　経費明細データには、［番号］・［氏名］・［発生日］・［費目］・［摘要］・［金額］の6項目あります。［番号］は「0」から始まることがあり、この「0」を省略してはいけません。［発生日］は日付、［金額］は数値、それ以外の項目は文字列です。

図7-2-3 ［経費明細］シート（経費明細）

	A	B	C	D	E	F
1	番号	氏名	発生日	費目	摘要	金額
2	008	菊地 鈴	9月1日	交通費	東京駅〜目黒駅	198
3	008	菊地 鈴	9月2日	交通費	東京駅〜横須賀駅	1,100
4	008	菊地 鈴	9月3日	交通費	東京駅〜目黒駅	198
5	008	菊地 鈴	9月4日	交通費	東京駅〜目黒駅	198
6	008	菊地 鈴	9月5日	交通費	東京駅〜目黒駅	198
7	008	菊地 鈴	9月6日	交通費	東京駅〜目黒駅	198
8	008	菊地 鈴	9月7日	接待費	秋葉原テクニカ（6名）	28,390
9	008	菊地 鈴	9月8日	交通費	東京駅〜目黒駅	198
10	008	菊地 鈴	9月9日	交通費	東京駅〜目黒駅	198
11	008	菊地 鈴	9月10日	交通費	東京駅〜目黒駅	198
12	019	工藤 太陽	9月1日	交通費	東京駅〜幕張駅	561
13	019	工藤 太陽	9月2日	交通費	東京駅〜幕張駅	561
14	019	工藤 太陽	9月3日	交通費	東京駅〜幕張駅	561
15	019	工藤 太陽	9月4日	接待費	近畿インスツルメンツ（3名）	12,732

文字列　　　日付　　　数値

7

ファイルにデータを書き込んで一括出力する

今回は、経費明細のデータ CSV ファイル出力するプログラムを作成します。項目間はカンマ区切りとし、見出し行も含めて出力します。文字コードは「UTF-8」です (8-5参照)。

 ## 処理の流れ

CSVファイルのイメージとしては、表を出力するのではなく、ひとつひとつのセルの値をカンマ「,」とともにつなげて、1つの文字列にします。また、改行を表す改行文字もあわせて結合します。

図7-2-4　CSVファイルのイメージ

CSVファイルを出力するときは、空のCSVファイルを作成して開き、そこに文字列を書き込んで保存します。また、経費精算システムの仕様として文字コードがあらかじめ決められているので、CSVファイルに該当の文字コードを設定します。
　これを踏まえて処理の流れを書くと、次のようになります。

▼［CSV出力］処理

①経費明細のデータを取得する
②経費明細の行ごとに処理する
　　　③経費明細の列ごとに処理する
　　　　　④該当項目の値を取得する
　　　　　⑤項目間にカンマを入れて値を結合する
　　　　　・先頭の値の場合、カンマ区切りなしで値を結合する
　　　　　・2つ目以降の値の場合、カンマ区切りとともに値を結合する
　　　　⑥行末に、改行文字を入れる
⑦テキストファイルを操作するためのオブジェクトを作成する
⑧文字コードを設定する
⑨ファイルを開く
⑩出力データを書き込む
⑪CSVファイルとして保存する
⑫ファイルを閉じる

⑬処理完了メッセージを表示する

解決のためのヒント

● CSVファイルを作成する

テキストファイルを操作するためのオブジェクト ADODB.Stream を使います。このオブジェクトに対して一時的にデータを書き込み、それをCSVファイルとして出力します。ADODB.Stream オブジェクトでできる主な操作は**図7-2-5**のとおりです。

図7-2-5 ADODB.Streamオブジェクトでの主な操作

表7-2-1は、ADODB.Stream オブジェクト（表内では「オブジェクト」と表記）に関する主なプロパティとメソッドです。

表7-2-1 ADODB.Streamオブジェクトに関する主なプロパティとメソッド

操作	書き方の例
文字コードを設定する	オブジェクト.Charset = "UTF-8" ファイルの文字コードを「UTF-8」にします。
開く	オブジェクト.Open オブジェクトを開いて、データを書き込み可能な状態にします。
データを書き込む	オブジェクト.WriteText "008" オブジェクトに「008」という文字列を書き込みます。
保存する	オブジェクト.SaveToFile "C:\データ.csv", 2 オブジェクト内のデータを、Cドライブ直下の「データ.csv」ファイルに保存します。2つ目の引数の値「2」は、同名のファイルが存在する場合に上書きすることを意味します。「1」にすると、同名のファイルが存在する場合にエラーとなります。
閉じる	オブジェクト.Close オブジェクトを閉じます。

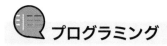# プログラミング

プロシージャ名は「CSV出力」とし、プロシージャ内に処理の流れを書き込みます。

◪ [CSV出力] プロシージャ

```
Sub  CSV出力()
    '①経費明細のデータを取得する
    '②経費明細の行ごとに処理する
        '③経費明細の列ごとに処理する
            '④該当項目の値を取得する
            '⑤項目間にカンマを入れて値を結合する
            '・先頭の値の場合、カンマ区切りなしで値を結合する
            '・2つ目以降の値の場合、カンマ区切りとともに値を結合する
        '⑥行末に、改行文字を入れる
    '⑦テキストファイルを操作するためのオブジェクトを作成する
    '⑧文字コードを設定する
    '⑨ファイルを開く
    '⑩出力データを書き込む
    '⑪CSVファイルとして保存する
    '⑫ファイルを閉じる
    '⑬処理完了メッセージを表示する
End  Sub
```

また、[経費明細] シートの右上には [CSV出力] ボタンを設置し、[CSV出力] プロシージャを関連づけておきましょう。

図7-2-6　[CSV出力] ボタンの設置

E	F	G
摘要	金額	**CSV出力**
東京駅〜目黒駅	198	
東京駅〜横須賀駅	1,100	
東京駅〜目黒駅	198	

> ボタンを右クリック→[マクロの登録] をクリック→マクロの一覧から「CSV出力」を選択→[OK] ボタンをクリックします。

さらに、CSVファイルに設定する文字コードとCSVファイル名についてはあらかじめ定数として宣言しておきます。

```
Const 文字コード As String = "UTF-8"
Const CSVファイル名 As String = "経費システム取込用.csv"
```

では、コードについて解説します。

❶経費明細のデータを取得する

経費明細を取得します。**CurrentRegion**プロパティで表全体を指定します。

```
'①経費明細のデータを取得する
経費明細 = Sheets("経費明細").Range("A1").CurrentRegion
```

➡【変数宣言】Dim 経費明細 As Variant

❷経費明細の行ごとに処理する

経費明細のセルごとの値を取得するため、行方向と列方向に繰り返し処理します。まずは、経費明細を1行ずつ繰り返し処理します。

```
'②経費明細の行ごとに処理する
For 行 = 2 To UBound(経費明細)
        '③経費明細の列ごとに処理する
            '④該当項目の値を取得する
            '⑤項目間にカンマを入れて値を結合する
            '・先頭の値の場合、カンマ区切りなしで値を結合する
            '・2つ目以降の値の場合、カンマ区切りとともに値を結合する
        '⑥行末に、改行文字を入れる
Next
```

➡【変数宣言】Dim 行 As Long

❸経費明細の列ごとに処理する

続いて、経費明細データを1列ずつ繰り返し処理します。列方向なので、**UBound**関数の2つ目の引数には「2」を指定しないといけません。

```
'③経費明細の列ごとに処理する
For 列 = 1 To UBound(経費明細, 2)
        '④該当項目の値を取得する
        '⑤項目間にカンマを入れて値を結合する
        '・先頭の値の場合、カンマ区切りなしで値を結合する
```

7

ファイルにデータを書き込んで一括出力する

```
        '・2つ目以降の値の場合、カンマ区切りとともに値を結合する
Next
```

➡【変数宣言】Dim 列 As Long

❹ 該当項目の値を取得する

配列から、該当行・該当列にあるセルの値を取得します。

```
'④該当項目の値を取得する
値 = 経費明細(行, 列)
```

➡【変数宣言】Dim 値 As String

❺ 項目間にカンマを入れて値を結合する

- 先頭の値の場合、カンマ区切りなしで値を結合する
- 2つ目以降の値の場合、カンマ区切りとともに値を結合する

項目間にカンマを入れるというのをもう少し具体化すると、**B列(2列目)以降の値について、値の前にカンマを入れる**、ということです。A列(1列目)の値の前にカンマを入れてはいけないので、列番号が1列目かどうかで処理を分岐させる必要があります。

```
'⑤項目間にカンマを入れて値を結合する
'先頭の値の場合
If 列 = 1 Then
    'カンマ区切りなしで値を結合する
    出力データ = 出力データ & 値
'2つ目以降の値の場合
Else
    'カンマ区切りとともに値を結合する
    出力データ = 出力データ & "," & 値
End If
```

➡【変数宣言】Dim 出力データ As String

❻ 行末に、改行文字を入れる

改行文字にはいくつか種類があります。今回は**vbCrLf**を使いますが、CSVファイルを取り込むシステム側で決められている改行文字を使うようにしましょう。

表7-2-2　改行文字の種類

改行文字の種類	キーワード
Windowsで使う改行文字	vbCrLf
MacOSで使う改行文字	vbCr
その他のOSで使う改行文字、セル内の改行文字	vbLf

　行末に改行文字を入れるので、行ごとの繰り返し処理の中（列ごとの繰り返し処理から抜けたあと）で改行文字をつけ加えます。

```
'⑥行末に、改行文字を入れる
出力データ = 出力データ & vbCrLf
```

❼テキストファイルを操作するためのオブジェクトを作成する

　CreateObjectメソッドを使って、ADODB.Streamオブジェクトを作成します。変数の名前は「テキストファイル操作」とし、Object型の変数に格納します。

```
'⑦テキストファイルを操作するためのオブジェクトを作成する
Set テキストファイル操作 = CreateObject("ADODB.Stream")
```

➡【変数宣言】Dim テキストファイル操作 As Object

❽文字コードを設定する

　オブジェクトに対して文字コードを設定します。今回は、定数としてあらかじめ用意した「UTF-8」という文字コードを設定します。CSVファイルを取り込むシステム側によって文字コードは異なるので、どの文字コードを使えばよいのか事前に確認しておく必要があります。

```
With テキストファイル操作
    '⑧文字コードを設定する
    .Charset = 文字コード

    '⑨ファイルを開く
    '⑩出力データを書き込む
    '⑪CSVファイルとして保存する
    '⑫ファイルを閉じる
End With
```

7

ファイルにデータを書き込んで一括出力する

❾ オブジェクトを開く

Openメソッドを使ってオブジェクトを開き、オブジェクトにデータを書き込めるようにします。

```
'⑨オブジェクトを開く
.Open
```

❿ 出力データを書き込む

オブジェクトにデータを書き込みます。WriteTextメソッドの引数に、書き込むデータを指定します。

```
'⑩出力データを書き込む
.WriteText 出力データ
```

⓫ CSVファイルに保存する

オブジェクトに書き込んだデータを、CSVファイルとして出力します。1つ目の引数にはファイルパスを指定し、2つ目の引数には上書きするという意味を表す数値「2」を指定します。

```
'⑪CSVファイルに保存する
.SaveToFile ThisWorkbook.Path & "¥" & CSVファイル名 , 2
```

⓬ オブジェクトを閉じる

Closeメソッドでオブジェクトを閉じます。

```
'⑫ファイルを閉じる
.Close
```

⓭ 処理完了メッセージを表示する

最後に、処理完了のメッセージを表示します。

```
'⑬処理完了メッセージを表示する
MsgBox "処理が完了しました", vbInformation
```

完成したプログラムは次のようになります。

● プログラム作成例

```
Const 文字コード As String = "UTF-8"
Const CSVファイル名 As String = "経費システム取込用.csv"

Sub CSV出力()
    Dim 経費明細 As Variant
    Dim 行 As Long
    Dim 列 As Long
    Dim 値 As String
    Dim 出力データ As String
    Dim テキストファイル操作 As Object

    '①経費明細のデータを取得する
    経費明細 = Sheets("経費明細").Range("A1").CurrentRegion

    '②経費明細の行ごとに処理する
    For 行 = 2 To UBound(経費明細)
        '③経費明細の列ごとに処理する
        For 列 = 1 To UBound(経費明細, 2)
            '④該当項目の値を取得する
            値 = 経費明細(行, 列)

            '⑤項目間にカンマを入れて値を結合する
            '先頭の値の場合
            If 列 = 1 Then
                'カンマ区切りなしで値を結合する
                出力データ = 出力データ & 値
            '2つ目以降の値の場合
            Else
                'カンマ区切りとともに値を結合する
                出力データ = 出力データ & "," & 値
            End If
        Next
```

```
        '⑥行末に、改行文字を入れる
        出力データ = 出力データ & vbCrLf
    Next

    '⑦テキストファイルを操作するためのオブジェクトを作成する
    Set テキストファイル操作 = CreateObject("ADODB.Stream")

    With テキストファイル操作
        '⑧文字コードを設定する
        .Charset = 文字コード

        '⑨オブジェクトを開く
        .Open

        '⑩出力データを書き込む
        .WriteText 出力データ

        '⑪CSVファイルに保存する
        .SaveToFile ThisWorkbook.Path & "¥" & CSVファイル名, 2

        '⑫オブジェクトを閉じる
        .Close
    End With

    '⑬処理完了メッセージを表示する
    MsgBox "処理が完了しました", vbInformation
End Sub
```

　プログラムを実行するとCSVファイルが出力され、それをメモ帳で開くと
図7-2-7のようになります。項目間はカンマで区切られており、改行されていることがわかります。

図7-2-7　実行結果 - 経費システム取込用.csv

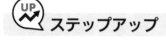

図7-2-8　CSVファイルのイメージ

ステップアップ

前述のプログラムではExcelにあるデータをそのまま出力することしかできませんが、実務では出力する項目を臨機応変に追加・削除したり、自由に並べ替えたり、表示形式を変更したり（文字列をダブルクォーテーションで囲む、日付をyyyymmdd形式に変える、など）することがあります。そこで、出力項目を自由に増やしたり減らしたりできるように機能を追加してみましょう。

図7-2-8　CSVファイルのイメージ

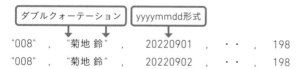

機能を拡張するにあたり、出力項目一覧というデータを追加します。これは、CSV出力する項目を制御するための一覧表で、［項目名］・［列番号］・［型］の3項目あります。この出力項目一覧にもとづいて、経費明細の項目を出力するように変更します。［列番号］は、データの取得元である経費明細の列番号を表します。また、

［型］のちがいによって表示形式を変更できるようにします。文字列であれば値の前後にダブルクォーテーションをつけ加え、日付であれば「yyyymmdd」形式に変更し、数値の場合はそのまま出力します。

図7-2-9 ［出力項目一覧］シート（出力項目一覧）

	A	B	C	
1	項目名	列番号	型	← 表示形式の指定
2	番号	1	文字列	
3	氏名	2	文字列	
4	発生日	3	日付	
5	費目	4	文字列	
6	摘要	5	文字列	
7	金額	6	数値	← 経費明細の列番号

では、処理の流れにおける変更箇所を確認しましょう。

変更する処理は❶❸❹で、追加する処理は⓮です。重要なポイントは❸で、経費明細の列ごとに処理する代わりに、出力項目一覧の行ごとに処理する、という点です。これまで経費明細にある列の順番に出力していましたが、今後は出力項目一覧に従って出力します。このしくみにより、単に経費明細どおりに出力するのではなく、「番号」が「氏名」のあとにくるように並び替えるなど、出力するデータを柔軟に変更できるようになります。プログラムを変更しなくても、出力項目一覧で項目を追加・削除したり並び順を変えたりできるので便利です。

▼ ［CSV出力2］処理

①経費明細・出力項目一覧のデータを取得する
②経費明細の行ごとに処理する
    ③出力項目一覧の行ごとに処理する
        ④該当項目の列・型・値を取得する
        ⓮値の型によって分岐処理する
        ⑤項目間にカンマを入れて値を結合する
        ・先頭の値の場合、カンマ区切りなしで値を結合する
        ・2つ目以降の値の場合、カンマ区切りとともに値を結合する
    ⑥行末に、改行文字を入れる

⑦テキストファイルを操作するためのオブジェクトを作成する

⑧文字コードを設定する

⑨ファイルを開く

⑩出力データを書き込む

⑪CSV ファイルとして保存する

⑫ファイルを閉じる

⑬処理完了メッセージを表示する

では、コードについて解説します。

❶ 経費明細・出力項目一覧のデータを取得する

出力項目一覧を取得する処理を追加します。経費明細の取得と同様に、CurrentRegionプロパティで表全体を指定します。

```
'①経費明細・出力項目一覧のデータを取得する
経費明細 = Sheets("経費明細").Range("A1").CurrentRegion
出力項目一覧 = Sheets("出力項目一覧").Range("A1").CurrentRegion
```

➡【変数宣言】Dim 経費明細 As Variant, 出力項目一覧 As Variant

❸ 経費明細の列ごとに処理する

経費明細の列の代わりに、出力項目一覧の行を繰り返し処理します。経費明細の列見出しを縦 (行方向) に並べたものが出力項目一覧です。

```
'③出力項目一覧の行ごとに処理する
For 行2 = 2 To UBound(出力項目一覧)
    '④該当項目の値を取得する
    '⑭値の型によって分岐処理する
    '⑤項目間にカンマを入れて値を結合する
    '・先頭の値の場合、カンマ区切りなしで値を結合する
    '・2つ目以降の値の場合、カンマ区切りとともに値を結合する
Next
```

➡【変数宣言】Dim 行2 As Long

❹ 該当項目の列・型・値を取得する

最終的に経費明細のセルの値を取得する処理は変わりませんが、列番号は出力項目一覧に記載されている値を使います。また、型については後続の処理で使用するために取得しておきます。

```
'④該当項目の列・型・値を取得する
列 = 出力項目一覧(行2，2)
型 = 出力項目一覧(行2，3)
値 = 経費明細(行，列)
```

➡【変数宣言】Dim 列 As Long, 値 As String, 型 As String

⓮ 値の型によって分岐処理する

Select Caseステートメントを使って、型に応じた分岐処理をします。型が「文字列」の場合は、値の前後にダブルクォーテーションをつけ加えます。ダブルクォーテーションをコードで書くと、「Chr(34)」となります。また、型が「日付」の場合はFormat関数を使ってyyyymmdd形式に変換します。

```
'⑭値の型によって分岐処理する
Select Case 型
    '文字列の場合
    Case "文字列"
        '値をダブルクォーテーションで囲む
        値 = Chr(34) & 値 & Chr(34)
    '日付の場合
    Case "日付"
        '値をyyyymmdd形式に変換する
        値 = Format(値，"yyyymmdd")
End Select
```

これらの変更を反映したプログラム作成例は次のとおりです。

● プログラム作成例

```
Const 文字コード As String = "UTF-8"
Const CSVファイル名 As String = "経費システム取込用.csv"
```

```
Sub CSV出力2()
    Dim 経費明細 As Variant, 出力項目一覧 As Variant
    Dim 行 As Long
    Dim 行2 As Long
    Dim 列 As Long
    Dim 値 As String, 型 As String
    Dim 出力データ As String
    Dim テキストファイル操作 As Object

    '①経費明細・出力項目一覧のデータを取得する
    経費明細 = Sheets("経費明細").Range("A1").CurrentRegion
    出力項目一覧 = Sheets("出力項目一覧").Range("A1").CurrentRegion

    '②経費明細の行ごとに処理する
    For 行 = 2 To UBound(経費明細)
        '③出力項目一覧の行ごとに処理する
        For 行2 = 2 To UBound(出力項目一覧)
            '④該当項目の列・型・値を取得する
            列 = 出力項目一覧(行2, 2)
            型 = 出力項目一覧(行2, 3)
            値 = 経費明細(行, 列)

            '⑭値の型によって分岐処理する
            Select Case 型
                '文字列の場合
                Case "文字列"
                    '値をダブルクォーテーションで囲む
                    値 = Chr(34) & 値 & Chr(34)
                '日付の場合
                Case "日付"
                    '値をyyyymmdd形式に変換する
                    値 = Format(値, "yyyymmdd")
            End Select

            '⑤項目間にカンマを入れて値を結合する
```

```
            '先頭の値の場合
            If 列 = 1 Then
                    'カンマ区切りなしで値を結合する
                    出力データ = 出力データ & 値
            '2つ目以降の値の場合
            Else
                    'カンマ区切りとともに値を結合する
                    出力データ = 出力データ & "," & 値
            End If
        Next

        '⑥行末に、改行文字を入れる
        出力データ = 出力データ & vbCrLf
    Next

    '⑦テキストファイルを操作するためのオブジェクトを作成する
    Set テキストファイル操作 = CreateObject("ADODB.Stream")

    With テキストファイル操作
        '⑧文字コードを設定する
        .Charset = 文字コード

        '⑨オブジェクトを開く
        .Open

        '⑩出力データを書き込む
        .WriteText 出力データ

        '⑪CSVファイルに保存する
        .SaveToFile ThisWorkbook.Path & "¥" & CSVファイル名, 2

        '⑫オブジェクトを閉じる
        .Close
    End With

    '⑬処理完了メッセージを表示する
```

```
      MsgBox "処理が完了しました", vbInformation
End Sub
```

　プログラムを実行するとCSVファイルが出力され、それをメモ帳で開くと
図7-2-10のようなります。文字列に指定した項目はダブルクォーテーションで囲
まれており、日付はyyyymmdd形式で出力されていることがわかります。出力項
目一覧のデータを変えれば、出力フォーマットを変えることができます。

図7-2-10　実行結果 - 経費システム取込用.csv

```
📄 経費システム取込用.csv - メモ帳                          　 －    □    ×
ファイル(F) 編集(E) 書式(O) 表示(V) ヘルプ(H)
"008","菊地　鈴",20220901,"交通費","東京駅〜目黒駅",198
"008","菊地　鈴",20220902,"交通費","東京駅〜横須賀駅",1100
"008","菊地　鈴",20220903,"交通費","東京駅〜目黒駅",198
"008","菊地　鈴",20220904,"交通費","東京駅〜目黒駅",198
"008","菊地　鈴",20220905,"交通費","東京駅〜目黒駅",198
"008","菊地　鈴",20220906,"交通費","東京駅〜目黒駅",198
"008","菊地　鈴",20220907,"接待費","秋葉原テクニカ（6名）",28390
"008","菊地　鈴",20220908,"交通費","東京駅〜目黒駅",198
"008","菊地　鈴",20220909,"交通費","東京駅〜目黒駅",198
"008","菊地　鈴",20220910,"交通費","東京駅〜目黒駅",198
"019","工藤　太陽",20220901,"交通費","東京駅〜幕張駅",561
"019","工藤　太陽",20220902,"交通費","東京駅〜幕張駅",561
"019","工藤　太陽",20220903,"交通費","東京駅〜幕張駅",561
"019","工藤　太陽",20220904,"接待費","近畿インスツルメンツ（3名）",12732
"019","工藤　太陽",20220905,"交通費","東京駅〜幕張駅",561
"019","工藤　太陽",20220906,"交通費","東京駅〜幕張駅",561
"019","工藤　太陽",20220907,"交通費","東京駅〜幕張駅",561
"019","工藤　太陽",20220908,"交通費","東京駅〜幕張駅",561
```

7

ファイルにデータを書き込んで一括出力する

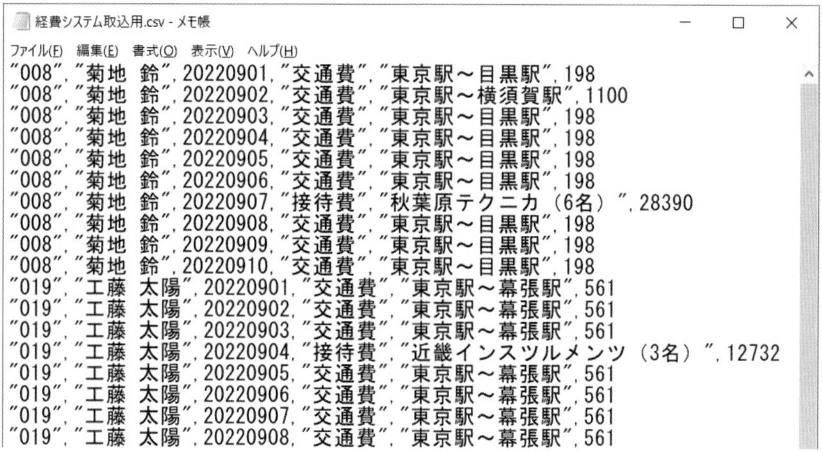

商品の注文者に送付する納品書を一括作成する

POINT
- ☑ ヘッダと明細に分かれているデータの転記方法を理解する
- ☑ フォルダの削除方法とその注意点を理解する

CASE 26　　業務用映像制作機器の販売や修理・点検サービスを提供するA社では、商品に添付する納品書を商品発送の都度、手作業で作成しています。納品書はヘッダと明細に分かれており、ヘッダには注文日、注文番号、発行日を記入します。また、明細には顧客が購入した商品の一覧を記入します。

　注文ごとに作成した納品書はそれぞれ別のExcelファイルとして保存し、フォルダを作成してその中に格納します。オンラインでの注文が多い時期は業務量が増えるため、納品書の作成を自動化して作業負担を軽減できないか検討しています。

図 7-3-1　納品書の作成

注文に関するデータ

注文番号	販売日
C83239087	2022/10/5
C83435863	2022/10/7
:	:

注文番号	数量	商品名	売上金額
C83239087	1	マイクスタンド	7,650
C83239087	4	ポップガード	2,903
:	:	:	:

図7-3-2　納品書

オーディオ通販ショップ

AUDIOCHASER

納品書

ご注文日	ご注文番号	発行日	
2022/10/5	C83239087	2022/5/13	ヘッダ

数量	商品名	金額（税込）	
1	マイクスタンド	7,650	明細
4	ポップガード	2,903	
2	ボーカル用マイクMM58	17,068	

💭 つくりたいプログラム

　注文に関するデータは、注文一覧と注文明細の2つの表に分かれており、2つの表は［注文番号］によって関連づけられています。注文一覧には、［注文番号］・［注文日］・［注文者］の3つの項目があり、後述する納品書のヘッダに［注文日］と［注文番号］を転記します。

図7-3-3　［注文一覧］シート（注文一覧）

	A	B	C	
1	注文番号	注文日	注文者	
2	C83239087	2022/10/5	横山 杏	1つの注文
3	C83435863	2022/10/7	山田 諒	
4	C83659606	2022/10/8	上野 遥香	

　注文明細には、［注文番号］・［数量］・［商品名］・［金額］の4つの項目があります。1商品につき1行です。1回の注文につき複数の商品が購入される場合があり、［注文番号］で絞り込めば、該当する商品がわかります。後述する納品書の明細に［数量］・［商品名］・［金額］を転記します。

図7-3-4　［注文明細］シート（注文明細）

	A	B	C	D
1	注文番号	数量	商品名	金額
2	C83239087	1	マイクスタンド	7,650
3	C83239087	4	ポップガード	2,903
4	C83239087	2	ボーカル用マイクMM58	17,068
5	C83239087	3	グリルボール	1,598
6	C83435863	1	ライブ配信ミキサー	52,534
7	C83435863	2	ファンタム電源	22,191
8	C83435863	1	スピーカースタンド	18,043
9	C83435863	3	スタジオモニター	83,414
10	C83435863	3	吸音材	26,123

（2〜5行目に「1つの注文」の注記）

　納品書には、注文一覧や注文明細のデータを書き込み、注文ごとにファイル保存します。ファイル名は注文番号にします。注文一覧からは［注文番号］・［注文日］の2項目を、注文明細からは［数量］・［商品名］・［金額］の3項目を転記します。注文明細は、注文一覧の［注文番号］と一致する行データをすべて転記します。

図7-3-5　［納品書］シート（納品書）

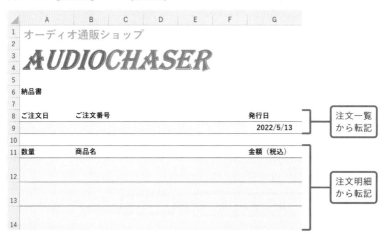

（8〜9行目に「注文一覧から転記」、11〜14行目に「注文明細から転記」の注記）

 処理の流れ

　注文一覧と注文明細から納品書にデータを転記する方法としていろいろなやり方が考えられますが、今回は2つの繰り返し処理を使う方法にします。まず注文一覧を1行ずつ処理します。注文番号を取得して、該当行のデータを転記します。続い

て注文明細では、取得した注文番号と一致する行のデータを転記します。

図7-3-6　2つの繰り返し処理

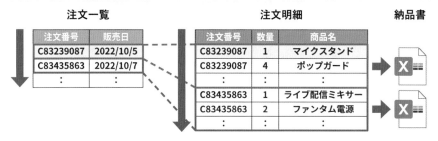

納品書を格納するためのフォルダを作成する処理も自動化します。納品書を出力したあと、再度納品書を出力してもエラーが起きないよう、フォルダを作成する前に、同名のフォルダが存在する場合は削除します。

図7-3-7　納品書の出力先

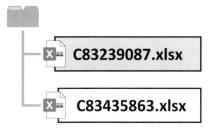

これを踏まえて処理の流れを書くと、次のようになります。納品書出力とフォルダ作成の2つに処理に分けます。

▼ [納品書出力] 処理

①注文一覧と注文明細のデータを取得する
②フォルダを作成する
③注文一覧を1行ずつ処理する
 ④注文一覧の該当行の値を取得する
 ⑤ブックを作成する
 ⑥納品書シートを作成したブックにコピーする
 ⑦注文一覧のデータを書き込む
 ⑧注文明細の書込行の開始値を設定する
 ⑨注文明細を1行ずつ処理する

7

ファイルにデータを書き込んで一括出力する

⑩注文明細の該当行の値を取得する

⑪注文一覧と注文明細の注文番号が一致する場合

・注文明細のデータを書き込む

・書込行を次の行に設定する

⑫保存先のファイルパスを生成する

⑬ブックを保存して閉じる

⑭出力完了メッセージを表示する

▼ [フォルダ作成] 処理

①ファイル操作オブジェクトを生成する

②既存のフォルダが存在する場合、フォルダを削除する

③フォルダを作成する

 解決のためのヒント

○ フォルダの削除

フォルダを削除するには、FileSystemObjectというオブジェクトの、DeleteFolderメソッドを使います。FileSystemObjectを使えば、ファイルやフォルダに関するさまざまな操作ができます。

FileSystemObjectオブジェクトは、CreateObject関数を使って作成します。ややこしいですが、オブジェクト名はScripting.FileSystemObjectという名前です。真ん中にピリオド「.」を入れるのを忘れないでください。

オブジェクト名

```
CreateObject("Scripting.FileSystemObject")
```

また、DeleteFolderメソッドの引数には、削除するフォルダパスを指定します。

```
オブジェクト.DeleteFolder folderspec:=フォルダパス
```

表7-3-1 DeleteFolderの引数

順番	名前	説明	省略	使用例
1	folderspec	削除するフォルダパスを指定します。	不可	folderspec:=ThisWorkbook. Path & "¥出力フォルダ"

プログラミング

プロシージャ名は「納品書出力」「フォルダ作成」とし、プロシージャ内に処理の流れを書き込みます。[納品書出力]プロシージャから、[フォルダ作成]プロシージャを呼び出します。

▼[納品書出力]プロシージャ

```
Sub 納品書出力()
    '①注文一覧と注文明細のデータを取得する
    '②フォルダパスを生成し、フォルダを作成する
    '③注文一覧を1行ずつ処理する
        '④注文一覧の該当行の値を取得する
        '⑤ブックを作成する
        '⑥納品書シートを作成したブックにコピーする
        '⑦注文一覧のデータを書き込む
        '⑧注文明細の書込行の開始値を設定する
        '⑨注文明細を1行ずつ処理する
            '⑩注文明細の該当行の値を取得する
            '⑪注文一覧と注文明細の注文番号が一致する場合
                '・注文明細のデータを書き込む
                '・書込行を次の行に設定する
        '⑫保存先のファイルパスを生成する
        '⑬ブックを保存して閉じる
    '⑭出力完了メッセージを表示する
End Sub
```

フォルダ作成プロシージャは、納品書ファイルの保存先であるフォルダパスを引数として受け取れるようにします。

▼[フォルダ作成]プロシージャ

```
Sub フォルダ作成(フォルダパス As String)
    '①ファイル操作オブジェクトを生成する
    '②既存のフォルダが存在する場合、フォルダを削除する
    '③フォルダを作成する
End Sub
```

また、［注文一覧］シートの右上には［納品書出力］ボタンを設置し、［納品書出力］プロシージャを関連づけておきましょう。

図7-3-8　［納品書出力］ボタンの設置

さらに、フォルダ名と納品書シート名についてはあらかじめ定数として宣言しておきます。

```
Const フォルダ名 As String = "07-03"
Const 納品書シート名 As String = "納品書"
```

では、コードについて解説します。

▼ ［納品書出力］プロシージャ
❶注文一覧と注文明細のデータを取得する

各シートからデータを取得し、配列に格納します。配列に格納することによって、処理速度を向上させることができます。

```
'①注文一覧と注文明細のデータを取得する
注文一覧 = Sheets("注文一覧").Range("A1").CurrentRegion
注文明細 = Sheets("注文明細").Range("A1").CurrentRegion
```

➡【変数宣言】Dim 注文一覧 As Variant, 注文明細 As Variant
❷フォルダパスを生成し、フォルダを作成する

納品書ファイルの保存先となるフォルダパスを、このブックと同じ場所に設定します。また、Callステートメントを使って、後述するフォルダ作成プロシージャを呼び出します。引数にはフォルダパスを指定します。

```
'②フォルダパスを生成し、フォルダを作成する
フォルダパス = ThisWorkbook.Path & "¥" & フォルダ名
Call フォルダ作成(フォルダパス)
```

➡【変数宣言】Dim フォルダパス As String

❸ 注文一覧を1行ずつ処理する

注文一覧のデータを1行ずつ処理していきます。

```
'③注文一覧を1行ずつ処理する
For 一覧行 = 2 To UBound(注文一覧)
    '④注文一覧の該当行の値を取得する
        :
    '⑨注文明細を1行ずつ処理する
        '⑩注文明細の該当行の値を取得する
        '⑪注文一覧と注文明細の注文番号が一致する場合
            '・注文明細のデータを書き込む
            '・書込行を次の行に設定する
Next
```

➡【変数宣言】Dim 一覧行 As Long

❹ 注文一覧の該当行の値を取得する

注文番号と注文日の値を取得し、変数に格納します。コードをわかりやすくするための工夫です。

```
With ThisWorkbook
    '④注文一覧の該当行の値を取得する
    注文番号 = 注文一覧(一覧行, 1)
    注文日 = 注文一覧(一覧行, 2)

    '⑤ブックを作成する
    '⑥納品書シートを作成したブックにコピーする
End With
```

➡【変数宣言】Dim 注文番号 As String, 注文日 As Date

❺ ブックを作成する

Workbooksオブジェクトの**Add**メソッドを使って、ブックを新規作成します。作成したブックは、**Set**ステートメントを使ってオブジェクト変数に格納します。**Workbook**型のオブジェクト変数「ブック」はあらかじめ宣言しておきます。

```
'⑤ブックを作成する
```

7

ファイルにデータを書き込んで一括出力する

```
Set ブック = Workbooks.Add
```

➡【変数宣言】Dim ブック As Workbook

❻納品書シートを作成したブックにコピーする

　新規作成したブックに、[納品書]シートをコピーします。[納品書]シート名を定数化しておくことによって、シート名を変更するときに、修正箇所を1箇所に抑えることができます。

```
'⑥納品書シートを作成したブックにコピーする
.Sheets(納品書シート名).Copy Before:=ブック.Sheets(1)
```

❼注文一覧のデータを書き込む

　❹で取得した注文日と注文番号を、新規作成したブックの納品書シートに書き込みます。

```
With ブック.Sheets(納品書シート名)
    '⑦注文一覧のデータを書き込む
    .Range("A9").Value = 注文日
    .Range("B9").Value = 注文番号

    '⑧注文明細の書込行の開始値を設定する
    '⑨注文明細を1行ずつ処理する
        '⑩注文明細の該当行の値を取得する
        '⑪注文一覧と注文明細の注文番号が一致する場合
            '・注文明細のデータを書き込む
            '・書込行を次の行に設定する
    Next
```

❽注文明細の書込行の開始値を設定する

　[納品書]シート内の明細行は、12行目から始まります。この値を書き込み行の初期値として設定しておきます。

```
'⑧注文明細の書込行の開始値を設定する
書込行 = 12
```

➡【変数宣言】Dim 書込行 As Long

❾注文明細を1行ずつ処理する

注文明細のデータを書き込むために、繰り返し処理を行います。

```
'⑨注文明細を1行ずつ処理する
For 明細行 = 2 To UBound(注文明細)
    '⑩注文明細の該当行の値を取得する
    '⑪注文一覧と注文明細の注文番号が一致する場合
        '・注文明細のデータを書き込む
        '・書込行を次の行に設定する
Next
```

➡【変数宣言】Dim 明細行 As Long

❿注文明細の該当行の値を取得する

注文明細の該当行の値を変数に格納します。注文一覧で使っている変数「注文番号」と区別するため、「注文番号2」という変数名にします。

```
'⑩注文明細の該当行の値を取得する
注文番号2 = 注文明細(明細行, 1)
数量 = 注文明細(明細行, 2)
商品名 = 注文明細(明細行, 3)
金額 = 注文明細(明細行, 4)
```

➡【変数宣言】Dim 注文番号2 As String, 数量 As Long,
商品名 As String, 金額 As Long

⓫注文一覧と注文明細の注文番号が一致する場合

- 注文明細のデータを書き込む
- 書き込み行を次の行に設定する

注文一覧と注文明細で注文番号が一致する場合に、該当行のデータを書き込みます。書き込むのは、[数量]・[商品名]・[金額]の3つの値です。書き込みが終わったら、書き込み行を1つ増やします。

```
'⑪注文一覧と注文明細の注文番号が一致する場合
If 注文番号 = 注文番号2 Then
    '注文明細のデータを書き込む
    .Cells(書込行, 1).Value = 数量
```

7

ファイルにデータを書き込んで一括出力する

```
    .Cells(書込行, 2).Value = 商品名
    .Cells(書込行, 7).Value = 金額

    '書込行を次の行に設定する
    書込行 = 書込行 + 1
End If
```

⓬ 保存先のファイルパスを生成する

データを書き込んだブックを、❷で作成したフォルダパスに保存します。ファイル名は、注文番号にします。

```
'⓬保存先のファイルパスを生成する
ファイルパス = フォルダパス & "\" & 注文番号 & ".xlsx"
```

➡【変数宣言】Dim ファイルパス As String

⓭ ブックを保存して閉じる

ブックを保存するには、**SaveAs**メソッドを使います。引数には保存先のファイルパスを指定します。保存したあと、**Close**メソッドでブックを閉じます。

```
'⓭ブックを保存して閉じる
ブック.SaveAs Filename:=ファイルパス
ブック.Close
```

⓮ 出力完了メッセージを表示する

処理が終わったことをマクロの利用者に知らせるため、メッセージを表示します。

```
'⓮出力完了メッセージを表示する
MsgBox "処理が完了しました", vbInformation
```

続いて、フォルダ作成プロシージャのコードについて解説します。

▼ [フォルダ作成]プロシージャ

❶ ファイル操作オブジェクトを生成する

FileSystemObjectオブジェクトを作成して、「フォルダ操作」という名前のオブジェクト変数に格納します。この変数は、汎用的な**Object**型で宣言します。

```
'①フォルダ操作オブジェクトを生成する
Set フォルダ操作 = CreateObject("Scripting.FileSystemObject")
```

➡【変数宣言】Dim フォルダ操作 As Object

❷ 既存のフォルダが存在する場合、フォルダを削除する

　フォルダが存在するかどうかをチェックするため、Dir関数を使います。もし
フォルダが存在する場合は、戻り値がフォルダ名となります。フォルダが存在しな
い場合は、戻り値が空文字になります。Dir関数の2つ目の引数には、フォルダを
意味する vbDirectory というキーワードを忘れずに指定してください。もしフォ
ルダが存在する場合は、FileSystemObject オブジェクトの DeleteFolder
メソッドを使ってフォルダを削除します。引数 folderspec には、削除するフォ
ルダパスを指定します。

```
'②既存のフォルダが存在する場合
If Dir(フォルダパス, vbDirectory) = フォルダ名 Then
    'フォルダを削除する
    フォルダ操作.DeleteFolder folderspec:=フォルダパス
End If
```

Memo

DeleteFolderメソッドに類似する命令として、Killステートメントや RmDir ステー
トメントが挙げられます。Killステートメントは、ファイルを削除するために使うもの
で、フォルダを削除することはできません。また、RmDirステートメントはフォルダを削
除するために使うものですが、ファイルが含まれるフォルダを削除することはできないと
いう制約があります。事前にフォルダ内のファイルを削除してフォルダを空にしたうえで
RmDirステートメントを使ってフォルダを削除することは可能です。

❸ フォルダを作成する

　MkDirステートメントを使って、フォルダを作成します。引数にはフォルダパ
スを指定します。

```
'③フォルダを作成する
MkDir フォルダパス
```

完成したプログラムは次のようになります。

●プログラム作成例

```
Const フォルダ名 As String = "07-03"
Const 納品書シート名 As String = "納品書"

Sub 納品書出力()
    Dim 注文一覧 As Variant, 注文明細 As Variant
    Dim フォルダパス As String
    Dim 一覧行 As Long
    Dim 注文番号 As String, 注文日 As Date
    Dim ブック As Workbook
    Dim 書込行 As Long
    Dim 明細行 As Long
    Dim 注文番号2 As String, 数量 As Long, 商品名 As String, 金額
As Long
    Dim ファイルパス As String

    '①注文一覧と注文明細のデータを取得する
    注文一覧 = Sheets("注文一覧").Range("A1").CurrentRegion
    注文明細 = Sheets("注文明細").Range("A1").CurrentRegion

    '②フォルダパスを生成し、フォルダを作成する
    フォルダパス = ThisWorkbook.Path & "¥" & フォルダ名
    Call フォルダ作成(フォルダパス)

    '③注文一覧を1行ずつ処理する
    For 一覧行 = 2 To UBound(注文一覧)
        With ThisWorkbook
            '④注文一覧の該当行の値を取得する
            注文番号 = 注文一覧(一覧行, 1)
            注文日 = 注文一覧(一覧行, 2)

            '⑤ブックを作成する
            Set ブック = Workbooks.Add

            '⑥納品書シートを作成したブックにコピーする
```

```
        .Sheets(納品書シート名).Copy Before:=ブック.Sheets(1)
End With

With ブック.Sheets(納品書シート名)
        '⑦注文一覧のデータを書き込む
        .Range("A9").Value = 注文日
        .Range("B9").Value = 注文番号

        '⑧注文明細の書込行の開始値を設定する
        書込行 = 12

        '⑨注文明細を1行ずつ処理する
        For 明細行 = 2 To UBound(注文明細)
                '⑩注文明細の該当行の値を取得する
                注文番号2 = 注文明細(明細行, 1)
                数量 = 注文明細(明細行, 2)
                商品名 = 注文明細(明細行, 3)
                金額 = 注文明細(明細行, 4)

                '⑪注文一覧と注文明細の注文番号が一致する場合
                If 注文番号 = 注文番号2 Then
                        '注文明細のデータを書き込む
                        .Cells(書込行, 1).Value = 数量
                        .Cells(書込行, 2).Value = 商品名
                        .Cells(書込行, 7).Value = 金額

                        '書込行を次の行に設定する
                        書込行 = 書込行 + 1
                End If
        Next
End With

'⑫保存先のファイルパスを生成する
ファイルパス = フォルダパス & "¥" & 注文番号 & ".xlsx"

'⑬ブックを保存して閉じる
```

```
            ブック.SaveAs Filename:=ファイルパス
            ブック.Close
    Next

    '⑭出力完了メッセージを表示する
    MsgBox "処理が完了しました", vbInformation
End Sub

Sub フォルダ作成(フォルダパス As String)
    Dim フォルダ操作 As Object

    '①フォルダ操作オブジェクトを生成する
    Set フォルダ操作 = CreateObject("Scripting.FileSystemObject")

    '②既存のフォルダが存在する場合
    If Dir(フォルダパス, vbDirectory) = フォルダ名 Then
        'フォルダを削除する
        フォルダ操作.DeleteFolder folderspec:=フォルダパス
    End If

    '③フォルダを作成する
    MkDir フォルダパス
End Sub
```

　プログラムを実行すると、**図7-3-9**のようになります。フォルダ内に納品書ファイルが出力され、ファイルを開くと注文一覧および注文明細のデータが書き込まれていることを確認できます。

図7-3-9　実行結果 - [07-03] フォルダ

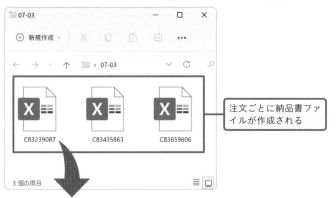

注文ごとに納品書ファイルが作成される

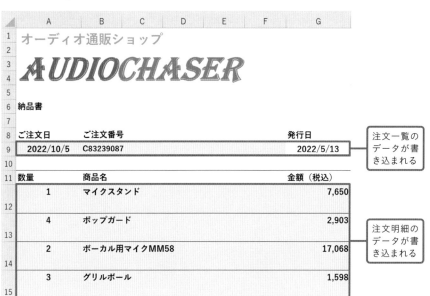

注文一覧のデータが書き込まれる

注文明細のデータが書き込まれる

複数ファイルに分かれているデータを1つの表に集約する

外部ファイルにあるデータや画像の取り込みは、特に手間のかかる作業の1つです。ファイルを1つずつ開き、データをコピー＆ペーストする作業を繰り返すだけでも面倒ですが、さらに作業ミスがないか、データの件数は合っているかなどのチェックも欠かせません。同じ作業を何度も繰り返せばどこかでまちがいは起きるし、データをチェックする作業では抜け・漏れが生じます。

このようなヒューマンエラーが起きやすい作業こそ機械が得意とするところです。VBAを活用すれば、楽に、早く、正確に作業を終わらせることができます。

外部ファイルにあるデータを取り込んで1つの表にまとめる作業は手間がかかりますね。

一ノ瀬さん

ファイル数が増えるほど作業量は増えるし、データを集約したあとでまちがいがないかどうかをチェックする作業も時間がかかります。

笠井主任

扱うブックが増えると、VBAの処理が難しくなるイメージがありますね。複雑なコードを書かないといけないんじゃないか、とか……。

一ノ瀬さん

ファイル取り込みは、基本知識に少しプラスアルファすれば十分対応できる。これまで学習してきた知識をフル活用するので、VBAの醍醐味を味わえるはずだ。

永井課長

8-①

難易度 ★★☆☆

製品の注文個数を取引先ごとに
集計する

POINT ☑ 外部ファイル名がわかっている場合の基本的なデータ取り込み手法を習得する

CASE 27 マットレスやベッドの製造・販売業を営むA社は、全国のホテルや介護施設といった顧客企業から注文データを受領し、製品別・顧客企業別に注文数量を集計して、生産計画を立てています。

図8-1-1 注文データの取り込み

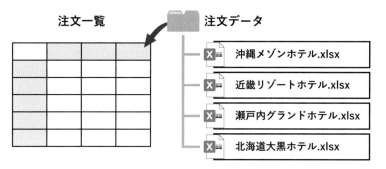

注文データは顧客企業によってフォーマット（データのあるシート番号やデータの開始行）がバラバラで、手作業での集計が煩雑になっており、作業を効率化できないか検討しています。

8

複数ファイルに分かれているデータを1つの表に集約する

図8-1-2　注文データの例

沖縄メゾンホテル

	A	B
1	Product ID	Quantity
2	JA-5529Z	5
3	ZW-5514I	10
4	LA-8715G	16
5	OT-1234Y	8
6	RI-6563P	13
7	XP-8293P	17
8	DS-6543W	18
9	UH-3832P	14
10	MF-8396Z	14

近畿リゾートホテル

	A	B
1	※来月の発注数量を記入	
2		
3	型番	数量
4	JA-5529Z	15
5	QY-4223O	15
6	OT-1234Y	20
7	NG-5721D	19
8	FD-0345X	15
9	TE-2980B	12
10	RI-6563P	19

つくりたいプログラム

　注文データは顧客企業ごとにファイルが分かれています。ファイル名は、後述する企業一覧の［企業名］と一致します。すべてのファイルに共通するフォーマットとしては、表の中に必ず見出し行があって、A列（1列目）に［製品型番］、B列（2列目）に［注文数量］が記入されています。ただし、データが書き込まれているシート番号や、データの開始行はファイルごとに異なります。

図8-1-3　注文データの例

	A	B
1	Product ID	Quantity
2	JA-5529Z	5
3	ZW-5514I	10
4	LA-8715G	16
5	OT-1234Y	8
6	RI-6563P	13
7	XP-8293P	17
8	DS-6543W	18
9	UH-3832P	14
10	MF-8396Z	14

沖縄メゾンホテル.
xlsx　　近畿リゾートホテル.
xlsx　　瀬戸内グランドホテ
ル.xlsx　　北海道大黒ホテル.
xlsx

　注文一覧は、注文データに記載されている［注文数量］を、製品別・顧客企業別に集計したデータです。［製品型番］・［製品名］・［顧客企業名］の項目があり、［製品名］と［顧客企業名］が交差するセルに注文数量を書き込みます。

図8-1-4 ［注文一覧］シート（注文一覧）

顧客企業名

	A	B	C	D	E	F
1	製品型番	製品名	北海道大黒ホテル	近畿リゾートホテル	瀬戸内グランドホテル	沖縄メゾンホテル
2	JA-5529Z	スプリングマットレス　キング				
3	QY-4223O	スプリングマットレス　ダブル				
4	ZW-5514I	ボンネルコイルマットレス　キング				
5	LA-8715G	ボンネルコイルマットレス　ダブル				
6	OT-1234Y	高密度スプリングマットレス　キング				
7	NG-5721D	高密度スプリングマットレス　ダブル				
8	FD-0345X	ポケットコイルマットレス　キング				
9	TE-2980B	ポケットコイルマットレス　ダブル				
10	RI-6563P	脚付きマットレスベッド				

注文数量を集計して書き込む

　企業一覧には、［顧客企業名］・［シート番号］・［データ開始行］・［書込列］の4項目あります。［顧客企業名］は、顧客企業から受領する注文データのファイル名と一致します。また、［シート番号］と［データ開始行］は、注文データのフォーマットを表します。例えば「近畿リゾートホテル」の注文データは、1番目のシートの4行目以降にデータが入力されています。［書込列］は、注文一覧において、該当企業の［注文数量］を書き込む列番号です。

図8-1-5 ［企業一覧］シート（企業一覧）

	A	B	C	D
1	顧客企業名	シート番号	データ開始行	書込列
2	沖縄メゾンホテル	2	2	6
3	近畿リゾートホテル	1	4	4
4	瀬戸内グランドホテル	2	5	5
5	北海道大黒ホテル	3	3	3

処理の流れ

　注文一覧の表に注文データの値を書き込んでいくのが主な処理です。注文データのファイル数と、注文一覧の［顧客企業名］の列数は一致します。

8

複数ファイルに分かれているデータを1つの表に集約する

図8-1-6 注文データの書き込み

注文一覧

	北海道	近畿	瀬戸内	沖縄
製品1				
製品2				
製品3				

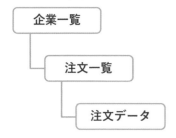

注文データ

　書き込むときに、書き込み先の列番号や注文データのファイル名・シート番号・データ開始行を、コードの中で固定値として指定するのはあまり望ましくない書き方です。なぜなら、今後顧客企業が増えるたびにコードを書き換えないといけなくなるからです。

　そこで、企業一覧のデータを活用して、コードを変えずに書き込み仕様を変更できるようにします。企業一覧にもとづいて処理するしくみを構築しておけば、コードを修正することなく顧客企業を追加できます。

　処理の中で登場する繰り返し処理は3つです。まず企業一覧にある企業ごとに繰り返し処理をします。企業が特定できれば、該当する企業の注文データを取得できます。次に、注文一覧にある製品ごとに繰り返し処理します。さらに、該当する製品の注文数量を取得するため、注文データの製品ごとに繰り返し処理し、注文一覧と注文データの製品型番が一致する行にある値を、注文一覧に書き込みます。

図8-1-7 繰り返し処理の構造

```
企業一覧
    │
    └── 注文一覧
            │
            └── 注文データ
```

これを踏まえて処理の流れを書くと、次のようになります。

▼［注文データ集約］処理

①企業一覧と注文一覧のデータを取得する
②企業一覧のデータを１行ずつ処理する
   ③企業一覧の該当行のデータを取得する
   ④ファイルパスを設定し、ブックを開く
   ⑤注文データを取得する
   ⑥ブックを閉じる
   ⑦注文一覧のデータを１行ずつ処理する
      ⑧該当行の製品型番を取得する
      ⑨注文データを１行ずつ処理する
         ⑩該当行の製品型番と注文数量を取得する
         ⑪型番が一致する場合
            注文一覧に数量を書き込む
            繰り返し処理を終了する
⑫注文一覧シートにデータを貼りつける
⑬処理完了メッセージを表示する

 プログラミング

　プロシージャ名は「注文データ集約」とし、プロシージャ内に処理の流れを書き込みます。

▼［注文データ集約］プロシージャ

```
Sub 注文データ集約()
    '①企業一覧と注文一覧のデータを取得する
    '②企業一覧のデータを１行ずつ処理する
        '③企業一覧の該当行のデータを取得する
        '④ファイルパスを設定し、ブックを開く
        '⑤注文データを取得する
        '⑥ブックを閉じる
        '⑦注文一覧のデータを１行ずつ処理する
            '⑧該当行の製品型番を取得する
            '⑨注文データを１行ずつ処理する
                '⑩該当行の製品型番と注文数量を取得する
```

```
                        '⑪型番が一致する場合、注文一覧に数量を書き込み、繰り
返し処理を終了する
        '⑫注文一覧シートにデータを貼りつける
        '⑬処理完了メッセージを表示する
End Sub
```

また、[注文一覧]シートの右上には[注文データ集約]ボタンを設置し、[注文
データ集約]プロシージャを関連づけておきましょう。

図8-1-8　[注文データ集約]ボタンの設置

E	F	G	H
瀬戸内グランドホテル	沖縄メゾンホテル	注文データ集約	

ボタンを右クリック→[マクロの登録]をクリック→マクロの一覧から「注文データ集約」を選択→[OK]ボタンをクリックします。

さらに、注文データのファイル一式が格納されているフォルダの名前については
あらかじめ定数として宣言しておきます。

```
Const フォルダ名 As String = "08-01"
```

では、コードについて解説します。

❶企業一覧と注文一覧のデータを取得する

このブックにある企業一覧と注文一覧のデータを取得するので、**With**ステート
メントを使って**ThisWorkbook**オブジェクトを省略します。扱うブックが複数
ある場合は、どのブックにおける処理をしているのかを明確にするため、ブックの
オブジェクトを必ず書くようにしましょう。

```
With ThisWorkbook
    '①企業一覧と注文一覧のデータを取得する
    企業一覧 = .Sheets("企業一覧").Range("A1").CurrentRegion
    注文一覧 = .Sheets("注文一覧").Range("A1").CurrentRegion

    '②企業一覧のデータを1行ずつ処理する
              :
```

```
      '⑬処理完了メッセージを表示する
End With
```

➡【変数宣言】Dim 企業一覧 As Variant，注文一覧 As Variant

❷企業一覧のデータを1行ずつ処理する

　3つある繰り返し処理のうちの1つ目です。企業一覧にある顧客企業ごとに処理を行います。各データの行番号を混同しないよう、「企業一覧行」という識別しやすい変数名にしておきます。

```
'②企業一覧のデータを1行ずつ処理する
For 企業一覧行 = 2 To UBound(企業一覧)
      '③企業一覧の該当行のデータを取得する
                        :
      '⑪型番が一致する場合、注文一覧に数量を書き込み、繰り返し処理を終了する
Next
```

➡【変数宣言】Dim 企業一覧行 As Long

❸企業一覧の該当行のデータを取得する

　企業一覧の該当行のデータを取得して、変数に格納します。コードを読みやすくするための工夫です。

```
'③企業一覧の該当行のデータを取得する
企業名 = 企業一覧(企業一覧行, 1)
シート番号 = 企業一覧(企業一覧行, 2)
データ開始行 = 企業一覧(企業一覧行, 3)
書込列 = 企業一覧(企業一覧行, 4)
```

➡【変数宣言】Dim 企業名 As String，シート番号 As Long
　　　　　　　Dim データ開始行 As Long，書込列 As Long

❹ファイルパスを設定し、ブックを開く

　該当企業の注文データを取得するため、ファイルパスを設定します。注文データのファイルは、このブックと同じ場所にあるフォルダに格納されているものとします。フォルダ名は定数で指定したものを使います。ファイル名は、企業名に拡張子をつけたものです。ファイルパスを設定できたら、**Workbooks**オブジェクトの**Open**メソッドを使ってブックを開き、オブジェクト変数に格納します。

8

複数ファイルに分かれている
データを1つの表に集約する

```
'④ファイルパスを設定し、ブックを開く
ファイルパス = .Path & "¥" & フォルダ名 & "¥" & 企業名 & ".xlsx"
Set ブック = Workbooks.Open(Filename:=ファイルパス)
```

➡【変数宣言】Dim ファイルパス As String, ブック As Workbook

❺ 注文データを取得する

開いたブック内にある注文データを取得します。シート番号やデータ開始行は、
❸で取得した値を使って指定します。

```
'⑤注文データを取得する
注文データ = ブック.Sheets(シート番号).Cells(データ開始行, 1).
CurrentRegion
```

➡【変数宣言】Dim 注文データ As Variant

❻ ブックを閉じる

データを取得できたら、ブックを開いておく必要はないので、ブックを閉じます。

```
'⑥ブックを閉じる
ブック.Close
```

❼ 注文一覧のデータを1行ずつ処理する

2つ目の繰り返し処理です。書き込み先である注文一覧のデータを1行ずつ処理
します。

```
'⑦注文一覧のデータを1行ずつ処理する
For 注文一覧行 = 2 To UBound(注文一覧)
    '⑧該当行の製品型番を取得する
    '⑨注文データを1行ずつ処理する
        '⑩該当行の製品型番と注文数量を取得する
        '⑪型番が一致する場合、注文一覧に数量を書き込み、繰り返し処理を終
了する
Next
```

➡【変数宣言】Dim 注文一覧行 As Long

❽ 該当行の製品型番を取得する

注文一覧にある型番を取得します。後工程で、注文データの型番と比較するとき

に使います。

```
'⑧該当行の製品型番を取得する
型番 = 注文一覧(注文一覧行, 1)
```

➡【変数宣言】Dim 型番 As String

❾ 注文データを1行ずつ処理する

3つ目の繰り返し処理です。該当企業の注文データを1行ずつ処理します。

```
'⑨注文データを1行ずつ処理する
For 注文データ行 = 2 To UBound(注文データ)
    '⑩該当行の製品型番と注文数量を取得する
    '⑪型番が一致する場合、注文一覧に数量を書き込み、繰り返し処理を終了する
Next
```

➡【変数宣言】Dim 注文データ行 As Long

❿ 該当行の製品型番と注文数量を取得する

各企業の注文データに記入されている型番と数量を取得します。注文一覧にある型番と変数名が重複しないよう、「型番2」という変数名にします。

```
'⑩該当行の製品型番と注文数量を取得する
型番2 = 注文データ(注文データ行, 1)
数量 = 注文データ(注文データ行, 2)
```

➡【変数宣言】Dim 型番2 As String, 数量 As Long

⓫ 型番が一致する場合、注文一覧に数量を書き込み、繰り返し処理を終了する

注文一覧と同じ型番が注文データにあるかを探します。もしある場合は、該当する注文データの数量を、注文一覧の配列に書き込みます。Excelに書き込むのではなく配列に書き込むことによって、処理速度の向上を図ります。また、一度型番がヒットしたら、もう型番を探す必要はないので、Exitステートメントを使って注文データに関する繰り返し処理を抜けます。

```
'⑪型番が一致する場合
If 型番 = 型番2 Then
    '注文一覧に数量を書き込む
    注文一覧(注文一覧行, 書込列) = 数量
```

```
    '繰り返し処理を終了する
    Exit For
End If
```

⓬注文一覧シートにデータを貼りつける

注文データの数量がすべて反映された注文一覧の配列を、[注文一覧]シートに書き込みます。Excelとのやり取りを極力減らすことによって、処理速度は格段に向上します。

```
'⓬注文一覧シートにデータを貼りつける
.Sheets("注文一覧").Range("A1").CurrentRegion = 注文一覧
```

⓭処理完了メッセージを表示する

最後に、処理が完了したことを知らせるメッセージを表示します。

```
'⓭処理完了メッセージを表示する
MsgBox "処理が完了しました", vbInformation
```

完成したプログラムは次のようになります。

○ プログラム作成例

```
Const フォルダ名 As String = "08-01"

Sub 注文データ集約()
    Dim 企業一覧 As Variant, 注文一覧 As Variant
    Dim 企業一覧行 As Long
    Dim 企業名 As String, シート番号 As Long
    Dim データ開始行 As Long, 書込列 As Long
    Dim ファイルパス As String, ブック As Workbook
    Dim 注文データ As Variant
    Dim 注文一覧行 As Long
    Dim 型番 As String
    Dim 注文データ行 As Long
```

```vb
    Dim 型番2 As String, 数量 As Long


With ThisWorkbook
    '①企業一覧と注文一覧のデータを取得する
    企業一覧 = .Sheets("企業一覧").Range("A1").CurrentRegion
    注文一覧 = .Sheets("注文一覧").Range("A1").CurrentRegion


    '②企業一覧のデータを1行ずつ処理する
    For 企業一覧行 = 2 To UBound(企業一覧)
        '③企業一覧の該当行のデータを取得する
        企業名 = 企業一覧(企業一覧行, 1)
        シート番号 = 企業一覧(企業一覧行, 2)
        データ開始行 = 企業一覧(企業一覧行, 3)
        書込列 = 企業一覧(企業一覧行, 4)


        '④ファイルパスを設定し、ブックを開く
        ファイルパス = .Path & "\" & フォルダ名 & "\" & 企業
名 & ".xlsx"

        Set ブック = Workbooks.Open(Filename:=ファイルパス)


        '⑤注文データを取得する
        注文データ = ブック.Sheets(シート番号).Cells(データ開始
行, 1).CurrentRegion


        '⑥ブックを閉じる
        ブック.Close


        '⑦注文一覧のデータを1行ずつ処理する
        For 注文一覧行 = 2 To UBound(注文一覧)
            '⑧該当行の製品型番を取得する
            型番 = 注文一覧(注文一覧行, 1)


            '⑨注文データを1行ずつ処理する
            For 注文データ行 = 2 To UBound(注文データ)
                '⑩該当行の製品型番と注文数量を取得する
                型番2 = 注文データ(注文データ行, 1)
```

8

複数ファイルに分かれている
データを1つの表に集約する

```
                数量 = 注文データ(注文データ行, 2)


            '⑪型番が一致する場合
            If 型番 = 型番2 Then
                '注文一覧に数量を書き込む
                注文一覧(注文一覧行, 書込列) = 数量


                '繰り返し処理を終了する
                Exit For
            End If
        Next
    Next
Next

    '⑫注文一覧シートにデータを貼りつける
    .Sheets("注文一覧").Range("A1").CurrentRegion = 注文一覧

    '⑬処理完了メッセージを表示する
    MsgBox "処理が完了しました", vbInformation
End With
End Sub
```

　プログラムを実行すると、**図8-1-9**のようになります。複数のファイルに分散して書かれている注文データの数量を、一瞬で［注文一覧］シートに集約することができます。

図8-1-9　実行結果 -［注文一覧］シート

	A	B	C	D	E	F
1	製品型番	製品名	北海道大黒ホテル	近畿リゾートホテル	瀬戸内グランドホテル	沖縄メゾンホテル
2	JA-5529Z	スプリングマットレス　キング		15		5
3	QY-4223O	スプリングマットレス　ダブル	14	15		
4	ZW-5514I	ボンネルコイルマットレス　キング	15		8	10
5	LA-8715G	ボンネルコイルマットレス　ダブル	8			16
6	OT-1234Y	高密度スプリングマットレス　キング	8	20		8
7	NG-5721D	高密度スプリングマットレス　ダブル		19		
8	FD-0345X	ポケットコイルマットレス　キング	17	15		
9	TE-2980B	ポケットコイルマットレス　ダブル		12		
10	RI-6563P	脚付きマットレスベッド		19	12	13

注文データの数量が書き込まれる

8

複数ファイルに分かれているデータを1つの表に集約する

8-2

難易度 ★★☆☆

支店ごとの顧客名簿を1つにまとめる

POINT
- ☑ フォルダ内にあるすべてのファイルのデータを集約する手法を身につける
- ☑ Dir関数の使い方を理解する

CASE 28 インターネット回線の取次サービスを主力事業とするA社は、全国各地に16支店をもち、営業部員がテレマーケティングや対面での外販営業を行っています。顧客名簿は各支店で管理しており、本社で定期的に顧客名簿の統合作業を行っています。作業内容は、各支店のデータをコピーして本社の顧客名簿(統合顧客名簿)に貼りつけるというものです。

支店数が増加するにつれて作業負担が大きくなっており、作業を自動化できないか検討しています。

図8-2-1 顧客名簿の結合

愛知支店の顧客名簿

番号	氏名	電話番号	住所

茨城支店の顧客名簿

番号	氏名	電話番号	住所

岐阜支店の顧客名簿

番号	氏名	電話番号	住所

統合顧客名簿

支店	番号	氏名	電話番号	住所
愛知				
愛知				
茨城				
茨城				
岐阜				
岐阜				

つくりたいプログラム

　統合顧客名簿は、各支店の顧客名簿を1つにまとめるために使う表で、［支店］・［番号］・［氏名］・［電話番号］・［住所］の5つの項目があります。初期状態では、表に何もデータがありません。ここに各支店の顧客名簿のデータをコピーして貼りつけていきます。また、各支店の顧客名簿のファイル名は支店名になっており、それを［支店］列（A列）に記入します。

図8-2-2　［統合顧客名簿］シート（統合顧客名簿）

	A	B	C	D	E
1	支店	番号	氏名	電話番号	住所
2					
3					
4					
5					

ファイル名に記載されている支店名を記入する

各支店の顧客名簿のデータをコピーして貼りつける

　各支店の顧客名簿は、支店ごとにファイルが分かれており、本社で1つのフォルダにまとめて保管しています。どのファイルも1番目のシートにデータが入力されていて、［番号］・［氏名］・［電話番号］・［住所］の4つの項目があります。

図8-2-3　各支店の顧客名簿

	A	B	C	D
1	番号	氏名	電話番号	住所
2	S070	平野 楓	080-4708-1742	愛知県みよし市三好町上砂後３－１４９
3	S069	渡辺 愛梨	070-1957-7824	愛知県安城市城南町５－２－１３３
4	S068	加藤 空	080-2495-7449	愛知県岡崎市井田町字東城１２６－５５
5	S038	伊藤 愛実	090-4595-0002	愛知県丹羽郡扶桑町大字高雄字下野７
6	S028	斎藤 美空	090-7122-1296	愛知県尾張旭市狩宿町５－３７－２９
7	S007	森 彩夏	080-2125-8921	愛知県豊田市若宮町２－５７－２若宮ガー

処理の流れ

　フォルダ内にある各支店の顧客名簿を1つずつ開いて、統合顧客名簿にデータをコピーし、該当の支店名を書き込んでいきます。ポイントとなるのは書込行と書込終了行の特定です。

8

複数ファイルに分かれている
データを1つの表に集約する

簡単な例として、支店Aと支店Bの2つの支店があるときに、支店Bの書込行と書込終了行を算出する方法について考えてみましょう。**図8-2-4**を見てください。どちらの支店も顧客数は2人であるとします。このとき、支店Bの書込行は、支店Aの書込行（2行目）に、支店Aの顧客数（2行）をたした値、つまり4行目になります。

図8-2-4　書込行の特定

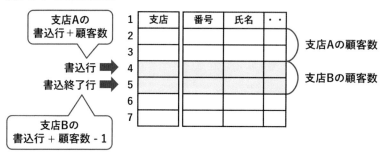

また書込終了行は、支店Bの書込行（4行目）に、支店Bの顧客数（2行）をたして1をひいた値、つまり5行目になります。書込行の特定はちょっとややこしいですが、そこさえわかればシンプルな処理になります。

これを踏まえて処理の流れを書くと、次のようになります。

▼ **[顧客名簿結合] 処理**

①フォルダパスを設定する
②1つ目のファイル名を取得する
③書込行の初期値を設定する
④既存の顧客名簿をクリアする
⑤ファイル名が取得できなくなるまで繰り返す
　　⑥該当支店のブックを開く
　　　　⑦該当支店の顧客数を取得する
　　　　⑧顧客名簿のコピー範囲を特定する
　　　　⑨顧客名簿をコピーする
　　　　⑩顧客名簿を貼りつける
　　　　⑪支店名を取得する
　　　　⑫支店名を書き込む範囲を特定する
　　　　⑬支店名を書き込む
　　⑭該当支店のブックを閉じる

⑮次のファイルの書込行を設定する

⑯次のファイル名を取得する

⑰処理完了メッセージを表示する

 解決のためのヒント

◉ Dir関数

この関数には主に2つの用途があります。ファイルやフォルダが存在するかどう
かを確認することと、フォルダ内にあるファイルの一覧を取得することです。

関数	**Dir**（ディレクトリ）
説明	指定したパスにあるファイル名やフォルダ名を取得します。該当するファイルや フォルダがない場合は、戻り値が空文字（長さ0の文字列）になります。
引数	1. パス 2. ファイル属性
戻り値	ファイル名またはフォルダ名

使用例	If Dir("C:¥data¥", vbDirectory) = "" Then
	    MsgBox "フォルダが存在しません"
	End If
	▶ Cドライブ直下にdataフォルダがない場合は、「フォルダが存在しません」とい
	うメッセージを表示します。

2つ目の引数のファイル属性は、ファイルかフォルダのどちらを対象にするかを
指定します。何も指定しない場合は自動的にファイルが対象になります。フォルダ
を対象にするのであれば、必ず**vbDirectory**というキーワードを指定しないと
いけません。

表8-2-1　ファイル属性

キーワード	意味
ブイビーノーマル vbNormal （または何も指定しない）	ファイル
ブイビーディレクトリ vbDirectory	フォルダ

続いて、Dir関数を使ってフォルダ内にあるファイルの一覧を取得する書き方も
覚えておきましょう。Dir関数の引数にフォルダパスを指定すると、そのフォルダ

の中にある最初のファイル名を取得します。そのあと、引数を何も指定せずに
Dir関数を使うと、2つ目のファイル名を取得します。3つ目以降のファイル名も
同様に取得できます。**図8-2-5**は、Dir関数を使ってdataフォルダ内にあるファイ
ル名を取得する例です。

図8-2-5　Dir関数でファイル名を取得する例

では、Excelファイルだけ取得したいときはどう書けばよいでしょうか？ Dir関数
の引数で指定しているフォルダパスのあとに「*.xlsx」をつけ加えます。アスタリスク
は「任意の」という意味のワイルドカード(4-2参照)で、「xlsx」はExcelファイルの拡
張子です。これで、該当フォルダ内の任意のExcelファイルという意味になります。

図8-2-6　Dir関数でファイル名を取得する例2

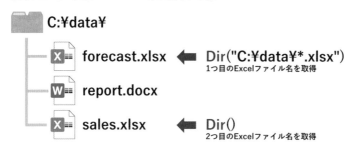

◉ Do...Loopステートメント

Do...Loopステートメントは繰り返し処理の1つで、「条件を満たすまで」処理
を繰り返します。条件の設定などに誤りがあると、処理が終わらなくなってしまう
(これを「無限ループ」という)ことがあるので、注意して使う必要があります。書
き方は次のとおりです。

```
Do Until 条件
    ここに処理を書く
Loop
```

　例えば、合計金額が100を超えるまで10を加算する処理は次のように書きます。合計金額は10ずつ増えていき、110に達すると「合計金額 > 100」の条件を満たすため、繰り返し処理が終わります。

```
Do Until 合計金額 > 100
    合計金額 = 合計金額 + 10
Loop
```

Memo

Until 条件（条件を満たすまで）の代わりに、While 条件（条件を満たす間）という書き方もあります。例えば、Until 合計金額 > 100とWhile 合計金額 <= 100は同じ意味になります。

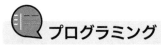 プログラミング

　プロシージャ名は「顧客名簿結合」とし、プロシージャ内に処理の流れを書き込みます。

▼[顧客名簿結合]プロシージャ

```
Sub 顧客名簿結合 ()
    '①フォルダパスを設定する
    '②1つ目のファイル名を取得する
    '③書込行の初期値を設定する
    '④既存の顧客名簿をクリアする
    '⑤ファイル名が取得できなくなるまで繰り返す
        '⑥該当支店のブックを開く
            '⑦該当支店の顧客数を取得する
            '⑧顧客名簿のコピー範囲を特定する
            '⑨顧客名簿をコピーする
            '⑩顧客名簿を貼りつける
```

```
            '⑪支店名を取得する
            '⑫支店名を書き込む範囲を特定する
            '⑬支店名を書き込む
          '⑭該当支店のブックを閉じる
         '⑮次のファイルの書込行を設定する
        '⑯次のファイル名を取得する
      '⑰処理完了メッセージを表示する
End Sub
```

また、[統合顧客名簿]シートの右上には[顧客名簿結合]ボタンを設置し、[顧客名簿結合]プロシージャを関連づけておきましょう。

図8-2-7 [顧客名簿結合]ボタンの設置

> ボタンを右クリック→[マクロの登録]をクリック→マクロの一覧から「顧客名簿結合」を選択→[OK]ボタンをクリックします。

さらに、取り込むファイル一式が格納されているフォルダ名と、ファイルの拡張子については定数化しておきます。

```
Const フォルダ名 As String = "08-02"
Const 拡張子 As String = ".xlsx"
```

では、コードについて解説します。

❶ フォルダパスを設定する

支店の顧客名簿一式が格納されたフォルダのフォルダパスを作成します。このフォルダパスのあとにファイル名をつけ加えるので、フォルダパスの末尾には円マーク「¥」をつけておきます。

```
'①フォルダパスを設定する
フォルダパス = ThisWorkbook.Path & "¥" & フォルダ名 & "¥"
```

➡【変数宣言】Dim フォルダパス As String

❷ 1つ目のファイル名を取得する

Dir関数を使って、フォルダ内にある1つ目のExcelファイルのファイル名を取得します。❶で作成したフォルダパスのうしろに、任意のExcelファイルであることを表す「*.xlsx」をつけ加えます。

```
'②1つ目のファイル名を取得する
ファイル名 = Dir(フォルダパス & "*" & 拡張子)
```

➡【変数宣言】Dim ファイル名 As String

❸ 書込行の初期値を設定する

統合顧客名簿の書込開始行を設定します。

```
'③書込行の初期値を設定する
書込行 = 2
```

➡【変数宣言】Dim 書込行 As Long

❹ 既存の顧客名簿をクリアする

統合顧客名簿にはすでにデータが書き込まれている可能性があるので、データを削除します。UsedRangeプロパティでシート内のデータ使用領域を選択したあと、見出し行を除外するためにOffsetプロパティを使って1行下にずらします。その範囲にあるすべての行を削除します。

```
'④既存の顧客名簿をクリアする
ThisWorkbook.Sheets("統合顧客名簿").UsedRange.Offset(1,
0).EntireRow.Delete
```

❺ ファイル名が取得できなくなるまで繰り返す

Do...LoopステートメントとDir関数を使って、フォルダ内にあるExcelファイルを1つずつ処理します。Dir関数の戻り値は、ファイルが存在すればファイル名になるし、ファイルが存在しない場合は空文字になります。その特性を利用して、繰り返し処理の条件に「ファイル名が空文字になるまで」という意味の「Until ファイル名 = ""」を指定します。

```
'⑤ファイル名が取得できなくなるまで繰り返す
Do Until ファイル名 = ""
```

8

複数ファイルに分かれているデータを1つの表に集約する

```
    '⑥該当支店のブックを開く
                        :
    '⑯次のファイル名を取得する
Loop
```

❻該当支店のブックを開く

支店の顧客名簿ファイルを開きます。1つ目のファイル名については、すでに❷で取得しています。

```
'⑥該当支店のブックを開く
Set ブック = Workbooks.Open(フォルダパス & ファイル名)
```

➡【変数宣言】Dim ブック As Workbook

❼該当支店の顧客数を取得する

顧客数は、該当支店の顧客名簿の表全体の行数から、見出し行の1行分を差しひいた値になります。後工程で書込行を特定するときに使います。

```
'該当支店のブックから顧客名簿をコピーする
With ブック.Sheets(1)
    '⑦該当支店の顧客数を取得する
    顧客数 = .Range("A1").CurrentRegion.Rows.Count - 1

    '⑧顧客名簿のコピー範囲を特定する
    '⑨顧客名簿をコピーする
End With
```

➡【変数宣言】Dim 顧客数 As Long

❽顧客名簿のコピー範囲を特定する

コピーする顧客名簿の範囲は、顧客名簿から見出し行を除いた範囲です。顧客名簿の最終行は、表全体の行数と一致します。❼で取得した顧客数に、見出し行の1行分をたし戻せば算出できます。

```
'⑧顧客名簿のコピー範囲を特定する
最終セル = .Cells(顧客数 + 1, 4).Address
```

➡【変数宣言】Dim 最終セル As String

❾顧客名簿をコピーする

Copyメソッドを使って、該当支店の顧客名簿をコピーします。開始セルはA2
セルで、最終セルは❽で取得したセルです。見出し行は含めません。

```
'⑨顧客名簿をコピーする
.Range("A2", 最終セル).Copy
```

❿顧客名簿を貼りつける

コピーした顧客名簿を、[統合顧客名簿]シートに貼りつけます。統合顧客名簿
のA列（1列目）は支店名を記入する欄なので、B列（2列目）以降に貼りつけます。

```
'このブックに該当支店の顧客名簿を貼りつける
With ThisWorkbook.Sheets("統合顧客名簿")
    '⑩顧客名簿を貼りつける
    .Cells(書込行, 2).PasteSpecial

    '⑪支店名を取得する
    '⑫支店名を書き込む範囲を特定する
    '⑬支店名を書き込む
End With
```

⓫支店名を取得する

ファイル名から拡張子を取り除いて、支店名を取得します。Replace関数は、
ある文字列を別の文字列に置換することができます。ここでは、拡張子を空文字に
置換しています。

```
'⑪支店名を取得する
支店名 = Replace(ファイル名, 拡張子, "")
```

➡【変数宣言】Dim 支店名 As String

⓬支店名を書き込む範囲を特定する

統合顧客名簿のA列（1列目）に支店名を書き込みます。書込開始行は「書込行」
の値です。書込終了行は「書込行 + 顧客数 − 1」で算出できます。

```
'⑫支店名を書き込む範囲を特定する
```

```
支店書込開始セル = .Cells(書込行, 1).Address
支店書込終了セル = .Cells(書込行 + 顧客数 - 1, 1).Address
```

➡【変数宣言】Dim 支店書込開始セル As String, 支店書込終了セル As String

⓭ 支店名を書き込む

⓬ で特定した範囲に、⓫ で取得した支店名を書き込みます。

```
'⓭支店名を書き込む
.Range(支店書込開始セル, 支店書込終了セル) = 支店名
```

⓮ 該当支店のブックを閉じる

ブックを閉じる Close メソッドの1つ目の引数 SaveChanges には、保存しないことを意味する False の値を設定します。

```
'⓮該当支店のブックを閉じる
ブック.Close SaveChanges:=False
```

⓯ 次のファイルの書込行を設定する

書込行に顧客数をたすと、次のファイルの書込開始行になります。

```
'⓯次のファイルの書込行を設定する
書込行 = 書込行 + 顧客数
```

⓰ 次のファイル名を取得する

Dir 関数を引数なしで使うと、次のファイルのファイル名を取得できます。

```
'⓰次のファイル名を取得する
ファイル名 = Dir()
```

⓱ 処理完了メッセージを表示する

最後に、処理が完了したことを知らせるメッセージを表示します。

```
'⓱処理完了メッセージを表示する
MsgBox "処理が完了しました", vbInformation
```

完成したプログラムは次のようになります。

○ プログラム作成例

```
Const フォルダ名 As String = "08-02"
Const 拡張子 As String = ".xlsx"

Sub 顧客名簿結合()
    Dim フォルダパス As String
    Dim ファイル名 As String
    Dim 書込行 As Long
    Dim ブック As Workbook
    Dim 顧客数 As Long
    Dim 最終セル As String
    Dim 支店名 As String
    Dim 支店書込開始セル As String, 支店書込終了セル As String

    '①フォルダパスを設定する
    フォルダパス = ThisWorkbook.Path & "¥" & フォルダ名 & "¥"

    '②1つ目のファイル名を取得する
    ファイル名 = Dir(フォルダパス & "*" & 拡張子)

    '③書込行の初期値を設定する
    書込行 = 2

    '④既存の顧客名簿をクリアする
    ThisWorkbook.Sheets("統合顧客名簿").UsedRange.Offset(1,
0).EntireRow.Delete

    '⑤ファイル名が取得できなくなるまで繰り返す
    Do Until ファイル名 = ""
        '⑥該当支店のブックを開く
        Set ブック = Workbooks.Open(フォルダパス & ファイル名)

        '該当支店のブックから顧客名簿をコピーする
```

```vb
    With ブック.Sheets(1)
        '⑦該当支店の顧客数を取得する
        顧客数 = .Range("A1").CurrentRegion.Rows.Count - 1

        '⑧顧客名簿のコピー範囲を特定する
        最終セル = .Cells(顧客数 + 1, 4).Address

        '⑨顧客名簿をコピーする
        .Range("A2", 最終セル).Copy
    End With

    'このブックに該当支店の顧客名簿を貼りつける
    With ThisWorkbook.Sheets("統合顧客名簿")
        '⑩顧客名簿を貼りつける
        .Cells(書込行, 2).PasteSpecial

        '⑪支店名を取得する
        支店名 = Replace(ファイル名, 拡張子, "")

        '⑫支店名を書き込む範囲を特定する
        支店書込開始セル = .Cells(書込行, 1).Address
        支店書込終了セル = .Cells(書込行 + 顧客数 - 1, 1).
Address

        '⑬支店名を書き込む
        .Range(支店書込開始セル, 支店書込終了セル) = 支店名
    End With

    '⑭該当支店のブックを閉じる
    ブック.Close SaveChanges:=False

    '⑮次のファイルの書込行を設定する
    書込行 = 書込行 + 顧客数

    '⑯次のファイル名を取得する
    ファイル名 = Dir()
```

```
    Loop

    '⑰処理完了メッセージを表示する
    MsgBox "処理が完了しました", vbInformation
End Sub
```

　プログラムを実行すると、**図8-2-8**のようになります。支店別の顧客データが漏れなくコピーされ、A列には各支店の支店名が入力されます。

図8-2-8　実行結果 - ［統合顧客名簿］シート

	A	B	C	D	E
1	支店	番号	氏名	電話番号	住所
2	京都支店	S096	村田 桃香	060-4436-5430	京都府京都市下京区河原町四条下ル順風町１２３
3	京都支店	S098	中山 伊吹	070-0418-3873	京都府京都市左京区田中門前町１７－９１０
4	京都支店	S095	原田 樹	070-3552-7007	京都府京都市上京区今出川通室町東入今出川町５１２
5	京都支店	S100	竹内 和奏	080-8699-0357	京都府京都市北区小山北上総町５５－６２　北大路レクリア
6	京都支店	S097	内田 大貴	050-4841-6325	京都府八幡市八幡一ノ坪５２３－１９
7	京都支店	S099	藤本 新	060-8097-7805	京都府木津川市州見台１－２－３－４
8	兵庫支店	S026	小野 綾音	050-4879-9860	兵庫県神戸市西区桜台５－３－３ガーデンシティ３０３０３
9	兵庫支店	S030	斉藤 葵	090-4819-5269	兵庫県神戸市東灘区向洋町中３－２３アーバンスライド４９４
10	兵庫支店	S033	太田 美結	060-9096-1828	兵庫県尼崎市塚口本町５－９－２
11	兵庫支店	S022	藤田 美玖	050-5614-2368	兵庫県姫路市飾磨区細江３５７１細江リバーシティ６６７７
12	北海道支店	S085	池田 壮太	050-9030-4176	北海道札幌市手稲区前田５条２３－３４－５１１
13	北海道支店	S084	藤井 唯	060-8785-8816	北海道札幌市中央区南４条西１－２－３５５
14	北海道支店	S083	岡田 歩	080-6306-6067	北海道札幌市白石区東札幌三条１２－１３－１４
15	北海道支店	S082	福田 陽大	050-9975-7149	北海道札幌市北区北七条西１２－５８－１９９

8

複数ファイルに分かれているデータを１つの表に集約する

難易度 ★★☆☆

写真を取り込んで現地調査報告書を作成する

POINT
- ☑ 画像ファイルを一括で取り込むテクニックを習得する
- ☑ 画像サイズをセルに合わせて自動で変える手法を理解する

CASE 29　千葉県内を施工エリアとし、注文住宅の建築やリフォームに強みをもつ工務店A社では、施工前に現地調査を実施しています。敷地や建物の写真を撮影し、現地調査報告書のシートに手作業で画像を貼付していますが、画像を挿入したり画像サイズを変更したりする作業が煩雑で、時間がかかっています。作業時間を減らすため、画像の貼付を自動化できないか検討しています。

図8-3-1　画像の取り込み

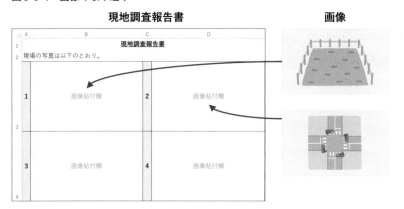

つくりたいプログラム

現地調査報告書には画像の貼付欄が6つあり、貼付欄の左側に番号が記載されています。この番号は画像を貼付する順番を表しており、B3セル→D3セル→B4セル→D4セル→……のように、左上から右下へと貼付していきます。画像サイズはすべて、幅250ポイント、高さ150ポイントとします。現地調査報告書のヘッダ部

分の高さは50ポイント、番号が書かれている列幅は20ポイントです。

図8-3-2　[現地調査報告書]シート（現地調査報告書）

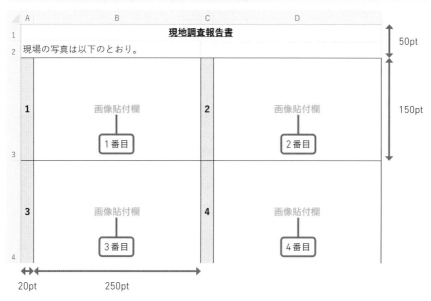

処理の流れ

　フォルダ内にある画像ファイルを1つずつ貼付していくのが主な処理です。ポイントは、画像を貼りつける位置（これを貼付位置と呼ぶ）をどうやって算出するかです。貼付位置は、シート内の左端からの位置と、上端からの位置で決まります。

図8-3-3　画像の貼付位置の指定

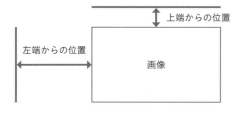

　貼付位置は、画像を貼りつける順番（これを画像番号と呼ぶ）が奇数なのか偶数なのかによって規則性があります。貼付位置を特定するための数式は**表8-3-1**のとおりです。

表8-3-1　貼付位置を特定するための数式

	画像番号が奇数	画像番号が偶数
左端からの位置	20	290 ※20+250+20で算出
上端からの位置	50 + 150 * (画像番号 - 1) / 2	

これを踏まえて処理の流れを書くと、次のようになります。

▼ **[画像取込] 処理**

①フォルダパスを設定する
②フォルダ内にある最初のファイル名を取得する
③フォルダ内にあるファイルを1つずつ処理する
　　④画像番号を設定する
　　⑤画像の位置を算出する（画像番号が奇数か偶数かによって場合分けする）
　　⑥画像を挿入する
　　⑦画像の位置を設定する
　　⑧画像のサイズを設定する
　　⑨次のファイルのファイル名を取得する

 解決のためのヒント

○ 画像の位置やサイズを設定する

　図形（画像を含む）のオブジェクトは、Shapes（シェイプ）と書きます。シートオブジェクトにひもづくオブジェクトです。このオブジェクト変数を作るときは、単数形のShapeという型を使います。特定のシートを指定するとき、シートオブジェクトの引数に番号や名前を設定するのと同様、特定の図形を指定するときは図形オブジェクトの引数に番号や名前を使います。例えば、Shapes(1)やShapes("画像1")のように書きます。

> シートオブジェクト . 図形オブジェクト . プロパティ

　図形に関する主なプロパティは**表8-3-2**のとおりです。

表8-3-2　図形に関する主なプロパティ

操作	書き方の例
左端からの位置を設定する	`Sheets("報告書").Shapes(1).Left␣=␣20` 報告書シートの1つ目の図形の左端からの位置を20に設定します。
上端からの位置を設定する	`Sheets("報告書").Shapes(1).Top␣=␣50` 報告書シートの1つ目の図形の上端からの位置を50に設定します。
幅を設定する	`Sheets("報告書").Shapes(1).Width␣=␣250` 報告書シートの1つ目の図形の幅を250に設定します。
高さを設定する	`Sheets("報告書").Shapes(1).Height␣=␣150` 報告書シートの1つ目の図形の高さを150に設定します。

Memo

画像を挿入すると、「Picture 1」などのように自動的に名前がつけられます。その名前が何かを調べるのは面倒なので、挿入した画像を一旦オブジェクト変数に格納し、オブジェクト変数のNameプロパティを使って画像の名前をあなたが望む名前に変更しましょう。

● 画像を挿入する

画像を追加するには、図形オブジェクトの**AddPicture**メソッドを使います。

```
シートオブジェクト.図形オブジェクト.AddPicture␣引数
```

引数は**表8-3-3**のとおりです。すべて必須です。

表8-3-3　AddPictureメソッドの引数

順番	名前	説明	省略	使用例
1	ファイルネーム Filename	画像のファイルパスを指定します。	不可	Filename:="0001.png"
2	リンクトゥファイル LinkToFile	もとのファイルとリンクするかどうかを指定します。 • True：リンクする • False：リンクしない	不可	LinkToFile:=False
3	セーブウィズドキュメント SaveWithDocument	Excelファイルと一緒に図を保存するかどうかを指定します。 • True：保存する • False：保存しない（リンク情報だけを保存する）	不可	SaveWithDocument:=True
4	レフト Left	左端からの貼付位置を指定します。	不可	Left:=20
5	トップ Top	上端からの貼付位置を指定します。	不可	Top:=50
6	ウィズス Width	画像の幅を指定します。	不可	Width:=250
7	ハイト Height	画像の高さを指定します。	不可	Height:=150

　例えば、0001.pngという画像ファイルを1番目のシートに挿入するには、次のように書きます。

```
Sheets(1).Shapes.AddPicture(Filename:="0001.png", _
                            LinkToFile:=False, _
                            SaveWithDocument:=True, _
                            Left:=20, _
                            Top:=50, _
                            Width:=250, _
                            Height:=150)
```

画像を追加したあとで位置やサイズを調整するのであれば、Left、Top、Width、Heightの値は0でかまいません。本書ではコードをわかりやすくするため、画像を追加したあとで位置やサイズを調整します。

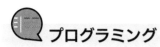 プログラミング

プロシージャ名は「画像取込」とし、プロシージャ内に処理の流れを書き込みます。

▼ [画像取込]プロシージャ

```
Sub 画像取込()
    '①フォルダパスを設定する
    '②フォルダ内にある最初のファイル名を取得する
    '③フォルダ内にあるファイルを1つずつ処理する
        '④画像番号を設定する
        '⑤画像の位置を算出する(画像番号が奇数か偶数かによって場合分け
する)
        '⑥画像を挿入する
        '⑦画像の位置を設定する
        '⑧画像のサイズを設定する
        '⑨次のファイルのファイル名を取得する
End Sub
```

また、現地調査報告書の右上には[画像取込]ボタンを設置し、[画像取込]プロシージャを関連づけておきましょう。

図8-3-4 [画像取込]ボタンの設置

	C	D	
現地調査報告書			画像取込

ボタンを右クリック→[マクロの登録]をクリック→マクロの一覧から「画像取込」を選択→[OK]ボタンをクリックします。

さらに、画像がすべて格納されているフォルダのフォルダ名についてはあらかじめ定数として宣言しておきます。

```
Const フォルダ名 As String = "08-03"
```

では、コードについて解説します。

❶ フォルダパスを設定する

　画像ファイルが格納されているフォルダは、このブックと同じ場所にあるものとします。末尾に円マーク「¥」をつけておくと、後工程でファイルパスを生成するときに円マークのつけ忘れがなくなります。フォルダ名は定数の値を使います。

```
'①フォルダパスを設定する
フォルダパス = ThisWorkbook.Path & "¥" & フォルダ名 & "¥"
```

➡【変数宣言】Dim フォルダパス As String

❷ フォルダ内にある最初のファイル名を取得する

　Dir関数を使って、フォルダ内にあるファイル名を取得します。フォルダ内にあるすべての種類のファイルが対象となります。

```
'②フォルダ内にある最初のファイル名を取得する
ファイル名 = Dir(フォルダパス)
```

➡【変数宣言】Dim ファイル名 As String

> **Memo**
> 取り込むファイルの種類を制限したいときは、拡張子を判定する処理を追加してください。
> 参考までに、拡張子を取得するコードは次のとおりです。
> Right(ファイル名, Len(ファイル名) - InStrRev(ファイル名, "."))

❸ フォルダ内にあるファイルを1つずつ処理する

　Dir関数を使ってファイル名を1つずつ取得し、ファイル名が取得できなくなるまで繰り返し処理します。「Until ファイル名 = ""」は、ファイル名が取得できなくなるまで、という条件を表します。

```
'③フォルダ内にあるファイルを1つずつ処理する
Do Until ファイル名 = ""
    '④画像番号を設定する
                    :
    '⑨次のファイルのファイル名を取得する
Loop
```

❹画像番号を設定する

画像番号を1つ増やします。画像番号は、画像を貼りつける位置を特定するときに使用します。

```
'④画像番号を設定する
画像番号 = 画像番号 + 1
```

➡【変数宣言】Dim 画像番号 As Long

❺画像の位置を算出する（画像番号が奇数か偶数かによって場合分けする）

画像番号を2でわった余りを算出し、画像番号が偶数なのか奇数なのかを判別します。画像番号が奇数の場合、つまり現地調査報告書の左側に貼りつける画像の場合は、左端からの位置は20ポイントです。一方で、画像番号が偶数の場合、つまり現地調査報告書の右側に貼りつける画像の場合は、左端からの位置は「290」ポイントです。上端からの位置は、画像番号が奇数になったときに「150」ポイントずつ増やします。画像番号が偶数の場合は、その直前の画像における上端からの位置と同じ位置に貼りつけるので、上端からの位置を変える必要はありません。

図8-3-5 画像の位置の算出

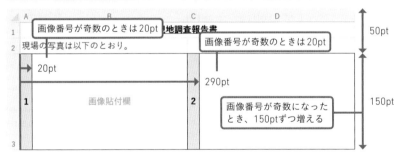

```
'⑤画像の位置を算出する
'1．画像番号が奇数の場合
If 画像番号 Mod 2 = 1 Then
    左端からの位置 = 20
    上端からの位置 = 50 + 150 * (画像番号 - 1) / 2
'2．画像番号が偶数の場合
Else
    左端からの位置 = 290
```

```
            '※上端からの位置は変えない
End If
```

➡【変数宣言】Dim 左端からの位置 As Long, 上端からの位置 As Long

Memo

Modは、ある数値を別の数値でわった余りを算出するための演算子です。書き方は「数値1 Mod 数値2」です。例えば「5 Mod 2」は5を2でわった余りなので、1になります。

❻画像を挿入する

AddPictureメソッドを使って現地調査報告書シートに画像を挿入します。後工程で画像の貼付位置やサイズを調整するので、ここではLeft・Top・Width・Heightの値をすべて0に設定しています。

```
With Sheets("現地調査報告書")
    '⑥画像を挿入する
    Set 画像 = .Shapes.AddPicture(Filename:=フォルダパス &
ファイル名, _
                LinkToFile:=False, _
                SaveWithDocument:=True, _
                Left:=0, _
                Top:=0, _
                Width:=0, _
                Height:=0)
End With
```

➡【変数宣言】Dim 画像 As Shape

❼画像の位置を設定する

画像オブジェクトのLeftプロパティ、Topプロパティを使って、画像の位置を設定します。❺で取得した値を使います。

```
With 画像
    '⑦画像の位置を設定する
    .Left = 左端からの位置
    .Top = 上端からの位置

    '⑧画像のサイズを設定する
End With
```

❽画像のサイズを設定する

続いて、画像オブジェクトの**Width**プロパティ、**Height**プロパティを使って、画像のサイズを指定します。幅は250ポイント、高さは150ポイントで、いずれも固定値です。

```
'⑧画像のサイズを設定する
.Width = 250
.Height = 150
```

❾次のファイルのファイル名を取得する

Dir関数を引数なしで使って、次の画像のファイル名を取得します。

```
'⑨次のファイルのファイル名を取得する
ファイル名 = Dir()
```

完成したプログラムは次のようになります。

○プログラム作成例

```
Const フォルダ名 As String = "08-03"

Sub 画像取込()
    Dim フォルダパス As String
    Dim ファイル名 As String
    Dim 画像番号 As Long
    Dim 左端からの位置 As Long, 上端からの位置 As Long
    Dim 画像 As Shape

    '①フォルダパスを設定する
    フォルダパス = ThisWorkbook.Path & "¥" & フォルダ名 & "¥"

    '②フォルダ内にある最初のファイル名を取得する
    ファイル名 = Dir(フォルダパス)

    '③フォルダ内にあるファイルを1つずつ処理する
```

```
    Do Until ファイル名 = ""
        '④画像番号を設定する
        画像番号 = 画像番号 + 1


        '⑤画像の位置を算出する
        '1. 画像番号が奇数の場合
        If 画像番号 Mod 2 = 1 Then
            左端からの位置 = 20
            上端からの位置 = 50 + 150 * (画像番号 - 1) / 2
        '2. 画像番号が偶数の場合
        Else
            左端からの位置 = 290
            '※上端からの位置は変えない
        End If


        With Sheets("現地調査報告書")
            '⑥画像を挿入する
            Set 画像 = .Shapes.AddPicture(Filename:=フォル
ダパス & ファイル名, _
                        LinkToFile:=False, _
                        SaveWithDocument:=True, _
                        Left:=0, _
                        Top:=0, _
                        Width:=0, _
                        Height:=0)
        End With


        With 画像
            '⑦画像の位置を設定する
            .Left = 左端からの位置
            .Top = 上端からの位置

            '⑧画像のサイズを設定する
            .Width = 250
            .Height = 150
        End With
```

```
                    '⑨次のファイルのファイル名を取得する
                ファイル名 = Dir()
        Loop
End Sub
```

プログラムを実行すると、**図8-3-6**のようになります。フォルダ内にある画像が、所定の貼付欄に順番に貼りつけられます。

図8-3-6　［現地調査報告書］シート

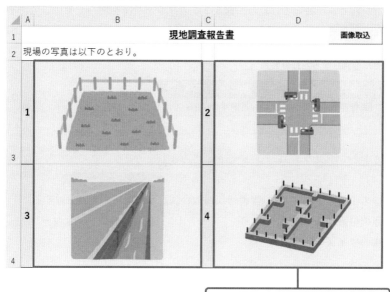

フォルダ内にある画像が順番に貼付される

 ステップアップ

前述のプログラムでは、画像の貼付位置やサイズを固定値で指定していましたが、現地調査報告書のレイアウトを多少変更するたびに、位置やサイズの値を調整しなければいけないのは面倒です。そこで、セルの位置、列幅、行の高さに連動して、貼付位置やサイズが自動的に変わるように、プログラムを改善してみましょう。

セルの位置やサイズは、セルオブジェクトのLeftプロパティ、Topプロパティ、Widthプロパティ、Heightプロパティを使って取得できます。

8

複数ファイルに分かれているデータを1つの表に集約する

図8-3-7 位置・大きさを特定するためのプロパティ

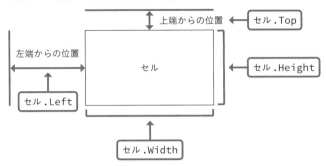

　画像番号からセルを特定できれば、**図8-3-7**のプロパティを使ってセルの位置やサイズを取得できます。セルを特定するための数式は**表8-3-4**のとおりです。

表8-3-4 セルを特定するための数式

	画像番号が奇数	画像番号が偶数
セルの行	(画像番号 + 1) / 2 + 2	画像番号 / 2 + 2
セルの列	2	4

　これを踏まえて、次の3つの処理を修正してみましょう。

　　❺画像の位置を算出する(画像番号が奇数か偶数かによって場合分けする)
　　❼画像の位置を設定する
　　❽画像のサイズを設定する

　修正後のコードは次のとおりです。

❺画像貼付欄のセル位置を特定する

　画像番号から、セルの行番号と列番号を特定します。

```
'⑤画像貼付欄のセル位置を特定する
'１. 画像番号が奇数の場合
If 画像番号 Mod 2 = 1 Then
    行 = (画像番号 + 1) / 2 + 2
    列 = 2
'２. 画像番号が偶数の場合
Else
```

```
        行 = 画像番号 / 2 + 2
        列 = 4
End If
```

→【変数宣言】Dim 行 As Long, 列 As Long

❼画像の位置を設定する

セルオブジェクトの**Left**プロパティ、**Top**プロパティを使って、画像の位置を設定します。**With**ステートメントで省略するオブジェクトは、画像ではなくセルオブジェクトに変更します。

```
With .Cells(行, 列)
    '⑦画像の位置をセルの左上の角に合わせる
    画像.Left = .Left
    画像.Top = .Top

    '⑧セルの幅・高さに合わせて画像サイズを調整する
End With
```

❽画像のサイズを設定する

セルオブジェクトの**Width**プロパティ、**Height**プロパティを使って、画像のサイズを指定します。

```
'⑧セルの幅・高さに合わせて画像サイズを調整する
画像.Width = .Width
画像.Height = .Height
```

これを踏まえて修正したプログラムは次のようになります。

○プログラム作成例

```
Const フォルダ名 As String = "08-03"

Sub 画像取込2()
    Dim フォルダパス As String
    Dim ファイル名 As String
    Dim 画像番号 As Long
```

8

複数ファイルに分かれているデータを1つの表に集約する

497

```vba
Dim 行 As Long, 列 As Long
Dim 画像 As Shape

'①フォルダパスを設定する
フォルダパス = ThisWorkbook.Path & "¥" & フォルダ名 & "¥"

'②フォルダ内にある最初のファイル名を取得する
ファイル名 = Dir(フォルダパス & "*")

'③フォルダ内にあるファイルを1つずつ処理する
Do Until ファイル名 = ""
    '④画像番号を設定する
    画像番号 = 画像番号 + 1

    '⑤画像貼付欄のセル位置を特定する
    ' 1. 画像番号が奇数の場合
    If 画像番号 Mod 2 = 1 Then
        行 = (画像番号 + 1) / 2 + 2
        列 = 2
    ' 2. 画像番号が偶数の場合
    Else
        行 = 画像番号 / 2 + 2
        列 = 4
    End If

    With Sheets("現地調査報告書")
        '⑥画像を挿入する
        Set 画像 = .Shapes.AddPicture(Filename:=フォル
ダパス & ファイル名, _
                        LinkToFile:=False, _
                        SaveWithDocument:=True, _
                        Left:=0, _
                        Top:=0, _
                        Width:=0, _
                        Height:=0)

        With .Cells(行, 列)
```

```
                    '⑦画像の位置をセルの左上の角に合わせる
                    画像.Left = .Left
                    画像.Top = .Top

                    '⑧セルの幅・高さに合わせて画像サイズを調整する
                    画像.Width = .Width
                    画像.Height = .Height
                End With
            End With

                '⑨次のファイルのファイル名を取得する
            ファイル名 = Dir()
        Loop
End Sub
```

　試しに、B列（2列目）の列幅を広げてプログラムを実行してみると、**図8-3-8**のように画像サイズの幅も広がります。現地調査報告書シートのレイアウトを変えれば、それに応じて画像サイズが変わることを確認してみましょう。

図8-3-8　実行結果 - ［現地調査報告書］シート

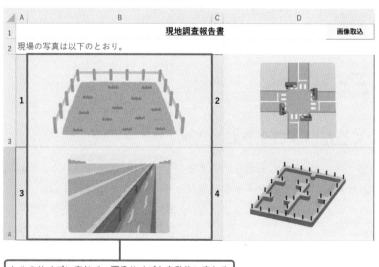

セルのサイズに応じて、画像サイズも自動的に変わる

8-4

会員数の推移を把握するダッシュボードを作成する

POINT ☑ ダッシュボードのしくみを理解する
☑ ファイル選択ダイアログの使い方を理解する

CASE 30 　関東近郊で3店舗のダンススクールを展開するA社では、月別の在籍会員数のデータにもとづき、会員数の推移や前年比などを一目で理解できるようにまとめた資料、いわゆるダッシュボードを作成して、経営層の意思決定に役立てています。近年では意思決定のスピードが重要になっているため、A社ではダッシュボードを迅速に作成するためのしくみ作りを検討しています。

図8-4-1　ダッシュボード - 会員数の推移

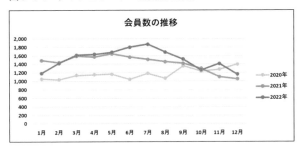

つくりたいプログラム

　マクロを書くブック（ダッシュボードがあるブック）とは別のブックに、会員数のデータがあります。会員数のデータを在籍シートに転記することによって、ダッシュボードのグラフなどが表示されます。今回作成するのは、データを転記するプログラムです。

図 8-4-2　会員数のデータの転記

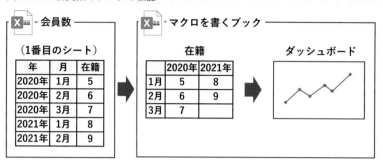

　会員数が入力された取込データには、［年］・［月］・［在籍］・［新規］・［解約］の 5
項目あります。［在籍］は在籍会員数（累積）、［新規］は新規契約者数、［解約］は解
約者数を表します。マクロを書くブックとは別のブックである点に注意してくださ
い。

図 8-4-3　会員数.xlsx - ［会員数］シート（取込データ）

	A	B	C	D	E
1	年	月	在籍	新規	解約
2	2018年	1月	559	136	-11
3	2018年	2月	494	9	-74
4	2018年	3月	772	292	-14
5	2018年	4月	812	55	-15
6	2018年	5月	788	10	-34
7	2018年	6月	780	15	-23
8	2018年	7月	776	12	-16
9	2018年	8月	769	11	-18
10	2018年	9月	947	186	-8

年月別の在籍会員数（累計）

　［在籍］シートは、ダッシュボードのグラフなどを表示するための参照元データ
になります。横軸（1 行目）に［年］、縦軸（A 列）に［月］が記入されており、［年］と
［月］が交差するところに、該当する在籍会員数を転記します。［在籍］シートの
［年］・［月］と、会員数の［年］・［月］を突き合わせて、合致する在籍会員数の値を
取得します。

図8-4-4　[在籍]シート

	A	B	C	D
1	月	2020年	2021年	2022年
2	1月			
3	2月			
4	3月			
5	4月			
6	5月			
7	6月			
8	7月			
9	8月			
10	9月			
11	10月			
12	11月			
13	12月			

> 会員数のデータから、
> 在籍会員数を転記する

　ダッシュボードには、会員数の推移を表すグラフ、YoY（前年比）、当年と前年の在籍会員数が表示されます。これらはすべて[在籍]シートのデータから自動的に表示されるので、プログラムでの処理は不要です。

図8-4-5　[ダッシュボード]シート

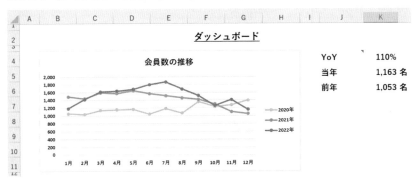

処理の流れ

　大きく分けて、2つの処理があります。

A　別ファイルから会員数のデータを取得する

B　在籍会員数を書き込む

A 別ファイルから会員数のデータを取得する

ファイル選択ダイアログを表示して、任意のファイルを選択できるようにします。ファイル選択ダイアログで何もファイルを選択しなかった場合は、「ファイルを選択してください」というエラーメッセージを表示します。今回は「会員数.xlsx」というファイルを選択するものとし、該当ファイルの1シート目にある会員数のデータを配列に格納します（これを取込データと呼びます）。

B 在籍会員数を書き込む

取込データにある在籍会員数を在籍シートに書き込むためには、取込データと［在籍］シートの2つの表にある年月を突き合わせる必要があります。そこで、繰り返し処理を2つ使います。

図8-4-6 ［年］［月］の突き合わせ

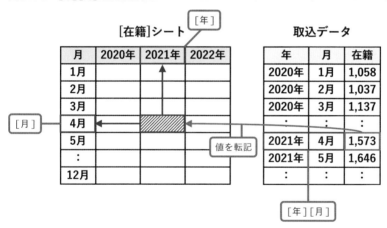

まず、在籍シートのセルごとに繰り返し処理します。在籍シートのセル（**図8-4-6**の青斜線）から見て上方向に［年］があり、左方向に［月］があります。この［年］［月］を、取込データの［年］［月］と突き合わせるために、取込データを1行ずつ繰り返し処理します。年月を突き合わせて、ヒットした行にある在籍会員数を［在籍］シートに転記します。

これを踏まえて処理の流れを書くと、次のようになります。処理は、「データ取込」と「ファイル選択」の2つに分け、データ取込処理の中で、ファイル選択処理を呼び出します。ファイル選択処理は汎用的に使えるので、独立したプロシージャにしておくと、他のプロシージャでも共有して使えます。

8

複数ファイルに分かれているデータを1つの表に集約する

■ [データ取込] 処理

A　別ファイルから会員数のデータを取得する
① ファイル選択ダイアログを表示する
② ファイルパスが取得できない場合、エラーメッセージを表示し、処理を終了する
③ ブックを開く
④ 会員数のデータを取得する
⑤ ブックを保存せずに閉じる

B　在籍会員数を書き込む
⑥ 在籍シートのデータをクリアする
⑦ 在籍シートの表内のセルごとに繰り返し処理する
　　　⑧ 在籍シートの年・月を取得する
　　　⑨ 取込データを1行ずつ処理する
　　　　　⑩ 取込データの年・月を取得する
　　　　　⑪ 在籍シートの年・月と取込データの年・月が一致する場合、以下の
処理を行う
　　　　　　　・取込データの値をセルに書き込む
　　　　　　　・繰り返し処理を抜けて、次の書込先セルに移動する

⑫ 処理完了メッセージを表示する

■ [ファイル選択] 処理

① 初期フォルダをこのブックと同じ場所に設定する
② ファイル選択ダイアログを表示する
③ ファイルが選択された場合、ファイルパスを返す

 解決のためのヒント

● ファイルを選択する

　ファイル選択ダイアログを表示するには、Applicationオブジェクトの
GetOpenFilename メソッドを使います。
ゲットオープンファイルネーム

```
Application.GetOpenFilename▧引数
```

引数は**表8-4-1**のとおりです。

表8-4-1　GetOpenFilenameメソッドの引数

順番	名前	説明	省略	使用例
1	ファイルフィルター FileFilter	選択できるファイルの種類を文字列で指定します。文字列は、表示するテキストと拡張子の2つをカンマ「,」区切りでつなげます。拡張子は、セミコロン「;」区切りで複数指定できます。	不可	FileFilter:="Excelファイル, *.xls; *.xlsx"
2	タイトル Title	ダイアログの上部にあるタイトルを指定します。	不可	Title:="ファイルを選択してください"
3	マルチセレクト MultiSelect	選択できるファイルの個数を指定します。複数選択する場合は、[Ctrl]キーまたは[Shift]キーを押しながらファイルを選択します。 False：単数選択 True：複数選択	不可	MultiSelect:=True

　例えば、拡張子が「xls」または「xlsx」の2種類のファイルを選択できるファイル選択ダイアログを表示するには、次のように書きます。戻り値は、ファイルパスという変数に格納します。

```
ファイルパス = Application.GetOpenFilename( _
    FileFilter:="Excelファイル, *.xls; *.xlsx", _
    Title:="ファイルを選択してください", _
    MultiSelect:=False)
```

　これを実行すると、**図8-4-7**のダイアログが表示されます。

8

複数ファイルに分かれているデータを1つの表に集約する

図8-4-7 ファイル選択ダイアログ

GetOpenFilenameメソッドの戻り値は、引数MultiSelectの設定によって変わります。ただし、ファイルを選択せずに[キャンセル]ボタン（または Esc キー）をクリックした場合は、戻り値がFalseになります。つまり、ファイル名を取得するためには戻り値の型も把握しておく必要があります。

表8-4-2 GetOpenFilenameメソッドの戻り値

操作	戻り値	戻り値の型
単数選択 （MultiSelect:=Falseでファイルを1つ選択した場合）	文字列	vbString
複数選択 （MultiSelect:=Trueでファイルを複数選択した場合）	配列	vbArray
未選択 （ファイルを選択せずに[キャンセル]ボタンまたは Esc キーをクリックした場合）	False	vbBoolean

● 初期フォルダを変更する

ファイル選択ダイアログの初期フォルダを変更するには、ChDirステートメント（チェンジディレクトリ）を使います。引数にはフォルダパス（文字列）を指定します。

```
ChDir■フォルダパス
```

GetOpenFilenameメソッドを実行する前にChDirステートメントでフォル

ダパスを設定しておけば、フォルダ選択ダイアログの初期フォルダが、該当のフォルダパスになります。

 プログラミング

プロシージャ名は「データ取込」「ファイル選択」とし、プロシージャ内に処理の流れを書き込みます。

▼ **［データ取込］プロシージャ**

```
Sub  データ取込 ( )
    'A  別ファイルから会員数のデータを取得する
    '①ファイル選択ダイアログを表示する
    '②ファイルパスが取得できない場合、エラーメッセージを表示し、処理を
終了する
    '③ブックを開く
    '④会員数のデータを取得する
    '⑤ブックを保存せずに閉じる

    'B  在籍会員数を書き込む
    '⑥在籍シートのデータをクリアする
    '⑦在籍シートの表内のセルごとに繰り返し処理する
        '⑧在籍シートの年・月を取得する
        '⑨取込データを1行ずつ処理する
            '⑩取込データの年・月を取得する
            '⑪在籍シートの年・月と取込データの年・月が一致する場合、
以下の処理を行う
                '・取込データの値をセルに書き込む
                '・繰り返し処理を抜けて、次の書込先セルに移動する

        '⑫処理完了メッセージを表示する
End  Sub
```

ファイル選択プロシージャの戻り値を文字列にするため、プロシージャ名の行末に As Stringをつけます。

```
Function ファイル選択() As String
    '①初期フォルダをこのブックと同じ場所に設定する
    '②ファイル選択ダイアログを表示する
    '③ファイルが選択された場合、ファイルパスを返す
End Function
```

また、[ダッシュボード] シートの右上には [データ取込] ボタンを設置し、[データ取込] プロシージャを関連づけておきましょう。

図8-4-8 [データ取込] ボタンの設置

では、コードについて解説します。

■ [データ取込] プロシージャ

❶ ファイル選択ダイアログを表示する

後述する [ファイル選択] プロシージャを呼び出し、戻り値のファイルパスを変数に格納します。

```
'A  別ファイルから会員数のデータを取得する
'①ファイル選択ダイアログを表示する
ファイルパス = ファイル選択
```

➡【変数宣言】Dim ファイルパス As String

❷ ファイルパスが取得できない場合、エラーメッセージを表示し、処理を終了する

ファイルパスが空文字の場合は、「ファイルを選択してください」という警告メッセージを表示し、［データ取込］プロシージャを終了します。Exit Subは、Subプロシージャを抜ける、という意味です。

```
'②ファイルパスが取得できない場合
If ファイルパス = "" Then
    'エラーメッセージを表示する
    MsgBox "ファイルを選択してください", vbExclamation

    '処理を終了する
    Exit Sub
End If
```

❸ ブックを開く

Workbooksオブジェクトの**Open**メソッドの引数には、❶で取得したファイルパスを指定します。

8

```
'③ブックを開く
Set ブック = Workbooks.Open(ファイルパス)
```

➡【変数宣言】Dim ブック As Workbook

❹ 会員数のデータを取得する

開いたブック内の1番目のシートにあるすべてのデータを取得します。

```
'④会員数のデータを取得する
取込データ = ブック.Sheets(1).UsedRange
```

➡【変数宣言】Dim 取込データ As Variant

❺ ブックを保存せずに閉じる

データを取得したあとはブックを開いておく必要がないので、**Close**メソッドで閉じます。

```
'⑤ブックを保存せずに閉じる
ブック.Close SaveChanges:=False
```

複数ファイルに分かれているデータを1つの表に集約する

❻在籍シートのデータをクリアする

［在籍］シートにはすでにデータが書き込まれている可能性があるので、ClearContentsメソッドを使ってデータをクリアしておきます。次のコード例ではWithステートメントを2つ使っていますが、省略するオブジェクトをThisWorkbook.Sheets("在籍")のように1つにまとめてもかまいません。

```
With ThisWorkbook
    'B　在籍会員数を書き込む
    With .Sheets("在籍")
        '⑥在籍シートのデータをクリアする
        .Range(在籍シート範囲).ClearContents

        '⑦在籍シートの表内のセルごとに繰り返し処理する
            '⑧在籍シートの年・月を取得する
            '⑨取込データを1行ずつ処理する
                '⑩取込データの年・月を取得する
                    '⑪在籍シートの年・月と取込データの年・月が一致する場合、以下の処理を行う
                        '・取込データの値をセルに書き込む
                        '・繰り返し処理を抜けて、次の書込先セルに移動する
    End With
End With
```

❼在籍シートの表内のセルごとに繰り返し処理する

［在籍］シートのデータ書込範囲内のセルを1つずつ繰り返し処理します。

```
'⑦在籍シートの表内のセルごとに繰り返し処理する
For Each セル In .Range(在籍シート範囲)
    '⑧在籍シートの年・月を取得する
    '⑨取込データを1行ずつ処理する
        '⑩取込データの年・月を取得する
        '⑪在籍シートの年・月と取込データの年・月が一致する場合、以下の処理を行う
            '・取込データの値をセルに書き込む
            '・繰り返し処理を抜けて、次の書込先セルに移動する
```

```
Next
```

➡【変数宣言】Dim セル As Range

❽在籍シートの年・月を取得する

在籍シートの[年]は1行目から取得します。列番号は、該当セルの**Column**プロパティで指定します。また、[月]はA列（1列目）から取得します。行番号は、該当セルの**Row**プロパティで指定します。

```
'⑧在籍シートの年・月を取得する
年 = .Cells(1, セル.Column).Value
月 = .Cells(セル.Row, 1).Value
```

➡【変数宣言】Dim 年 As String, 月 As String

❾取込データを1行ずつ処理する

年月を突き合わせるために、取込データを1行ずつ繰り返し処理します。

```
'⑨取込データを1行ずつ処理する
For 取込行 = 2 To UBound(取込データ)
    '⑩取込データの年・月を取得する
    '⑪在籍シートの年・月と取込データの年・月が一致する場合、以下の処理
を行う
        '・取込データの値をセルに書き込む
        '・繰り返し処理を抜けて、次の書込先セルに移動する
Next
```

➡【変数宣言】Dim 取込行 As Long

❿取込データの年・月を取得する

❽で取得した年月と区別するため、変数名は「取込年」「取込月」とします。

```
'⑩取込データの年・月を取得する
取込年 = 取込データ(取込行, 1)
取込月 = 取込データ(取込行, 2)
```

➡【変数宣言】Dim 取込年 As String, 取込月 As String

⓫在籍シートの年・月と取込データの年・月が一致する場合、以下の処理を行う

• 取込データの値をセルに書き込む

• 繰り返し処理を抜けて、次の書込先セルに移動する

在籍シートのデータと取込データで年月を突き合わせた結果、年月が一致する場合は、取込データの在籍会員数を在籍シートに書き込みます。値を書き込んだあとは、繰り返し処理を抜けます。

```
'⑪在籍シートの年・月と取込データの年・月が一致する場合、以下の処理を行う
If 年 = 取込年 And 月 = 取込月 Then
    '・取込データの値をセルに書き込む
    セル.Value = 取込データ(取込行, 3)

    '・繰り返し処理を抜けて、次の書込先セルに移動する
    Exit For
End If
```

⓬ 処理完了メッセージを表示する

最後に、「処理が完了しました」というメッセージを表示します。

```
'⑫処理完了メッセージを表示する
MsgBox "処理が完了しました", vbInformation
```

続いて、データ取込プロシージャから呼び出す[ファイル選択]プロシージャについて解説します。

▼ [ファイル選択]プロシージャ

❶ 初期フォルダをこのブックと同じ場所に設定する

ChDirステートメントの引数にフォルダパスを設定します。定数で宣言したフォルダ名を使います。

```
'①初期フォルダをこのブックと同じ場所に設定する
ChDir ThisWorkbook.Path & "¥" & フォルダ名
```

❷ ファイル選択ダイアログを表示する

GetOpenFilenameメソッドの1つ目の引数FileFilterで、「xls」と「xlsx」の2つの拡張子のみ選択可とします。拡張子を選択するプルダウンに表示するテキストは「Excelファイル」にしていますが、任意のテキストに変更できます。2つ目

の引数**Title**で、ダイアログのタイトルに表示するテキストを指定します。ここでは「ファイルを選択してください」にしています。3つ目の引数**MultiSelect**の値は**False**にし、ファイルを1つだけ選択できるようにしています。

```
'②ファイル選択ダイアログを表示する
ファイルパス = Application.GetOpenFilename( _
        FileFilter:="Excelファイル, *.xls; *.xlsx", _
        Title:="ファイルを選択してください", _
        MultiSelect:=False)
```

➡【変数宣言】Dim ファイル名 As Variant

❸ ファイルが選択された場合、ファイルパスを返す

　ファイルパスの値は、ファイルが選択された場合はファイルパスを示す文字列、ファイル未選択の場合は**False**になります。そこで、**VarType**関数でファイルパスの型を確認し、文字列の場合のみ戻り値を返すようにします。

```
'③ファイルが選択された場合
If VarType(ファイルパス) = vbString Then
    'ファイルパスを返す
    ファイル選択 = ファイルパス
End If
```

　完成したプログラムは次のようになります。

○プログラム作成例

```
Const フォルダ名 As String = "08-04"
Const 在籍シート範囲 As String = "B2:D13"


Sub データ取込()
    Dim ファイルパス As String
    Dim ブック As Workbook
    Dim 取込データ As Variant
    Dim セル As Range
    Dim 年 As String, 月 As String
    Dim 取込行 As Long
```

```vba
Dim 取込年 As String, 取込月 As String

'A　別ファイルから会員数のデータを取得する
'①ファイル選択ダイアログを表示する
ファイルパス = ファイル選択

'②ファイルパスが取得できない場合
If ファイルパス = "" Then
    'エラーメッセージを表示する
    MsgBox "ファイルを選択してください", vbExclamation

    '処理を終了する
    Exit Sub
End If

'③ブックを開く
Set ブック = Workbooks.Open(ファイルパス)

'④会員数のデータを取得する
取込データ = ブック.Sheets(1).UsedRange

'⑤ブックを保存せずに閉じる
ブック.Close SaveChanges:=False

With ThisWorkbook
    'B　在籍会員数を書き込む
    With .Sheets("在籍")
        '⑥在籍シートのデータをクリアする
        .Range(在籍シート範囲).ClearContents

        '⑦在籍シートの表内のセルごとに繰り返し処理する
        For Each セル In .Range(在籍シート範囲)
            '⑧在籍シートの年・月を取得する
            年 = .Cells(1, セル.Column).Value
            月 = .Cells(セル.Row, 1).Value

            '⑨取込データを1行ずつ処理する
```

```
            For 取込行 = 2 To UBound(取込データ)
                '⑩取込データの年・月を取得する
                取込年 = 取込データ(取込行, 1)
                取込月 = 取込データ(取込行, 2)

                '⑪在籍シートの年・月と取込データの年・月が一致する
場合、以下の処理を行う

                If 年 = 取込年 And 月 = 取込月 Then
                    '・取込データの値をセルに書き込む
                    セル.Value = 取込データ(取込行, 3)

                    '・繰り返し処理を抜けて、次の書込先セルに移動
する

                    Exit For
                End If
            Next
        Next
    End With
End With

    '⑫処理完了メッセージを表示する
    MsgBox "処理が完了しました", vbInformation
End Sub


Function ファイル選択() As String
    Dim ファイル名 As Variant

    '①初期フォルダをこのブックと同じ場所に設定する
    ChDir ThisWorkbook.Path & "¥" & フォルダ名

    '②ファイル選択ダイアログを表示する
    ファイル名 = Application.GetOpenFilename( _
                        FileFilter:="Excelファイル, *.xls;
*.xlsx", _
                        Title:="ファイルを選択してください", _
                        MultiSelect:=False)
```

```
    '③ファイルが選択された場合
    If VarType(ファイル名) = vbString Then
        'ファイルパスを返す
        ファイル選択 = ファイル名
    End If
End Function
```

　プログラムを実行すると、**図8-4-9**のように在籍シートに在籍会員数が書き込まれます。

図8-4-9　実行結果 - [在籍]シート

	A	B	C	D
1	月	2020年	2021年	2022年
2	1月	1,058	1,490	1,190
3	2月	1,037	1,439	1,419
4	3月	1,137	1,592	1,616
5	4月	1,155	1,573	1,632
6	5月	1,164	1,646	1,681
7	6月	1,045	1,568	1,799
8	7月	1,184	1,514	1,871
9	8月	1,068	1,459	1,683
10	9月	1,360	1,422	1,516

取込データの在籍会員数が書き込まれる

　その結果、[ダッシュボード]シートには会員数の推移のグラフが表示され、YoY・当年・前年の値が表示されます。

図8-4-10　実行結果 - [ダッシュボード]シート

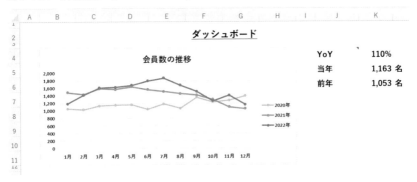

ステップアップ

　新規契約・解約に関するデータも表示するよう、ダッシュボードを拡張してみましょう。

図8-4-11　[ダッシュボード2]シート

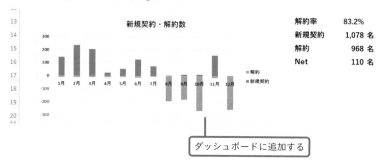

ダッシュボードに追加する

　図8-4-11のグラフなどは、[新規・解約]シートにあるデータにもとづいて自動的に表示されます。[新規・解約]シートには、取込データから当年の新規契約・解約数を取得し、そのデータを貼りつけます。

図8-4-12　[新規・解約]シート

	A	B	C
1	月	新規契約	解約
2	1月		
3	2月		
4	3月		
5	4月		
6	5月		
7	6月		
8	7月		
9	8月		
10	9月		
11	10月		
12	11月		
13	12月		

新規契約・解約数を書き込む

　では、処理の流れにおける変更箇所を確認しましょう。

　在籍会員数を書き込む処理とよく似た処理を追加します。ただし、[新規・解約]シートのセルごとではなく、行ごとに処理を行います。

▼ [データ取込] 処理

A　別ファイルから会員数のデータを取得する
①ファイル選択ダイアログを表示する
②ファイルパスが取得できない場合、エラーメッセージを表示し、処理を終了する
③ブックを開く
④会員数のデータを取得する
⑤ブックを保存せずに閉じる

B　在籍会員数を書き込む
⑥在籍シートのデータをクリアする
⑦在籍シートの表内のセルごとに繰り返し処理する
　　　　⑧在籍シートの年・月を取得する
　　　　⑨取込データを1行ずつ処理する
　　　　　　⑩取込データの年・月を取得する
　　　　　　⑪在籍シートの年・月と取込データの年・月が一致する場合、以下の処理
を行う
　　　　　　　　・取込データの値をセルに書き込む
　　　　　　　　・繰り返し処理を抜けて、次の書込先セルに移動する

C　新規・解約会員数を書き込む
⑬当年を取得する
⑭新規・解約シートのデータをクリアする
⑮新規・解約シートの行ごとに処理を行う
　　　　⑯新規・解約シートの月を取得する
　　　　⑰取込データを1行ずつ処理する
　　　　　　⑱取込データの年・月を取得する
　　　　　　⑲新規・解約シートの年・月と取込データの年・月が一致する場合、以下
の処理を行う
　　　　　　　　・取込データの値をセルに書き込む
　　　　　　　　・繰り返し処理を抜けて、次の書込先セルに移動する

⑫処理完了メッセージを表示する

次に、追加するコードについて解説します。

[新規・解約] シートにおいてデータをクリアする範囲を定数として追加します。

```
Const 新規解約シート範囲 As String = "B2:D13"
```

C 新規・解約会員数を書き込む

❸ 当年を取得する

　当年は、日付から年を取得するための**Year**関数と、本日日付を取得するための**Date**関数を組み合わせて取得します。

```
With .Sheets("新規・解約")
    '❸当年を取得する
    当年 = Year(Date) & "年"

    '❹新規・解約シートのデータをクリアする
    '❺新規・解約シートの行ごとに処理を行う
        '❻新規・解約シートの月を取得する
        '❼取込データを1行ずつ処理する
            '❽取込データの年・月を取得する
            '❾新規・解約シートの年・月と取込データの年・月が一致する場
合、以下の処理を行う
                '・取込データの値をセルに書き込む
                '・繰り返し処理を抜けて、次の書込先セルに移動する
End With
```

➡【変数宣言】Dim 当年 As String

❹ [新規・解約]シートのデータをクリアする

　[新規・解約]シートには、事前にデータが書き込まれている可能性があるため、**ClearContents**メソッドを使ってデータをクリアしておきます。クリアする範囲は、定数で宣言した範囲です。

```
'❹新規・解約シートのデータをクリアする
.Range(新規解約シート範囲).ClearContents
```

❺ 新規・解約シートの行ごとに処理を行う

　[新規・解約]シートと取込データの年月を突き合わせるため、2つの繰り返し処理を行います。次のコードは、1つ目の繰り返し処理で、[新規・解約]シートを1行ずつ繰り返し処理します。

```
'⑮新規・解約シートの行ごとに処理を行う
For 新規解約行 = 2 To .UsedRange.Rows.Count
        '⑯新規・解約シートの月を取得する
        '⑰取込データを1行ずつ処理する
            '⑱取込データの年・月を取得する
            '⑲新規・解約シートの年・月と取込データの年・月が一致する場合、
以下の処理を行う
                '・取込データの値をセルに書き込む
                '・繰り返し処理を抜けて、次の書込先セルに移動する
Next
```

➡【変数宣言】Dim 新規解約行 As Long

⑯新規・解約シートの月を取得する

A列（1列目）にある月を取得し、変数に格納します。コードを識別しやすくするための工夫です。

```
'⑯新規・解約シートの月を取得する
月 = .Cells(新規解約行, 1).Value
```

⑰取込データを1行ずつ処理する

2つ目の繰り返し処理です。取込データを1行ずつ繰り返し処理します。

```
'⑰取込データを1行ずつ処理する
For 取込行 = 2 To UBound(取込データ)
        '⑱取込データの年・月を取得する
        '⑲新規・解約シートの年・月と取込データの年・月が一致する場合、以下の
処理を行う
                '・取込データの値をセルに書き込む
                '・繰り返し処理を抜けて、次の書込先セルに移動する
Next
```

⑱取込データの年・月を取得する

取込データの年月を取得します。

```
'⑱取込データの年・月を取得する
取込年 = 取込データ(取込行, 1)
取込月 = 取込データ(取込行, 2)
```

⑲ 新規・解約シートの年・月と取込データの年・月が一致する場合、以下の処理を行う

• 取込データの新規・契約の値をセルに書き込む

• 繰り返し処理を抜けて、次の書込先セルに移動する

　年月が一致する場合は、取込データの[新規]・[解約]の値を、[新規・解約]シートのB列(2列目)・C列(3列目)にそれぞれ書き込みます。データを書き込んだら、それ以上突き合わせを行う必要はないので繰り返し処理を抜けます。

```
'⑲新規・解約シートの年・月と取込データの年・月が一致する場合、以下の処
理を行う
If 当年 = 取込年 And 月 = 取込月 Then
    '・取込データの値をセルに書き込む
    .Cells(新規解約行, 2).Value = 取込データ(取込行, 4)
    .Cells(新規解約行, 3).Value = 取込データ(取込行, 5)

    '・繰り返し処理を抜けて、次の書込先セルに移動する
    Exit For
End If
```

これを反映したプログラム作成例は次のとおりです。

● プログラム作成例

```
Const フォルダ名 As String = "08-04"
Const 在籍シート範囲 As String = "B2:D13"
Const 新規解約シート範囲 As String = "B2:D13"

Sub データ取込2()
    Dim ファイルパス As String
    Dim ブック As Workbook
    Dim 取込データ As Variant
```

8

複数ファイルに分かれているデータを1つの表に集約する

521

```vba
Dim セル As Range
Dim 年 As String, 月 As String
Dim 取込行 As Long
Dim 取込年 As String, 取込月 As String
Dim 当年 As String
Dim 新規解約行 As Long


'A　別ファイルから会員数のデータを取得する
'①ファイル選択ダイアログを表示する
ファイルパス = ファイル選択


'②ファイルパスが取得できない場合
If ファイルパス = "" Then
    'エラーメッセージを表示する
    MsgBox "ファイルを選択してください", vbExclamation

    '処理を終了する
    Exit Sub
End If


'③ブックを開く
Set ブック = Workbooks.Open(ファイルパス)


'④会員数のデータを取得する
取込データ = ブック.Sheets(1).UsedRange


'⑤ブックを保存せずに閉じる
ブック.Close SaveChanges:=False


With ThisWorkbook
    'B　在籍会員数を書き込む
    With .Sheets("在籍")
        '⑥在籍シートのデータをクリアする
        .Range(在籍シート範囲).ClearContents

        '⑦在籍シートの表内のセルごとに繰り返し処理する
```

```
            For Each セル In .Range(在籍シート範囲)
                '⑧取込データの年・月を取得する
                年 = .Cells(1, セル.Column).Value
                月 = .Cells(セル.Row, 1).Value

                '⑨取込データを1行ずつ処理する
                For 取込行 = 2 To UBound(取込データ)
                    '⑩取込データの年・月を取得する
                    取込年 = 取込データ(取込行, 1)
                    取込月 = 取込データ(取込行, 2)

                    '⑪在籍シートの年・月と取込データの年・月が一致
する場合
                    If 年 = 取込年 And 月 = 取込月 Then
                        '・取込データの値をセルに書き込む
                        セル.Value = 取込データ(取込行, 3)

                        '・繰り返し処理を抜けて、次の書込先セルに
移動する
                        Exit For
                    End If
                Next
            Next
        End With

        'C 新規・解約会員数を書き込む
        With .Sheets("新規・解約")
            '⑬当年を取得する
            当年 = Year(Date) & "年"

            '⑭新規・解約シートのデータをクリアする
            .Range(新規解約シート範囲).ClearContents

            '⑮新規・解約シートの行ごとに処理を行う
            For 新規解約行 = 2 To .UsedRange.Rows.Count
                '⑯新規・解約シートの月を取得する
```

複数ファイルに分かれているデータを1つの表に集約する

```
                            月 = .Cells(新規解約行, 1).Value

                    '⑰取込データを1行ずつ処理する
                    For 取込行 = 2 To UBound(取込データ)
                        '⑱取込データの年・月を取得する
                        取込年 = 取込データ(取込行, 1)
                        取込月 = 取込データ(取込行, 2)

                        '⑲新規・解約シートの年・月と取込データの年・月
が一致する場合、以下の処理を行う
                        If 当年 = 取込年 And 月 = 取込月 Then
                            '・取込データの値をセルに書き込む
                            .Cells(新規解約行, 2).Value = 取込
データ(取込行, 4)
                            .Cells(新規解約行, 3).Value = 取込
データ(取込行, 5)

                            '・繰り返し処理を抜けて、次の書込先セルに
移動する
                            Exit For
                        End If
                    Next
                Next
            End With
        End With

        '⑫処理完了メッセージを表示する
        MsgBox "処理が完了しました", vbInformation
End Sub
```

プログラムを実行すると、[新規・解約]シートにデータが書き込まれます。

図8-4-13　実行結果 - [新規・解約] シート

	A	B	C
1	月	新規契約	解約
2	1月	147	-10
3	2月	238	-9
4	3月	207	-10
5	4月	25	-9
6	5月	56	-7
7	6月	130	-12
8	7月	77	-5
9	8月	5	-193
10	9月	13	-180
11	10月	12	-265
12	11月	163	-13
13	12月	5	-255

→ 新規契約・解約数が書き込まれる

また、**図8-4-13**のようにデータが書き込まれることにより、ダッシュボードには新規・解約関連のグラフなどが表示されます。

図8-4-14　実行結果 - [ダッシュボード2] シート

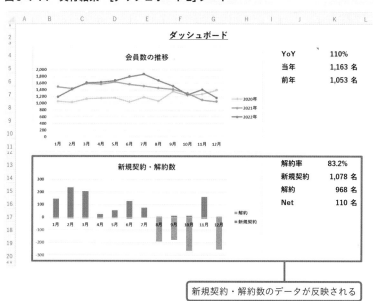

新規契約・解約数のデータが反映される

8

複数ファイルに分かれているデータを1つの表に集約する

CSV形式のPOSデータを一括で取り込む

POINT
- ☑ CSVファイルのデータを表に取り込むテクニックを習得する
- ☑ 文字コードのちがいを理解し、文字化けの発生を防ぐ手法を習得する

CASE 31　　奈良県内で酒類小売チェーンストアを展開するA社では、各店舗のPOSデータをCSVファイルとして出力し、それらのデータを日次で1つの表に集約して、販売分析や仕入計画に役立てています。店舗数が増えるにつれてCSVファイルを統合する作業の負担が増大しており、POSデータを統合する作業を省力化できないか検討しています。

図8-5-1　CSVファイルの取り込み

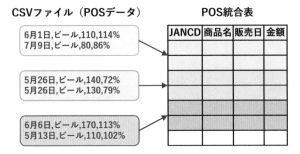

つくりたいプログラム

　POSデータには、[JANCD]・[メーカー名]・[商品名]・[販売日]・[金額]・[PI値]の6項目あります。1行目に見出しがあり、項目間はカンマ「,」区切りで、項目の値はダブルクォーテーションで括られていません。文字コードは「UTF-8」です。文字コードの解説については後述します。

図8-5-2　店舗名.csv（POSデータ）

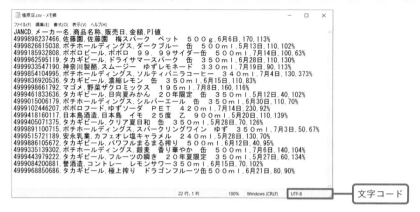

POS統合表の項目は、POSデータとまったく同じです。初期状態では見出しのみ表示されていて、何もデータはありません。この表に、POSデータを貼りつけていきます。

図8-5-3　［POS統合表］シート（POS統合表）

	A	B	C	D	E	F
1	JANCD	メーカー名	商品名	販売日	金額	PI値
2						
3						
4						
5						
6						
7						
8						
9						
10						

 処理の流れ

　フォルダ内にあるCSVファイルを1つずつ処理します。1つのCSVファイルからデータをどのように取り出すかを考えてみましょう。CSVファイルの中身は単なる文字列なので、その文字列を表に合わせて加工する必要があります。**図8-5-4**を見てください。

8

複数ファイルに分かれているデータを1つの表に集約する

図8-5-4　CSVファイルからデータを取り出す工程

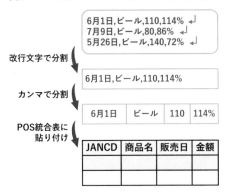

　POSデータを改行文字で分割して、1行分のデータを取り出します。それをさらにカンマで分割して、項目ごとの値に分割します。その状態で、POS統合表に貼りつけます。

　これを踏まえて処理の流れを書くと、次のようになります。

▼ ［CSV一括取込］処理

① データを削除する
② 書込み開始行を設定する
③ フォルダパスを設定する
④ 1つ目のファイル名を取得する
⑤ テキストファイルを操作するためのオブジェクトを作成する
⑥ ファイル名が取得できなくなるまで繰り返す
　　　⑦ 文字コードを設定し、オブジェクトを開く
　　　⑧ CSVファイルからデータを取得する
　　　⑨ テキストファイル操作オブジェクトを閉じる
　　　⑩ データを改行文字で分割する
　　　⑪ 分割したデータを1行ずつ処理する（見出し行はスキップする）
　　　　　　⑫ 行データが空文字ではない場合、以下の処理を行う
　　　　　　　　　⑬ 行データをカンマで分割する
　　　　　　　　　⑭ 値配列をシートに書き込む
　　　　　　　　　⑮ 書込行を次の行に設定する
　　　⑯ 次のファイル名を取得する
⑰ 処理完了メッセージを表示する

解決のためのヒント

● 文字コードについて理解する

コンピュータで扱うひとつひとつの文字には、**表8-5-1**のようなコードが割り当てられています。文字とコードの対応関係を、文字コードといいます。

表8-5-1 コードの例

文字	コード
あ	82A0
い	82A2
う	82A4

文字コードには、**表8-5-2**のようにさまざまな種類があります。中国語や韓国語など、各国の言語を表すための文字コードもあります。世界的に最も普及しているのは、UTF-8という文字コードです。

表8-5-2 文字コードの例

文字コード	説明
UTF-8 （ユーティーエフ エイト）	さまざまな言語に対応している標準的な文字コードです。
Shift-JIS （シフト ジス）	日本語を表すための文字コードです。メモ帳で使われている文字コード「ANSI」（アンシー）は、Shift JISのことを表します。
ASCII （アスキー）	英語を表すための基本的な文字コードです。

ある文字コードで書かれた文字を、別の文字コードで表示しようとすると、判読不能な文字になってしまうことがあります。この現象のことを文字化けといいます。文字化けを起こさないようにするには、元データがどの文字コードで保存されているかを把握し、それとまったく同じ文字コードで表示することが重要です。

図8-5-5 文字化け

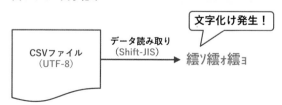

POSシステムなどの社内システムでは、どの文字コードを使うのかがあらかじめ

複数ファイルに分かれているデータを1つの表に集約する

8

決まっています。UTF-8が一般的ですが、Shift-JISが使われていることもあります。社内システムから出力されるデータをExcelに取り込む、あるいは逆に社内システムに取り込むためのデータをExcelから出力するときには、社内システムで使われているものと同じ文字コードを使うようにしましょう。

○ CSVファイルのデータを取得する

テキストファイルからデータを取得するには、ADODB.Streamオブジェクトを使います。**表8-5-3**は、ADODB.Streamオブジェクト（**表8-5-3**では「オブジェクト」と表記）のデータ取得に関するプロパティとメソッドです。

表8-5-3　ADODB.Streamオブジェクトのデータ取得に関するプロパティとメソッド

操作	書き方の例
文字コードを設定する	オブジェクト.Charset = "UTF-8" 文字コードを「UTF-8」に設定します。
開く	オブジェクト.Open オブジェクトを開いて、データを読み込み可能な状態にします。
データを読み込む	オブジェクト.LoadFromFile "C:¥data.csv" Cドライブ直下にあるdata.csvの文字データを、オブジェクトに読み込みます。
データを取り出す	データ = オブジェクト.ReadText オブジェクトに保持されている文字データを取得します。
閉じる	オブジェクト.Close オブジェクトを閉じます。

 プログラミング

プロシージャ名は「CSV一括取込」とし、プロシージャ内に処理の流れを書き込みます。

▼［CSV一括取込］プロシージャ

```
Sub CSV一括取込 ()
    '①データを削除する
    '②書込み開始行を設定する
    '③フォルダパスを設定する
    '④1つ目のファイル名を取得する
```

```
        '⑤テキストファイルを操作するためのオブジェクトを作成する
        '⑥ファイル名が取得できなくなるまで繰り返す
            '⑦文字コードを設定し、オブジェクトを開く
            '⑧CSVファイルからデータを取得する
            '⑨テキストファイル操作オブジェクトを閉じる
            '⑩データを改行文字で分割する
            '⑪分割したデータを1行ずつ処理する（見出し行はスキップする）
                '⑫行データが空文字ではない場合、以下の処理を行う
                    '⑬行データをカンマで分割する
                    '⑭値配列をシートに書き込む
                    '⑮書込行を次の行に設定する
            '⑯次のファイル名を取得する
        '⑰処理完了メッセージを表示する
End  Sub
```

また、POS統合表の右上には［CSV一括取込］ボタンを設置し、［CSV一括取込］プロシージャを関連づけておきましょう。

図8-5-6　［CSV一括取込］ボタンの設置

D	E	F	G	H
販売日	金額	PI値	CSV一括取込	

ボタンを右クリック→［マクロの登録］をクリック→マクロの一覧から「CSV一括取込」を選択→［OK］ボタンをクリックします。

さらに、CSVファイルが格納されているフォルダ名、データの書き込み先のシート名、文字コードについてはあらかじめ定数として宣言しておきます。

```
Const  フォルダ名  As  String  =  "08-05"
Const  シート名  As  String  =  "POS統合表"
Const  文字コード  As  String  =  "UTF-8"
```

では、コードについて解説します。

❶データを削除する

POS統合表には、すでにデータが書き込まれている可能性があるため、データを

すべて削除します。UsedRangeプロパティでデータ使用範囲を選択したあと、見出し行を除外するためにOffsetプロパティで選択範囲を1行下にずらします。その範囲にある行全体を削除します。

```
'①データを削除する
Sheets(シート名).UsedRange.Offset(1, 0).EntireRow.Delete
```

❷ 書込開始行を設定する

　POS統合表へのデータ書き込み開始行を設定します。見出し行の次の2行目です。

```
'②書込開始行を設定する
書込行 = 2
```

➡【変数宣言】Dim 書込行 As Long

❸ フォルダパスを設定する

　CSVファイルが格納されているフォルダパスを設定します。このブックと同じ場所にあるものとします。フォルダ名は、定数として宣言した値を使います。

```
'③フォルダパスを設定する
パス = ThisWorkbook.Path & "¥" & フォルダ名 & "¥"
```

➡【変数宣言】Dim パス As String

❹ 1つ目のファイル名を取得する

　Dir関数で、フォルダ内にある1つ目のファイル名を取得します。

```
'④1つ目のファイル名を取得する
ファイル名 = Dir(パス & "*.csv")
```

➡【変数宣言】Dim ファイル名 As String

❺ テキストファイルを操作するためのオブジェクトを作成する

　CreateObject関数を使って、テキストファイルの読み書きに必要なADODB.Streamオブジェクトを作成します。変数はObject型で宣言します。

```
'⑤テキストファイルを操作するためのオブジェクトを作成する
Set テキストファイル操作 = CreateObject("ADODB.Stream")
```

➡【変数宣言】Dim テキストファイル操作 As Object

❻ ファイル名が取得できなくなるまで繰り返す

フォルダ内にあるファイルを1つずつ処理します。**Do...Loop**ステートメントの条件は「**Until ファイル名 = ""**」で、ファイル名が空文字に一致するまで、つまりファイル名が取得できなくなるまで、という意味です。

```
'⑥ファイル名が取得できなくなるまで繰り返す
Do Until ファイル名 = ""
    '⑦文字コードを設定し、オブジェクトを開く
                    :
    '⑯次のファイル名を取得する
Loop
```

❼ 文字コードを設定し、オブジェクトを開く

Charsetプロパティで、文字コードを設定します。文字コードは定数として宣言している「UTF-8」です。文字コードを設定したあとに、**Open**メソッドでオブジェクトを開いて、データを読み込み可能な状態にします。

```
With テキストファイル操作
    '⑦文字コードを設定し、オブジェクトを開く
    .Charset = 文字コード
    .Open

    '⑧CSVファイルからデータを取得する
    '⑨テキストファイル操作オブジェクトを閉じる
End With
```

❽ CSVファイルからデータを取得する

LoadFromFileメソッドで、CSVファイルのデータをオブジェクトに格納します。引数には、CSVファイルのファイルパスを指定します。ファイルパスは、フォルダパスにファイル名をつなげて生成します。続いて**ReadText**メソッドで、オブジェクトにあるデータを取り出して、変数に格納します。

```
'⑧CSVファイルからデータを取得する
```

8

複数ファイルに分かれているデータを1つの表に集約する

```
.LoadFromFile パス & ファイル名
データ = .ReadText
```

➡【変数宣言】Dim データ As Variant

❾ テキストファイル操作オブジェクトを閉じる

Closeメソッドでテキストファイル操作オブジェクトを閉じます。

```
'⑨テキストファイル操作オブジェクトを閉じる
.Close
```

❿ データを改行文字で分割する

Split関数を使ってデータを分割し、各行のデータを配列に格納します。行を分けるための区切り文字は、改行文字を表す定数である**vbCrLf**です（7-2参照）。

```
'⑩データを改行文字で分割する
行データ = Split(データ , vbCrLf)
```

➡【変数宣言】Dim 行データ As Variant

⓫ 分割したデータを1行ずつ処理する（見出し行はスキップする）

配列に格納したデータの要素番号は0番から始まります。つまり、見出し行（最初の行にあるデータ）は、配列の要素番号0番に格納されています。この見出し行を除外するため、繰り返し処理は配列の1番目から開始します。

```
'⑪分割したデータを1行ずつ処理する（見出し行はスキップする）
For 行 = 1 To UBound(行データ )
    '⑫行データが空文字ではない場合、以下の処理を行う
        '⑬行データをカンマで分割する
        '⑭値配列をシートに書き込む
        '⑮書込行を次の行に設定する
Next
```

➡【変数宣言】Dim 行 As Long

⓬ 行データが空文字ではない場合、以下の処理を行う

行データがない行については取り込むデータがないので、処理する必要がありません。**Len**関数で行データの文字数をカウントし、それが0文字超の場合のみ、以降の処理を行います。

```
'⑫行データが空文字ではない場合、以下の処理を行う
If Len(行データ(行)) > 0 Then
    '⑬行データをカンマで分割する
    '⑭値配列をシートに書き込む
    '⑮書込行を次の行に設定する
End If
```

⑬ 行データをカンマで分割する

行データを区切り文字のカンマ「,」で分割し、各項目の値を配列に格納します。

```
'⑬行データをカンマで分割する
値配列 = Split(行データ(行), ",")
```

➡【変数宣言】Dim 値配列 As Variant

⑭ 値配列をシートに書き込む

項目ごとに分割した配列のデータを[POS統合表]シートに書き込みます。書き込み先は、A列からF列までの範囲です。

```
'⑭値配列をシートに書き込む
Sheets(シート名).Range("A" & 書込行, "F" & 書込行).Value =
値配列
```

⑮ 書込行を次の行に設定する

データを書き込んだあと、書込行を1行分増やします。

```
'⑮書込行を次の行に設定する
書込行 = 書込行 + 1
```

⑯ 次のファイル名を取得する

Dir関数を引数なしで使うことによって、次のファイル名を取得できます。

```
'⑯次のファイル名を取得する
ファイル名 = Dir()
```

8

複数ファイルに分かれているデータを1つの表に集約する

⑰処理完了メッセージを表示する

すべてのCSVファイルのデータを取り込み終わったら、処理が完了したことを知らせるメッセージを表示します。

```
'⑰処理完了メッセージを表示する
MsgBox "処理が完了しました", vbInformation
```

完成したプログラムは次のようになります。

● プログラム作成例

```
Const フォルダ名 As String = "08-05"
Const シート名 As String = "POS統合表"
Const 文字コード As String = "UTF-8"


Sub CSV一括取込()
    Dim 書込行 As Long
    Dim パス As String
    Dim ファイル名 As String
    Dim テキストファイル操作 As Object
    Dim データ As Variant
    Dim 行データ As Variant
    Dim 行 As Long
    Dim 値配列 As Variant

    '①データを削除する
    Sheets(シート名).UsedRange.Offset(1, 0).EntireRow.
Delete

    '②書込開始行を設定する
    書込行 = 2

    '③フォルダパスを設定する
    パス = ThisWorkbook.Path & "¥" & フォルダ名 & "¥"
```

```
'④1つ目のファイル名を取得する
ファイル名 = Dir(パス & "*.csv")

'⑤テキストファイルを操作するためのオブジェクトを作成する
Set テキストファイル操作 = CreateObject("ADODB.Stream")

'⑥ファイル名が取得できなくなるまで繰り返す
Do Until ファイル名 = ""
    With テキストファイル操作
        '⑦文字コードを設定し、オブジェクトを開く
        .Charset = 文字コード
        .Open

        '⑧CSVファイルからデータを取得する
        .LoadFromFile パス & ファイル名
        データ = .ReadText

        '⑨テキストファイル操作オブジェクトを閉じる
        .Close
    End With

    '⑩データを改行文字で分割する
    行データ = Split(データ, vbCrLf)

    '⑪分割したデータを1行ずつ処理する（見出し行はスキップする）
    For 行 = 1 To UBound(行データ)
        '⑫行データが空文字ではない場合、以下の処理を行う
        If Len(行データ(行)) > 0 Then
            '⑬行データをカンマで分割する
            値配列 = Split(行データ(行), ",")

            '⑭値配列をシートに書き込む
            Sheets(シート名).Range("A" & 書込行, "F" &
書込行).Value = 値配列

            '⑮書込行を次の行に設定する
```

8

複数ファイルに分かれている
データを1つの表に集約する

```
            書込行 = 書込行 + 1
        End If
    Next


    '⑯次のファイル名を取得する
    ファイル名 = Dir()
  Loop


  '⑰処理完了メッセージを表示する
  MsgBox "処理が完了しました", vbInformation
End Sub
```

　プログラムを実行すると、**図8-5-7**のようにCSVファイル内のデータが1つの表に集約されます。

図8-5-7　実行結果 - ［POS統合表］シート

	A	B	C	D	E	F
1	JANCD	メーカー名	商品名	販売日	金額	PI値
2	4999925612782	タカギビール	クリア夏日和　缶　３５０ｍｌ×６	5月26日	140	72%
3	4999305797916	ポチホールディングス	トラストボス　デカフェ　ペット　５００ｍｌ	5月26日	130	79%
4	4999175154457	ポチホールディングス	銀麦糖質７５％オフ　マイレージ　３５０ｍｌ×６×４	7月20日	430	71%
5	4999946352589	ポチホールディングス	銀麦　香り華やか　５００ｍｌ×６	6月27日	190	141%
6	4994441223558	ＤＫ　ＦＯＯＤＳ　ＪＡＰＡＮ	ビネガーサワー缶３５０ｍｌ	7月7日	160	144%
7	4999394945628	ポチホールディングス	すっきりカフェモカ　５００ｍｌ	7月7日	100	77%
8	4999717249020	佐藤園	佐藤園　水出しコーヒー　５２５ｍｌ	6月15日	170	142%
9	4999533371249	安永乳業	安永乳業　ミルクティー　９００ｍｌ	5月19日	170	83%
10	4999703170762	タカギ飲料	シャインマスカットＰＥＴ４５０ｍｌ	7月30日	120	69%
11	4999701638577	ポチホールディングス	銀麦　香り華やか　３５０ｍｌ×６	6月27日	250	73%
12	4999096366223	タカギビール	ドライウィンターショット缶　３５０ｍｌ×６	6月21日	150	112%
13	4999597859471	タカギビール	ザ・ブロンズ　缶　３５０ｍｌ×６	6月23日	190	107%
14	4999668618806	ポチホールディングス	スパークリングワイン　すだち　３５０ｍｌ	7月1日	50	71%
15	4999515186893	タカギビール	バンデルトりんご　２０　瓶　２００ｍｌ	6月6日	40	124%

CSVファイルのデータが統合される

Outlook/Word/ PowerPoint/ Webを自在に 操作する

VBAは、ExcelだけでなくOfficeソフト全般に おいて使えます。Wordなど単体でVBAを使 うこともできますが、Excelと組み合わせて活 用することで、業務効率化の効果が飛躍的に 高まります。

例えば、Excelの表データにもとづいてメール を一括送信したり、Word文書を一括作成し たりできます。

さらに、Webサイトのデータや、PowerPoint 内にあるテキストなどを表形式で一括取得で きます。手作業で1件ずつやると膨大な時間 がかかる大量作業が一瞬で終わる楽しさを体 験してください。

ついに Internet Explorer(IE) のサポートが終了しましたね。もう IEは使えなくなると聞きました。この影響は大きいのでしょうか？

笠井主任

IEベースで動作していたすべてのWebアプリケーションに影響があるね。他社が販売している商品の価格をWeb上で自動的に情報収集するといった、いわゆるWebスクレイピングをしているコードにも影響があるよ。

永井課長

IEを使わずにVBAでWebスクレイピングする方法はありますか？

一ノ瀬さん

もちろんあるよ。Webスクレイピングは覚えておくと便利だから、この機会に確実に習得しておこう。

永井課長

難易度 ★★☆☆

各支店長への依頼メールを一括作成する

POINT
- ☑ ExcelからOutlookメールを一括作成する方法を理解する
- ☑ メールの送付先に応じて本文を変える機能を追加する

CASE 32　大阪府発祥で全国にお好み焼き専門店をチェーン展開するA社では、人事部が各店舗の店長と副店長宛に、店舗スタッフの労務データを提出するよう依頼メールを送っています。毎月発生する定型作業であり、メールの宛先や本文、添付ファイルなどにまちがいないかを1件ずつチェックする作業は労力を要します。

そこで、メールの作成作業を自動化できないか検討しています。

図9-1-1　メールの一括作成

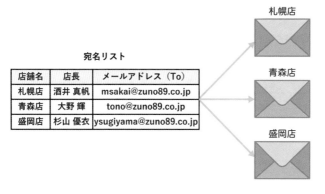

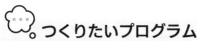

つくりたいプログラム

宛名リストには、[店舗名]・[店長]・[メールアドレス (To)]・[副店長]・[メールアドレス (CC)]・[スタッフ数]の6項目あります。作成するOutlookのメッセージのToには店長のメールアドレス、CCには副店長のメールアドレスを設定します。

図9-1-2 ［宛名リスト］シート（宛名リスト）

	A	B	C	D	E	F
1	店舗名	店長	メールアドレス（To）	副店長	メールアドレス（CC）	スタッフ数
2	札幌店	酒井 真帆	msakai@zuno89.co.jp	石田 颯汰	sishida@zuno89.co.jp	20
3	青森店	大野 輝	tono@zuno89.co.jp			11
4	盛岡店	杉山 優衣	ysugiyama@zuno89.co.jp			12
5	仙台店	佐野 雄大	ysano@zuno89.co.jp	金子 陽	ykaneko@zuno89.co.jp	18
6	秋田店	石井 美桜	mishii@zuno89.co.jp			9
7	山形店	阿部 陽太	yabe@zuno89.co.jp			7
8	福島店	高田 莉子	rtakata@zuno89.co.jp			8
9	水戸店	山下 亜美	ayamashita@zuno89.co.jp	吉田 健人	kyoshida@zuno89.co.jp	16
10	宇都宮店	上田 亮太	rueda@zuno89.co.jp	髙橋 悠真	ytakahashi@zuno89.co.jp	25

Toに設定　　　　CCに設定

　［メール本文］シートには、［件名］と［本文］が書かれています。ここにある［件名］と［本文］を、メッセージの件名・本文に設定します。本文には、Excelでの見た目どおりに改行を入れます。

図9-1-3 ［メール本文］シート

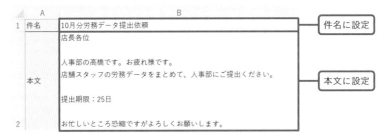

件名に設定

本文に設定

	A	B
1	件名	10月分労務データ提出依頼
2	本文	店長各位 人事部の高橋です。お疲れ様です。 店舗スタッフの労務データをまとめて、人事部にご提出ください。 提出期限：25日 お忙しいところ恐縮ですがよろしくお願いします。

　図9-1-2や**図9-1-3**のデータがあるファイルと同じ場所に［09-01］フォルダがあり、その中に「添付資料.xlsx」ファイルがあります。この添付ファイルをメッセージに添付します。

9-1-4 ［09-01］フォルダ＞添付資料.xlsx（添付ファイル）

	A	B	C	D
1	社員ID	勤務日	勤務時間	休憩時間
2	1011	10月1日	8:00	1:00
3	1012	10月1日	8:00	1:00
4	1013	10月1日	8:00	1:00
5	1014	10月1日	8:00	1:00

　メッセージは店舗ごとに作成し、［09-01］フォルダにメッセージファイル（*.msg）として保存します。そのとき、［店舗名］をファイル名として設定します。

処理の流れ

　Outlookアプリケーションの操作に関するコードの書き方さえわかれば、今回の課題は難しいものではありません。宛名リストを1行ずつ処理し、支店ごとにメッセージを作成するというシンプルな処理です。ただし、1つだけ注意点があります。

　Excelのセル内にある文字列からメールの本文を取得するとき、改行文字に気をつけないといけません。Excelのセル内で使われている改行文字は、LFという種類の改行文字（7-2参照）で、コードで表すと**v b L f**で取得できます。一方、HTML形式のメールでは、改行文字は\<br\>というタグです。よって、メールの本文を設定するときに、改行文字をLFから\<br\>に変換する必要があります。

図9-1-5　改行文字の変換

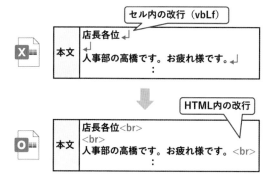

> **Memo**
> 本文がテキスト形式のメールを作成する場合は、CRLFという種類の改行文字を使います。コードで書くと、**v b C r L f**となります。

　これを踏まえて処理の流れを書くと、次のようになります。

▼ **［メール一括作成］処理**

①宛名リスト・件名・本文を取得する
②セルの改行文字をHTMLの改行文字に置換する
③フォルダパスを設定する
④Outlookオブジェクトを作成する
⑤宛名リストを1行ずつ処理する
　　⑥該当行のデータを取得する
　　⑦メールを作成する
　　⑧メールのフォーマットをHTML形式にする

9

Outlook ／ Word ／ PowerPoint ／ Web を自在に操作する

⑨To・CC・件名・本文を設定する
⑩ファイルを添付する
⑪メールをメッセージファイルとして保存する
⑫処理完了メッセージを表示する

解決のためのヒント

○ Outlookメッセージを作成する

Outlookのオブジェクト構造は、**図9-1-6**のとおりです。最上位にあるのは
Outlookアプリケーションで、メールはその下位にあるオブジェクトです。メール
以外にも、予定やタスクといったオブジェクトがあります。

図9-1-6　Outlookのオブジェクト構造

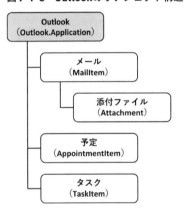

Outlookオブジェクトは、次のように**CreateObject**関数を使って作成しま
す。作成したオブジェクトは、Object型の変数に格納します。

```
Set Outlookオブジェクト =
    CreateObject("Outlook.Application")
                 └─ Outlookのオブジェクト名
```

また、メールオブジェクトはOutlookオブジェクトの**CreateItem**メソッドを
使って作成します。引数には、Outlookアイテムの種類を表す番号を指定します。

```
Set メールオブジェクト =
```

```
Outlookオブジェクト.CreateItem(0)
                              └── Outlookアイテムの種類
```

Outlookアイテムの種類とその番号は**表9-1-1**のとおりです。

表9-1-1　Outlookアイテムの種類

Outlookアイテムの種類	番号
メール	0
予定	1
連絡先	2
タスク	3

　メールオブジェクトを作成できたら、件名や本文などのプロパティを設定します。設定できるプロパティは**表9-1-2**のとおりです。メールオブジェクトのことを「メール」と表記しています。

表9-1-2　メールオブジェクトのプロパティ

操作	書き方の例
メールのフォーマットを設定する	メール.BodyFormat = 2 └── メールのフォーマットを表す番号 メールのフォーマットをHTML形式にします。メールのフォーマットを表す番号は次の表のとおりです。 <table><tr><th>メールのフォーマット</th><th>番号</th></tr><tr><td>テキスト形式</td><td>1</td></tr><tr><td>HTML形式</td><td>2</td></tr></table>
Toを設定する	メール.To = "tono@zuno89.co.jp" メールのToに「tono@zuno89.co.jp」を設定します。
CCを設定する	メール.CC = "kyoshida@zuno89.co.jp" メールのCCに「kyoshida@zuno89.co.jp」を設定します。
件名を設定する	メール.Subject = "労務データ提出依頼" メールの件名に「労務データ提出依頼」を設定します。
本文を設定する （テキスト形式）	メール.Body = "店長各位" メールの本文に「店長各位」を設定します。メールのフォーマットがテキスト形式の場合に使います。
本文を設定する （HTML形式）	メール.HTMLBody = "店長各位" メールの本文に「店長各位」を設定します。メールのフォーマットがHTML形式の場合に使います。
添付資料をつける	メール.Attachments.Add "添付資料.xlsx" メールに「添付資料.xlsx」ファイルを添付します。
メールをファイルに保存する	メール.SaveAs "さいたま店.msg", 3 └── ファイル形式を表す番号 「さいたま店.msg」というファイル名で、Outlookメッセージ形式のファイルとして保存します。ファイル形式を表す番号は次の表のとおりです。 <table><tr><th>ファイル形式</th><th>番号</th></tr><tr><td>テキスト形式 (.txt)</td><td>0</td></tr><tr><td>Outlook メッセージ形式 (.msg)</td><td>3</td></tr><tr><td>Microsoft Office Word 形式 (.doc)</td><td>4</td></tr><tr><td>HTML 形式 (.html)</td><td>5</td></tr></table>
メールを送信する	メールオブジェクト.Send メールを送信します。

Memo

本文を設定するために使うプロパティは、表9-1-3のようにメールのフォーマット（BodyFormatプロパティで指定する値）に対応するものを使ってください。具体的には、テキスト形式ならBodyプロパティを使い、HTML形式ならHTMLBodyプロパティを使い

ます。また、本文内の改行文字についても、メールのフォーマットによって変わるので注意してください。

表9-1-3　本文を設定するために使うプロパティ

	テキスト形式	HTML形式
BodyFormatプロパティに設定する値	1	2
本文を設定するために使うプロパティ	Body	HTMLBody
本文内の改行文字	vbCrLf	"\<br\>"

Memo

メールを送信するためのSendメソッドを使うと、送信前の確認メッセージなどは何も表示されずに、メールが即時送信されます。特に今回の課題のようなメール一括送信においては、宛先や本文などに誤りがあると、大量の誤送信を引き起こしかねないので、Sendメソッドを使うときは十分に注意してください。
ひとつひとつメールの中身をチェックして送信したいというときは、メッセージ形式（*.msg）のファイルとして一旦保存しておき、メッセージファイルを1つずつ開いて送信することをおすすめします。

 プログラミング

　プロシージャ名は「メール一括作成」とし、プロシージャ内に処理の流れを書き込みます。

▼[メール一括作成]プロシージャ

```
Sub メール一括作成 ()
    '①宛名リスト・件名・本文を取得する
    '②セルの改行文字をHTMLの改行文字に置換する
    '③フォルダパスを設定する
    '④Outlookオブジェクトを作成する
    '⑤宛名リストを1行ずつ処理する
        '⑥該当行のデータを取得する
        '⑦メールを作成する
        '⑧メールのフォーマットをHTML形式にする
        '⑨To・CC・件名・本文を設定する
        '⑩ファイルを添付する
        '⑪メールをメッセージファイルとして保存する
    '⑫処理完了メッセージを表示する
End Sub
```

また、[宛名リスト]シートの右上には[メール一括作成]ボタンを設置し、[メール一括作成]プロシージャを関連づけておきましょう。

図9-1-7　[メール一括作成]ボタンの設置

	E	F	G	H
	メールアドレス（CC）	スタッフ数	メール一括作成	
	sishida@zuno89.co.jp	20		
		11		
		12		

> ボタンを右クリック→[マクロの登録]をクリック→マクロの一覧から「メール一括作成」を選択→[OK]ボタンをクリックします。

さらに、添付ファイルが格納されているフォルダ名については定数化しておきます。

```
Const フォルダ名 As String = "09-01"
```

では、コードについて解説します。

❶宛名リスト・件名・本文を取得する

宛名リストのデータを配列に格納します。[件名]と[本文]については、[メール本文]シートのB1セル・B2セルから取得します。

```
With ThisWorkbook
    '①宛名リスト・件名・本文を取得する
    宛名リスト = .Sheets("宛名リスト").Range("A1").CurrentRegion
    件名 = .Sheets("メール本文").Range("B1").Value
    本文 = .Sheets("メール本文").Range("B2").Value

    '②セルの改行文字をHTMLの改行文字に置換する
    '③フォルダパスを設定する
End With
```

➡【変数宣言】Dim 宛名リスト As Variant, 件名 As String, 本文 As String

❷セルの改行文字をHTMLの改行文字に置換する

今回はHTML形式のメールを作成するので、Replace関数を使って本文内の改行文字をvbLfから\<br\>に変換します。

```
'②セルの改行文字をHTMLの改行文字に置換する
本文 = Replace(本文, vbLf, "<br>")
```

❸ フォルダパスを設定する

　添付ファイルが格納されているフォルダのフォルダパスを設定します。フォルダ名は、定数で宣言した値を使います。

```
'③フォルダパスを設定する
パス = .Path & "¥" & フォルダ名 & "¥"
```

➡【変数宣言】Dim パス As String

❹ Outlookオブジェクトを作成する

　CreateObject関数を使ってOutlookオブジェクトを作成します。引数には、Outlook.Applicationという文字列を指定します。オブジェクトは「Outlook」という名前の変数に格納します。この変数は、Object型として宣言します。

```
'④Outlookオブジェクトを作成する
Set Outlook = CreateObject("Outlook.Application")
```

➡【変数宣言】Dim Outlook As Object

❺ 宛名リストを1行ずつ処理する

　店舗ごとにメールを作成するため、宛名リストを繰り返し処理します。

```
'⑤宛名リストを1行ずつ処理する
For 行 = 2 To UBound(宛名リスト)
    '⑥該当行のデータを取得する
        :
    '⑪メールをメッセージファイルとして保存する
Next
```

➡【変数宣言】Dim 行 As Long

❻ 該当行のデータを取得する

　該当行にある[店舗名][メールアドレス(To)][メールアドレス(CC)]を取得して、それぞれ変数に格納します。

```
'⑥該当行のデータを取得する
店舗 = 宛名リスト(行, 1)
宛先1 = 宛名リスト(行, 3)
```

```
宛先2 = 宛名リスト(行, 5)
```

➡【変数宣言】Dim 店舗 As String, 宛先1 As String, 宛先2 As String

❼ メールを作成する

CreateItemメソッドの引数は、Outlookアイテムの種類を表します。今回はメールを作成するので、「0」を指定します。作成したメールオブジェクトは、変数に格納します。この変数は、Object型で宣言します。

```
'⑦メールを作成する
Set メール = Outlook.CreateItem(0)
```

➡【変数宣言】Dim メール As Object

❽ メールのフォーマットをHTML形式にする

BodyFormatプロパティの値には、HTML形式を表す「2」を指定します。

```
With メール
    '⑧メールのフォーマットをHTML形式にする
    .BodyFormat = 2

    '⑨To・CC・件名・本文を設定する
    '⑩ファイルを添付する
    '⑪メールをメッセージファイルとして保存する
End With
```

❾ To・CC・件名・本文を設定する

❶と❻の処理で取得した変数を、メールのTo・CC・件名・本文に設定します。

```
'⑨To・CC・件名・本文を設定する
.To = 宛先1
.CC = 宛先2
.Subject = 件名
.HTMLBody = 本文
```

❿ ファイルを添付する

Attachmentsは添付ファイルを表すオブジェクトです。このオブジェクトの

Addメソッドを使って、ファイルを添付します。引数には、添付するファイルの
ファイルパスを指定します。

```
'⑩ファイルを添付する
.Attachments.Add パス & "添付資料.xlsx"
```

⑪ メールをメッセージファイルとして保存する

SaveAsメソッドの1つ目の引数には、メッセージファイルのファイルパスを指
定します。2つ目の引数には、Outlook メッセージ形式（.msg）を表す「3」を指定
します。メッセージファイルとして保存するのではなく、ここでメールを送信した
いときは、Sendメソッドを使ってください。

```
'⑪メールをメッセージファイルとして保存する
.SaveAs パス & 支店 & ".msg", 3
```

⑫ 処理完了メッセージを表示する

最後に、処理が完了したことを知らせるメッセージを表示します。

```
'⑫処理完了メッセージを表示する
MsgBox "処理が完了しました", vbInformation
```

完了したプログラムは次のようになります。

プログラム作成例

```
Const フォルダ名 As String = "09-01"

Sub メール一括作成()
    Dim 宛名リスト As Variant, 件名 As String, 本文 As String
    Dim パス As String
    Dim Outlook As Object
    Dim 行 As Long
    Dim 店舗 As String, 宛先1 As String, 宛先2 As String
    Dim メール As Object
```

```vba
With ThisWorkbook
    '①宛名リスト・件名・本文を取得する
    宛名リスト = .Sheets("宛名リスト").Range("A1").
CurrentRegion
    件名 = .Sheets("メール本文").Range("B1").Value
    本文 = .Sheets("メール本文").Range("B2").Value

    '②セルの改行文字をHTMLの改行文字に置換する
    本文 = Replace(本文, vbLf, "<br>")

    '③フォルダパスを設定する
    パス = .Path & "¥" & フォルダ名 & "¥"
End With

'④Outlookオブジェクトを作成する
Set Outlook = CreateObject("Outlook.Application")

'⑤宛名リストを1行ずつ処理する
For 行 = 2 To UBound(宛名リスト)
    '⑥該当行のデータを取得する
    店舗 = 宛名リスト(行, 1)
    宛先1 = 宛名リスト(行, 3)
    宛先2 = 宛名リスト(行, 5)

    '⑦メールを作成する
    Set メール = Outlook.CreateItem(0)

    With メール
        '⑧メールのフォーマットをHTML形式にする
        .BodyFormat = 2

        '⑨To・CC・件名・本文を設定する
        .To = 宛先1
        .CC = 宛先2
        .Subject = 件名
```

```
                    .HTMLBody = 本文

            '⑩ファイルを添付する
            .Attachments.Add パス & "添付資料.xlsx"

            '⑪メールをメッセージファイルとして保存する
            .SaveAs パス & 店舗 & ".msg", 3
        End With
    Next

    '⑫処理完了メッセージを表示する
    MsgBox "処理が完了しました", vbInformation
End Sub
```

　プログラムを実行すると、**図9-1-8**のように、店舗ごとのメールがメッセージファイルとして保存されます。出力先は、添付ファイルが格納されているフォルダと同じです。

図9-1-8　実行結果 - [09-02] フォルダ

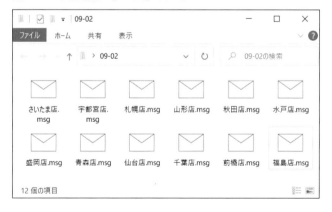

　メッセージファイルを開くと、宛先や件名などのデータが、Excelの［宛名リスト］シートにあるとおりに設定されていることが確認できます。

図9-1-9　実行結果 - メッセージの内容

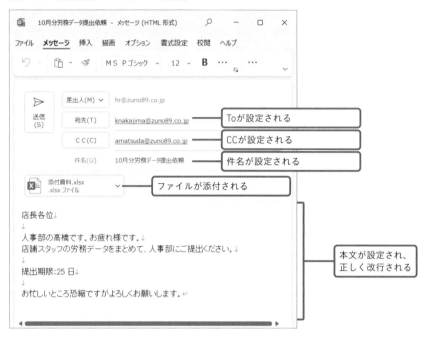

ステップアップ

　A社では、スタッフ数に応じて店舗を「一般店」と「大型店」に区分しています。これを店舗区分と呼びます。スタッフが15人を超える店舗は「大型店」、15人以下は「一般店」です。大型店の場合は、人数が多くて労務データを整理するのに時間がかかるので、労務データの提出期限を一般店よりも遅く設定しています。それを踏まえ、メールの本文も**図9-1-10**のように、2種類に分けて設定したいと考えています。

図 9-1-10　［メール本文2］シート

	A	B	C
1		一般店	大型店
2	件名	10月分労務データ提出依頼	10月分労務データ提出依頼
3	本文	店長各位 人事部の高橋です。お疲れ様です。 店舗スタッフの労務データをまとめて、人事部にご提出ください。 提出期限：20日 お忙しいところ恐縮ですがよろしくお願いします。	店長各位 人事部の高橋です。お疲れ様です。 店舗スタッフの労務データをまとめて、人事部にご提出ください。 期限内の対応が難しい場合はご連絡ください。 提出期限：25日 お忙しいところ恐縮ですがよろしくお願いします。

　処理の流れについての変更箇所は、赤字の部分です。スタッフ数に応じて店舗区分を設定し、［メール本文2］シートから［件名］と［本文］を取得します。

▼［メール一括作成］処理

①宛名リストを取得する（件名・本文は、後工程で取得する）
③フォルダパスを設定する
④Outlookオブジェクトを作成する
⑤宛名リストを1行ずつ処理する
　　　⑥該当行のデータを取得する
　　　⑬スタッフ数に応じて、店舗区分を設定する
　　　・スタッフ数が15を超える場合、店舗区分を「大型店」とする
　　　・その他の場合、店舗区分を「一般店」とする
　　　⑭店舗区分が合致する列を探す
　　　⑮列が取得できた場合、以下の処理を行う
　　　　　　⑯該当列の件名と本文を取得する
　　　　　　②セルの改行文字をHTMLの改行文字に置換する
　　　⑦メールを作成する
　　　⑧メールのフォーマットをHTML形式にする
　　　⑨To・CC・件名・本文を設定する
　　　⑩ファイルを添付する
　　　⑪メールをメッセージファイルとして保存する
⑫処理完了メッセージを表示する

では、コードについて解説します。

9

を自在に操作する

Outlook ／ Word ／ PowerPoint ／ Web

❶宛名リストを取得する（件名・本文は、後工程で取得する）

　件名・本文については、店舗区分が決まらないと取得できません。よって、件名・本文を取得する処理は❶から除外し、後工程で行います。

```
With ThisWorkbook
    '①宛名リストを取得する(件名・本文は、後工程で取得する)
    宛名リスト = .Sheets("宛名リスト").Range("A1").CurrentRegion

    '③フォルダパスを設定する
    パス = .Path & "¥" & フォルダ名 & "¥"
End With
```

❻該当行のデータを取得する

　該当行にある［スタッフ数］を追加で取得します。

```
'⑥該当行のデータを取得する
店舗 = 宛名リスト(行, 1)
宛先1 = 宛名リスト(行, 3)
宛先2 = 宛名リスト(行, 5)
スタッフ数 = 宛名リスト(行, 6)
```

➡【変数宣言】Dim スタッフ数 As Long

⓭スタッフ数に応じて、店舗区分を設定する

　「店舗区分」という変数を用意し、スタッフ数が15超の場合は「大型店」、その他の場合は「一般店」という文字列を設定します。

```
'⑬スタッフ数に応じて、店舗区分を設定する
'・スタッフ数が15を超える場合
If スタッフ数 > 15 Then
    '店舗区分を「大型店」とする
    店舗区分 = "大型店"
'・その他の場合
Else
    '店舗区分を「一般店」とする
    店舗区分 = "一般店"
```

```
End If
```

➡【変数宣言】Dim 店舗区分 As String

⓮店舗区分が合致する列を探す

　Match関数（5-2参照）を使って、［メール本文2］シートの1行目において該当する店舗区分を探します。Match関数の3つの引数はそれぞれ、探す値、探す範囲、照合の型を表します。照合の型には、「一致」を意味する「0」を指定します。ただし、Match関数でヒットしない場合はエラーが起きてしまうので、エラーが出ても無視するOn Error Resume Nextステートメントを使います（5-3参照）。エラーが起きた場合、列の値は「0」になります。

```
With ThisWorkbook.Sheets("メール本文2")
    '⓮店舗区分が合致する列を探す
    列 = 0
    On Error Resume Next
    列 = WorksheetFunction.Match(店舗区分, .Rows(1), 0)
    On Error GoTo 0

    '⓯列が取得できた場合、以下の処理を行う
        '⓰該当列の件名と本文を取得する
        '②セルの改行文字をHTMLの改行文字に置換する
End With
```

➡【変数宣言】Dim 列 As Long

⓯列が取得できた場合、以下の処理を行う

　列が正常に取得できた場合、つまり列の値が0超（1以上）のときに、後続の処理を行います。

```
'⓯列が取得できた場合、以下の処理を行う
If 列 > 0 Then
    '⓰該当列の件名と本文を取得する
    '②セルの改行文字をHTMLの改行文字に置換する
End If
```

9

Outlook ／ Word ／ PowerPoint ／ Web を自在に操作する

⓰該当列の件名と本文を取得する

該当列の2行目にある［件名］と、3行目にある［本文］を取得します。

```
'⓰該当列の件名と本文を取得する
件名 = .Cells(2, 列).Value
本文 = .Cells(3, 列).Value
```

完成したプログラムは次のようになります。

○プログラム作成例

```
Const フォルダ名 As String = "09-01"

Sub メール一括作成2()
    Dim 宛名リスト As Variant, 件名 As String, 本文 As String
    Dim パス As String
    Dim Outlook As Object
    Dim 行 As Long
    Dim 店舗 As String, 宛先1 As String, 宛先2 As String
    Dim スタッフ数 As Long
    Dim 店舗区分 As String
    Dim 列 As Long
    Dim メール As Object

    With ThisWorkbook
        '①宛名リストを取得する(件名・本文は、後工程で取得する)
        宛名リスト = .Sheets("宛名リスト").Range("A1").
CurrentRegion

        '③フォルダパスを設定する
        パス = .Path & "¥" & フォルダ名 & "¥"
    End With

    '④Outlookオブジェクトを作成する
    Set Outlook = CreateObject("Outlook.Application")
```

```vba
'⑤宛名リストを1行ずつ処理する
For 行 = 2 To UBound(宛名リスト)
    '⑥該当行のデータを取得する
    店舗 = 宛名リスト(行, 1)
    宛先1 = 宛名リスト(行, 3)
    宛先2 = 宛名リスト(行, 5)
    スタッフ数 = 宛名リスト(行, 6)

    '⑬スタッフ数に応じて、店舗区分を設定する
    '・スタッフ数が15を超える場合
    If スタッフ数 > 15 Then
        '店舗区分を「大型店」とする
        店舗区分 = "大型店"
    '・その他の場合
    Else
        '店舗区分を「一般店」とする
        店舗区分 = "一般店"
    End If

    With ThisWorkbook.Sheets("メール本文2")
        '⑭店舗区分が合致する列を探す
        列 = 0
        On Error Resume Next
        列 = WorksheetFunction.Match(店舗区分, .Rows(1), 0)
        On Error GoTo 0

        '⑮列が取得できた場合、以下の処理を行う
        If 列 > 0 Then
            '⑯該当列の件名と本文を取得する
            件名 = .Cells(2, 列).Value
            本文 = .Cells(3, 列).Value

            '②セルの改行文字をHTMLの改行文字に置換する
            本文 = Replace(本文, vbLf, "<br>")
        End If
```

```vba
        End With

        '⑦メールを作成する
        Set メール = Outlook.CreateItem(0)

        With メール
            '⑧メールのフォーマットをHTML形式にする
            .BodyFormat = 2

            '⑨To・CC・件名・本文を設定する
            .To = 宛先1
            .CC = 宛先2
            .Subject = 件名
            .HTMLBody = 本文

            '⑩ファイルを添付する
            .Attachments.Add パス & "添付資料.xlsx"

            '⑪メールをメッセージファイルとして保存する
            .SaveAs パス & 店舗 & ".msg", 3
        End With
    Next

    '⑫処理完了メッセージを表示する
    MsgBox "処理が完了しました", vbInformation
End Sub
```

難易度 ★★☆☆

プレゼンテーションに書かれた
テキストを抽出する

POINT
☑ PowerPointのデータをExcelに抽出する方法を理解する
☑ PowerPointで使うオブジェクトの種類を理解する

CASE 33　　IT資格専門学校を九州に5店舗展開し、社会人や法人向けにIT教育サービスを提供しているA社では、講義に使用するために講師が作成したプレゼンテーション（PowerPointファイルのこと）を定期的にアップデートしています。そのとき、用語の使用頻度や表記のゆれなどをチェックするため、講義資料内のすべての文字を一旦Excelに転記しています。

作業量が多く、校正担当者の負担が大きくなっており、転記作業を自動化できないか検討しています。

図9-2-1　講義資料からのテキスト抽出

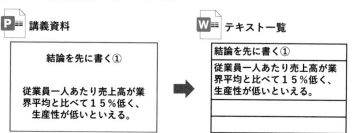

つくりたいプログラム

講義資料内にあるテキストを転記するために、テキスト一覧表を使用します。初期状態は**図9-2-2**のようにデータが何もない状態で、［スライドNo］・［スライド名］・［図形No］・［図形名］・［テキスト］の5項目あります。テキストが、どのスライドのどの図形に書かれたものかを特定しておくと、講義資料を参照するときの利便性が向上します。

図9-2-2　[テキスト一覧]シート（テキスト一覧表）

	A	B	C	D	E
1	スライドNo	スライド名	図形No	図形名	テキスト
2					
3					
4					
5					
6					
7					
8					
9					
10					

　スライド内では、画像・線・テキストボックスなど、さまざまな種類の図形が使われています。これらのうち、テキストを記載するために使われるのはプレースホルダー、テキストボックス、オートシェイプの3種類です。今回作成するプログラムは、図形の種類を判別し、図形の中に書かれているテキストを取得して、テキスト一覧表に転記します。ただし、図形内にテキストがない場合は転記しません。また、異なる図形に記載されているテキストは、それぞれ行を分けて転記します。

図9-2-3　講義資料の例

【基本テクニック】結論を先に書く① ━ プレースホルダー

従業員一人あたり売上高が業界平均と比べて１５％低く、生産性が低いといえる。また、売上高人件費率は業界平均と比べて２０％高く、人件費が高い。これがA社の弱みである。 ━ テキストボックス

A社の弱みは、生産性の低さと、人件費の高さである。具体的には、従業員一人あたり売上高が業界平均と比べて１５％低く、売上高人件費率は業界平均と比べて２０％高い。 ━ オートシェイプ

 処理の流れ

　ファイル選択ダイアログを表示し、選択されたプレゼンテーションからテキストを取得します。繰り返し処理は2つあり、1つ目はスライドごとの処理、2つ目はスライド内にある図形ごとの処理です。ポイントは、その図形の種類を判別することです。図形にもいろいろな種類があって、画像や線などテキストがない図形もあります。テキストを記入できる図形の種類のときだけ、テキストを取り出す処理を行います。

図9-2-4　スライドと図形の2つの繰り返し処理

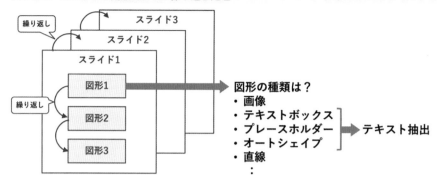

　これを踏まえて処理の流れを書くと、次のようになります。ファイルを選択する処理（8-4参照）と、テキスト取込の処理は分けて作成します。

▼［テキスト取込］処理

①ファイル選択ダイアログを表示する
②パスが取得できない場合、エラーメッセージを表示して処理を終了する
③PowerPointオブジェクトを作成する
④プレゼンテーションを開く
⑤書込行を初期化する
⑥テキスト一覧シートのデータをクリアする
⑦スライドごとに処理する
　⑧図形ごとに処理する
　　⑨図形の種類ごとに分岐処理する
　　　・テキストを格納できる図形の場合、テキストを取得する
　　　・その他の場合、テキストを初期化する
　　⑩テキストを取得できた場合、以下の処理を行う
　　　⑪テキストの改行文字をセルの改行文字に置換する
　　　⑫シートにテキストなどを書き込む
　　　⑬書き込む行を、次の行に設定する
⑭プレゼンテーションを閉じる
⑮PowerPointアプリケーションを終了する
⑯処理完了メッセージを表示する

①初期フォルダを設定する
②ファイル選択ダイアログを表示する
③ファイルが選択された場合、ファイルパスを返す

 解決のためのヒント

○ PowerPointを操作する

PowerPointのオブジェクト構造は**図9-2-5**のとおりです。最上位にあるのはPowerPointアプリケーションで、その下位にプレゼンテーション、スライド、図形があります。

図9-2-5　PowerPointのオブジェクト構造

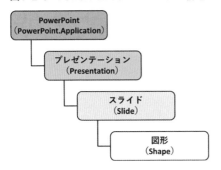

PowerPoint関連のオブジェクト名とコレクションは**表9-2-1**のとおりです。

表9-2-1　PowerPoint関連のオブジェクト名とコレクション

オブジェクトの種類	オブジェクト名（型）	コレクション
PowerPoint	PowerPoint.Application	なし
プレゼンテーション	Presentation	Presentations
スライド	Slide	Slides
図形	Shape	Shapes

PowerPointオブジェクトは、次のように CreateObject 関数を使って作成します。また、PowerPointアプリケーションを終了するには Quit メソッドを使います。

```
Set PowerPointオブジェクト =
    CreateObject("PowerPoint.Application")
PowerPointオブジェクト.Quit          PowerPointのオブジェクト名
```

　プレゼンテーション（PowerPointファイル）を開くにはOpenメソッドを使います。引数にファイルパスを指定します。プレゼンテーションを閉じるときはCloseメソッドを使います。

```
Set プレゼンテーションオブジェクト =
    PowerPointオブジェクト.Presentations.Open(パス)
プレゼンテーションオブジェクト.Close
```

　プレゼンテーション（PowerPointファイル）とスライドの関係は、Excelファイルとシートの関係と似たようなものだとイメージしてください。スライドオブジェクトに関するプロパティは**表9-2-2**のとおりです。スライドオブジェクトは便宜上「スライド」と表記します。

表9-2-2　スライドオブジェクトに関するプロパティ

操作	書き方の例
スライドの番号を取得する	番号 = スライド.SlideNumber（スライドナンバー） スライドの番号を取得し、「番号」という変数に格納します。
スライドの名前を取得する	名前 = スライド.Name（ネーム） スライドの名前を取得し、「名前」という変数に格納します。

　また、図形オブジェクトに関するプロパティは**表9-2-3**のとおりです。

表9-2-3　図形オブジェクトに関するプロパティ

操作	書き方の例
スライドにある図形を数える	図形数 ＝ スライド.Shapes.Count スライドにある図形の数を取得し、「図形数」という変数に格納します。
図形の種類を取得する	スライド.Shapes(1).Type 1つ目の図形の種類を取得します。主な図形の種類と、対応する定数・値は次の表のとおりです。 TABLE_BELOW
図形内にあるテキストを取得する	スライド.Shapes(2).TextFrame2.TextRange.Text 2つ目の図形のテキストを取得します。
図形の名前を取得する	スライド.Shapes(3).Name 3つ目の図形の名前を取得します。

図形の種類	定数	定数の値
オートシェイプ	msoAutoShape	1
グラフ	msoChart	3
グループ化された図形	msoGroup	6
直線	msoLine	9
画像	msoPicture	13
プレースホルダー	msoPlaceholder	14
テキストボックス	msoTextBox	17
テーブル	msoTable	19

 プログラミング

　プロシージャ名は「テキスト取込」と「ファイル選択」とし、プロシージャ内に処理の流れを書き込みます。[テキスト取込]プロシージャの①の処理で、[ファイル選択]プロシージャを呼び出します。

▼[テキスト取込]プロシージャ

```
Sub テキスト取込()
    '①ファイル選択ダイアログを表示する
    '②パスが取得できない場合、エラーメッセージを表示して処理を終了する
    '③PowerPointオブジェクトを作成する
    '④PowerPointファイルを開く
    '⑤書込行を初期化する
    '⑥テキスト一覧シートのデータをクリアする
```

```
        '⑦スライドごとに処理する
          '⑧図形ごとに処理する
            '⑨図形の種類ごとに分岐処理する
              '・テキストを格納できる図形の場合、テキストを取得する
              '・その他の場合、テキストを初期化する
            '⑩テキストを取得できた場合、以下の処理を行う
              '⑪テキストの改行文字をセルの改行文字に置換する
              '⑫シートにテキストなどを書き込む
              '⑬書き込む行を、次の行に設定する
        '⑭プレゼンテーションを閉じる
        '⑮PowerPointアプリケーションを終了する
        '⑯処理完了メッセージを表示する
End Sub
```

　[ファイル選択]プロシージャについてはファイルパスを戻り値として返すため、プロシージャ名の行末に As String をつけます。

▼[ファイル選択]プロシージャ

```
Function ファイル選択() As String
    '①初期フォルダを設定する
    '②ファイル選択ダイアログを表示する
    '③ファイルが選択された場合、ファイルパスを返す
End Function
```

　また、テキスト一覧表の右上には[テキスト取込]ボタンを設置し、[テキスト取込]プロシージャを関連づけておきましょう。

図9-2-6　[テキスト取込]ボタンの設置

ボタンを右クリック→[マクロの登録]をクリック→マクロの一覧から「テキスト取込」を選択→[OK]ボタンをクリックします。

　さらに、プレゼンテーションが格納されているフォルダのフォルダ名については
あらかじめ定数として宣言しておきます。

9
Outlook ／ Word ／ PowerPoint ／ Web
を自在に操作する

```
Const フォルダ名 As String = "09-02"
```

では、コードについて解説します。

▼ [テキスト取込] プロシージャ

❶ ファイル選択ダイアログを表示する

[ファイル選択]プロシージャを呼び出し、戻り値であるファイルパスを取得します。

```
'①ファイル選択ダイアログを表示する
パス = ファイル選択
```

➡【変数宣言】Dim パス As String

❷ パスが取得できない場合、エラーメッセージを表示して処理を終了する

パスが取得できない場合は、パスが空文字になります。パスが取得できない以上、処理を続行するわけにはいかないので、Exitステートメントを使ってすべての処理を終了します。

```
'②パスが取得できない場合
If パス = "" Then
    'エラーメッセージを表示する
    MsgBox "ファイルを選択してください", vbExclamation

    '処理を終了する
    Exit Sub
End If
```

❸ PowerPointオブジェクトを作成する

PowerPointオブジェクトはPowerPoint.Applicationと書きます。オブジェクト変数の名前は「PowerPoint」としています。

```
'③PowerPointオブジェクトを作成する
Set PowerPoint = CreateObject("PowerPoint.Application")
```

➡【変数宣言】Dim PowerPoint As Object

❹プレゼンテーションを開く

Openメソッドを使って、❶で選択したプレゼンテーションを開きます。オブジェクト変数の名前は「プレゼンテーション」とします。

```
'④プレゼンテーションを開く
Set プレゼンテーション= PowerPoint.Presentations.Open(パス)
```

➡【変数宣言】Dim プレゼンテーション As Object

❺書込行を初期化する

テキスト一覧表における最初の書込行を2行目に設定します。見出し行の次の行です。

```
'⑤書込行を初期化する
書込行 = 2
```

➡【変数宣言】Dim 書込行 As Long

❻テキスト一覧表のデータをクリアする

テキスト一覧表にはすでにデータが書き込まれている可能性があるので、データを書き込む前に、クリアする処理を入れておきましょう。UsedRangeプロパティでデータの使用範囲を選択し、見出し行を除外するためにOffsetプロパティで1行分下にずらします。その範囲にあるすべての行を削除します。

```
'⑥テキスト一覧シートのデータをクリアする
ThisWorkbook.Sheets("テキスト一覧").UsedRange.Offset(1,
0).EntireRow.Delete
```

❼スライドごとに処理する

For...Eachステートメントを使って、スライドを1つずつ処理します。すべてのスライドを対象とするには、プレゼンテーションオブジェクトのSlidesコレクションを使います。

```
'⑦スライドごとに処理する
For Each スライド In プレゼンテーション.Slides
    '⑧図形ごとに処理する
```

```
        '⑨図形の種類ごとに分岐処理する
        '⑩テキストを取得できた場合、以下の処理を行う
            '⑪テキストの改行文字をセルの改行文字に置換する
            '⑫シートにテキストなどを書き込む
            '⑬書き込む行を、次の行に設定する
    Next
```

➡【変数宣言】Dim スライド As Object

❽ 図形ごとに処理する

さらに2つ目の繰り返し処理として、図形ごとに処理します。**For...Next**ステートメントでも**For Each...Next**ステートメントでもどちらでもかまいませんが、今回は**For...Next**ステートメントを使います。

```
    '⑧図形ごとに処理する
    For 図形No = 1 To スライド.Shapes.Count
        '⑨図形の種類ごとに分岐処理する
        '⑩テキストを取得できた場合、以下の処理を行う
            '⑪テキストの改行文字をセルの改行文字に置換する
            '⑫シートにテキストなどを書き込む
            '⑬書き込む行を、次の行に設定する
    Next
```

➡【変数宣言】Dim 図形No As Long

❾ 図形の種類ごとに分岐処理する

分岐処理に、**Select Case**ステートメントを使います。**Type**プロパティで図形の種類を取得し、それがオートシェイプ（**msoAutoShape**）、テキストボックス（**msoTextBox**）、プレースホルダー（**msoPlaceholder**）のいずれかに該当する場合にテキストを取得します。それ以外の図形の種類の場合はテキストを取得できないので、空文字を設定します。

```
    '⑨図形の種類ごとに分岐処理する
    Select Case スライド.Shapes(図形No).Type
        '・テキストを格納できる図形の場合
        Case msoAutoShape, msoTextBox, msoPlaceholder
            'テキストを取得する
                テキスト = スライド.Shapes(図形No).TextFrame2.
```

```
TextRange.Text
    '・その他の場合
    Case Else
        'テキストを初期化する
        テキスト = ""
End Select
```

➡【変数宣言】Dim テキスト As String

❿テキストを取得できた場合、以下の処理を行う

「テキストを取得できた場合」とは、「テキストが空文字ではない場合」と同義です。

```
'❿テキストを取得できた場合、以下の処理を行う
If テキスト <> "" Then
        '⓫テキストの改行文字をセルの改行文字に置換する
        '⓬シートにテキストなどを書き込む
        '⓭書き込む行を、次の行に設定する
End If
```

⓫テキストの改行文字をセルの改行文字に置換する

Replace関数を使って改行文字を変換します。図形内の改行文字はvbCrで、セル内の改行文字はvbLfです。

```
'⓫テキストの改行文字をセルの改行文字に置換する
テキスト = Replace(テキスト, vbCr, vbLf)
```

⓬シートにテキストなどを書き込む

テキスト一覧表に各項目の値を書き込みます。

```
'⓬シートにテキストなどを書き込む
With ThisWorkbook.Sheets("テキスト一覧")
    .Cells(書込行, 1).Value = スライド.SlideNumber
    .Cells(書込行, 2).Value = スライド.Name
    .Cells(書込行, 3).Value = 図形No
    .Cells(書込行, 4).Value = スライド.Shapes(図形No).Name
    .Cells(書込行, 5).Value = テキスト
End With
```

9

⓭ 書き込む行を、次の行に設定する

書き込み終わったら、書込行を1行分たして、次の行に移動します。

```
'⓭書き込む行を、次の行に設定する
書込行 = 書込行 + 1
```

⓮ プレゼンテーションを閉じる

Closeメソッドを使うと、該当するプレゼンテーションを閉じることができます。ただし、PowerPointアプリケーションは終了しません。

```
'⓮プレゼンテーションを閉じる
プレゼンテーション.Close
```

⓯ PowerPointアプリケーションを終了する

QuitメソッドでPowerPointアプリケーションを終了します。

```
'⓮PowerPointアプリケーションを終了する
PowerPoint.Quit
```

⓰ 処理完了メッセージを表示する

テキスト取込が終わったことを知らせるメッセージを表示します。

```
'⑮処理完了メッセージを表示する
MsgBox "処理が完了しました", vbInformation
```

▼ **[ファイル選択]プロシージャ**

❶ 初期フォルダを設定する

ファイル選択ダイアログに表示する初期フォルダには、このブックと同じ場所にあるフォルダを指定します。フォルダ名は、あらかじめ定数として宣言したものを使います。

```
'①初期フォルダを設定する
ChDir ThisWorkbook.Path & "¥" & フォルダ名
```

②ファイル選択ダイアログを表示する

　GetOpenFilenameメソッド（8-4参照）の1つ目の引数FileFilterで、
「ppt」と「pptx」の2つの拡張子のみ選択可とします。拡張子を選択するプルダウン
に表示するテキストは「PowerPointファイル」にしていますが、任意のテキストに
変更できます。2つ目の引数Titleで、ダイアログのタイトルに表示するテキス
トを指定します。3つ目の引数MultiSelectの値Falseは、ファイルを1つだ
け選択できることを意味します。これをTrueにすると、複数選択できるようにな
ります。

```
'②ファイル選択ダイアログを表示する
ファイル名 = Application.GetOpenFilename( _
        FileFilter:="PowerPointファイル, *.ppt; *.pptx", _
        Title:="ファイルを選択してください", _
        MultiSelect:=False)
```

➡【変数宣言】Dim ファイル名 As Variant

③ファイルが選択された場合

　ファイルが選択された場合はファイルパスを示す文字列、ファイル未選択の場合
はFalseという値が返されます。したがって、VarType関数でファイル名の型
を確認し、文字列の場合のみ戻り値を返すようにします。

```
'③ファイルが選択された場合
If VarType(ファイル名) = vbString Then
    'ファイルパスを返す
    ファイル選択 = ファイル名
End If
```

　完成したプログラムは次のようになります。

●プログラム作成例

```
Const フォルダ名 As String = "09-02"

Sub テキスト取込()
    Dim パス As String
```

```vba
Dim PowerPoint As Object
Dim プレゼンテーション As Object
Dim 書込行 As Long
Dim スライド As Object
Dim 図形No As Long
Dim テキスト As String

'①ファイル選択ダイアログを表示する
パス = ファイル選択

'②パスが取得できない場合
If パス = "" Then
    'エラーメッセージを表示する
    MsgBox "ファイルを選択してください", vbExclamation

    '処理を終了する
    Exit Sub
End If

'③PowerPointオブジェクトを作成する
Set PowerPoint = CreateObject("PowerPoint.Application")

'④プレゼンテーションを開く
Set プレゼンテーション = PowerPoint.Presentations.Open(パス)

'⑤書込行を初期化する
書込行 = 2

'⑥テキスト一覧シートのデータをクリアする
ThisWorkbook.Sheets("テキスト一覧").UsedRange.Offset(1, 0).
EntireRow.Delete

'⑦スライドごとに処理する
For Each スライド In プレゼンテーション.Slides
    '⑧図形ごとに処理する
    For 図形No = 1 To スライド.Shapes.Count
```

```
                    '⑨図形の種類ごとに分岐処理する
                    Select Case スライド.Shapes(図形No).Type
                        '・テキストを格納できる図形の場合
                        Case msoAutoShape, msoTextBox, msoPlaceholder
                            'テキストを取得する
                            テキスト = スライド.Shapes(図形No).TextFrame2.
TextRange.Text
                        '・その他の場合
                        Case Else
                            'テキストを初期化する
                            テキスト = ""
                    End Select

                    '⑩テキストを取得できた場合、以下の処理を行う
                    If テキスト <> "" Then
                        '⑪テキストの改行文字をセルの改行文字に置換する
                        テキスト = Replace(テキスト, vbCr, vbLf)

                        '⑫シートにテキスト等を書き込む
                        With ThisWorkbook.Sheets("テキスト一覧")
                            .Cells(書込行, 1).Value = スライ
ド.SlideNumber

                            .Cells(書込行, 2).Value = スライド.Name
                            .Cells(書込行, 3).Value = 図形No
                            .Cells(書込行, 4).Value = スライド.Shapes(図
形No).Name

                            .Cells(書込行, 5).Value = テキスト
                        End With

                        '⑬書き込む行を、次の行に設定する
                        書込行 = 書込行 + 1
                    End If
                Next
            Next

        '⑭プレゼンテーションを閉じる
```

```
    プレゼンテーション.Close

    '⑮PowerPointアプリケーションを終了する
    PowerPoint.Quit

    '⑯処理完了メッセージを表示する
    MsgBox "処理が完了しました", vbInformation
End Sub

Function ファイル選択() As String
    Dim ファイル名 As Variant

    '①初期フォルダを設定する
    ChDir ThisWorkbook.Path & "¥" & フォルダ名

    '②ファイル選択ダイアログを表示する
    ファイル名 = Application.GetOpenFilename( _
                            FileFilter:="PowerPointファイル,
*.ppt; *.pptx", _
                            Title:="ファイルを選択してください", _
                            MultiSelect:=False)

    '③ファイルが選択された場合
    If VarType(ファイル名) = vbString Then
        'ファイルパスを返す
        ファイル選択 = ファイル名
    End If
End Function
```

　プログラムを実行すると、**図9-2-7**のようになります。すべてのスライドにある
テキストが、一覧表として表示されます。

図9-2-7　実行結果 - テキスト一覧表

	A	B	C	D	E	F
1	スライドNo	スライド名	図形No	図形名	テキスト	テキスト取込
2	1	Slide1	1	Title 1	ITストラテジスト試験対策	
3	1	Slide1	2	Subtitle 2	日本頭脳株式会社	
4	2	Slide2	1	Title 1	【基本テクニック】結論を先に書く①	
5	2	Slide2	3	TextBox 5	従業員一人あたり売上高が業界平均と比べて１５％低く、生産性が低いといえる。また、売上高人件費率は業界平均と比べて２０％高く、人件費が高い。これがA社の弱みである。	
6	2	Slide2	4	Rectangle 7	A社の弱みは、生産性の低さと、人件費の高さである。具体的には、従業員一人あたり売上高が業界平均と比べて１５％低く、売上高人件費率は業界平均と比べて２０％高い。	
7	3	Slide3	1	Title 1	【基本テクニック】問題解決型	
8	3	Slide3	2	Content Placeholder 2	A社は生産面で、以下の2つの課題を解決した。まず、①段取り時間が増加しているのに対し、段取り作業の標準化や、内段取りの外段取り化・シングル段取り化によって段取り時間を削減した。また、②作業のバラツキに対し、マニュアル化・標準化によって作業能力の均一化などを図り、生産性の向上を図る。	
9	4	Slide4	1	Title 1	【基本テクニック】強み活用型	
	4	Slide4	2	Content Placeholder 2	A社は、親密な顧客対応力を活かして、①Web上での掲示板を開設し、顧客同士の情報交換や、ヘアケア情報やイベント情報等の案内を行い、顧客との関係性を強化した。また、②電子メールを活用し、顧客管理データに基づく定期的な	

プレゼンテーションの各スライドにあるテキストが転記される

9
Outlook ／ Word ／ PowerPoint ／ Web を自在に操作する

9-3

難易度 ★★★☆

行政手続書類をWord形式で一括作成する

POINT
☑ ExcelからWord文書を一括作成するテクニックを習得する
☑ Wordの図形オブジェクトの操作方法を理解する

CASE 34　鉄道警備や警備輸送など幅広く警備業務を請け負っているA社では、社員が年末調整に必要な情報を人事部に提出し、本社で一括して社員の年末調整書類を作成しています。人事部の作業として、年末調整に必要な情報をExcelの一覧表に集約したあと、Word形式で年末調整書類を作成しています。

手入力による作業の負担が大きいため、Word文書へのデータ入力作業を自動化できないか検討しています。

図9-3-1　年末調整書類の一括出力

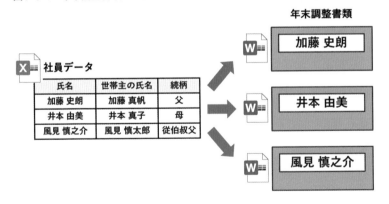

つくりたいプログラム

社員データは、社員が提出した年末調整関連データを集約したものです。［社員ID］・［氏名］・［フリガナ］・［郵便番号］・［住所］・［世帯主の氏名］・［続柄］・［配偶者］の8項目あります。このうち、［氏名］・［フリガナ］・［住所］・［世帯主の氏

名]・[続柄]を、後述するWord文書に転記します。また、[社員ID]については
Word文書のファイル名に使用します。

図9-3-2 [社員データ]シート(社員データ)

	A	B	C	D	E	F	G	H
1	社員ID	氏名	フリガナ	郵便番号	住所	世帯主の氏名	続柄	配偶者
2	21532	加藤 史朗	カトウ シロウ	255-5522	神奈川県横浜市泉区領家5-25	加藤 真帆	父	有
3	21533	井本 由美	イモト ユミ	733-5300	千葉県船橋市西船5-35-12	井本 真子	母	無
4	21534	風見 慎之介	カザミ シンノスケ	159-6705	神奈川県平塚市中里5-65-11	風見 慎太郎	従伯叔父	有
5	21535	中鉢 友子	チュウバチ ユウコ	666-1399	東京都青梅市師岡町5-8-35	中鉢 雄大	祖母	無
6	21536	井上 郁也	イノウエ イクヤ	580-2178	東京都文京区本駒込5-45-11	井上 美桜	伯叔母	無
7	21537	木村 恭介	キムラ キョウスケ	159-9209	千葉県松戸市三矢小台5-65	木村 陽太	父	無
8	21538	柴田 翔子	シバタ ショウコ	653-4461	東京都文京区西片5-8-15	柴田 翔子	従伯叔母	有
9	21539	大野 正志	オオノ マサシ	428-1702	東京都国分寺市光町5-45-8	大野 正志	父	無
10	21540	高橋 礼二	タカハシ レイジ	463-4589	茨城県土浦市中央5-75-206	高橋 颯汰	曽祖父	有
11	21541	木下 隆弘	キノシタ タカヒロ	709-9350	千葉県柏市明原5-35-12	木下 亮太	父	無

Word文書のファイル名に使用する

Wordに転記する項目

転記項目は、社員データからWord文書に転記する項目を定義したもので、[取得元列]と[転記先]の2項目あります。[取得元列]は社員データにおける列番号を表し、[転記先]はWord文書のテキストボックスの名前を表します。

図9-3-3 [転記項目]シート(転記項目)

	A	B
1	取得元列	転記先
2	3	フリガナ
3	2	氏名
4	5	住所
5	6	世帯主の氏名
6	7	続柄

年末調整書類の記入フォーマットは、Word形式で保存されています。社員データの転記先として6つのテキストボックスが配置されており、それぞれフリガナ・氏名・住所・世帯主の氏名・続柄という名前がついています。

図 9-3-4　記入フォーマット.doc（記入フォーマット）

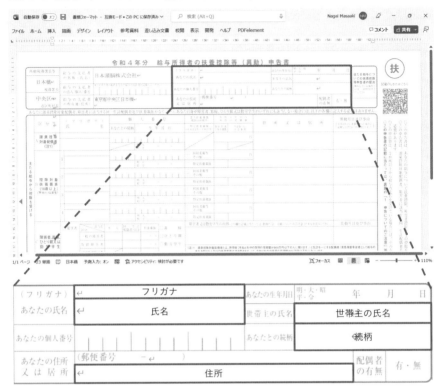

出典：国税庁ホームページ（https://www.nta.go.jp/taxes/tetsuzuki/shinsei/annai/gensen/annai/1648_01.
htm）

　社員ごとに記入フォーマットを複製したものをWord文書と呼びます。今回は、
転記項目を活用して、社員データをWord文書に転記するプログラムを作成します。

Memo

Word文書内にあるテキストボックスの名前は、［レイアウト］タブ→［オブジェクトの選択
と表示］をクリックすると確認できます。また、名前をダブルクリックすると編集できま
す。本書では、**図9-3-5**に示すように、あらかじめ記入フォーマット内のすべてのテキス
トボックスにわかりやすい名前をつけています。

図9-3-5 ［オブジェクトの選択と表示］

処理の流れ

　社員データを1行ずつ処理し、社員ごとにWord文書を作成します。そのときに転記項目を使って、社員データからWord文書にデータを転記します。まずはそのしくみについて解説します。転記項目の［取得元列］は、社員データの何列目からデータを取得するかを表します。また、［転記先］はWord文書の転記先であるテキストボックスの名称を表します。つまり、転記項目によって、どこからどこに転記するのかがわかります。社員ごとに転記項目を1行ずつ処理するので、繰り返し処理は2つとなります。

図9-3-6 転記項目を利用した社員データからWord文書への転記

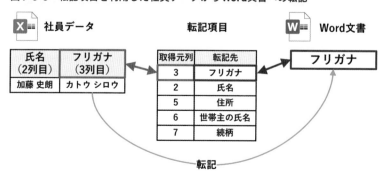

転記項目がないとどうなるかというと、取得元列と転記先を、コードの中に直書きすることになります。転記する項目を増やしたり変えたりするのに、いちいちコードを書き替えないといけないので、コードを書いた人（またはコードがわかる人）にしかメンテナンスができなくなり不便です。転記項目があれば、コードがわからない一般ユーザでも簡単にメンテナンスできるようになります。

　これを踏まえて処理の流れを書くと、次のようになります。

▼ [書類一括作成] 処理

①フォルダパスとコピー元ファイルパスを設定する
②社員データと転記項目を取得する
③Wordオブジェクトを作成する
④社員データを1行ずつ処理する
　　⑤社員IDを取得する
　　⑥コピー先ファイルパスを設定する
　　⑦同じ名前のファイルがある場合、ファイルを削除する
　　⑧Wordの記入フォーマットをコピーする
　　⑨コピーしたWord文書を開く
　　⑩転記項目を1つずつ処理する
　　　　⑪該当行の転記項目データを取得する
　　　　⑫社員データの該当項目の値を取得する
　　　　⑬Word文書のテキストボックスに値を書き込む
　　⑭Word文書を保存して閉じる
⑮Wordを終了する
⑯処理完了メッセージを表示する

解決のためのヒント

● Wordを操作する

　Wordのオブジェクト構造は、**図9-3-7**のとおりです。最上位にあるのはWordアプリケーションで、その下位にWord文書、図形があります。

図9-3-7　Wordのオブジェクト構造

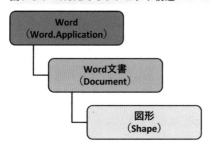

Word関連のオブジェクト名とコレクションは**表9-3-1**のとおりです。

表9-3-1　Word関連のオブジェクト名とコレクション

オブジェクトの種類	オブジェクト名（型）	コレクション
Word	ワード アプリケーション Word.Application	なし
Word文書	ドキュメント Document	Documents
図形	シェイプ Shape	Shapes

　Wordアプリケーションのオブジェクトは、次のように**CreateObject**関数を使って作成します。また、Wordアプリケーションを終了するには**Quit**メソッドを使います。

```
Set Wordオブジェクト = CreateObject("Word.Application")
Wordオブジェクト.Quit
                              └── Wordのオブジェクト名
```

　Word文書（Wordファイル）を開くには、Wordオブジェクトを使って次のように書きます。**Open**メソッドの引数にファイルパスを指定します。Word文書を閉じるときは**Close**メソッドを使います。引数**SaveChanges**は、Word文書を保存するかしないかを表します。保存する場合は**True**、保存しない場合は**False**を指定します。

```
Set Word文書オブジェクト =
     Wordオブジェクト.Documents.Open(パス)
Word文書オブジェクト.Close SaveChanges:=True
```

図形オブジェクトに関するプロパティは**表9-3-2**のとおりです。Word文書オブジェクトは、便宜上「文書」と表記します。

表9-3-2　図形オブジェクトに関するプロパティ

操作	書き方の例
テキストボックスに値を書き込む	文書.Shapes("氏名").TextFrame.TextRange.Text = "加藤 史朗" Word文書内にある「氏名」という名前のテキストボックスに、「加藤 史朗」と書き込みます。
図形の表示・非表示を変更する	文書.Shapes("有").Visible = True Word文書内にある「有」という名前の図形を表示します。表示するときはTrue、非表示にするときはFalseにします。

 プログラミング

プロシージャ名は「書類一括作成」とし、プロシージャ内に処理の流れを書き込みます。

▼ [書類一括作成]プロシージャ

```
Sub 書類一括作成()
    '①フォルダパスとコピー元ファイルパスを設定する
    '②社員データと転記項目を取得する
    '③Wordオブジェクトを作成する
    '④社員データを1行ずつ処理する
        '⑤社員IDを取得する
        '⑥コピー先ファイルパスを設定する
        '⑦同じ名前のファイルがある場合、ファイルを削除する
        '⑧Wordの記入フォーマットをコピーする
        '⑨コピーしたWord文書を開く
        '⑩転記項目を1つずつ処理する
            '⑪該当行の転記項目データを取得する
            '⑫社員データの該当項目の値を取得する
            '⑬Word文書のテキストボックスに値を書き込む
        '⑭Word文書を保存して閉じる
    '⑮Wordを終了する
    '⑯処理完了メッセージを表示する
End Sub
```

また、[社員データ]シートの右上には[書類一括作成]ボタンを設置し、[書類一括作成]プロシージャを関連づけておきましょう。

図9-3-8 [書類一括作成]ボタンの設置

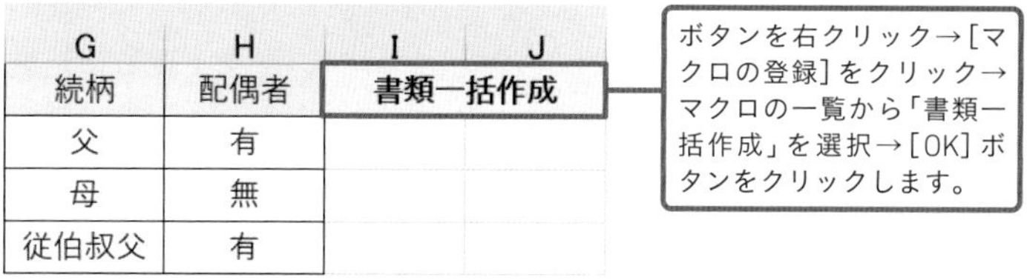

G	H	I	J
続柄	配偶者	書類一括作成	
父	有		
母	無		
従伯叔父	有		

ボタンを右クリック→[マクロの登録]をクリック→マクロの一覧から「書類一括作成」を選択→[OK]ボタンをクリックします。

さらに、Word文書を出力するフォルダ名と、年末調整書類の記入フォーマットのファイル名をあらかじめ定数として宣言しておきます。

```
Const フォルダ名 As String = "09-03"
Const ファイル名 As String = "記入フォーマット.docx"
```

では、コードについて解説します。

❶フォルダパスとコピー元ファイルパスを設定する

フォルダはこのブックと同じ場所にあるものとし、Word文書を格納するために使います。フォルダ名はあらかじめ宣言している定数を使います。また、年末調整書類の記入フォーマットをコピー元のファイルとし、フォルダパスとファイル名をつなげてファイルパスを設定します。

```
'①フォルダパスとコピー元ファイルパスを設定する
フォルダパス = ThisWorkbook.Path & "¥" & フォルダ名 & "¥"
コピー元 = フォルダパス & ファイル名
```

➡【変数宣言】Dim フォルダパス As String, コピー元 As String

❷社員データと転記項目を取得する

Excelにあるデータを取得して配列に格納します。

```
'②社員データと転記項目を取得する
With ThisWorkbook
    社員データ = .Sheets("社員データ").UsedRange
```

```
        転記項目 = .Sheets("転記項目").UsedRange
End With
```

➡【変数宣言】Dim 社員データ As Variant, 転記項目 As Variant

❸ Wordオブジェクトを作成する

CreateObject関数でWordオブジェクトを作成し、オブジェクト変数に格納します。オブジェクト変数は、汎用的なObject型で宣言します。

```
'③Wordオブジェクトを作成する
Set Word = CreateObject("Word.Application")
```

➡【変数宣言】Dim Word As Object

❹ 社員データを1行ずつ処理する

社員ごとにWord文書を作成するため、社員データを1行ずつ繰り返し処理します。

```
'④社員データを1行ずつ処理する
For 社員行 = 2 To UBound(社員データ)
    '⑤社員IDを取得する
                        :
    '⑭Word文書を保存して閉じる
Next
```

➡【変数宣言】Dim 社員行 As Long

❺ 社員IDを取得する

社員IDはファイル名に使用します。

```
'⑤社員IDを取得する
社員ID = 社員データ(社員行, 1)
```

➡【変数宣言】Dim 社員ID As String

❻ コピー先ファイルパスを設定する

年末調整書類の記入フォーマットをコピーして保存するときのファイルパスを設定します。❺で取得した社員IDをファイル名に指定します。

```
'⑥コピー先ファイルパスを設定する
コピー先 = フォルダパス & 社員ID & ".docx"
```

➡【変数宣言】Dim コピー先 As String

❼同じ名前のファイルがある場合

すでに同名のファイルがあると、ファイルを作成するときにエラーが起きてしまいます。それを防ぐために、**Dir**関数でファイルの存在を確認し、ファイルが存在する場合は**Kill**ステートメントを使ってファイルを削除します。

```
'⑦同じ名前のファイルがある場合
If Dir(コピー先) <> "" Then
    'ファイルを削除する
    Kill コピー先
End If
```

Memo

Killステートメントは、ファイルを削除する命令です（1-8参照）。引数にファイルパスを指定します。
　　　Kill░ファイルパス
コードを実行すると、メッセージなど何も表示されずにファイルが削除されます。ファイルパスに誤りがあると意図しないファイルが削除されてしまうので注意してください。

❽ Wordの記入フォーマットをコピーする

FileCopyステートメント（1-8参照）の引数には、コピー元のファイルと、コピー先のファイルのファイルパスを指定します。

```
'⑧Wordの記入フォーマットをコピーする
FileCopy Source:=コピー元, Destination:=コピー先
```

Memo

FileCopyステートメントは、ファイルをコピーする命令です。引数の **Source**（ソース）と **Destination**（デスティネーション）には、コピー元とコピー先のファイルパスを指定します。
　　　FileCopy░Source:=ファイルパス1, Destination:=ファイルパス2

❾ コピーした Word文書を開く

コピーした Word文書を開くため、**Open**メソッドを使います。引数には、コピー先のファイルパスを指定します。

```
'⑨コピーしたWord文書を開く
Set 文書 = Word.Documents.Open(コピー先)
```

➡【変数宣言】Dim 文書 As Object

9

Outlook ／ Word ／ PowerPoint ／ Web を自在に操作する

⑩ 転記項目を１つずつ処理する

2つ目の繰り返し処理です。社員データからWord文書に値を転記するため、転記項目を１行ずつ処理します。

```
'⑩転記項目を１つずつ処理する
For 転記項目行 = 2 To UBound(転記項目)
    '⑪該当行の転記項目データを取得する
    '⑫社員データの該当項目の値を取得する
    '⑬Word文書のテキストボックスに値を書き込む
Next
```

➡【変数宣言】Dim 転記項目行 As Long

⑪ 該当行の転記項目データを取得する

［取得元列］と［転記先］は、社員データの何列目から値を取得して、Word文書のどこに転記するかを表すものです。

```
'⑪該当行の転記項目データを取得する
取得元列 = 転記項目(行2, 1)
転記先 = 転記項目(行2, 2)
```

➡【変数宣言】Dim 取得元列 As Long, 転記先 As String

⑫ 社員データの該当項目の値を取得する

社員データから転記する値を取得します。

```
'⑫社員データの該当項目の値を取得する
値 = 社員データ(社員行, 取得元列)
```

➡【変数宣言】Dim 値 As String

⑬ 社員データの該当項目の値を取得する

Word文書のテキストボックスに値を書き込みます。テキストボックスの名称には、⑪で取得した転記先を指定します。

```
'⑬Word文書のテキストボックスに値を書き込む
文書.Shapes(転記先).TextFrame.TextRange.Text = 値
```

❹ Word文書を保存して閉じる

Closeメソッドで Word文書を閉じます。Word文書は保存するので、引数 SaveChangesの値はTrueに設定します。

```
'⑭Word文書を保存して閉じる
文書.Close SaveChanges:=True
```

❺ Wordを終了する

Wordアプリケーションを終了します。

```
'⑮Wordを終了する
Word.Quit
```

❻ 処理完了メッセージを表示する

すべての処理が終わったことを知らせるメッセージを表示します。

```
'⑯処理完了メッセージを表示する
MsgBox "処理が完了しました", vbInformation
```

完成したプログラムは次のようになります。

○ プログラム作成例

```
Const フォルダ名 As String = "09-03"
Const ファイル名 As String = "記入フォーマット.docx"

Sub 書類一括作成()
    Dim フォルダパス As String, コピー元 As String
    Dim 社員データ As Variant, 転記項目 As Variant
    Dim Word As Object
    Dim 社員行 As Long
    Dim 社員ID As String
    Dim コピー先 As String
    Dim 文書 As Object
```

```vba
Dim 転記項目行 As Long
Dim 取得元列 As Long, 転記先 As String
Dim 値 As String

'①フォルダパスとコピー元ファイルパスを設定する
フォルダパス = ThisWorkbook.Path & "¥" & フォルダ名 & "¥"
コピー元 = フォルダパス & ファイル名

'②社員データと転記項目を取得する
With ThisWorkbook
    社員データ = .Sheets("社員データ").UsedRange
    転記項目 = .Sheets("転記項目").UsedRange
End With

'③Wordオブジェクトを作成する
Set Word = CreateObject("Word.Application")

'④社員データを1行ずつ処理する
For 社員行 = 2 To UBound(社員データ)
    '⑤社員IDを取得する
    社員ID = 社員データ(社員行, 1)

    '⑥コピー先ファイルパスを設定する
    コピー先 = フォルダパス & 社員ID & ".docx"

    '⑦同じ名前のファイルがある場合
    If Dir(コピー先) <> "" Then
        'ファイルを削除する
        Kill コピー先
    End If

    '⑧Wordの記入フォーマットをコピーする
    FileCopy Source:=コピー元, Destination:=コピー先

    '⑨コピーしたWord文書を開く
    Set 文書 = Word.Documents.Open(コピー先)
```

```
        '⑩転記項目を1つずつ処理する
    For 転記項目行 = 2 To UBound(転記項目)
            '⑪該当行の転記項目データを取得する
            取得元列 = 転記項目(転記項目行, 1)
            転記先 = 転記項目(転記項目行, 2)

            '⑫社員データの該当項目の値を取得する
            値 = 社員データ(社員行, 取得元列)

            '⑬Word文書のテキストボックスに値を書き込む
            文書.Shapes(転記先).TextFrame.TextRange.Text = 値
        Next

        '⑭Word文書を保存して閉じる
        文書.Close SaveChanges:=True
    Next

    '⑮Wordを終了する
    Word.Quit

    '⑯処理完了メッセージを表示する
    MsgBox "処理が完了しました", vbInformation
End Sub
```

プログラムを実行すると、**図9-3-9**のように、出力先のフォルダに各社員の
Word文書が一括出力されます。

図9-3-9　実行結果 - [09-04] フォルダ

　いずれかのWord文書を開いてみると、社員データからデータが転記されていることがわかります。

図9-3-10　実行結果 - Word文書（21541.docx）

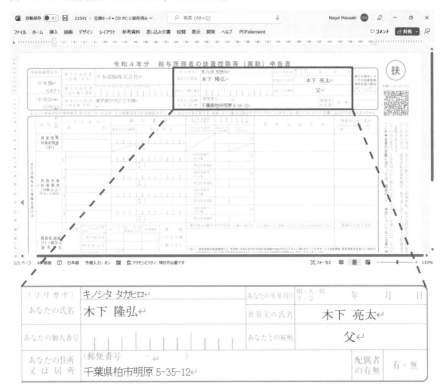

ステップアップ

　年末調整書類の転記項目に「配偶者の有無」を追加し、配偶者の有無に応じてWord文書に〇を表示してみましょう。記入フォーマットにある［配偶者の有無］の「有」「無」をそれぞれ囲む楕円図形を作成し、［レイアウト］タブをクリック→［オブジェクトの選択と表示］をクリック→図形の名前を「有」「無」に変更します。

図9-3-11　記入フォーマット.docx（記入フォーマット）

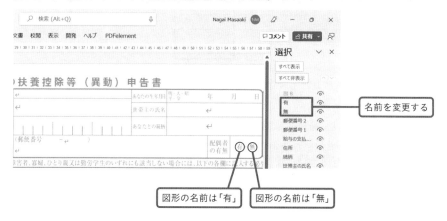

　作成した図形を一旦非表示にするため、［目を開く］ボタンをクリックします。［目を開く］ボタンが［閉じた目］ボタンに変わっていれば、非表示になっています。［社員データ］シートの［配偶者］の値が「有」なら「有」の図形を表示し、「無」なら「無」の図形を表示する処理を行います。

図9-3-12　オブジェクトの表示・非表示の切り替え

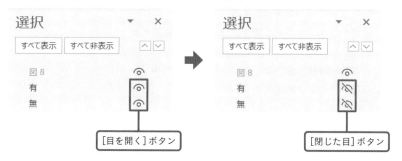

　次に、転記項目のデータも修正します。表の最右列に［特殊処理］という項目を追加します。また、転記項目に「配偶者」を増やすため、データを1行増やして、

9

Outlook ／ Word ／ PowerPoint ／ Web を自在に操作する

［転記先］に「配偶者」と記入します。［特殊処理］には「配偶者丸付け」と書き、コード内で処理を分岐させるために使います。

図9-3-13　［転記項目2］シート

	A	B	C
1	取得元列	転記先	特殊処理
2	3	フリガナ	
3	2	氏名	
4	5	住所	
5	6	世帯主の氏名	
6	7	続柄	
7	8	配偶者	配偶者丸付け

［特殊処理］を追加

では、処理の流れにおける変更箇所を確認しましょう。

⓫で［取得元列］と［転記先］の値を取得していましたが、それに加えて［特殊処理］の値を取得します。また新規に追加する⓱の処理では、［特殊処理］に値がある場合は特殊処理を行い、その他の場合は通常処理 (前述のプログラムで行った転記処理) をするという分岐処理を行います。

▼ ［書類一括作成］処理

```
①フォルダパスとコピー元ファイルパスを設定する
②社員データと転記項目を取得する
③Wordオブジェクトを作成する
④社員データを1行ずつ処理する
　⑤社員IDを取得する
　⑥コピー先ファイルパスを設定する
　⑦同じ名前のファイルがある場合、ファイルを削除する
　⑧Wordの記入フォーマットをコピーする
　⑨コピーしたWord文書を開く
　⑩転記項目を1つずつ処理する
　　⑪該当行の転記項目データを取得する
　　⑫社員データの該当項目の値を取得する
　　⑰特殊処理の内容によって分岐する
　　　配偶者に丸をつける処理
　　　　⑱配偶者「有」の場合、「有」の丸を表示する
```

　　　　　　配偶者「無」の場合、「無」の丸を表示にする
　　　　通常処理
　　　　　　⑬Word文書のテキストボックスに値を書き込む
　　⑭Word文書を保存して閉じる
⑮Wordを終了する
⑯処理完了メッセージを表示する

では、追加するコードについて解説します。

⑪該当行の転記項目データを取得する

［特殊処理］の値を取得する処理を追加します。

```
'⑪該当行の転記項目データを取得する
取得元列 = 転記項目2(転記項目行, 1)
転記先 = 転記項目2(転記項目行, 2)
特殊処理 = 転記項目2(転記項目行, 3)
```

➡【変数宣言】Dim 特殊処理 As String

⑰特殊処理の内容によって分岐する

　特殊処理というのは今後も増えていく可能性があるので、Select Caseステートメントを使うと視認性がよく、コードをメンテナンスしやすくなります。特殊処理の値が「配偶者丸付け」の場合とその他の場合で分岐します。

```
'⑰特殊処理の内容によって分岐する
Select Case 特殊処理
    '配偶者に丸をつける処理
    Case "配偶者丸付け"
        '⑱配偶者「有」の場合、「有」の丸を表示する
        '配偶者「無」の場合、「無」の丸を表示にする
    '通常処理
    Case Else
        '⑬Word文書のテキストボックスに値を書き込む
End Select
```

9

Outlook ／ Word ／ PowerPoint ／ Web
を自在に操作する

⓲配偶者「有」の場合、「有」の丸を表示する

　配偶者「無」の場合、「無」の丸を表示にする

　社員データの[配偶者]の値が「有」の場合は、Word文書内の「有」という名前の図形を表示します。逆に、値が「無」の場合は、「無」という名前の図形を表示します。

```
Select Case 値
    '⓲配偶者「有」の場合
    Case "有"
        '「有」の丸を表示する
        文書.Shapes("有").Visible = True
    '配偶者「無」の場合
    Case "無"
        '「無」の丸を表示にする
        文書.Shapes("無").Visible = True
End Select
```

　この変更を反映したプログラムは次のとおりです。

○ プログラム作成例

```
Const フォルダ名 As String = "09-03"
Const ファイル名 As String = "記入フォーマット.docx"

Sub 書類一括作成2()
    Dim フォルダパス As String, コピー元 As String
    Dim 社員データ As Variant, 転記項目2 As Variant
    Dim Word As Object
    Dim 社員行 As Long
    Dim 社員ID As String
    Dim コピー先 As String
    Dim 文書 As Object
    Dim 転記項目行 As Long
    Dim 取得元列 As Long, 転記先 As String, 特殊処理 As String
    Dim 値 As String
```

```vb
'①フォルダパスとコピー元ファイルパスを設定する
フォルダパス = ThisWorkbook.Path & "¥" & フォルダ名 & "¥"
コピー元 = フォルダパス & ファイル名

'②社員データと転記項目を取得する
With ThisWorkbook
    社員データ = .Sheets("社員データ").UsedRange
    転記項目2 = .Sheets("転記項目2").UsedRange
End With

'③Wordオブジェクトを作成する
Set Word = CreateObject("Word.Application")

'④社員データを1行ずつ処理する
For 社員行 = 2 To UBound(社員データ)
    '⑤社員IDを取得する
    社員ID = 社員データ(社員行, 1)

    '⑥コピー先ファイルパスを設定する
    コピー先 = フォルダパス & 社員ID & ".docx"

    '⑦同じ名前のファイルがある場合
    If Dir(コピー先) <> "" Then
        'ファイルを削除する
        Kill コピー先
    End If

    '⑧Wordの記入フォーマットをコピーする
    FileCopy Source:=コピー元, Destination:=コピー先

    '⑨コピーしたWord文書を開く
    Set 文書 = Word.Documents.Open(コピー先)

    '⑩転記項目を1つずつ処理する
    For 転記項目行 = 2 To UBound(転記項目2)
        '⑪該当行の転記項目データを取得する
```

```
            取得元列 = 転記項目2(転記項目行, 1)
            転記先 = 転記項目2(転記項目行, 2)
            特殊処理 = 転記項目2(転記項目行, 3)

            '⑫社員データの該当項目の値を取得する
            値 = 社員データ(社員行, 取得元列)

            '⑰特殊処理の内容によって分岐する
            Select Case 特殊処理
                '配偶者に丸をつける処理
                Case "配偶者丸付け"
                    Select Case 値
                        '⑱配偶者「有」の場合
                        Case "有"
                            ' 「有」の丸を表示する
                            文書.Shapes("有").Visible = True
                        '配偶者「無」の場合
                        Case "無"
                            ' 「無」の丸を表示にする
                            文書.Shapes("無").Visible = True
                    End Select
                '通常処理
                Case Else
                    '⑬Word文書のテキストボックスに値を書き込む
                    文書.Shapes(転記先).TextFrame.TextRange.
Text = 値
            End Select
        Next

        '⑭Word文書を保存して閉じる
        文書.Close SaveChanges:=True
    Next

    '⑮Wordを終了する
    Word.Quit
```

```
'⑯処理完了メッセージを表示する
MsgBox "処理が完了しました", vbInformation
End Sub
```

　プログラムを実行し、出力先のフォルダにあるいずれかの Word 文書を開いてみると、社員データの[配偶者]の値に対応した丸が表示されることがわかります。

図 9-3-14　実行結果 - Word 文書（21541.docx）

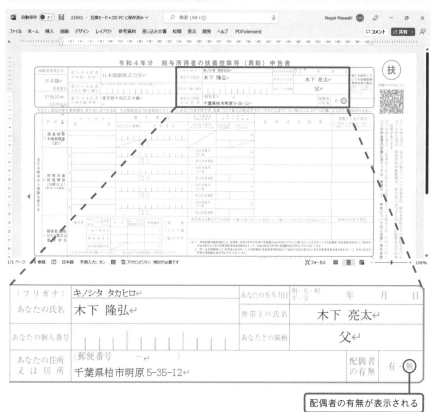

配偶者の有無が表示される

難易度 ★ ★ ★ ★

不動産の競売データを
Webサイトから抽出する

POINT
- ☑ IEを使わないWebスクレイピングのやり方を理解する
- ☑ HTMLの構造を理解し、HTMLから欲しい情報を探すテクニックを習得する

CASE 35 　　不動産の売買および仲介業務を行うA社では、Webサイトに掲載されている土地や建物の競売物件に関するデータを定期的に取得し、入札代行や買取再販に活用しています。Webサイトのデータを手作業で1項目ずつコピーして表に貼りつける作業は時間がかかるので、データの取得を省力化できないか検討しています。

図9-4-1　Webスクレイピング

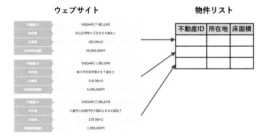

Memo
Microsoft社は2022年6月15日をもってIEのサポートを終了し、新たなブラウザであるMicrosoft Edgeに切り替えると発表しています。2022年6月15日以降に配布されるWindows累積更新プログラムにより、IEは無効化されて完全に使用できなくなる予定なので、本書で紹介するWebスクレイピング（Webサイトから情報を抽出すること）のプログラムはIEを使わない方式にしています。

つくりたいプログラム

　　競売物件が掲載されているWebサイトには、1つの物件につき、[不動産ID]・[所在地]・[床面積]・[売却基準価額]の4つの項目があります。Webサイトの

URLは「https://nihonzuno.co.jp/gihyo.html」です。

図9-4-2　Webサイト

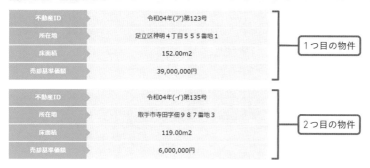

　物件リストは、**図9-4-2**のWebサイトからデータを転記するためのシートで、1行につき1物件のデータを書き込みます。項目はWebサイトと同じく、[不動産ID]・[所在地]・[床面積]・[売却基準価額]の4つの項目があります。初期状態は見出しのみで、データは何もありません。

図9-4-3　[物件リスト]シート(物件リスト)

	A	B	C	D
1	不動産ID	所在地	床面積	売却基準価額
2				
3				
4				

Memo

サンプルファイルの[09-04]フォルダにあるショートカットファイルをダブルクリックすれば、Webサイトを表示できます。

 処理の流れ

大きく分けると次の3つの処理があります。

1. ＨＴＴＰ通信を行い、HTMLを取得する
　（エイチティーティーピー）
2. ＨＴＭＬの中からデータを取得する
　（エイチティーエムエル）
3. Excelにデータを書き込む

Memo

HTTP通信というのは、あなたのPCとWebサイトを管理しているサーバー間でのやり取りのことです。

図9-4-4　HTTP通信

　あなたはサーバーに対して「情報が欲しい」と要求します。これを**HTTPリクエスト**といいます。すると、サーバーは情報を渡す準備を行い、準備が完了したら、あなたはサーバーから情報を取得できます。これを**HTTPレスポンス**といいます。WebサイトはHTMLという言語で記述されており、Webサイトを取得することと、HTMLを取得することはほぼ同義です。

　ポイントとなるのはHTTPレスポンスで、サーバーから取得したHTMLの中から、あなたが欲しい情報をピンポイントで取得することです。

　HTMLとは、Webサイトを記述するために使う言語のことで、小なり（<）と大なり（>）の記号を対にした「タグ」というものを使うのが特徴的です。タグには「開始タグ」と「終了タグ」があり、終了タグにはスラッシュ「/」が含まれます。開始タグと終了タグの間にある値のことをコンテンツ（今回の例でいうと、不動産IDや所在地などの値）といい、開始タグから終了タグまでの文字列をまとめて**HTML要素**と呼びます。

　タグについて、次の例を見ながらもう少し細かく解説します。冒頭にある「td」という文字がタグの名前（タグ名）を表し、このタグを t d タグと呼びます。タグを目

印にして、特定のHTML要素を取得できます。さらに、タグ名の隣にはその補足情報である「属性」があり、これも目印として使えます。次の例では、「number」という名前のclass属性があります。

<td> class="number">令和04年（ア）第123号</td>

タグの名前　属性の種類　属性の名前

Memo
一般的にtdタグはとても汎用的なタグで、HTMLのいたるところで使われている可能性が高いので、HTML要素を特定するのには適していません。

　タグが理解できたところで、次のHTMLを見てみましょう。1つの物件のHTMLを抜粋したものです。タグの中にタグがある、いわゆる入れ子状態になっていることがわかると思います。

▼ HTMLの例

```
┌<div>
  ┌<table>
    ┌<tr>
        <th>不動産ID</th>
        <td class="number">令和04年（ア）第123号</td>  ── 不動産ID
    └</tr>
    ┌<tr>
        <th>所在地</th>
        <td class="place">足立区神明4丁目555番地1</td>  ── 所在地
    └</tr>
    ┌<tr>
        <th>床面積</th>
        <td class="area">152.00m2</td>  ── 床面積
    └</tr>
    ┌<tr>
        <th>売却基準価額</th>
        <td class="price">39,000,000円</td>  ── 売却基準価額
    └</tr>
  └</table>
└</div>
```

この入れ子状態は、タグが**図9-4-5**のような階層構造をもっていることを表します。HTMLの中から欲しい情報をピンポイントで取得するには、タグの構造をうまく利用する必要があります。

図9-4-5　タグの構造

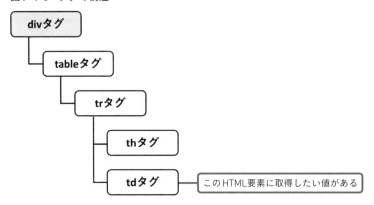

　例えば、不動産IDの値「令和04年(ア)第123号」を取得する方法を考えてみましょう。tdタグは、同一物件内で何度も使い回されているので、tdタグを使って値を特定するのは難しいです。また、class属性「number」は異なる物件間で使い回されているので、それだけを目印にして値を取り出すことも難しいです。そこで、物件ごとに存在するdivタグと、その中にあるclass属性「number」を組み合わせることによって、不動産ID が含まれるHTML要素を特定し、不動産IDの値を取得します。

▼ HTMLの例2

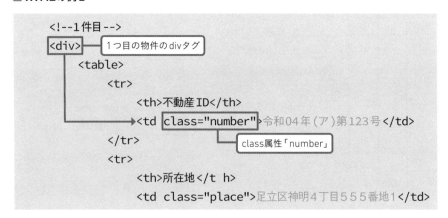

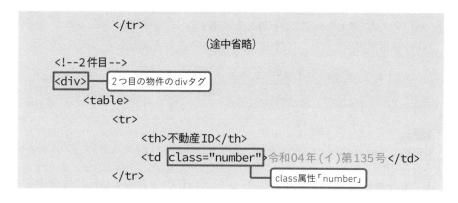

これを踏まえて処理の流れを書くと、次のようになります。

▽ [Webデータ抽出] 処理

①HTTP通信オブジェクトを作成する
②HTTPリクエスト情報を設定する
③HTTPリクエストを行う
④HTTPレスポンスが読込完了になるまで待機する
⑤HTMLを格納するためのオブジェクトを作成する
⑥Webサイト全体のHTMLを取得する
⑦書込行の初期値を設定する
⑧divタグごとに繰り返し処理を行う
　⑨class属性から、各項目の値を取得する
　⑩Excelに値を書き込む
　⑪書込行を次の行に移動する
⑫処理完了メッセージを表示する

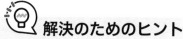 解決のためのヒント

◎ Webスクレイピングする

Webスクレイピングするには、次の手順を踏みます。

1. HTTPリクエストを送信し、HTMLを取得する
2. タグなどで探してHTMLから欲しいデータを抽出する

9

Outlook ／ Word ／ PowerPoint ／ Web
を自在に操作する

1. HTTPリクエストを送信し、HTMLを取得する

HTTP通信を行うために、HTTP通信オブジェクトを作成します。

```
CreateObject("MSXML2.ServerXMLHTTP")
              └── HTTP通信のオブジェクト名
```

Memo

MSXML2.ServerXMLHTTPの代わりに、MSXML2.XMLHTTPというオブジェクトを使うこともできます。

HTTP通信オブジェクトに関するメソッド・プロパティは**表9-4-1**のとおりです。便宜上、HTTP通信オブジェクトのことを「HTTP通信」と表記します。

表9-4-1　HTTP通信オブジェクトに関するメソッド・プロパティ

操作	書き方の例
HTTPリクエスト情報を設定する	HTTP通信.Open "GET", "https://gihyo.jp/" HTTPリクエストの情報として、「https://gihyo.jp/」のWebサイトを読み込むことを指定します。1つ目の引数で、サーバー側で行う処理(これを「HTTPメソッド」という)を指定します。指定できる値は次の表のとおりです。 表: HTTPメソッド / 書き方 読込 / GET 作成 / POST 更新 / PUT 削除 / DELETE
HTTPリクエストを行う	HTTP通信.send Openメソッドで設定したHTTPリクエストを行います。
HTTPリクエストの状態を取得する	If HTTP通信.readyState = 4 ── リクエストの状態 　　MsgBox "読込完了しました" End If Webサイトの読込が完了したら、「読込完了しました」というメッセージを表示します。リクエストの状態とそれを示す番号は次の表のとおりです。 表: リクエストの状態 / 番号 リクエスト未送信 / 0 リクエスト送信 / 1 ヘッダ取得 / 2 読込中 / 3 読込完了 / 4

HTTPステータス を取得する	If HTTP通信.Status = 200 ── HTTPステータスコード 　　MsgBox "起動完了しました" End If Webサイトが正常である場合、「起動完了しました」というメッセージを 表示します。HTTPステータスコードとその意味は次の表のとおりです。 表: **HTTPステータスコード** / **意味** 200 / 正常 403 / アクセス権限がない 404 / Webサイトが見つからない 500 / サーバーエラー
HTMLを取得する	HTTP通信.responseText Webサイト全体のHTMLを取得します。

続いて、取得したHTMLを格納するために使うHTMLDocumentオブジェクトを作成します。オブジェクトの通称はHTMLDocumentですが、コードではhtmlfileと書きます。

```
Set HTML = CreateObject("htmlfile")
```

2. タグなどで探してHTMLから欲しいデータを抽出する

さて、HTMLの中からあなたが欲しい情報をピンポイントで抽出するためには、タグやclass属性で探す以外にも、いろいろな探し方があります。**表9-4-2**で紹介しているメソッドはその一例です。便宜上、HTMLDocumentオブジェクトを「HTML」と表記します。

表9-4-2　HTMLDocumentオブジェクトに関するプロパティとメソッド

操作	書き方の例
タグで探す	HTML.getElementsByTagName("div") HTMLをdivタグで探して、ヒットしたHTML要素を取得します。
class属性で探す	HTML.getElementsByClassName("number") HTMLを「number」という名前のclass属性で探して、ヒットしたHTML要素を取得します。
id属性で探す	HTML.getElementById("realestate1") HTMLを「realestate1」という名前のid属性で探して、ヒットしたHTML要素を取得します。
bodyタグを取得する	HTML.body HTMLDocumentオブジェクトに格納されている、bodyタグのHTMLを取得します。

9

Outlook ／ Word ／ PowerPoint ／ Web
を自在に操作する

	HTML.body.innerHTML = ボ デ ィ　インナーエイチティーエムエル "<html> 　　<header></header> 　　<body></body> </html>" HTMLのbodyタグ部分の文字列を、HTMLDocumentオブジェクト形式に変換します。HTMLの構造を解析し、タグなどで検索できるようになります。
HTMLをHTMLDocumentオブジェクト形式に変換する	

表9-4-2のメソッドを使えば、HTML全体の中から探すこともできるし、その一部であるHTML要素から探すこともできます。探してヒットしたHTML要素は配列に格納されます。これをHTML要素配列と呼びます。HTML要素配列に対してさらに検索をかけることもできます。例えば、HTML全体を divタグで探してヒットした各HTML要素に対し、さらにclass属性で絞り込むことができます。

図9-4-6　HTML要素の取得

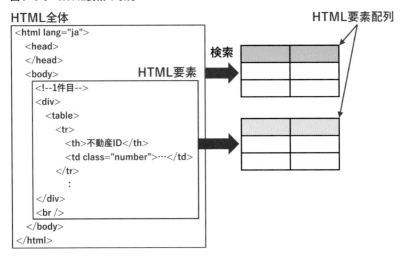

HTML全体をclass属性「number」で探した結果は**表9-4-3**のようなHTML要素配列になります。

表9-4-3　HTML要素配列の例

要素番号	HTML要素
0	<td class="number">令和04年 (ア)第123号</td>
1	<td class="number">令和04年 (イ)第135号</td>
2	<td class="number">令和04年 (ウ)第187号</td>

　HTML要素配列の中から特定のHTML要素を取得するには、末尾に要素番号をつけてください。要素が1つしかないHTML要素配列であっても、要素番号を指定する必要があります。

```
HTML.getElementsByClassName("number")(0)
　　　ゲットエレメンツバイクラスネーム
                                    └── 要素番号
```

　HTML要素を取得できたら、ようやくその中にあるコンテンツ（値）を取得できます。HTML要素に関するプロパティは**表9-4-4**のとおりです。

表9-4-4　HTML要素に関するプロパティ

操作	書き方の例
コンテンツ（値）を取り出す	HTML要素.innerText（インナーテキスト） HTML要素からタグを除いたコンテンツ（値）を取り出します。
HTMLのまま取り出す	HTML要素.innerHTML（インナーエイチティーエムエル） HTML要素内のHTMLをそのまま取り出します。

プログラミング

　プロシージャ名は「Webデータ抽出」とし、プロシージャ内に処理の流れを書き込みます。

▼ [Webデータ抽出] プロシージャ

```
Sub Webデータ抽出()
    '①HTTP通信オブジェクトを作成する
    '②HTTPリクエスト情報を設定する
    '③HTTPリクエストを行う
    '④HTTPレスポンスが読込完了になるまで待機する
    '⑤HTMLを格納するためのオブジェクトを作成する
    '⑥Webサイト全体のHTMLを取得する
    '⑦書込行の初期値を設定する
    '⑧divタグごとに繰り返し処理を行う
        '⑨class属性から、各項目の値を取得する
        '⑩Excelに値を書き込む
        '⑪書込行を次の行に移動する
```

```
    '⑫処理完了メッセージを表示する
End Sub
```

また、物件リストの右上には［Webデータ抽出］ボタンを設置し、［Webデータ抽出］プロシージャを関連づけておきましょう。

図9-4-7　［Webデータ抽出］ボタンの設置

さらに、WebサイトのURLついてはあらかじめ定数として宣言しておきます。

```
Const URL As String = "https://nihonzuno.co.jp/gihyo.html"
```

では、コードについて解説します。

❶HTTP通信オブジェクトを作成する

CreateObject関数を使って、HTTP通信オブジェクトを作成します。オブジェクト名は、MSXML2.ServerXMLHTTPです。

```
    '①HTTP通信オブジェクトを作成する
Set HTTP通信 = CreateObject("MSXML2.ServerXMLHTTP")
```

➡【変数宣言】Dim HTTP通信 As Object

❷HTTPリクエスト情報を設定する

HTTPリクエストのために必要な情報を設定します。Openメソッドの1つ目の引数には、情報を読み込む「GET」を指定します。2つ目には、定数で宣言したURLを指定します。この段階ではまだHTTPリクエストを送信していません。

```
    '②HTTPリクエスト情報を設定する
HTTP通信.Open "GET", URL
```

❸ HTTPリクエストを行う

Sendメソッドで、HTTPリクエストを送信します。

```
'③HTTPリクエストを行う
HTTP通信.send
```

❹ HTTPレスポンスが読込完了になるまで待機する

　Webサイトによっては、読み込みに時間がかかることがあります。読み込みが完了していない状態でHTMLを取得しようとするとエラーが起きる可能性があるため、読み込みが完了するまで待機します。readyStateプロパティにおいて、読み込みが完了したことを表す番号は「4」です。よって、「読み込みが完了するまで」という条件をコードで書くと「Until HTTP通信.readyState = 4」となります。DoEvents関数で一時的にOSに制御を移すことで、Webページが読み込まれるのを待ちます。

```
'④HTTPレスポンスが読込完了になるまで待機する
Do Until HTTP通信.readyState = 4
    'OSに処理を渡す
    DoEvents
Loop
```

Memo

マクロを実行すると、Webサイトの読み込みが完了するまで他の操作ができなくなることがあります。それを回避するために使うのがDoEvents（ドゥーイベンツ）という関数です。DoEvents関数は、一時的にマクロの処理を止めて、OS（オペレーティングシステム）に制御を移します。

❺ HTMLを格納するためのオブジェクトを作成する

　HTMLDocumentオブジェクトを作成します。コードで書くオブジェクト名はhtmlfileなので、注意が必要です。

```
'⑤HTMLを格納するためのオブジェクトを作成する
Set HTML = CreateObject("htmlfile")
```

➡【変数宣言】Dim HTML As Object

❻ Webサイト全体のHTMLを取得する

　Webサイト全体のHTMLを取得し、HTMLオブジェクトに格納します。

```
'⑥Webサイト全体のHTMLを取得する
HTML.body.innerHTML = HTTP通信.responseText
```

❼ 書込行の初期値を設定する

物件リストの2行目から書き込みを開始します。

```
'⑦書込行の初期値を設定する
書込行 = 2
```

➡【変数宣言】Dim 書込行 As Long

❽ divタグごとに繰り返し処理を行う

物件はdivタグで分かれているので、HTMLからdivタグを探します。ヒットした HTML要素ごとに処理をするため、For Each...Nextステートメントを使います。

```
'⑧divタグごとに繰り返し処理を行う
For Each HTML要素 In HTML.getElementsByTagName("div")
    '⑨class属性から、各項目の値を取得する
    '⑩Excelに値を書き込む
    '⑪書込行を次の行に移動する
Next
```

➡【変数宣言】Dim HTML要素 As Object

❾ class属性から、各項目の値を取得する

divタグでヒットしたHTML要素の中を、さらにclass属性で探して、各項目の値を取得します。項目ごとのclass属性の名前は、不動産ID「number」、所在地「place」、床面積「area」、売却基準価額「price」です。

```
'⑨class属性から、各項目の値を取得する
不動産ID = HTML要素.getElementsByClassName("number")(0).innerText
所在地 = HTML要素.getElementsByClassName("place")(0).innerText
床面積 = HTML要素.getElementsByClassName("area")(0).innerText
売却基準価額 = HTML要素.getElementsByClassName("price")(0).innerText
```

➡【変数宣言】Dim 不動産ID As String, 所在地 As String,
　　　　　　　床面積 As String, 売却基準価額 As String

⑩ Excelに値を書き込む

物件リストの書込行に、❾で取得した値を書き込みます。

```
'⑩Excelに値を書き込む
With ThisWorkbook.Sheets("物件リスト")
    .Cells(書込行, 1).Value = 不動産ID
    .Cells(書込行, 2).Value = 所在地
    .Cells(書込行, 3).Value = 床面積
    .Cells(書込行, 4).Value = 売却基準価額
End With
```

⑪ 書込行を次の行に移動する

書き込み終わったら、書込行を1行増やします。

```
'⑪書込行を次の行に移動する
書込行 = 書込行 + 1
```

⑫ 処理完了メッセージを表示する

処理が終わったことを知らせるメッセージを表示します。

```
'⑫処理完了メッセージを表示する
MsgBox "処理が完了しました", vbInformation
```

完成したプログラムは次のようになります。

○ プログラム作成例

```
'URLを設定する
Const URL As String = "https://nihonzuno.co.jp/gihyo.html"

Sub Webデータ抽出()
    Dim HTTP通信 As Object
    Dim HTML As Object
    Dim 書込行 As Long
    Dim HTML要素 As Object
```

```
    Dim 不動産ID As String, 所在地 As String, 床面積 As String,
売却基準価額 As String

    '①HTTP通信オブジェクトを作成する
    Set HTTP通信 = CreateObject("MSXML2.ServerXMLHTTP")

    '②HTTPリクエスト情報を設定する
    HTTP通信.Open "GET", URL

    '③HTTPリクエストを行う
    HTTP通信.send

    '④HTTPレスポンスが読込完了になるまで待機する
    Do Until HTTP通信.readyState = 4
        'OSに処理を渡す
        DoEvents
    Loop

    '⑤HTMLを格納するためのオブジェクトを作成する
    Set HTML = CreateObject("htmlfile")

    '⑥Webサイト全体のHTMLを取得する
    HTML.body.innerHTML = HTTP通信.responseText

    '⑦書込行の初期値を設定する
    書込行 = 2

    '⑧divタグごとに繰り返し処理を行う
    For Each HTML要素 In HTML.getElementsByTagName("div")
        '⑨class属性から、各項目の値を取得する
        不動産ID = HTML要素.getElementsByClassName("number")
(0).innerText
        所在地 = HTML要素.getElementsByClassName("place")(0).
innerText
        床面積 = HTML要素.getElementsByClassName("area")(0).
innerText
```

```
        売却基準価額 = HTML要素.getElementsByClassName("price")
(0).innerText

        '⑩Excelに値を書き込む
        With ThisWorkbook.Sheets("物件リスト")
            .Cells(書込行, 1).Value = 不動産ID
            .Cells(書込行, 2).Value = 所在地
            .Cells(書込行, 3).Value = 床面積
            .Cells(書込行, 4).Value = 売却基準価額
        End With

        '⑪書込行を次の行に移動する
        書込行 = 書込行 + 1
    Next

    '⑫処理完了メッセージを表示する
    MsgBox "処理が完了しました", vbInformation
End Sub
```

プログラムを実行すると、**図9-4-8**のように、Webサイトから抽出された競売物件の各項目が物件リストに書き込まれます。

図9-4-8 実行結果 - [物件リスト]シート

	A	B	C	D
1	不動産ID	所在地	床面積	売却基準価額
2	令和04年(ア)第123号	足立区神明４丁目５５５番地１	152.00m2	39,000,000円
3	令和04年(イ)第135号	取手市寺田字佃９８７番地３	119.00m2	6,000,000円
4	令和04年(ウ)第187号	久喜市小右衛門字大堀向２８６６番地７	125.00m2	1,500,000円

物件ごとに、各項目の値を取得できる

おわりに

　最後までお読みいただきありがとうございました。

　VBAは計り知れない威力のある道具です。手作業だと4時間かかる作業が、VBA を使えば5分で終わる、といった事例は、決して大げさな話ではありません。

　あなたがルーティンワークに費やしている時間をほぼゼロにできれば、もっと付加価値の高い業務に時間を割くことができるし、残業時間を減らすこともできます。その効果を誰もが得られるのに、VBAを使わないのはもったいないことです。そこで、これからあなたに取り組んでほしいことが3つあります。

1. 業務効率化のための時間を確保すること

　業務効率化のための時間は、ルーティンワークを減らすために欠かせない投資です。毎日膨大な業務に忙殺されているあなたが業務時間を割くことは難しいと思います。その状況や気持ちは十分にわかりますが、1日10分でも20分でもいいから、業務効率化のために時間を割くようにしてください。

2. 業務の中で積極的に実践すること

　目の前の業務課題に対してVBAを積極的に活用し、業務効率化の効果を体感してください。せっかく学んだ知識も、実践しなければ意味がありません。本書で紹介したプログラムは、少し改変すればすぐに使える実践的なものばかりです。まずは、あなたの業務に合わせてカスタマイズして使ってみてください。慣れてきたら、本書のプログラムを組み合わせて、より複雑な処理にも挑戦してみましょう。

3. 再利用可能なプロシージャをたくさん作ること

　便利なプロシージャ集を作っておくと、どのような業務課題にもすばやく対応できるようになります。あなたがよく使う便利なプロシージャを1つのモジュールにまとめて管理し、ブラッシュアップしていきましょう。例えばファイル選択ダイアログを表示するプロシージャや、ファイルの有無を確認するプロシージャは、どんな業務課題でもよく使います。そのようなプロシージャをたくさん作っておくと利便性が高まります。

　本書で紹介した知識があなたの業務課題の解決に役立てば幸いです。

INDEX

■ 著者紹介（プロフィール）

永井 雅明（ながい まさあき）

日本頭脳株式会社 代表取締役。IT ストラテジスト、応用情報技術者。早稲田大学理工学部卒。新卒で、世界最大級のコンサルティングファームであるプライスウォーターハウスクーパースに入社。日本テレコム株式会社、株式会社シグマクシスを経て現職。

IT 戦略策定および業務システムの企画・要件定義・設計に精通しており、数多くの業務改革プロジェクトをリードしてきた。企画段階から開発に携わったシステムとしては、案件管理システム、プロジェクト管理システム、社員管理システム、勤怠管理システム、人事評価管理システム、マネジメントダッシュボードシステム、契約・請求管理システムなどがある。

また、Access VBA や Excel VBA を使った業務効率化ツールの顧客納品実績も多数。住宅メーカー向けの人事査定データ集計ツール、不動産会社向けのポートフォリオ分析ツール、国立研究開発法人向けの研究データ集計・分析ツール、病院向けのオペスケジュール管理ツール、テーマパーク会社向けのイベントスケジュール管理ツールなどがある。

モットー（行動指針）は、「真摯に、楽しく、美しく」。
①真摯に：お客様に、同僚に、仕事に、真摯であること。
②楽しく：楽をせず、楽しくやること。
③美しく：徹底的に考え抜いて成果物を作ること。

趣味は、テニス、将棋、旅行、テレビゲーム。調理師免許、1 級小型船舶操縦士免許、航空無線通信士の資格あり。

カバーデザイン・本文デザイン・DTP　クニメディア株式会社
担当　中山 みづき

業務改善コンサルタントが教える　Excel VBA 自動化のすべて
～ 35 の事例で課題解決力を身につける～

2023 年 1 月 10 日　　初版　第 1 刷　発行

著 者　　永井　雅明
発行者　　片岡　巌
発行所　　株式会社技術評論社
　　　　　東京都新宿区市谷左内町 21-13
　　　　　電話　03-3513-6150（販売促進部）
　　　　　　　　03-3513-6177（雑誌編集部）
印刷／製本　日経印刷株式会社

定価はカバーに表示してあります。

ISBN978-4-297-13273-6 C3055
Printed in Japan

■お問い合わせについて
●本書についての電話によるお問い合わせはご遠慮ください。質問等がございましたら、下記まで FAX または封書でお送りくださいますようお願いいたします。

■問い合わせ先
〒 162-0846
東京都新宿区市谷左内町 21-13
株式会社技術評論社 書籍編集部
「業務改善コンサルタントが教える
Excel VBA 自動化のすべて」係
FAX：03-3513-6173

FAX 番号は変更されていることもありますので、ご確認の上ご利用ください。
なお、本書の範囲を超える事柄についてのお問い合わせには一切応じられませんので、あらかじめご了承ください。